자동차보험 및
산재보험 관련법규

머리말

　이 책은 자격시험을 준비하는 수험생들을 위해 만들었습니다. 자격시험은 수험 전략을 어떻게 짜느냐가 등락을 좌우합니다. 짧은 기간 내에 승부를 걸어야 하는 수험생들은 방대한 분량을 자신의 것으로 정리하고 이해해 나가는 과정에서 시간과 노력을 낭비하지 않도록 주의를 기울여야 합니다.

　수험생들이 법령을 공부하는 데 조금이나마 시간을 줄이고 좀 더 학습에 집중할 수 있도록 본서는 다음과 같이 구성하였습니다.

　첫째, 법률과 그 시행령 및 시행규칙, 그리고 부칙과 별표까지 자세하게 실었습니다.

　둘째, 법 조항은 물론 그와 관련된 시행령과 시행규칙을 한눈에 알아볼 수 있도록 체계적으로 정리하였습니다.

　셋째, 최근 법령까지 완벽하게 반영하여 별도로 찾거나 보완하는 번거로움을 줄였습니다.

　모쪼록 이 책이 수업생 여러분에게 많은 도움이 되기를 바랍니다. 쉽지 않은 여건에서 시간을 쪼개어 책과 씨름하며 자기개발에 분투하는 수험생 여러분의 건승을 기원합니다.

2023년 1월

법(法)의 개념

1. 법 정의
① 국가의 강제력을 수반하는 사회 규범.
② 국가 및 공공 기관이 제정한 법률, 명령, 조례, 규칙 따위이다.
③ 다 같이 자유롭고 올바르게 잘 살 것을 목적으로 하는 규범이며,
④ 서로가 자제하고 존중함으로써 더불어 사는 공동체를 형성해 가는 평화의 질서.

2. 법 시행
① 발안
② 심의
③ 공포
④ 시행

3. 법의 위계구조
① 헌법(최고의 법)
② 법률 : 국회의 의결 후 대통령이 서명 · 공포
③ 명령 : 행정기관에 의하여 제정되는 국가의 법령(대통령령, 총리령, 부령)
④ 조례 : 지방자치단체가 지방자치법에 의거하여 그 의회의 의결로 제정
⑤ 규칙 : 지방자치단체의 장(시장, 군수)이 조례의 범위 안에서 사무에 관하여 제정

4. 법 분류
① 공법 : 공익보호 목적(헌법, 형법)
② 사법 : 개인의 이익보호 목적(민법, 상법)
③ 사회법 : 인간다운 생활보장(근로기준법, 국민건강보험법)

5. 형벌의 종류
① 사형
② 징역 : 교도소에 구치(유기, 무기징역, 노역 부과)

③ 금고 : 명예 존중(노역 비부과)

④ 구류 : 30일 미만 교도소에서 구치(노역 비부과)

⑤ 벌금 : 금액을 강제 부담

⑥ 과태료 : 공법에서, 의무 이행을 태만히 한 사람에게 벌로 물게 하는 돈(경범죄처벌
       법, 교통범칙금)

⑦ 몰수 : 강제로 국가 소유로 권리를 넘김

⑧ 자격정지 : 명예형(名譽刑), 일정 기간 동안 자격을 정지시킴(유기징역 이하)

⑨ 자격상실 : 명예형(名譽刑), 일정한 자격을 갖지 못하게 하는 일(무기금고이상). 공
       법상 공무원이 될 자격, 피선거권, 법인 임원 등

차례

제1부

자동차손해배상보장법

제1장 총칙

제1조 목적

이 법은 자동차의 운행으로 사람이 사망 또는 부상하거나 재물이 멸실 또는 훼손된 경우에 손해배상을 보장하는 제도를 확립하여 피해자를 보호하고, 자동차사고로 인한 사회적 손실을 방지함으로써 자동차운송의 건전한 발전을 촉진함을 목적으로 한다.　　　　　〈개정 2013. 8. 6.〉

제2조(정의)

이 법에서 사용하는 용어의 뜻은 다음과 같다.

　　　　　〈개정 2009. 2. 6., 2013. 8. 6., 2016. 3. 22., 2020. 4. 7., 2021. 1. 26.〉

1. "자동차"란 「자동차관리법」의 적용을 받는 자동차와 「건설기계관리법」의 적용을 받는 건설기계 중 대통령령으로 정하는 것을 말한다.

1의2. "자율주행자동차"란 「자동차관리법」 제2조제1호의3에 따른 자율주행자동차를 말한다.

2. "운행"이란 사람 또는 물건의 운송 여부와 관계없이 자동차를 그 용법에 따라 사용하거나 관리하는 것을 말한다.

3. "자동차보유자"란 자동차의 소유자나 자동차를 사용할 권리가 있는 자로서 자기를 위하여 자동차를 운행하는 자를 말한다.

4. "운전자"란 다른 사람을 위하여 자동차를 운전하거나 운전을 보조하는 일에 종사하는 자를 말한다.

5. "책임보험"이란 자동차보유자와 「보험업법」에 따라 허가를 받아 보험업을 영위하는 자(이하 "보험회사"라 한다)가 자동차의 운행으로 다른 사람이 사망하거나 부상한 경우 이 법에 따른 손해배상책임을 보장하는 내용을 약정하는 보험을 말한다.

6. "책임공제(責任共濟)"란 사업용 자동차의 보유자와 「여객자동차 운수사업법」, 「화물자동차 운수사업법」, 「건설기계관리법」 또는 「생활물류서비스산업발전법」에 따라 공제사업을 하는 자(이하 "공제사업자"라 한다)가 자동차의 운행으로 다른 사람이 사망하거나 부상한 경우 이 법에 따른 손해배상책임을 보장하는 내용을 약정하는 공제를 말한다.

7. "자동차보험진료수가(診療酬價)"란 자동차의 운행으로 사고를 당한 자(이하 "교통사고환자"라 한다)가 「의료법」에 따른 의료기관(이하 "의료기관"이라 한다)에서 진료를 받음으

로써 발생하는 비용으로서 다음 각 목의 어느 하나의 경우에 적용되는 금액을 말한다.

　가. 보험회사(공제사업자를 포함한다. 이하 "보험회사등"이라 한다)의 보험금(공제금을 포함한다. 이하 "보험금등"이라 한다)으로 해당 비용을 지급하는 경우

　나. 제30조에 따른 자동차손해배상 보장사업의 보상금으로 해당 비용을 지급하는 경우

　다. 교통사고환자에 대한 배상(제30조에 따른 보상을 포함한다)이 종결된 후 해당 교통사고로 발생한 치료비를 교통사고환자가 의료기관에 지급하는 경우

8. "자동차사고 피해지원사업"이란 자동차사고로 인한 피해를 구제하거나 예방하기 위한 사업을 말하며, 다음 각 목과 같이 구분한다.

　가. 자동차손해배상 보장사업: 제30조에 따라 국토교통부장관이 자동차사고 피해를 보상하는 사업

　나. 자동차사고 피해예방사업: 제30조의2에 따라 국토교통부장관이 자동차사고 피해예방을 지원하는 사업

　다. 자동차사고 피해자 가족 등 지원사업: 제30조제2항에 따라 국토교통부장관이 자동차사고 피해자 및 가족을 지원하는 사업

　라. 자동차사고 후유장애인 재활지원사업: 제31조에 따라 국토교통부장관이 자동차사고 후유장애인 등의 재활을 지원하는 사업

9. "자율주행자동차사고"란 자율주행자동차의 운행 중에 그 운행과 관련하여 발생한 자동차사고를 말한다.

제3조(자동차손해배상책임)

자기를 위하여 자동차를 운행하는 자는 그 운행으로 다른 사람을 사망하게 하거나 부상하게 한 경우에는 그 손해를 배상할 책임을 진다. 다만, 다음 각 호의 어느 하나에 해당하면 그러하지 아니하다.

1. 승객이 아닌 자가 사망하거나 부상한 경우에 자기와 운전자가 자동차의 운행에 주의를 게을리 하지 아니하였고, 피해자 또는 자기 및 운전자 외의 제3자에게 고의 또는 과실이 있으며, 자동차의 구조상의 결함이나 기능상의 장해가 없었다는 것을 증명한 경우

2. 승객이 고의나 자살행위로 사망하거나 부상한 경우

제4조(「민법」의 적용)

자기를 위하여 자동차를 운행하는 자의 손해배상책임에 대하여는 제3조에 따른 경우 외에는 「민법」에 따른다.

제2장 손해배상을 위한 보험 가입 등

제5조(보험 등의 가입 의무)

① 자동차보유자는 자동차의 운행으로 다른 사람이 사망하거나 부상한 경우에 피해자(피해자가 사망한 경우에는 손해배상을 받을 권리를 가진 자를 말한다. 이하 같다)에게 대통령령으로 정하는 금액을 지급할 책임을 지는 책임보험이나 책임공제(이하 "책임보험등"이라 한다)에 가입하여야 한다.

② 자동차보유자는 책임보험등에 가입하는 것 외에 자동차의 운행으로 다른 사람의 재물이 멸실되거나 훼손된 경우에 피해자에게 대통령령으로 정하는 금액을 지급할 책임을 지는 「보험업법」에 따른 보험이나 「여객자동차 운수사업법」, 「화물자동차 운수사업법」, 「건설기계관리법」 및 「생활물류서비스산업발전법」에 따른 공제에 가입하여야 한다.

〈개정 2021. 1. 26.〉

③ 다음 각 호의 어느 하나에 해당하는 자는 책임보험등에 가입하는 것 외에 자동차 운행으로 인하여 다른 사람이 사망하거나 부상한 경우에 피해자에게 책임보험등의 배상책임한도를 초과하여 대통령령으로 정하는 금액을 지급할 책임을 지는 「보험업법」에 따른 보험이나 「여객자동차 운수사업법」, 「화물자동차 운수사업법」, 「건설기계관리법」 및 「생활물류서비스산업발전법」에 따른 공제에 가입하여야 한다. 〈개정 2021. 1. 26.〉

  1. 「여객자동차 운수사업법」 제4조제1항에 따라 면허를 받거나 등록한 여객자동차 운송사업자

  2. 「여객자동차 운수사업법」 제28조제1항에 따라 등록한 자동차 대여사업자

  3. 「화물자동차 운수사업법」 제3조 및 제29조에 따라 허가를 받은 화물자동차 운송사업자 및 화물자동차 운송가맹사업자

  4. 「건설기계관리법」 제21조제1항에 따라 등록한 건설기계 대여업자

  5. 「생활물류서비스산업발전법」 제2조제4호나목에 따른 소화물배송대행서비스인증사업자

④ 제1항 및 제2항은 대통령령으로 정하는 자동차와 도로(「도로교통법」 제2조제1호에 따른 도로를 말한다. 이하 같다)가 아닌 장소에서만 운행하는 자동차에 대하여는 적용하지 아니한다.

⑤ 제1항의 책임보험등과 제2항 및 제3항의 보험 또는 공제에는 각 자동차별로 가입하여야 한다.

제5조의2(보험 등의 가입 의무 면제)

① 자동차보유자는 보유한 자동차(제5조제3항 각 호의 자가 면허 등을 받은 사업에 사용하는 자동차는 제외한다)를 해외체류 등으로 6개월 이상 2년 이하의 범위에서 장기간 운행할 수 없는 경우로서 대통령령으로 정하는 경우에는 그 자동차의 등록업무를 관할하는 특별시장·광역시장·특별자치시장·도지사·특별자치도지사(자동차의 등록업무가 시장·군수·구청장에게 위임된 경우에는 시장·군수·구청장을 말한다. 이하 "시·도지사"라 한다)의 승인을 받아 그 운행중지기간에 한정하여 제5조제1항 및 제2항에 따른 보험 또는 공제에의 가입 의무를 면제받을 수 있다. 이 경우 자동차보유자는 해당 자동차등록증 및 자동차등록번호판을 시·도지사에게 보관하여야 한다.　　　　　　〈개정 2020. 6. 9., 2021. 7. 27.〉

② 제1항에 따라 보험 또는 공제에의 가입 의무를 면제받은 자는 면제기간 중에는 해당 자동차를 도로에서 운행하여서는 아니 된다.

③ 제1항에 따른 보험 또는 공제에의 가입 의무를 면제받을 수 있는 승인 기준 및 신청 절차 등 필요한 사항은 국토교통부령으로 정한다.　　　　　　　　　　〈개정 2013. 3. 23.〉

[본조신설 2012. 2. 22.]

제6조(의무보험 미가입자에 대한 조치 등)

① 보험회사등은 자기와 제5조제1항부터 제3항까지의 규정에 따라 자동차보유자가 가입하여야 하는 보험 또는 공제(이하 "의무보험"이라 한다)의 계약을 체결하고 있는 자동차보유자에게 그 계약 종료일의 75일 전부터 30일 전까지의 기간 및 30일 전부터 10일 전까지의 기간에 각각 그 계약이 끝난다는 사실을 알려야 한다. 다만, 보험회사등은 보험기간이 1개월 이내인 계약인 경우와 자동차보유자가 자기와 다시 계약을 체결하거나 다른 보험회사등과 새로운 계약을 체결한 사실을 안 경우에는 통지를 생략할 수 있다.　　　　　〈개정 2009. 2. 6.〉

② 보험회사등은 의무보험에 가입하여야 할 자가 다음 각 호의 어느 하나에 해당하면 그 사실을 국토교통부령으로 정하는 기간 내에 특별자치시장·특별자치도지사·시장·군수 또는 구청장(자치구의 구청장을 말하며, 이하 "시장·군수·구청장"이라 한다)에게 알려야 한다.

　　　　　　　　　　　　　　　　　　〈개정 2013. 3. 23., 2021. 7. 27.〉

1. 자기와 의무보험 계약을 체결한 경우
2. 자기와 의무보험 계약을 체결한 후 계약 기간이 끝나기 전에 그 계약을 해지한 경우
3. 자기와 의무보험 계약을 체결한 자가 그 계약 기간이 끝난 후 자기와 다시 계약을 체결하지 아니한 경우

③ 제2항에 따른 통지를 받은 시장·군수·구청장은 의무보험에 가입하지 아니한 자동차보유

자에게 지체 없이 10일 이상 15일 이하의 기간을 정하여 의무보험에 가입하고 그 사실을 증명할 수 있는 서류를 제출할 것을 명하여야 한다.

④ 시장·군수·구청장은 의무보험에 가입되지 아니한 자동차의 등록번호판(이륜자동차 번호판 및 건설기계의 등록번호표를 포함한다. 이하 같다)을 영치할 수 있다.

⑤ 시장·군수·구청장은 제4항에 따라 의무보험에 가입되지 아니한 자동차의 등록번호판을 영치하기 위하여 필요하면 경찰서장에게 협조를 요청할 수 있다. 이 경우 협조를 요청받은 경찰서장은 특별한 사유가 없으면 이에 따라야 한다.

⑥ 시장·군수·구청장은 제4항에 따라 의무보험에 가입되지 아니한 자동차의 등록번호판을 영치하면 「자동차관리법」이나 「건설기계관리법」에 따라 그 자동차의 등록업무를 관할하는 시·도지사와 그 자동차보유자에게 그 사실을 통보하여야 한다. 〈개정 2012. 2. 22.〉

⑦ 제1항과 제2항에 따른 통지의 방법과 절차에 관하여 필요한 사항, 제4항에 따른 자동차 등록번호판의 영치 및 영치 해제의 방법·절차 등에 관하여 필요한 사항은 국토교통부령으로 정한다. 〈개정 2013. 3. 23.〉

제7조(의무보험 가입관리전산망의 구성·운영 등)

① 국토교통부장관은 의무보험에 가입하지 아니한 자동차보유자를 효율적으로 관리하기 위하여 「자동차관리법」 제69조제1항에 따른 전산정보처리조직과 「보험업법」 제176조에 따른 보험요율산출기관(이하 "보험요율산출기관"이라 한다)이 관리·운영하는 전산정보처리조직을 연계하여 의무보험 가입관리전산망(이하 "가입관리전산망"이라 한다)을 구성하여 운영할 수 있다. 〈개정 2013. 3. 23.〉

② 국토교통부장관은 지방자치단체의 장, 보험회사 및 보험 관련 단체의 장에게 가입관리전산망을 구성·운영하기 위하여 대통령령으로 정하는 정보의 제공을 요청할 수 있다. 이 경우 관련 정보의 제공을 요청받은 자는 특별한 사유가 없으면 요청에 따라야 한다.

〈개정 2009. 2. 6., 2013. 3. 23.〉

③ 삭제 〈2009. 2. 6.〉

④ 가입관리전산망의 운영에 필요한 사항은 대통령령으로 정한다.

제8조(운행의 금지)

의무보험에 가입되어 있지 아니한 자동차는 도로에서 운행하여서는 아니 된다. 다만, 제5조제4항에 따라 대통령령으로 정하는 자동차는 운행할 수 있다.

제9조(의무보험의 가입증명서 발급 청구)

의무보험에 가입한 자와 그 의무보험 계약의 피보험자(이하 "보험가입자등"이라 한다) 및 이해관계인은 권리의무 또는 사실관계를 증명하기 위하여 필요하면 보험회사등에게 의무보험에 가입한 사실을 증명하는 서류의 발급을 청구할 수 있다.

제10조(보험금등의 청구)

① 보험가입자등에게 제3조에 따른 손해배상책임이 발생하면 그 피해자는 대통령령으로 정하는 바에 따라 보험회사등에게 「상법」 제724조제2항에 따라 보험금등을 자기에게 직접 지급할 것을 청구할 수 있다. 이 경우 피해자는 자동차보험진료수가에 해당하는 금액은 진료한 의료기관에 직접 지급하여 줄 것을 청구할 수 있다.

② 보험가입자등은 보험회사등이 보험금등을 지급하기 전에 피해자에게 손해에 대한 배상금을 지급한 경우에는 보험회사등에게 보험금등의 보상한도에서 그가 피해자에게 지급한 금액의 지급을 청구할 수 있다.

제11조(피해자에 대한 가불금)

① 보험가입자등이 자동차의 운행으로 다른 사람을 사망하게 하거나 부상하게 한 경우에는 피해자는 대통령령으로 정하는 바에 따라 보험회사등에게 자동차보험진료수가에 대하여는 그 전액을, 그 외의 보험금등에 대하여는 대통령령으로 정한 금액을 제10조에 따른 보험금등을 지급하기 위한 가불금(假拂金)으로 지급할 것을 청구할 수 있다.

② 보험회사등은 제1항에 따른 청구를 받으면 국토교통부령으로 정하는 기간에 그 청구받은 가불금을 지급하여야 한다. 〈개정 2013. 3. 23.〉

③ 보험회사등은 제2항에 따라 지급한 가불금이 지급하여야 할 보험금등을 초과하면 가불금을 지급받은 자에게 그 초과액의 반환을 청구할 수 있다.

④ 보험회사등은 제2항에 따라 가불금을 지급한 후 보험가입자등에게 손해배상책임이 없는 것으로 밝혀진 경우에는 가불금을 지급받은 자에게 그 지급액의 반환을 청구할 수 있다.

〈개정 2020. 6. 9.〉

⑤ 보험회사등은 제3항 및 제4항에 따른 반환 청구에도 불구하고 가불금을 반환받지 못하는 경우로서 대통령령으로 정하는 요건을 갖추면 반환받지 못한 가불금의 보상을 정부에 청구할 수 있다. 〈개정 2009. 2. 6., 2016. 12. 20.〉

제12조(자동차보험진료수가의 청구 및 지급)

① 보험회사등은 보험가입자등 또는 제10조제1항 후단에 따른 피해자가 청구하거나 그 밖의 원인으로 교통사고환자가 발생한 것을 안 경우에는 지체 없이 그 교통사고환자를 진료하는 의료기관에 해당 진료에 따른 자동차보험진료수가의 지급 의사 유무와 지급 한도를 알려야 한다. 〈개정 2009. 2. 6.〉

② 제1항에 따라 보험회사등으로부터 자동차보험진료수가의 지급 의사와 지급 한도를 통지받은 의료기관은 그 보험회사등에게 제15조에 따라 국토교통부장관이 고시한 기준에 따라 자동차보험진료수가를 청구할 수 있다. 〈개정 2013. 3. 23.〉

③ 의료기관이 제2항에 따라 보험회사등에게 자동차보험진료수가를 청구하는 경우에는 「의료법」 제22조에 따른 진료기록부의 진료기록에 따라 청구하여야 한다.

④ 제2항에 따라 의료기관이 자동차보험진료수가를 청구하면 보험회사등은 30일 이내에 그 청구액을 지급하여야 한다. 다만, 보험회사등이 제12조의2제1항에 따라 위탁한 경우 전문심사기관이 심사결과를 통지한 날부터 14일 이내에 심사결과에 따라 자동차보험진료수가를 지급하여야 한다. 〈개정 2015. 6. 22.〉

⑤ 의료기관은 제2항에 따라 보험회사등에게 자동차보험진료수가를 청구할 수 있는 경우에는 교통사고환자(환자의 보호자를 포함한다)에게 이에 해당하는 진료비를 청구하여서는 아니 된다. 다만, 다음 각 호의 어느 하나에 해당하는 경우에는 해당 진료비를 청구할 수 있다. 〈개정 2013. 3. 23.〉

1. 보험회사등이 지급 의사가 없다는 사실을 알리거나 지급 의사를 철회한 경우
2. 보험회사등이 보상하여야 할 대상이 아닌 비용의 경우
3. 제1항에 따라 보험회사등이 알린 지급 한도를 초과한 진료비의 경우
4. 제10조제1항 또는 제11조제1항에 따라 피해자가 보험회사등에게 자동차보험진료수가를 자기에게 직접 지급할 것을 청구한 경우
5. 그 밖에 국토교통부령으로 정하는 사유에 해당하는 경우

제12조의2(업무의 위탁)

① 보험회사등은 제12조제4항에 따라 의료기관이 청구하는 자동차보험진료수가의 심사·조정 업무 등을 대통령령으로 정하는 전문심사기관(이하 "전문심사기관"이라 한다)에 위탁할 수 있다.

② 전문심사기관은 제1항에 따라 의료기관이 청구한 자동차보험진료수가가 제15조에 따른 자동차보험진료수가에 관한 기준에 적합한지를 심사한다.

③ 삭제 〈2015. 6. 22.〉

④ 제1항에 따라 전문심사기관에 위탁한 경우 청구, 심사, 이의제기 등의 방법 및 절차 등은 국토교통부령으로 정한다. 〈개정 2013. 3. 23., 2015. 6. 22.〉

[본조신설 2012. 2. 22.]

제13조(입원환자의 관리 등)

① 제12조제2항에 따라 보험회사등에 자동차보험진료수가를 청구할 수 있는 의료기관은 교통사고로 입원한 환자(이하 "입원환자"라 한다)의 외출이나 외박에 관한 사항을 기록·관리하여야 한다.

② 입원환자는 외출하거나 외박하려면 의료기관의 허락을 받아야 한다.

③ 제12조제1항에 따라 자동차보험진료수가의 지급 의사 유무 및 지급 한도를 통지한 보험회사등은 입원환자의 외출이나 외박에 관한 기록의 열람을 청구할 수 있다. 이 경우 의료기관은 정당한 사유가 없으면 청구에 따라야 한다.

제13조의2(교통사고환자의 퇴원 · 전원 지시)

① 의료기관은 입원 중인 교통사고환자가 수술·처치 등의 진료를 받은 후 상태가 호전되어 더 이상 입원진료가 필요하지 아니한 경우에는 그 환자에게 퇴원하도록 지시할 수 있고, 생활근거지에서 진료할 필요가 있는 경우 등 대통령령으로 정하는 경우에는 대통령령으로 정하는 다른 의료기관으로 전원(轉院)하도록 지시할 수 있다. 이 경우 의료기관은 해당 환자와 제12조제1항에 따라 자동차보험진료수가의 지급 의사를 통지한 해당 보험회사등에게 그 사유와 일자를 지체없이 통보하여야 한다.

② 제1항에 따라 교통사고환자에게 다른 의료기관으로 전원하도록 지시한 의료기관이 다른 의료기관이나 담당의사로부터 진료기록, 임상소견서 및 치료경위서의 열람이나 송부 등 진료에 관한 정보의 제공을 요청받으면 지체 없이 이에 따라야 한다.

[본조신설 2009. 2. 6.]

제14조(진료기록의 열람 등)

① 보험회사등은 의료기관으로부터 제12조제2항에 따라 자동차보험진료수가를 청구받으면 그 의료기관에 대하여 관계 진료기록의 열람을 청구할 수 있다. 〈개정 2012. 2. 22.〉

② 제12조의2에 따라 심사 등을 위탁받은 전문심사기관은 심사 등에 필요한 진료기록·주민등록·출입국관리 등의 자료로서 대통령령으로 정하는 자료(이하 "진료기록등"이라 한다)의

제공을 국가, 지방자치단체, 의료기관, 보험회사등, 보험요율산출기관, 「공공기관의 운영에 관한 법률」에 따른 공공기관 및 그 밖의 공공단체 등에 요청할 수 있다. 〈신설 2012. 2. 22., 2021. 7. 27.〉

③ 제1항에 따른 청구를 받은 의료기관 및 제2항에 따른 요청을 받은 기관은 정당한 사유가 없으면 이에 따라야 한다. 〈신설 2012. 2. 22., 2020. 6. 9., 2021. 7. 27.〉

④ 보험회사등은 보험금 지급 청구를 받은 경우 대통령령으로 정하는 바에 따라 경찰청 등 교통사고 조사기관에 대하여 교통사고 관련 조사기록의 열람을 청구할 수 있다. 이 경우 경찰청 등 교통사고 조사기관은 특별한 사정이 없으면 열람하게 하여야 한다.
〈신설 2012. 2. 22., 2020. 6. 9.〉

⑤ 국토교통부장관은 보험회사등이 의무보험의 보험료(공제계약의 경우에는 공제분담금을 말한다) 산출 및 보험금등의 지급업무에 활용하기 위하여 필요한 경우 음주운전 등 교통법규 위반 또는 운전면허(「건설기계관리법」제26조제1항 본문에 따른 건설기계조종사면허를 포함한다. 이하 같다)의 효력에 관한 개인정보를 제공하여 줄 것을 보유기관의 장에게 요청할 수 있다. 이 경우 제공 요청을 받은 보유기관의 장은 특별한 사정이 없으면 이에 따라야 한다. 〈신설 2019. 11. 26.〉

⑥ 국토교통부장관은 제5항에 따른 교통법규 위반 또는 운전면허의 효력에 관한 개인정보를 제39조의3에 따른 자동차손해배상진흥원을 통하여 보험회사등에게 제공할 수 있다. 이 경우 그 개인정보 제공의 범위·절차 및 방법에 관한 사항은 대통령령으로 정한다.
〈신설 2019. 11. 26.〉

⑦ 자동차손해배상진흥원은 제5항 및 제6항에 따라 보험회사등이 의무보험의 보험료 산출 및 보험금등의 지급 업무에 활용하기 위하여 필요한 경우 외에는 제6항에 따라 제공받아 보유하는 개인정보를 타인에게 제공할 수 없다. 〈신설 2019. 11. 26.〉

⑧ 보험회사등, 전문심사기관 및 자동차손해배상진흥원에 종사하거나 종사한 자는 제1항부터 제4항까지에 따른 진료기록등 또는 교통사고 관련 조사기록의 열람으로 알게 된 다른 사람의 비밀이나 제6항에 따라 제공받은 개인정보를 누설하거나 직무상 목적 외의 용도로 이용 또는 제3자에게 제공하여서는 아니 된다. 〈개정 2012. 2. 22., 2019. 11. 26., 2021. 7. 27.〉

⑨ 전문심사기관은 의료기관, 보험회사등 및 보험요율산출기관에 제2항에 따른 자료의 제공을 요청하는 경우 자료 제공 요청 근거 및 사유, 자료 제공 대상자, 대상기간, 자료 제공 기한, 제공 자료 등이 기재된 자료제공요청서를 발송하여야 한다. 〈신설 2021. 7. 27.〉

⑩ 제2항에 따른 국가, 지방자치단체, 의료기관, 보험요율산출기관, 공공기관 및 그 밖의 공공단체가 전문심사기관에 제공하는 자료에 대하여는 사용료와 수수료를 면제한다.

제14조의2(책임보험등의 보상한도를 초과하는 경우에의 준용)

자동차보유자가 책임보험등의 보상한도를 초과하는 손해를 보상하는 보험 또는 공제에 가입한 경우 피해자가 책임보험등의 보상한도 및 이를 초과하는 손해를 보상하는 보험 또는 공제의 보상한도의 범위에서 자동차보험진료수가를 청구할 경우에도 제10조부터 제13조까지, 제13조의2 및 제14조를 준용한다.

[본조신설 2009. 2. 6.]

제3장 자동차보험진료수가 기준 및 분쟁 조정

제15조(자동차보험진료수가 등)

① 국토교통부장관은 교통사고환자에 대한 적절한 진료를 보장하고 보험회사등, 의료기관 및 교통사고환자 간의 진료비에 관한 분쟁을 방지하기 위하여 자동차보험진료수가에 관한 기준(이하 "자동차보험진료수가기준"이라 한다)을 정하여 고시하여야 한다.

〈개정 2009. 2. 6., 2013. 3. 23., 2021. 7. 27.〉

② 자동차보험진료수가기준에는 자동차보험진료수가의 인정범위 · 청구절차 및 지급절차, 그 밖에 국토교통부령으로 정하는 사항이 포함되어야 한다. 〈개정 2013. 3. 23.〉

③ 국토교통부장관은 자동차보험진료수가기준을 정하거나 변경하는 경우 제17조에 따른 자동차보험진료수가분쟁심의회의 심의를 거쳐 결정한다. 〈개정 2012. 2. 22., 2013. 3. 23., 2021. 7. 27.〉

제15조의2(자동차보험정비협의회)

① 보험회사등과 자동차정비업자는 자동차보험 정비요금에 대한 분쟁의 예방 · 조정 및 상호 간의 협력을 위하여 다음 각 호의 사항을 협의하는 자동차보험정비협의회(이하 "협의회"라 한다)를 구성하여야 한다.

1. 정비요금(표준 작업시간과 공임 등을 포함한다)의 산정에 관한 사항

2. 제1호에 따른 정비요금의 조사 · 연구 및 연구결과의 갱신 등에 관한 사항

3. 그 밖에 보험회사등과 자동차정비업자의 상호 협력을 위하여 필요한 사항

② 협의회는 위원장 1명을 포함한 다음 각 호의 위원으로 구성하며, 위원은 국토교통부령으로 정하는 바에 따라 국토교통부장관이 위촉한다.

    1. 보험업계를 대표하는 위원 5명

    2. 정비업계를 대표하는 위원 5명

    3. 공익을 대표하는 위원 5명

③ 협의회의 위원장은 제2항제3호에 해당하는 위원 중에서 위원 과반수의 동의로 선출한다.

④ 협의회 위원의 임기는 3년으로 한다. 다만, 위원의 사임 등으로 인하여 새로 위촉된 위원의 임기는 전임위원의 남은 임기로 한다.

⑤ 협의회는 제1항 각 호의 사항을 협의하기 위하여 매년 1회 이상 회의를 개최하여야 한다.

⑥ 제1항제1호에 따른 정비요금의 산정에 관한 사항은 보험회사등과 자동차정비업자 간의 정비요금에 대한 계약을 체결하는 데 참고자료로 사용할 수 있다.

⑦ 제1항부터 제6항까지에서 규정한 사항 외에 협의회의 구성·운영 및 조사·연구 등에 필요한 사항은 대통령령으로 정한다.

[본조신설 2020. 4. 7.]

제16조 삭제 〈2020. 4. 7.〉

제17조(자동차보험진료수가분쟁심의회)

① 보험회사등과 의료기관은 서로 협의하여 자동차보험진료수가와 관련된 분쟁의 예방 및 신속한 해결을 위한 다음 각 호의 업무를 수행하기 위하여 자동차보험진료수가분쟁심의회(이하 "심의회"라 한다)를 구성하여야 한다.   〈개정 2021. 7. 27.〉

    1. 자동차보험진료수가에 관한 분쟁의 심사·조정

    2. 자동차보험진료수가기준의 제정·변경 등에 관한 심의

    3. 제1호 및 제2호의 업무와 관련된 조사·연구

② 심의회는 위원장을 포함한 18명의 위원으로 구성한다.

③ 위원은 국토교통부장관이 위촉하되, 6명은 보험회사등의 단체가 추천한 자 중에서, 6명은 의료사업자단체가 추천한 자 중에서, 6명은 대통령령으로 정하는 요건을 갖춘 자 중에서 각각 위촉한다. 이 중 대통령령으로 정하는 요건을 갖추어 국토교통부장관이 위촉한 위원은 보험회사등 및 의료기관의 자문위원 등 심의회 업무의 공정성을 해칠 수 있는 직을 겸하여서는 아니 된다.   〈개정 2012. 2. 22., 2013. 3. 23.〉

④ 위원장은 위원 중에서 호선한다.

⑤ 위원의 임기는 2년으로 하되, 연임할 수 있다. 다만, 보궐위원의 임기는 전임자의 남은 임기로 한다.

⑥ 심의회의 구성·운영 등에 필요한 세부사항은 대통령령으로 정한다.

제18조(운영비용)

심의회의 운영을 위하여 필요한 운영비용은 보험회사등과 의료기관이 부담한다.

제19조(자동차보험진료수가의 심사 청구 등)

① 보험회사등과 의료기관은 제12조의2제2항에 따른 심사결과에 이의가 있는 때에는 이의제기 결과를 통보받은 날부터 30일 이내에 심의회에 그 심사를 청구할 수 있다.

〈개정 2013. 8. 6., 2020. 6. 9.〉

② 삭제 〈2013. 8. 6.〉

③ 제12조의2제1항에 따른 전문심사기관의 심사결과를 통지받은 보험회사등 및 의료기관은 제1항의 기간에 심사를 청구하지 아니하면 그 기간이 끝나는 날에 의료기관이 지급 청구한 내용 또는 심사결과에 합의한 것으로 본다.

〈개정 2013. 8. 6.〉

④ 삭제 〈2013. 8. 6.〉

⑤ 삭제 〈2013. 8. 6.〉

⑥ 제1항에 따른 심사 청구의 대상 및 절차 등은 대통령령으로 정한다. 〈신설 2013. 8. 6.〉

제20조(심사·결정 절차 등)

① 심의회는 제19조제1항에 따른 심사청구가 있으면 자동차보험진료수가기준에 따라 이를 심사·결정하여야 한다. 다만, 그 심사 청구 사건이 자동차보험진료수가기준에 따라 심사·결정할 수 없는 경우에는 당사자에게 합의를 권고할 수 있다.

② 심의회의 심사·결정 절차 등에 필요한 사항은 심의회가 정하여 국토교통부장관의 승인을 받아야 한다.

〈개정 2013. 3. 23.〉

제21조(심사와 결정의 효력 등)

① 심의회는 제19조제1항의 심사청구에 대하여 결정한 때에는 지체 없이 그 결과를 당사자에게 알려야 한다.

② 제1항에 따라 통지를 받은 당사자가 심의회의 결정 내용을 받아들인 경우에는 그 수락 의사를 표시한 날에, 통지를 받은 날부터 30일 이내에 소(訴)를 제기하지 아니한 경우에는 그 30

일이 지난 날의 다음 날에 당사자 간에 결정내용과 같은 내용의 합의가 성립된 것으로 본다. 이 경우 당사자는 합의가 성립된 것으로 보는 날부터 7일 이내에 심의회의 결정 내용에 따라 상호 정산하여야 한다. 〈개정 2015. 6. 22.〉

제22조(심의회의 권한)

심의회는 제20조제1항에 따른 심사·결정을 위하여 필요하다고 인정하면 보험회사등·의료기관·보험사업자단체 또는 의료사업자단체에 필요한 서류를 제출하게 하거나 의견을 진술 또는 보고하게 하거나 관계 전문가에게 진단 또는 검안 등을 하게 할 수 있다.

제22조의2(자료의 제공)

심의회는 제20조제1항에 따른 심사·결정을 위하여 전문심사기관에 필요한 자료 및 의견서를 제출하게 할 수 있다. 이 경우 요청을 받은 전문심사기관은 특별한 사유가 없으면 이에 협조하여야 한다.

[본조신설 2016. 3. 22.]

제23조(위법 사실의 통보 등)

심의회는 심사 청구 사건의 심사나 그 밖의 업무를 처리할 때 당사자 또는 관계인이 법령을 위반한 사실이 확인되면 관계 기관에 이를 통보하여야 한다.

제23조의2(심의회 운영에 대한 점검)

① 국토교통부장관은 필요한 경우 심의회의 운영 및 심사기준의 운용과 관련한 자료를 제출받아 이를 점검할 수 있다. 〈개정 2013. 3. 23.〉
② 심의회는 제1항에 따라 자료의 제출 또는 보고를 요구받은 때에는 특별한 사유가 없으면 그 요구를 따라야 한다. 〈개정 2020. 6. 9.〉

[본조신설 2012. 2. 22.]

제4장 책임보험등 사업

제24조(계약의 체결 의무)

① 보험회사등은 자동차보유자가 제5조제1항부터 제3항까지의 규정에 따른 보험 또는 공제에 가입하려는 때에는 대통령령으로 정하는 사유가 있는 경우 외에는 계약의 체결을 거부할 수 없다.

② 자동차보유자가 교통사고를 발생시킬 개연성이 높은 경우 등 국토교통부령으로 정하는 사유에 해당하면 제1항에도 불구하고 다수의 보험회사가 공동으로 제5조제1항부터 제3항까지의 규정에 따른 보험 또는 공제의 계약을 체결할 수 있다. 이 경우 보험회사는 자동차보유자에게 공동계약체결의 절차 및 보험료에 대한 안내를 하여야 한다. 〈개정 2013. 3. 23.〉

제25조(보험 계약의 해제 등)

보험가입자와 보험회사등은 다음 각 호의 어느 하나에 해당하는 경우 외에는 의무보험의 계약을 해제하거나 해지하여서는 아니 된다. 〈개정 2013. 3. 23., 2017. 11. 28.〉

1. 「자동차관리법」 제13조 또는 「건설기계관리법」 제6조에 따라 자동차의 말소등록(抹消登錄)을 한 경우
2. 「자동차관리법」 제58조제5항제1호에 따라 자동차해체재활용업자가 해당 자동차·자동차등록증·등록번호판 및 봉인을 인수하고 그 사실을 증명하는 서류를 발급한 경우
3. 「건설기계관리법」 제25조의2에 따라 건설기계해체재활용업자가 해당 건설기계와 등록번호표를 인수하고 그 사실을 증명하는 서류를 발급한 경우
4. 해당 자동차가 제5조제4항의 자동차로 된 경우
5. 해당 자동차가 다른 의무보험에 이중으로 가입되어 하나의 가입 계약을 해제하거나 해지하려는 경우
6. 해당 자동차를 양도한 경우
7. 천재지변·교통사고·화재·도난, 그 밖의 사유로 자동차를 더 이상 운행할 수 없게 된 사실을 증명한 경우
8. 그 밖에 국토교통부령으로 정하는 경우

제26조(의무보험 계약의 승계)

① 의무보험에 가입된 자동차가 양도된 경우에 그 자동차의 양도일(양수인이 매매대금을 지급하고 현실적으로 자동차의 점유를 이전받은 날을 말한다)부터 「자동차관리법」 제12조에 따른 자동차소유권 이전등록 신청기간이 끝나는 날(자동차소유권 이전등록 신청기간이 끝나기 전에 양수인이 새로운 책임보험등의 계약을 체결한 경우에는 그 계약 체결일)까지의 기간은 「상법」 제726조의4에도 불구하고 자동차의 양수인이 의무보험의 계약에 관한 양도인의 권리의무를 승계한다.

② 제1항의 경우 양도인은 양수인에게 그 승계기간에 해당하는 의무보험의 보험료(공제계약의 경우에는 공제분담금을 말한다. 이하 같다)의 반환을 청구할 수 있다.

③ 제2항에 따라 양수인이 의무보험의 승계기간에 해당하는 보험료를 양도인에게 반환한 경우에는 그 금액의 범위에서 양수인은 보험회사등에게 보험료의 지급의무를 지지 아니한다.

제27조(의무보험 사업의 구분경리)

보험회사등은 의무보험에 따른 사업에 대하여는 다른 보험사업·공제사업이나 그 밖의 다른 사업과 구분하여 경리하여야 한다.

제28조(사전협의)

금융위원회는 「보험업법」 제4조제1항제2호다목에 따른 자동차보험의 보험약관(책임보험이 포함되는 경우에 한정한다)을 작성하거나 변경하려는 경우에는 국토교통부장관과 미리 협의하여야 한다.

[전문개정 2015. 6. 22.]

제29조(보험금등의 지급 등)

① 다음 각 호의 어느 하나에 해당하는 사유로 다른 사람이 사망 또는 부상하거나 다른 사람의 재물이 멸실되거나 훼손되어 보험회사등이 피해자에게 보험금등을 지급한 경우에는 보험회사등은 해당 보험금등에 상당하는 금액을 법률상 손해배상책임이 있는 자에게 구상(求償)할 수 있다. 〈개정 2013. 3. 23., 2017. 11. 28., 2021. 7. 27., 2021. 12. 7.〉

1. 「도로교통법」에 따른 운전면허 또는 「건설기계관리법」에 따른 건설기계조종사면허 등 자동차를 운행할 수 있는 자격을 갖추지 아니한 상태(자격의 효력이 정지된 경우를 포함한다)에서 자동차를 운행하다가 일으킨 사고

2. 「도로교통법」 제44조제1항을 위반하여 술에 취한 상태에서 자동차를 운행하거나 같은

법 제45조를 위반하여 약물의 영향으로 정상적으로 운전하지 못할 우려가 있는 상태에서 자동차를 운행하다가 일으킨 사고

3. 「도로교통법」 제54조제1항에 따른 조치를 하지 아니한 사고(「도로교통법」 제156조제 10호에 해당하는 경우는 제외한다)

② 제5조제1항에 따른 책임보험등의 보험금등을 변경하는 것을 내용으로 하는 대통령령을 개정할 때 그 변경 내용이 보험가입자등에게 유리하게 되는 경우에는 그 변경 전에 체결된 계약 내용에도 불구하고 보험회사등에게 변경된 보험금등을 지급하도록 하는 다음 각 호의 사항을 규정할 수 있다.

1. 종전의 계약을 새로운 계약으로 갱신하지 아니하더라도 이미 계약된 종전의 보험금등을 변경된 보험금등으로 볼 수 있도록 하는 사항

2. 그 밖에 보험금등의 변경에 필요한 사항이나 변경된 보험금등의 지급에 필요한 사항

제29조의2(자율주행자동차사고 보험금등의 지급 등) 자율주행자동차의 결함으로 인하여 발생한 자율주행자동차사고로 다른 사람이 사망 또는 부상하거나 다른 사람의 재물이 멸실 또는 훼손되어 보험회사등이 피해자에게 보험금등을 지급한 경우에는 보험회사등은 법률상 손해배상책임이 있는 자에게 그 금액을 구상할 수 있다.

[본조신설 2020. 4. 7.]

제5장 자동차사고 피해지원사업〈개정 2013. 8. 6.〉

제30조(자동차손해배상 보장사업)

① 정부는 다음 각 호의 어느 하나에 해당하는 경우에는 피해자의 청구에 따라 책임보험의 보험금 한도에서 그가 입은 피해를 보상한다. 다만, 정부는 피해자가 청구하지 아니한 경우에도 직권으로 조사하여 책임보험의 보험금 한도에서 그가 입은 피해를 보상할 수 있다.

〈개정 2012. 2. 22., 2021. 7. 27.〉

1. 자동차보유자를 알 수 없는 자동차의 운행으로 사망하거나 부상한 경우

2. 보험가입자등이 아닌 자가 제3조에 따라 손해배상의 책임을 지게 되는 경우. 다만, 제5조 제4항에 따른 자동차의 운행으로 인한 경우는 제외한다.

3. 자동차보유자를 알 수 없는 자동차의 운행 중 해당 자동차로부터 낙하된 물체로 인하여 사

망하거나 부상한 경우

② 정부는 자동차의 운행으로 인한 사망자나 대통령령으로 정하는 중증 후유장애인( )의 유자녀(幼子女) 및 피부양가족이 경제적으로 어려워 생계가 곤란하거나 학업을 중단하여야 하는 문제 등을 해결하고 중증 후유장애인이 재활할 수 있도록 지원할 수 있다.

③ 국토교통부장관은 제1항 및 제2항에 따른 업무를 수행하기 위하여 다음 각 호의 기관에 대통령령에 따른 정보의 제공을 요청하고 수집 · 이용할 수 있으며, 요청받은 기관은 특별한 사유가 없으면 관련 정보를 제공하여야 한다. 〈신설 2012. 2. 22., 2013. 3. 23., 2016. 3. 22., 2021. 7. 27.〉

  1. 행정안전부장관
  2. 보건복지부장관
  3. 여성가족부장관
  4. 경찰청장
  5. 특별시장 · 광역시장 · 특별자치시장 · 도지사 · 특별자치도지사 · 시장 · 군수 · 구청장
  6. 보험요율산출기관

④ 정부는 제11조제5항에 따른 보험회사등의 청구에 따라 보상을 실시한다. 〈개정 2012. 2. 22.〉

⑤ 제1항 · 제2항 및 제4항에 따른 정부의 보상 또는 지원의 대상 · 기준 · 금액 · 방법 및 절차 등에 필요한 사항은 대통령령으로 정한다. 〈개정 2012. 2. 22.〉

⑥ 제1항 · 제2항 및 제4항에 따른 정부의 보상사업(이하 "자동차손해배상 보장사업"이라 한다)에 관한 업무는 국토교통부장관이 행한다. 〈개정 2012. 2. 22., 2013. 3. 23.〉

제30조의2(자동차사고 피해예방사업)

① 국토교통부장관은 자동차사고로 인한 피해 등을 예방하기 위하여 다음 각 호의 사업을 수행할 수 있다.

  1. 자동차사고 피해예방을 위한 교육 및 홍보 또는 이와 관련한 시설 및 장비의 지원
  2. 자동차사고 피해예방을 위한 기기 및 장비 등의 개발 · 보급
  3. 그 밖에 자동차사고 피해예방을 위한 연구 · 개발 등 대통령령으로 정하는 사항

② 제1항에 따른 자동차사고 피해예방사업의 기준 · 금액 · 방법 및 절차 등에 관하여 필요한 사항은 대통령령으로 정한다.

[본조신설 2013. 8. 6.]

제31조(후유장애인 등의 재활 지원)

① 국토교통부장관은 자동차사고 부상자나 부상으로 인한 후유장애인의 재활을 지원하기 위한

의료재활시설 및 직업재활시설(이하 "재활시설"이라 한다)을 설치하여 그 재활에 필요한 다음 각 호의 사업(이하 "재활사업"이라 한다)을 수행할 수 있다. 〈개정 2013. 3. 23., 2016. 3. 22.〉

1. 의료재활사업 및 그에 딸린 사업으로서 대통령령으로 정하는 사업

2. 직업재활사업(직업재활상담을 포함한다) 및 그에 딸린 사업으로서 대통령령으로 정하는 사업

② 삭제 〈2016. 12. 20.〉

③ 재활시설의 용도로 건설되거나 조성되는 건축물, 토지, 그 밖의 시설물 등은 국가에 귀속된다.

④ 국토교통부장관이 재활시설을 설치하는 경우에는 그 규모와 설계 등에 관한 중요 사항에 대하여 자동차사고 후유장애인단체의 의견을 들어야 한다. 〈개정 2013. 3. 23.〉

[제목개정 2016. 3. 22.]

제32조(재활시설운영자의 지정)

① 국토교통부장관은 다음 각 호의 구분에 따라 그 요건을 갖춘 자 중 국토교통부장관의 지정을 받은 자에게 재활시설이나 재활사업의 관리 · 운영을 위탁할 수 있다.

〈개정 2009. 5. 27., 2013. 3. 23., 2015. 6. 22.〉

1. 의료재활시설 및 제31조제1항제1호에 따른 재활사업: 「의료법」 제33조에 따라 의료기관의 개설허가를 받고 재활 관련 진료과목을 개설한 자로서 같은 법 제3조제3항에 따른 종합병원을 운영하고 있는 자

2. 직업재활시설 및 제31조제1항제2호에 따른 재활사업: 다음 각 목의 어느 하나에 해당하는 자

가. 자동차사고 후유장애인단체 중에서 「민법」 제32조에 따라 국토교통부장관의 허가를 받은 법인으로서 대통령령으로 정하는 요건을 갖춘 법인

나. 자동차사고 후유장애인단체 중에서 「협동조합 기본법」 에 따라 설립된 사회적협동조합으로서 대통령령으로 정하는 요건을 갖춘 법인

② 제1항에 따라 지정을 받으려는 자는 대통령령으로 정하는 바에 따라 국토교통부장관에게 신청하여야 한다. 〈개정 2009. 5. 27., 2013. 3. 23.〉

③ 제1항에 따라 지정을 받은 자로서 재활시설이나 재활사업의 관리 · 운영을 위탁받은 자(이하 "재활시설운영자"라 한다)는 재활시설이나 재활사업의 관리 · 운영에 관한 업무를 수행할 때에는 별도의 회계를 설치하고 다른 사업과 구분하여 경리하여야 한다. 〈개정 2009. 5. 27.〉

④ 재활시설운영자의 지정 절차 및 그에 대한 감독 등에 관해 필요한 사항은 대통령령으로 정한다.

제33조(재활시설운영자의 지정 취소)

① 국토교통부장관은 재활시설운영자가 다음 각 호의 어느 하나에 해당하면 그 지정을 취소할 수 있다. 다만, 제1호 또는 제2호에 해당하면 그 지정을 취소하여야 한다. 〈개정 2013. 3. 23.〉

　1. 거짓이나 그 밖의 부정한 방법으로 지정을 받은 경우

　2. 제32조제1항 각 호의 요건에 맞지 아니하게 된 경우

　3. 제32조제3항을 위반하여 다른 사업과 구분하여 경리하지 아니한 경우

　4. 정당한 사유 없이 제43조제4항에 따른 시정명령을 3회 이상 이행하지 아니한 경우

　5. 법인의 해산 등 사정의 변경으로 재활시설이나 재활사업의 관리 · 운영에 관한 업무를 계속 수행하는 것이 불가능하게 된 경우

② 국토교통부장관은 제1항에 따라 재활시설운영자의 지정을 취소한 경우로서 다음 각 호에 모두 해당하는 경우에는 새로운 재활시설운영자가 지정될 때까지 그 기간 및 관리 · 운영조건을 정하여 지정이 취소된 자에게 재활시설이나 재활사업의 관리 · 운영업무를 계속하게 할 수 있다. 이 경우 지정이 취소된 자는 그 계속하는 업무의 범위에서 재활시설운영자로 본다.

〈개정 2013. 3. 23.〉

　1. 지정취소일부터 새로운 재활시설운영자를 정할 수 없는 경우

　2. 계속하여 재활시설이나 재활사업의 관리 · 운영이 필요한 경우

③ 제1항에 따라 지정이 취소된 자는 그 지정이 취소된 날(제2항에 따라 업무를 계속한 경우에는 그 계속된 업무가 끝난 날을 말한다)부터 2년 이내에는 재활시설운영자로 다시 지정받을 수 없다.

제34조(재활시설운영심의위원회)

① 재활시설의 설치 및 재활사업의 운영 등에 관한 다음 각 호의 사항을 심의하기 위하여 국토교통부장관 소속으로 재활시설운영심의위원회(이하 "심의위원회"라 한다)를 둔다.

〈개정 2013. 3. 23.〉

　1. 재활시설의 설치와 관리에 관한 사항

　2. 재활사업의 운영에 관한 사항

　3. 재활시설운영자의 지정과 지정 취소에 관한 사항

　4. 재활시설운영자의 사업계획과 예산에 관한 사항

　5. 그 밖에 재활시설과 재활사업의 관리 · 운영에 관한 사항으로서 대통령령으로 정하는 사항

② 심의위원회의 구성 · 운영 등에 대하여 필요한 사항은 대통령령으로 정한다.

제35조(준용)

① 제30조제1항에 따른 피해자의 보상금 청구에 관하여는 제10조부터 제13조까지, 제13조의2 및 제14조를 준용한다. 이 경우 "보험회사등"은 "자동차손해배상 보장사업을 하는 자"로, "보험금등"은 "보상금"으로 본다. 〈개정 2009. 2. 6.〉

② 제30조제1항에 따른 보상금 중 피해자의 진료수가에 대한 심사청구 등에 관하여는 제19조 및 제20조를 준용한다. 이 경우 "보험회사등"은 "자동차손해배상 보장사업을 하는 자"로 본다.

제36조(다른 법률에 따른 배상 등과의 조정)

① 정부는 피해자가 「국가배상법」, 「산업재해보상보험법」, 그 밖에 대통령령으로 정하는 법률에 따라 제30조제1항의 손해에 대하여 배상 또는 보상을 받으면 그가 배상 또는 보상받는 금액의 범위에서 제30조제1항에 따른 보상 책임을 지지 아니한다.

② 정부는 피해자가 제3조의 손해배상책임이 있는 자로부터 제30조제1항의 손해에 대하여 배상을 받으면 그가 배상받는 금액의 범위에서 제30조제1항에 따른 보상 책임을 지지 아니한다.

③ 정부는 제30조제2항에 따라 지원받을 자가 다른 법률에 따라 같은 사유로 지원을 받으면 그 지원을 받는 범위에서 제30조제2항에 따른 지원을 하지 아니할 수 있다.

제37조(자동차사고 피해지원사업 분담금)

① 제5조제1항에 따라 책임보험등에 가입하여야 하는 자와 제5조제4항에 따른 자동차 중 대통령령으로 정하는 자동차보유자는 자동차사고 피해지원사업 및 관련 사업을 위한 분담금을 국토교통부장관에게 내야 한다. 〈개정 2013. 8. 6., 2016. 12. 20.〉

② 제1항에 따라 분담금을 내야 할 자 중 제5조제1항에 따라 책임보험등에 가입하여야 하는 자의 분담금은 책임보험등의 계약을 체결하는 보험회사등이 해당 납부 의무자와 계약을 체결할 때에 징수하여 정부에 내야 한다.

③ 국토교통부장관은 제30조제1항제1호 및 제2호의 경우에 해당하는 사고를 일으킨 자에게는 제1항에 따른 분담금의 3배의 범위에서 대통령령으로 정하는 바에 따라 분담금을 추가로 징수할 수 있다. 〈신설 2016. 3. 22., 2020. 6. 9.〉

④ 제1항에 따른 분담금의 금액과 납부 방법 및 관리 등에 필요한 사항은 대통령령으로 정한다. 〈개정 2016. 12. 20.〉

[제목개정 2013. 8. 6.]

제38조(분담금의 체납처분)

① 국토교통부장관은 제37조에 따른 분담금을 납부기간에 내지 아니한 자에 대하여는 10일 이상의 기간을 정하여 분담금을 낼 것을 독촉하여야 한다. 〈개정 2013. 3. 23.〉

② 국토교통부장관은 제1항에 따라 분담금 납부를 독촉받은 자가 그 기한까지 분담금을 내지 아니하면 국세 체납처분의 예에 따라 징수한다. 〈개정 2013. 3. 23.〉

제39조(청구권 등의 대위)

① 정부는 제30조제1항에 따라 피해를 보상한 경우에는 그 보상금액의 한도에서 제3조에 따른 손해배상책임이 있는 자에 대한 피해자의 손해배상 청구권을 대위행사(代位行使)할 수 있다.

② 정부는 제30조제4항에 따라 보험회사등에게 보상을 한 경우에는 제11조제3항 및 제4항에 따른 가불금을 지급받은 자에 대한 보험회사등의 반환청구권을 대위행사할 수 있다.

〈개정 2012. 2. 22.〉

③ 정부는 다음 각 호의 어느 하나에 해당하는 때에는 제39조의2에 따른 자동차손해배상보장사업 채권정리위원회의 의결에 따라 제1항 및 제2항에 따른 청구권의 대위행사를 중지할 수 있으며, 구상금 또는 미반환가불금 등의 채권을 결손처분할 수 있다. 〈신설 2009. 2. 6.〉

1. 해당 권리에 대한 소멸시효가 완성된 때

2. 그 밖에 채권을 회수할 가능성이 없다고 인정되는 경우로서 대통령령으로 정하는 경우

제39조의2(자동차손해배상보장사업 채권정리위원회)

① 제39조제1항 및 제2항에 따른 채권의 결손처분과 관련된 사항을 의결하기 위하여 국토교통부장관 소속으로 자동차손해배상보장사업 채권정리위원회(이하 "채권정리위원회"라 한다)를 둔다. 〈개정 2013. 3. 23.〉

② 채권정리위원회의 구성·운영 등에 필요한 사항은 대통령령으로 정한다.

[본조신설 2009. 2. 6.]

제6장 자동차손해배상진흥원 〈신설 2015. 6. 22.〉

제39조의3(자동차손해배상진흥원의 설립)

① 국토교통부장관은 자동차손해배상 보장사업의 체계적인 지원 및 공제사업자에 대한 검사 업무 등을 수행하기 위하여 자동차손해배상진흥원을 설립할 수 있다.

② 자동차손해배상진흥원은 법인으로 한다.

③ 자동차손해배상진흥원은 주된 사무소의 소재지에서 설립등기를 함으로써 성립한다.

④ 자동차손해배상진흥원의 정관에는 다음 각 호의 사항이 포함되어야 한다.

  1. 목적

  2. 명칭

  3. 사무소에 관한 사항

  4. 임직원에 관한 사항

  5. 업무와 그 집행에 관한 사항

  6. 예산과 회계에 관한 사항

  7. 이사회에 관한 사항

  8. 정관의 변경에 관한 사항

⑤ 자동차손해배상진흥원은 정관을 작성하고 변경할 때에는 국토교통부장관의 승인을 받아야 한다.

[본조신설 2015. 6. 22.]

제39조의4(업무 등)

① 자동차손해배상진흥원은 다음 각 호의 업무를 수행한다.　〈개정 2021. 3. 16.〉

  1. 제2항의 검사 대상 기관의 업무 및 재산 상황 검사

  2. 자동차손해배상 및 보상 정책의 수립·추진 지원

  3. 자동차손해배상 및 보상 정책 관련 연구

  4. 이 법 또는 다른 법령에 따라 위탁받은 업무

  5. 그 밖에 국토교통부령으로 정하는 업무

② 자동차손해배상진흥원의 검사를 받는 기관은 다음 각 호와 같다.　〈개정 2021. 3. 16.〉

  1. 「여객자동차 운수사업법」에 따른 인가·허가를 받아 공제사업을 하는 기관

2. 「화물자동차 운수사업법」에 따른 인가 · 허가를 받아 공제사업을 하는 기관

3. 그 밖에 국토교통부령으로 정하는 기관

[본조신설 2015. 6. 22.]

제39조의5(임원 등)

① 자동차손해배상진흥원에 원장 1명, 이사장 1명을 포함한 12명 이내의 이사, 감사 1명을 둔다. 〈개정 2021. 7. 27.〉

② 원장은 자동차손해배상진흥원을 대표하고, 그 업무를 총괄하며, 제5항에 따른 이사회에서 추천을 받아 국토교통부장관이 임명한다.

③ 감사는 자동차손해배상진흥원의 업무와 회계를 감사하며, 국토교통부장관이 임명한다.

④ 원장 외의 임원은 비상근으로 한다.

⑤ 자동차손해배상진흥원은 제39조의4제1항의 업무에 관한 사항을 심의 · 의결하기 위하여 이사회를 둘 수 있다.

⑥ 이사회는 원장, 이사장, 이사로 구성하되, 그 수는 13명 이내로 한다. 〈개정 2021. 7. 27.〉

⑦ 이사회의 구성과 운영에 관하여 필요한 사항은 국토교통부령으로 정한다.

[본조신설 2015. 6. 22.]

제39조의6(유사명칭의 사용 금지)

이 법에 따른 자동차손해배상진흥원이 아닌 자는 자동차손해배상진흥원 또는 이와 유사한 명칭을 사용할 수 없다.

[본조신설 2015. 6. 22.]

제39조의7(재원)

① 자동차손해배상진흥원은 제39조의4제2항 각 호의 기관으로부터 같은 조 제1항제1호의 검사 업무에 따른 소요 비용을 받을 수 있다.

② 자동차손해배상진흥원은 제39조의4제2항 각 호의 기관으로부터 검사 업무 이외에 필요한 운영비용을 받을 수 있다.

③ 자동차손해배상진흥원은 다음 각 호의 재원으로 그 경비를 충당한다.

1. 제1항에 따른 수입금

2. 제2항에 따른 수입금

3. 그 밖의 수입금

④ 제3항에 따른 수입금의 한도 및 관리 등에 필요한 사항은 대통령령으로 정한다.

[본조신설 2015. 6. 22.]

제39조의8(자료의 제출요구 등)

① 원장은 업무 수행에 필요하다고 인정할 때에는 제39조의4제2항 각 호의 기관에 대하여 업무 또는 재산에 관한 자료의 제출요구, 검사 및 질문 등을 할 수 있다.

② 제1항에 따라 검사 또는 질문을 하는 자는 그 권한을 표시하는 증표를 지니고 이를 관계인에게 내보여야 한다.

③ 원장은 제1항에 따른 업무 등으로 인한 검사결과를 국토교통부장관에게 지체 없이 보고하여야 한다.

[본조신설 2015. 6. 22.]

제39조의9 삭제 〈2020. 4. 7.〉

제39조의10(예산과 결산)

① 자동차손해배상진흥원의 예산은 국토교통부장관의 승인을 받아야 한다.

② 자동차손해배상진흥원의 회계연도는 정부의 회계연도에 따른다.

③ 자동차손해배상진흥원은 회계연도 개시 60일 전까지 국토교통부장관에게 예산서를 제출하여야 한다.

④ 원장은 회계연도 종료 후 2개월 이내에 해당 연도의 결산서를 국토교통부장관에게 제출하여야 한다.

[본조신설 2015. 6. 22.]

제7장 자동차사고 피해지원기금 〈신설 2016. 12. 20.〉

제39조의11(자동차사고 피해지원기금의 설치)

국토교통부장관은 자동차사고 피해지원사업 및 관련 사업에 필요한 재원을 확보하기 위하여 자동차사고 피해지원기금(이하 "기금"이라 한다)을 설치한다.

[본조신설 2016. 12. 20.]

제39조의12(기금의 조성 및 용도)

① 기금은 다음 각 호의 재원으로 조성한다.

    1. 제37조에 따른 분담금

    2. 기금의 운용으로 생기는 수익금

② 기금은 다음 각 호의 어느 하나에 해당하는 용도에 사용한다. 〈개정 2020. 6. 9.〉

    1. 제7조제1항에 따른 가입관리전산망의 구성ㆍ운영

    2. 제30조제1항에 따른 보상

    3. 제30조제2항에 따른 지원

    4. 제30조제4항에 따른 미반환 가불금의 보상

    5. 제30조의2제1항에 따른 자동차사고 피해예방사업

    6. 제31조제1항에 따른 재활시설의 설치

    7. 제32조제1항에 따른 재활시설 및 재활사업의 관리ㆍ운영

    8. 제39조제1항 및 제2항에 따른 청구권의 대위행사

    9. 제39조의2제1항에 따른 채권정리위원회의 운영

    10. 제39조의3제1항에 따른 자동차손해배상진흥원의 운영 및 지원

    11. 삭제 〈2021. 12. 7.〉

    12. 자동차사고 피해지원사업과 관련된 연구ㆍ조사

    13. 자동차사고 피해지원사업과 관련된 전문인력 양성을 위한 국내외 교육훈련

    14. 분담금의 수납ㆍ관리 등 기금의 조성 및 기금 운용을 위하여 필요한 경비

[본조신설 2016. 12. 20.]

제39조의13(기금의 관리ㆍ운용)

① 기금은 국토교통부장관이 관리ㆍ운용한다.

② 기금의 관리ㆍ운용에 관한 국토교통부장관의 사무는 대통령령으로 정하는 바에 따라 그 일부를 제39조의3에 따라 설립된 자동차손해배상진흥원, 보험회사등 또는 보험 관련 단체에 위탁할 수 있다.

③ 제1항 및 제2항에서 규정한 사항 외에 기금의 관리 및 운용에 필요한 사항은 대통령령으로 정한다.

[본조신설 2016. 12. 20.]

제8장 자율주행자동차사고조사위원회 〈신설 2020. 4. 7.〉

제39조의14(자율주행자동차사고조사위원회의 설치 등)

① 제39조의17제1항에 따른 자율주행정보 기록장치(이하 "자율주행정보 기록장치"라 한다)에 기록된 자율주행정보 기록의 수집·분석을 통하여 사고원인을 규명하고, 자율주행자동차사고 관련 정보를 제공하기 위하여 국토교통부에 자율주행자동차사고조사위원회(이하 "사고조사위원회"라 한다)를 둘 수 있다.

② 사고조사위원회의 구성 및 운영에 필요한 사항은 대통령령으로 정한다.

[본조신설 2020. 4. 7.]

제39조의15(사고조사위원회의 업무 등)

① 사고조사위원회는 다음 각 호의 업무를 수행한다.

1. 자율주행자동차사고 조사

2. 그 밖에 자율주행자동차사고 조사에 필요한 업무로서 대통령령으로 정하는 업무

② 사고조사위원회는 제1항의 업무를 수행하기 위하여 사고가 발생한 자율주행자동차에 부착된 자율주행정보 기록장치를 확보하고 기록된 정보를 수집·이용 및 제공할 수 있다.

③ 사고조사위원회는 제1항의 업무를 수행하기 위하여 사고가 발생한 자율주행자동차의 보유자, 운전자, 피해자, 사고 목격자 및 해당 자율주행자동차를 제작·조립 또는 수입한 자(판매를 위탁받은 자를 포함한다. 이하 "제작자등"이라 한다) 등 그 밖에 해당 사고와 관련된 자에게 필요한 사항을 통보하거나 관계 서류를 제출하게 할 수 있다. 이 경우 관계 서류의 제출을 요청받은 자는 정당한 사유가 없으면 요청에 따라야 한다.

④ 제2항에 따른 정보의 수집·이용 및 제공은 「개인정보 보호법」 및 「위치정보의 보호 및 이용 등에 관한 법률」에 따라야 한다.

⑤ 사고조사위원회의 업무를 수행하거나 수행하였던 자는 그 직무상 알게 된 비밀을 누설해서는 아니 된다.

⑥ 사고조사위원회가 자율주행자동차사고의 조사를 위하여 수집한 정보는 사고가 발생한 날부터 3년간 보관한다.

[본조신설 2020. 4. 7.]

제39조의16(관계 행정기관 등의 협조)

사고조사위원회는 신속하고 정확한 조사를 수행하기 위하여 관계 행정기관의 장, 관계 지방자치단체의 장, 그 밖의 단체의 장(이하 "관계기관의 장"이라 한다)에게 해당 자율주행자동차사고와 관련된 자료·정보의 제공 등 그 밖의 필요한 협조를 요청할 수 있다. 이 경우 관계기관의 장은 정당한 사유가 없으면 이에 따라야 한다.

[본조신설 2020. 4. 7.]

제39조의17(이해관계자의 의무 등)

① 자율주행자동차의 제작자등은 제작·조립·수입·판매하고자 하는 자율주행자동차에 대통령령으로 정하는 자율주행과 관련된 정보를 기록할 수 있는 자율주행정보 기록장치를 부착하여야 한다.

② 자율주행자동차사고의 통보를 받거나 인지한 보험회사등은 사고조사위원회에 사고 사실을 지체 없이 알려야 한다.

③ 자율주행자동차의 보유자는 자율주행정보 기록장치에 기록된 내용을 1년의 범위에서 대통령령으로 정하는 기간 동안 보관하여야 한다. 이 경우 자율주행정보 기록장치 또는 자율주행정보 기록장치에 기록된 내용을 훼손해서는 아니 된다.

④ 자율주행자동차사고로 인한 피해자, 해당 자율주행자동차의 제작자등 또는 자율주행자동차사고로 인하여 피해자에게 보험금등을 지급한 보험회사등은 대통령령으로 정하는 바에 따라 사고조사위원회에 대하여 사고조사위원회가 확보한 자율주행정보 기록장치에 기록된 내용 및 분석·조사 결과의 열람 및 제공을 요구할 수 있다.

⑤ 제4항에 따른 열람 및 제공에 드는 비용은 청구인이 부담하여야 한다.

[본조신설 2020. 4. 7.]

제9장 보칙 〈개정 2015. 6. 22.〉

제40조(압류 등의 금지)

① 제10조제1항, 제11조제1항 또는 제30조제1항에 따른 청구권은 압류하거나 양도할 수 없다.

〈개정 2021. 7. 27.〉

② 제30조제2항에 따라 지급된 지원금은 압류하거나 양도할 수 없다.　〈신설 2021. 7. 27.〉

제41조(시효)

제10조, 제11조제1항, 제29조제1항 또는 제30조제1항에 따른 청구권은 3년간 행사하지 아니하면 시효로 소멸한다. 〈개정 2009. 2. 6.〉

제42조(의무보험 미가입자에 대한 등록 등 처분의 금지)

① 제5조제1항부터 제3항까지의 규정에 따라 의무보험 가입이 의무화된 자동차가 다음 각 호의 어느 하나에 해당하는 경우에는 관할 관청(해당 업무를 위탁받은 자를 포함한다. 이하 같다)은 그 자동차가 의무보험에 가입하였는지를 확인하여 의무보험에 가입된 경우에만 등록·허가·검사·해제를 하거나 신고를 받아야 한다.

1. 「자동차관리법」 제8조, 제12조, 제27조, 제43조제1항제2호, 제43조의2제1항, 제48조제1항부터 제3항까지 또는 「건설기계관리법」 제3조 및 제13조제1항제2호에 따라 등록·허가·검사의 신청 또는 신고가 있는 경우

2. 「자동차관리법」 제37조제3항 또는 「지방세법」 제131조에 따라 영치(領置)된 자동차 등록번호판을 해제하는 경우

② 제1항제1호를 적용하는 경우 「자동차관리법」 제8조에 따라 자동차를 신규로 등록할 때에는 해당 자동차가 같은 법 제27조에 따른 임시운행허가 기간이 만료된 이후에 발생한 손해배상책임을 보장하는 의무보험에 가입된 경우에만 의무보험에 가입된 것으로 본다.

③ 제1항 및 제2항에 따른 의무보험 가입의 확인 방법 및 절차 등에 관하여 필요한 사항은 국토교통부령으로 정한다. 〈개정 2013. 3. 23.〉

[전문개정 2012. 2. 22.]

제43조(검사 · 질문 등)

① 국토교통부장관은 필요하다고 인정하면 소속 공무원에게 재활시설, 자동차보험진료수가를 청구하는 의료기관 또는 제45조제1항부터 제6항까지의 규정에 따라 권한을 위탁받은 자의 사무소 등에 출입하여 다음 각 호의 행위를 하게 할 수 있다. 다만, 자동차보험진료수가를 청구한 의료기관에 대하여는 제1호 및 제3호의 행위에 한정한다.

〈개정 2009. 5. 27., 2013. 3. 23., 2013. 8. 6., 2020. 4. 7., 2020. 6. 9.〉

1. 이 법에 규정된 업무의 처리 상황에 관한 장부 등 서류의 검사

2. 그 업무·회계 및 재산에 관한 사항을 보고받는 행위

3. 관계인에 대한 질문

② 국토교통부장관은 이 법에 규정된 보험사업에 관한 업무의 처리 상황을 파악하거나 자동차 손해배상 보장사업을 효율적으로 운영하기 위하여 필요하면 관계 중앙행정기관, 지방자치단체, 금융감독원 등에 필요한 자료의 제출을 요청할 수 있다. 이 경우 자료 제출을 요청받은 중앙행정기관, 지방자치단체, 금융감독원 등은 정당한 사유가 없으면 요청에 따라야 한다.

〈개정 2013. 3. 23.〉

③ 제1항에 따라 검사 또는 질문을 하는 공무원은 그 권한을 표시하는 증표를 지니고 이를 관계인에게 내보여야 한다.

④ 국토교통부장관은 제1항에 따라 검사를 하거나 보고를 받은 결과 법령을 위반한 사실이나 부당한 사실이 있으면 재활시설운영자나 권한을 위탁받은 자에게 시정하도록 명할 수 있다.

〈개정 2013. 3. 23.〉

제43조의2 삭제 〈2021. 12. 7.〉

제43조의3(보험료 할인의 권고)

① 국토교통부장관은 자동차사고의 예방에 효과적인 자동차 운행 안전장치를 장착한 자동차의 보험료 할인을 확대하도록 보험회사등에 권고할 수 있다.

② 제1항에 따른 자동차 운행 안전장치의 종류에 대해서는 대통령령으로 정한다.

[본조신설 2016. 3. 22.]

제44조(권한의 위임)

국토교통부장관은 이 법에 따른 권한의 일부를 대통령령으로 정하는 바에 따라 특별시장·광역시장·특별자치시장·도지사·특별자치도지사·시장·군수 또는 구청장에게 위임할 수 있다.

〈개정 2013. 3. 23., 2021. 7. 27.〉

제45조(권한의 위탁 등)

① 국토교통부장관은 대통령령으로 정하는 바에 따라 다음 각 호의 업무를 보험회사등, 보험 관련 단체 또는 자동차손해배상진흥원에 위탁할 수 있다. 이 경우 금융위원회와 협의하여야 한다.

〈개정 2012. 2. 22., 2013. 3. 23., 2016. 12. 20., 2019. 11. 26.〉

1. 제30조제1항에 따른 보상에 관한 업무

2. 제35조에 따라 자동차손해배상 보장사업을 하는 자를 보험회사등으로 보게 됨으로써 자동차손해배상 보장사업을 하는 자가 가지는 권리와 의무의 이행을 위한 업무

3. 제37조에 따른 분담금의 수납·관리에 관한 업무

4. 제39조제1항에 따른 손해배상 청구권의 대위행사에 관한 업무

5. 채권정리위원회의 안건심의에 필요한 전문적인 자료의 조사·검증 등의 업무

6. 삭제 〈2021. 12. 7.〉

② 국토교통부장관은 대통령령으로 정하는 바에 따라 제30조제2항에 따른 지원에 관한 업무 및 재활시설의 설치에 관한 업무를 「한국교통안전공단법」에 따라 설립된 한국교통안전공단에 위탁할 수 있다. 〈개정 2013. 3. 23., 2017. 10. 24.〉

③ 국토교통부장관은 제7조에 따른 가입관리전산망의 구성·운영에 관한 업무를 보험요율산출기관에 위탁할 수 있다. 〈개정 2013. 3. 23.〉

④ 국토교통부장관은 제30조제4항에 따른 보상 업무와 제39조제2항에 따른 반환 청구에 관한 업무를 보험 관련 단체 또는 특별법에 따라 설립된 특수법인에 위탁할 수 있다. 〈개정 2012. 2. 22., 2013. 3. 23.〉

⑤ 국토교통부장관은 제30조의2제1항에 따른 자동차사고 피해예방사업에 관한 업무를 「한국교통안전공단법」에 따라 설립된 한국교통안전공단 및 보험 관련 단체에 위탁할 수 있다. 〈신설 2013. 8. 6., 2017. 10. 24.〉

⑥ 국토교통부장관은 제39조의14에 따른 사고조사위원회의 운영 및 사무처리에 관한 사무의 일부를 대통령령으로 정하는 바에 따라 「공공기관의 운영에 관한 법률」에 따른 공공기관에 위탁할 수 있다. 〈신설 2020. 4. 7.〉

⑦ 국토교통부장관은 제1항 또는 제2항에 따라 권한을 위탁받은 자에게 그가 지급할 보상금 또는 지원금에 충당하기 위하여 예산의 범위에서 보조금을 지급할 수 있다. 〈개정 2013. 8. 6., 2020. 4. 7.〉

⑧ 제1항부터 제6항까지의 규정에 따라 권한을 위탁받은 자는 「형법」 제129조부터 제132조까지의 규정을 적용할 때에는 공무원으로 본다. 〈신설 2009. 2. 6., 2013. 8. 6., 2020. 4. 7.〉

⑨ 삭제 〈2016. 12. 20.〉

제45조의2(정보의 제공 및 관리)

① 제45조제3항에 따라 업무를 위탁받은 보험요율산출기관은 같은 조 제1항에 따라 업무를 위탁받은 자의 요청이 있는 경우 제공할 정보의 내용 등 대통령령으로 정하는 범위에서 가입관리전산망에서 관리되는 정보를 제공할 수 있다.

② 제1항에 따라 정보를 제공하는 경우 제45조제3항에 따라 업무를 위탁받은 보험요율산출기관은 정보제공 대상자, 제공한 정보의 내용, 정보를 요청한 자, 제공 목적을 기록한 자료를 3

년간 보관하여야 한다.

[본조신설 2009. 2. 6.]

제45조의3(정보 이용자의 의무)

제45조제3항에 따라 업무를 위탁받은 보험요율산출기관과 제45조의2제1항에 따라 정보를 제공받은 자는 그 직무상 알게 된 정보를 누설하거나 다른 사람의 이용에 제공하는 등 부당한 목적을 위하여 사용하여서는 아니 된다.

[본조신설 2009. 2. 6.]

제45조의4(벌칙 적용에서 공무원 의제)

다음 각 호의 어느 하나에 해당하는 사람은 「형법」 제129조부터 제132조까지의 규정을 적용할 때에는 공무원으로 본다.

1. 제34조제1항에 따른 심의위원회의 위원 중 공무원이 아닌 위원

2. 자동차손해배상진흥원의 임직원

[본조신설 2020. 4. 7.]

제10장 벌칙 〈개정 2015. 6. 22.〉

제46조(벌칙)

① 제14조제8항을 위반하여 진료기록등 또는 교통사고 관련 조사기록의 열람으로 알게 된 다른 사람의 비밀이나 제공받은 개인정보를 누설하거나 직무상 목적 외의 용도로 이용 또는 제3자에게 제공한 자는 5년 이하의 징역 또는 5천만원 이하의 벌금에 처한다. 이 경우 고소가 있어야 공소를 제기할 수 있다. 〈신설 2021. 7. 27.〉

② 다음 각 호의 어느 하나에 해당하는 자는 3년 이하의 징역 또는 3천만원 이하의 벌금에 처한다. 〈개정 2009. 2. 6., 2012. 2. 22., 2015. 1. 6., 2019. 11. 26., 2020. 4. 7., 2021. 7. 27.〉

1. 삭제 〈2021. 7. 27.〉

2. 제27조를 위반하여 의무보험 사업을 구분 경리하지 아니한 보험회사등

3. 제32조제3항을 위반하여 다른 사업과 구분하여 경리하지 아니한 재활시설운영자

3의2. 제39조의15제5항을 위반하여 직무상 알게 된 비밀을 누설한 자

4. 제45조의3을 위반하여 정보를 누설하거나 다른 사람의 이용에 제공한 자

③ 다음 각 호의 어느 하나에 해당하는 자는 1년 이하의 징역 또는 1천만원 이하의 벌금에 처한다. 〈개정 2012. 2. 22., 2015. 1. 6., 2021. 7. 27.〉

1. 제5조의2제2항을 위반하여 가입 의무 면제기간 중에 자동차를 운행한 자동차보유자

2. 제8조 본문을 위반하여 의무보험에 가입되어 있지 아니한 자동차를 운행한 자동차보유자

④ 제12조제3항을 위반하여 진료기록부의 진료기록과 다르게 자동차보험진료수가를 청구하거나 이를 청구할 목적으로 거짓의 진료기록을 작성한 의료기관에 대하여는 5천만원 이하의 벌금에 처한다. 〈개정 2021. 7. 27.〉

제47조(양벌규정)

법인의 대표자나 법인 또는 개인의 대리인, 사용인, 그 밖의 종업원이 그 법인 또는 개인의 업무에 관하여 제46조의 위반행위를 하면 그 행위자를 벌하는 외에 그 법인 또는 개인에게도 해당 조문의 벌금형을 과(科)한다. 다만, 법인 또는 개인이 그 위반행위를 방지하기 위하여 해당 업무에 관하여 상당한 주의와 감독을 게을리하지 아니한 경우에는 그러하지 아니하다.

[전문개정 2009. 2. 6.]

제48조(과태료)

① 삭제 〈2013. 8. 6.〉

② 다음 각 호의 어느 하나에 해당하는 자에게는 2천만원 이하의 과태료를 부과한다. 〈개정 2020. 4. 7.〉

1. 제11조제2항을 위반하여 피해자가 청구한 가불금의 지급을 거부한 보험회사등

2. 제12조제5항을 위반하여 자동차보험진료수가를 교통사고환자(환자의 보호자를 포함한다)에게 청구한 의료기관의 개설자

3. 제24조제1항을 위반하여 제5조제1항부터 제3항까지의 규정에 따른 보험 또는 공제에 가입하려는 자와의 계약 체결을 거부한 보험회사등

4. 제25조를 위반하여 의무보험의 계약을 해제하거나 해지한 보험회사등

5. 제39조의15제3항을 위반하여 정당한 사유 없이 사고조사위원회의 요청에 따르지 아니한 자

6. 제39조의17제1항을 위반하여 자율주행정보 기록장치를 부착하지 아니한 자율주행자동차를 제작·조립·수입·판매한 자

7. 제39조의17제3항을 위반하여 자율주행정보 기록장치에 기록된 내용을 정하여진 기간 동안 보관하지 아니하거나 훼손한 자

③ 다음 각 호의 어느 하나에 해당하는 자에게는 300만원 이하의 과태료를 부과한다.

〈개정 2009. 5. 27.〉

1. 제5조제1항부터 제3항까지의 규정에 따른 의무보험에 가입하지 아니한 자

2. 제6조제1항 또는 제2항을 위반하여 통지를 하지 아니한 보험회사등

3. 제13조제1항을 위반하여 입원환자의 외출이나 외박에 관한 사항을 기록 · 관리하지 아니하거나 거짓으로 기록 · 관리한 의료기관의 개설자

3의2. 제13조제3항을 위반하여 기록의 열람 청구에 따르지 아니한 자

3의3. 제43조제1항에 따른 검사 · 보고요구 · 질문에 정당한 사유 없이 따르지 아니하거나 이를 방해 또는 기피한 자

4. 제43조제4항에 따른 시정명령을 이행하지 아니한 자

④ 제39조의6을 위반하여 자동차손해배상진흥원 또는 이와 유사한 명칭을 사용한 자에게는 500만원 이하의 과태료를 부과한다. 〈신설 2015. 6. 22.〉

⑤ 제2항(제5호부터 제7호까지는 제외한다) 및 제3항에 따른 과태료는 대통령령으로 정하는 바에 따라 시장 · 군수 · 구청장이, 제2항제5호부터 제7호까지 및 제4항에 따른 과태료는 국토교통부장관이 각각 부과 · 징수한다. 〈신설 2009. 2. 6., 2015. 6. 22., 2020. 4. 7.〉

제49조 삭제 〈2009. 2. 6.〉

제11장 범칙행위에 관한 처리의 특례 〈개정 2015. 6. 22.〉

제50조(통칙)

① 이 장에서 "범칙행위"란 제46조제3항의 죄에 해당하는 위반행위(의무보험에 가입되어 있지 아니한 자동차를 운행하다가 교통사고를 일으킨 경우는 제외한다)를 뜻하며, 그 구체적인 범위는 대통령령으로 정한다. 〈개정 2012. 2. 22., 2021. 7. 27.〉

② 이 장에서 "범칙자"란 범칙행위를 한 자로서 다음 각 호의 어느 하나에 해당하지 아니하는 자를 뜻한다.

1. 범칙행위를 상습적으로 하는 자

2. 죄를 범한 동기 · 수단 및 결과 등을 헤아려 통고처분을 하는 것이 상당하지 아니하다고 인

정되는 자

③ 이 장에서 "범칙금"이란 범칙자가 제51조에 따른 통고처분에 의하여 국고 또는 특별자치도 · 시 · 군 또는 구(자치구를 말한다)의 금고에 내야 할 금전을 뜻한다.　　〈개정 2012. 2. 22.〉

④ 국토교통부장관은 사법경찰관이 범칙행위에 대한 수사를 원활히 수행할 수 있도록 대통령령으로 정하는 범위에서 가입관리전산망에서 관리하는 정보를 경찰청장에게 제공할 수 있다.　　〈개정 2012. 2. 22., 2013. 3. 23.〉

제51조(통고처분)

① 시장 · 군수 · 구청장 또는 경찰서장은 범칙자로 인정되는 자에게는 그 이유를 분명하게 밝힌 범칙금 납부통고서로 범칙금을 낼 것을 통고할 수 있다. 다만, 다음 각 호의 어느 하나에 해당하는 자에게는 그러하지 아니하다.　　〈개정 2012. 2. 22.〉

1. 성명이나 주소가 확실하지 아니한 자

2. 범칙금 납부통고서를 받기를 거부한 자

② 제1항에 따라 통고할 범칙금의 액수는 차종과 위반 정도에 따라 제46조제3항에 따른 벌금액의 범위에서 대통령령으로 정한다.　　〈개정 2021. 7. 27.〉

제52조(범칙금의 납부)

① 제51조에 따라 범칙금 납부통고서를 받은 자는 범칙금 납부통고서를 받은 날부터 10일 이내에 시장 · 군수 · 구청장 또는 경찰서장이 지정하는 수납기관에 범칙금을 내야 한다. 다만, 천재지변이나 그 밖의 부득이한 사유로 그 기간에 범칙금을 낼 수 없을 때에는 그 사유가 없어진 날부터 5일 이내에 내야 한다.　　〈개정 2012. 2. 22.〉

② 제1항에 따른 범칙금 납부통고서에 불복하는 자는 그 납부기간에 시장 · 군수 · 구청장 또는 경찰서장에게 이의를 제기할 수 있다.　　〈개정 2012. 2. 22.〉

제53조(통고처분의 효과)

① 제51조제1항에 따라 범칙금을 낸 자는 그 범칙행위에 대하여 다시 벌 받지 아니한다.

② 특별사법경찰관리(「사법경찰관리의 직무를 수행할 자와 그 직무범위에 관한 법률」 제5조제35호에 따라 지명받은 공무원을 말한다) 또는 사법경찰관은 다음 각 호의 어느 하나에 해당하는 경우에는 지체 없이 관할 지방검찰청 또는 지방검찰청 지청에 사건을 송치하여야 한다.　　〈개정 2012. 2. 22.〉

1. 제50조제2항 각 호의 어느 하나에 해당하는 경우

2. 제51조제1항 각 호의 어느 하나에 해당하는 경우

3. 제52조제1항에 따른 납부기간에 범칙금을 내지 아니한 경우

4. 제52조제2항에 따라 이의를 제기한 경우

부칙 〈제18560호, 2021. 12. 7.〉

제1조(시행일)

이 법은 공포 후 3개월이 경과한 날부터 시행한다. 다만, 제29조제1항제2호의 개정규정은 공포 후 6개월이 경과한 날부터 시행한다.

제2조(보험금등의 구상에 관한 적용례)

제29조제1항제2호의 개정규정은 같은 개정규정 시행 이후 발생한 자동차사고부터 적용한다.

자동차손해배상 보장법 시행령

시행령

[시행 2022. 8. 4.]

[대통령령 제32848호, 2022. 8. 2., 타법개정]

제1장 총칙

제1조 목적

이 영은 「자동차손해배상 보장법」에서 위임된 사항과 그 시행에 필요한 사항을 규정함을 목적으로 한다.

제2조(건설기계의 범위)

「자동차손해배상 보장법」(이하 "법"이라 한다) 제2조제1호에서 "「건설기계관리법」의 적용을 받는 건설기계 중 대통령령으로 정하는 것"이란 다음 각 호의 것을 말한다.

〈개정 2014. 2. 5., 2021. 1. 5.〉

1. 덤프트럭
2. 타이어식 기중기
3. 콘크리트믹서트럭
4. 트럭적재식 콘크리트펌프
5. 트럭적재식 아스팔트살포기
6. 타이어식 굴착기
7. 「건설기계관리법 시행령」 별표 1 제26호에 따른 특수건설기계 중 다음 각 목의 특수건설기계
   가. 트럭지게차
   나. 도로보수트럭
   다. 노면측정장비(노면측정장치를 가진 자주식인 것을 말한다)

제3조(책임보험금 등)

① 법 제5조제1항에 따라 자동차보유자가 가입하여야 하는 책임보험 또는 책임공제(이하 "책임보험등"이라 한다)의 보험금 또는 공제금(이하 "책임보험금"이라 한다)은 피해자 1명당 다음 각 호의 금액과 같다. 〈개정 2014. 2. 5., 2014. 12. 30.〉

1. 사망한 경우에는 1억5천만원의 범위에서 피해자에게 발생한 손해액. 다만, 그 손해액이 2천만원 미만인 경우에는 2천만원으로 한다.
2. 부상한 경우에는 별표 1에서 정하는 금액의 범위에서 피해자에게 발생한 손해액. 다만, 그 손해액이 법 제15조제1항에 따른 자동차보험진료수가(診療酬價)에 관한 기준(이하 "자동차보험진료수가기준"이라 한다)에 따라 산출한 진료비 해당액에 미달하는 경우에는 별표

1에서 정하는 금액의 범위에서 그 진료비 해당액으로 한다.

3. 부상에 대한 치료를 마친 후 더 이상의 치료효과를 기대할 수 없고 그 증상이 고정된 상태에서 그 부상이 원인이 되어 신체의 장애(이하 "후유장애"라 한다)가 생긴 경우에는 별표 2에서 정하는 금액의 범위에서 피해자에게 발생한 손해액

② 동일한 사고로 제1항 각 호의 금액을 지급할 둘 이상의 사유가 생긴 경우에는 다음 각 호의 방법에 따라 책임보험금을 지급한다. 〈개정 2012. 8. 22.〉

1. 부상한 자가 치료 중 그 부상이 원인이 되어 사망한 경우에는 제1항제1호와 같은 항 제2호에 따른 한도금액의 합산액 범위에서 피해자에게 발생한 손해액

2. 부상한 자에게 후유장애가 생긴 경우에는 제1항제2호와 같은 항 제3호에 따른 금액의 합산액

3. 제1항제3호에 따른 금액을 지급한 후 그 부상이 원인이 되어 사망한 경우에는 제1항제1호에 따른 금액에서 같은 항 제3호에 따른 금액 중 사망한 날 이후에 해당하는 손해액을 뺀 금액

③ 법 제5조제2항에서 "대통령령으로 정하는 금액"이란 사고 1건당 2천만원의 범위에서 사고로 인하여 피해자에게 발생한 손해액을 말한다. 〈개정 2014. 12. 30.〉

제4조(사업용자동차 등이 가입하여야 하는 보험 등의 금액)

법 제5조제3항 각 호 외의 부분 본문에서 "대통령령으로 정하는 금액"이란 피해자 1명당 1억원 이상의 금액 또는 피해자에게 발생한 모든 손해액을 말한다.

제5조(보험 등에의 가입의무가 없는 자동차)

법 제5조제4항에서 "대통령령으로 정하는 자동차"란 다음 각 호의 어느 하나에 해당하는 자동차를 말한다. 〈개정 2013. 3. 23.〉

1. 대한민국에 주둔하는 국제연합군대가 보유하는 자동차

2. 대한민국에 주둔하는 미합중국군대가 보유하는 자동차

3. 제1호와 제2호에 해당하지 아니하는 외국인으로서 국토교통부장관이 지정하는 자가 보유하는 자동차

4. 견인되어 육지를 이동할 수 있도록 제작된 피견인자동차

제5조의2(보험 등의 가입 의무 면제사유)

법 제5조의2제1항 전단에서 "대통령령으로 정하는 경우"란 다음 각 호의 어느 하나에 해당하는

경우를 말한다.

1. 해외근무 또는 해외유학 등의 사유로 국외에 체류하게 되는 경우

2. 질병이나 부상 등의 사유로 자동차 운전이 불가능하다고 의사가 인정하는 경우

3. 현역(상근예비역은 제외한다)으로 입영하거나 교도소 또는 구치소에 수감되는 경우

[본조신설 2012. 8. 22.]

제6조(의무보험 가입관리전산망의 구성 · 운영 등)

① 법 제7조제1항에 따라 의무보험 가입관리전산망(이하 "가입관리전산망"이라 한다)의 구성 · 운영을 위하여 국토교통부장관이 수행하여야 하는 업무는 다음 각 호와 같다.

〈개정 2009. 12. 31., 2013. 3. 23.〉

1. 가입관리전산망의 구성 · 관리 및 개선

2. 의무보험 관련 정보에 관한 데이터베이스의 구축 · 보급 및 운영

3. 가입관리전산망의 운영을 위한 컴퓨터 · 통신설비 등의 설치 및 관리

4. 그 밖에 가입관리전산망의 구성 · 운영에 필요한 업무

② 국토교통부장관은 제1항 각 호에 따른 업무를 적절하게 수행하기 위하여 가입관리전산망 운영지침을 정할 수 있다. 〈개정 2013. 3. 23.〉

③ 법 제7조제2항 전단에서 "대통령령으로 정하는 정보"란 다음 각 호의 어느 하나에 해당하는 정보를 말한다.

〈개정 2009. 12. 31., 2012. 8. 22., 2013. 3. 23., 2014. 12. 30., 2015. 12. 22., 2016. 12. 30., 2022. 8. 2.〉

1. 「자동차관리법」 제7조제1항에 따른 자동차등록원부(이륜자동차의 경우에는 같은 법 제48조에 따른 신고정보를 말한다)

1의2. 「건설기계관리법」 제7조제1항에 따른 건설기계등록원부

1의3. 「자동차관리법」 제27조제1항에 따른 임시운행허가 정보

2. 법 제5조제1항부터 제3항까지의 규정에 따른 보험 또는 공제에의 가입 현황 및 변동 내용

3. 법 제6조제3항에 따른 서류제출명령의 현황

4. 「자동차관리법」 제13조제6항 및 제37조제3항, 「건설기계관리법」 제13조제10항, 「지방세법」 제131조제1항, 「질서위반행위규제법」 제55조제1항, 「여객자동차 운수사업법」 제89조제2항 또는 법 제5조의2제1항 및 제6조제4항에 따른 자동차 등록번호판 등의 영치 또는 보관 관련 정보

5. 법 제30조제1항에 따른 보상청구의 현황 및 보상금 지급 현황

5의2. 법 제39조의13제2항에 따라 법 제39조의11에 따른 자동차사고 피해지원기금의 관

리 · 운용에 관한 업무를 위탁받은 자의 기금의 관리 · 운용 내용

6. 법 제45조제1항제3호에 따라 자동차손해배상 보장사업 분담금(이하 "분담금"이라 한다)의 수납 · 관리에 관한 업무를 위탁받은 자의 분담금의 수납 · 관리 내용

7. 법 제45조제3항에 따라 가입관리전산망의 구성 · 운영에 관한 업무를 위탁받은 자의 가입 관리전산망의 구성 · 운영 내용

8. 법 제48조제3항제1호에 따른 과태료처분의 현황

9. 그 밖에 국토교통부장관이 가입관리전산망의 구성 · 운영에 필요하다고 인정하여 요청하는 정보

제7조(보험금등의 지급청구 절차)

① 법 제10조제1항에 따라 보험금 또는 공제금(이하 "보험금등"이라 한다)의 지급을 청구하거나 법 제11조제1항에 따라 가불금의 지급을 청구하려는 자는 보험회사 또는 공제사업자(이하 "보험회사등"이라 한다)에 다음 각 호의 사항을 적은 청구서를 제출하여야 한다.

1. 청구인의 성명 및 주소

2. 청구인과 사망자의 관계(피해자가 사망한 경우만 해당한다)

3. 피해자 및 가해자의 성명 및 주소

4. 사고 발생의 일시 · 장소 및 개요

5. 해당 자동차의 종류 및 등록번호

6. 보험가입자(공제가입자를 포함한다. 이하 같다)의 성명 및 주소

7. 청구금액과 그 산출 기초. 다만, 법 제11조제1항에 따라 가불금의 지급을 청구하는 경우에는 산출 기초를 적지 아니한다.

② 제1항에 따른 청구서에는 다음 각 호의 서류를 첨부하여야 한다.　　　　〈개정 2013. 3. 23.〉

1. 진단서 또는 검안서

2. 제1항제2호부터 제4호까지의 사항을 증명할 수 있는 서류

3. 제1항제7호에 따른 산출 기초에 관하여 국토교통부령으로 정하는 증명서류

③ 제1항에 따라 보험금등과 가불금의 지급을 함께 신청하는 자는 그 지급청구서를 각각 제출하되, 그 중 하나의 청구서에는 제2항제1호 및 제2호에 따른 서류를 첨부하지 아니할 수 있다.

④ 보험회사등은 보험금등 또는 가불금을 적절하게 지급하기 위하여 필요하다고 인정하면 제2항제1호에 따른 진단서를 제출하는 자에게 보험회사등이 지정하는 자가 작성한 진단서를 제출하게 할 수 있다. 이 경우 진단서 작성에 필요한 비용은 보험회사등이 부담한다.

제8조(보험금등의 청구에 대한 안내 등)

① 보험회사등은 피해자에게 법 제10조에 따른 보험금등의 청구와 법 제11조에 따른 가불금의 청구에 필요한 사항을 안내하여야 한다.

② 보험회사등은 보험금등 또는 가불금을 지급할 때에는 보험가입자에게 의견을 제시할 기회를 주어야 한다.

제9조 삭제 〈2014. 12. 30.〉

제10조(가불금액 등)

① 법 제11조제1항에서 "대통령령으로 정하는 금액"이란 피해자 1명당 다음 각 호의 구분에 따른 금액의 범위에서 피해자에게 발생한 손해액의 100분의 50에 해당하는 금액을 말한다.

〈개정 2009. 12. 31., 2020. 2. 25.〉

1. 사망의 경우: 1억5천만원

2. 부상한 경우: 별표 1에서 정하는 상해 내용별 한도금액

3. 후유장애가 생긴 경우: 별표 2에서 정하는 신체장애 내용별 한도금액

② 법 제11조제5항에서 "대통령령으로 정하는 요건"이란 보험회사등이 「민사집행법」 제24조 또는 제56조에 따른 집행권원(執行權原)을 가진 경우로서 다음 각 호의 어느 하나에 해당하는 경우를 말한다.

〈개정 2015. 12. 22.〉

1. 가불금을 지급받은 자의 강제집행의 대상이 되는 재산(이하 "책임재산"이라 한다)에 대하여 최초로 강제집행을 시작한 날부터 1년이 지났음에도 불구하고 반환받아야 할 금액의 전부 또는 일부를 반환받지 못한 경우

2. 가불금을 지급받은 자의 책임재산을 알 수 없어 강제집행을 시작하지 못한 경우로서 「민사집행법」 제62조제7항에 따른 재산명시신청 각하결정(보험회사등이 가불금을 지급받은 자의 주소를 알았거나 알 수 있었음에도 불구하고 이를 바로잡지 아니하여 받은 각하결정은 제외한다)이 있은 경우에는 그 각하결정이 있은 날부터 1년이 지난 경우

3. 가불금을 지급받은 자의 책임재산을 알 수 없어 강제집행을 시작하지 못한 경우로서 「민사집행법」 제74조에 따라 재산조회를 한 결과 가불금을 지급받은 자의 책임재산이 없는 것으로 조회된 경우에는 보험회사등이 같은 법 제77조 및 「재산조회규칙」 제13조에 따라 재산조회 결과를 출력받은 날부터 1년이 지난 경우

4. 가불금을 지급받은 자가 「채무자 회생 및 파산에 관한 법률」에 따라 납부의무를 면제받게 된 경우

③ 삭제 〈2016. 12. 30.〉

제11조(자동차보험 진료수가의 지급 의사 등의 통지)

① 법 제12조제1항에 따라 보험회사등이 의료기관에 하는 통지는 서류, 팩스, 전산파일, 그 밖의 문서로 한다.

② 법 제12조제5항제1호에 따른 통지 및 철회에 관하여는 제1항을 준용한다.

제11조의2(자동차보험진료수가 전문심사기관)

법 제12조의2제1항에서 "대통령령으로 정하는 전문심사기관"이란 「국민건강보험법」 제62조에 따른 건강보험심사평가원(이하 "건강보험심사평가원"이라 한다)을 말한다. 〈개정 2014. 2. 5.〉

[본조신설 2012. 8. 22.]

제12조(입원환자의 외출 또는 외박에 관한 기록 관리)

① 의료기관이 법 제13조제1항에 따라 교통사고로 입원한 환자(이하 "입원환자"라 한다)의 외출 또는 외박에 관한 사항을 기록·관리할 때에는 국토교통부령으로 정하는 바에 따라 다음 각 호의 사항을 적어야 한다. 〈개정 2012. 8. 22., 2014. 2. 5.〉

1. 외출 또는 외박을 하는 자의 이름, 생년월일 및 주소

2. 외출 또는 외박의 사유

3. 의료기관이 외출 또는 외박을 허락한 기간, 외출·외박 및 귀원(歸院) 일시

② 외출 또는 외박에 관한 기록에는 외출 또는 외박을 하는 자나 그 보호자, 외출 또는 외박을 허락한 의료인(「의료법」 제2조제1항에 따른 의료인을 말한다. 이하 이 항에서 같다) 및 귀원을 확인한 의료인이 서명 또는 날인하여야 한다. 다만, 의료인이 외출 또는 외박을 허락하거나 확인할 수 없는 경우에는 의료기관 종사자가 서명 또는 날인할 수 있다.

③ 외출 또는 외박에 관한 기록의 보존기간은 3년으로 하고, 마이크로필름 또는 광디스크 등(이하 이 조에서 "필름"이라 한다)에 원본대로 수록·보존할 수 있다.

④ 제3항에 따른 방법으로 외출 또는 외박에 관한 기록을 보존하는 경우에는 필름의 표지에 필름촬영 책임자가 촬영 일시 및 그 이름을 적고, 서명 또는 날인하여야 한다.

제12조의2(교통사고환자 전원지시)

① 법 제13조의2제1항에서 "생활근거지에서 진료할 필요가 있는 경우 등 대통령령으로 정하는 경우"란 입원 중인 교통사고환자가 수술·처치 등의 진료를 받은 후 해당 의료기관 또는 담

당의사의 의학적 판단 결과 상태가 호전되어 더 이상 진료 중인 의료기관에서의 입원진료가 필요하지 않아 생활근거지에 소재한 의료기관 또는 제2항에 따른 다른 의료기관으로 옮길 필요가 있는 경우를 말한다.

② 법 제13조의2제1항에서 "대통령령으로 정하는 다른 의료기관"이란 다음 각 호의 구분에 따른 의료기관을 말한다.

1. 「의료법」 제3조제2항제3호가목부터 라목까지의 규정에 따른 병원·치과병원·한방병원 및 요양병원(이하 "병원등"이라 한다)에 입원 중인 교통사고환자: 상급종합병원, 종합병원 및 병원등을 제외한 의료기관

2. 「의료법」 제3조제2항제3호마목에 따른 종합병원(이하 "종합병원"이라 한다)에 입원 중인 교통사고환자: 「의료법」 제3조의4제1항에 따라 지정된 상급종합병원(이하 "상급종합병원"이라 한다) 및 종합병원을 제외한 의료기관

3. 상급종합병원에 입원 중인 교통사고 환자: 상급종합병원을 제외한 의료기관

[본조신설 2009. 12. 31.]

제12조의3(심사 등에 필요한 요청 자료의 범위)

법 제14조제2항에서 "대통령령으로 정하는 자료"란 별표 2의2에서 정하는 자료를 말한다.

[본조신설 2022. 1. 25.]

[종전 제12조의3은 제12조의4로 이동 〈2022. 1. 25.〉]

제12조의4(교통사고 관련 조사기록의 열람 청구)

① 법 제14조제4항 전단에 따라 보험회사등이 경찰관서에 열람을 청구할 수 있는 교통사고 관련 조사기록은 경찰공무원이 작성한 교통사고보고서 중 다음 각 호의 사항에 관한 기록으로 한다.　　　　　　　　　　　　　　　　　　　　　　　　　〈개정 2020. 12. 31.〉

1. 교통사고 발생 일시, 장소 및 원인

2. 교통사고 유형 및 피해상황

3. 무면허운전 및 음주운전 여부

② 보험회사등이 법 제14조제4항 전단에 따라 교통사고 관련 조사기록의 열람을 청구하는 경우에는 열람예정일 7일 전까지 열람청구서에 열람사유서를 첨부하여 경찰관서에 제출하여야 한다. 다만, 긴급하거나 부득이한 사유가 있음을 소명하는 경우에는 그러하지 아니하다.

③ 제1항에 따른 열람의 청구를 받은 경찰관서는 수사에 지장을 초래하는 등 특별한 사유가 있는 경우를 제외하고는 열람방법, 열람장소 및 열람범위 등을 정하여 서면, 전자우편 또는 휴

대전화 등의 방법으로 알려야 한다.

[본조신설 2012. 8. 22.]

[제12조의3에서 이동, 종전 제12조의4는 제12조의5로 이동 〈2022. 1. 25.〉]

제12조의5(교통법규 위반 등에 관한 개인정보 제공의 범위 · 절차 및 방법)

① 법 제14조제6항에 따라 보험회사등에 제공할 수 있는 교통법규 위반 또는 운전면허의 효력에 관한 개인정보(이하 "개인정보"라 한다) 제공의 범위는 다음 각 호와 같다.

1. 교통법규 위반에 관한 다음 각 목의 사항

　가. 교통법규 위반자의 성명, 주민등록번호 및 운전면허번호

　나. 교통법규 위반 일시 및 위반 항목

2. 운전면허에 관한 다음 각 목의 사항

　가. 운전면허 취득자의 성명, 주민등록번호 및 운전면허번호

　나. 운전면허의 범위, 정지 또는 취소 여부 및 정지기간 또는 취소일

② 법 제39조의3제1항에 따라 설립된 자동차손해배상진흥원(이하 "자동차손해배상진흥원"이라 한다)은 법 제14조제6항에 따라 보험회사등에 개인정보를 제공한 경우에는 국토교통부장관이 정하여 고시하는 바에 따라 제공 대상자, 제공 정보, 제공 목적 등을 기록 · 관리해야 한다.

③ 자동차손해배상진흥원은 법 제14조제6항에 따라 제공받은 개인정보의 보안유지 및 관리를 위하여 필요한 규정을 정하여 운영해야 한다.

[본조신설 2020. 2. 25.]

[제12조의4에서 이동 〈2022. 1. 25.〉]

제13조(자동차보험정비협의회의 구성 · 운영 등)

① 국토교통부장관은 법 제15조의2제1항에 따른 자동차보험정비협의회(이하 "협의회"라 한다)의 위원이 다음 각 호의 어느 하나에 해당하는 경우에는 해당 위원을 해촉할 수 있다.

1. 심신장애로 인하여 직무를 수행할 수 없게 된 경우

2. 직무와 관련된 비위사실이 있는 경우

3. 직무태만, 품위손상 등의 사유로 위원의 직을 유지하는 것이 적합하지 않다고 인정되는 경우

4. 위원 스스로 직무를 수행하는 것이 곤란하다고 의사를 밝히는 경우

② 제1항에서 규정한 사항 외에 협의회의 구성 · 운영 및 조사 · 연구 등에 필요한 사항은 협의회의 의결을 거쳐 협의회의 위원장이 정한다.

[전문개정 2020. 10. 8.]

제14조(자동차보험진료수가분쟁심의회의 구성 및 운영)

① 법 제17조제3항에서 "대통령령으로 정하는 요건을 갖춘 자"란 다음 각 호의 어느 하나에 해당하는 자를 말한다.

　1. 자동차보험 · 의료 또는 법률 등에 관한 지식이나 경험이 풍부한 자

　2. 소비자단체에서 소비자 보호업무를 5년 이상 수행한 경력이 있는 자

　3. 자동차사고의 피해자

② 법 제17조제1항에 따른 자동차보험진료수가분쟁심의회(이하 "심의회"라 한다)의 효율적으로 운영하기 위하여 심의회에 전문위원회를 둘 수 있다.

③ 심의회의 운영을 지원하기 위하여 심의회에 사무국을 둘 수 있다.

④ 심의회의 업무비용에 대한 보험회사등과 의료기관의 분담금액, 분담방법, 그 밖에 심의회의 운영에 필요한 사항은 심의회의 의결을 거쳐 심의회의 위원장이 정한다.

제15조(심의회 위원의 해촉)

국토교통부장관은 법 제17조제3항에 따른 위원이 다음 각 호의 어느 하나에 해당하는 경우에는 해당 위원을 해촉(解囑)할 수 있다.

　1. 심신장애로 인하여 직무를 수행할 수 없게 된 경우

　2. 직무와 관련된 비위사실이 있는 경우

　3. 직무태만, 품위손상이나 그 밖의 사유로 인하여 위원으로 적합하지 아니하다고 인정되는 경우

　4. 위원 스스로 직무를 수행하는 것이 곤란하다고 의사를 밝히는 경우

[본조신설 2015. 12. 31.]

제16조(진료수가의 지급에 관한 이자율)

① 보험회사등이 법 제12조제4항 본문에 따른 지급기한을 넘겨 청구액을 지급하는 경우에는 연 20퍼센트의 이자율을 적용하여 지급한다. 〈개정 2014. 2. 5.〉

② 삭제 〈2014. 2. 5.〉

[제목개정 2014. 2. 5.]

제16조의2(심의회에 대한 심사 청구의 대상 및 절차)

① 보험회사등과 의료기관은 법 제12조의2제2항에 따른 이의제기 결과가 자동차보험진료수가 기준을 부당하게 적용한 것으로 판단되면 법 제19조제1항에 따라 심의회에 심사를 청구할 수 있다.

② 제1항에 따라 심사를 청구하려는 보험회사등과 의료기관은 이의제기 결과에 대한 불복 사유 등을 적은 심사청구서를 심의회에 제출하여야 한다.

③ 심의회는 보험회사등과 의료기관으로부터 심사청구를 받은 경우에는 그 사실을 건강보험심사평가원에 통보하여야 한다.

④ 제3항에 따라 통보를 받은 건강보험심사평가원은 해당 청구에 대한 의견을 심의회에 제출하여야 한다.

⑤ 제1항부터 제4항까지에서 규정한 사항 외에 심사 청구의 대상 및 절차에 관하여 필요한 사항은 국토교통부장관이 정하여 고시한다.

[본조신설 2014. 2. 5.]

제17조(보험계약 체결의 거부)

법 제24조제1항에서 "대통령령으로 정하는 사유가 있는 경우"란 다음 각 호의 어느 하나에 해당하는 경우를 말한다.

1. 「자동차관리법」 또는 「건설기계관리법」에 따른 검사를 받지 아니한 자동차에 대한 청약이 있는 경우

2. 「여객자동차 운수사업법」, 「화물자동차 운수사업법」, 「건설기계관리법」, 그 밖의 법령에 따라 운행이 정지되거나 금지된 자동차에 대한 청약이 있는 경우

3. 청약자가 청약 당시 사고 발생의 위험에 관하여 중요한 사항을 알리지 아니하거나 부실하게 알린 것이 명백한 경우

제18조 삭제 〈2020. 2. 25.〉

제19조(자동차손해배상 보장사업에 따른 피해보상금액)

법 제30조제1항에 따라 정부가 피해자에게 보상할 금액(이하 "보상금"이라 한다)은 「보험업법」에 따라 인가된 책임보험의 약관에서 정하는 책임보험금 지급기준에 따라 산정한 금액으로 한다.

제20조(보상의 절차 등)

① 피해자(피해자가 사망한 경우에는 피해보상을 받을 권리를 가진 자를 말한다. 이하 제3항과 제4항에서 같다)가 법 제30조제1항에 따라 보상을 청구할 때에는 다음 각 호의 사항을 적은 청구서를 국토교통부장관(법 제45조제1항에 따라 국토교통부장관이 법 제30조제1항에 따른 보상에 관한 업무를 보험회사등 또는 보험 관련 단체에 위탁한 경우에는 그 위탁을 받은 자를 말한다. 이하 제5항과 제6항에서 같다)에게 제출해야 한다. 〈개정 2013. 3. 23., 2022. 1. 25.〉

1. 청구인의 성명 및 주소
2. 청구인과 사망자의 관계(피해자가 사망한 경우만 해당한다)
3. 피해자 및 가해자(법 제30조제1항제1호 또는 제3호에 해당하는 경우는 제외한다)의 성명 및 주소
4. 사고 발생의 일시·장소 및 개요
5. 해당 자동차의 종류 및 등록번호(법 제30조제1항제1호 또는 제3호에 해당하는 경우는 제외한다)
6. 청구금액

② 제1항에 따른 청구서에는 다음 각 호의 서류를 첨부하여야 한다.

1. 진단서 또는 검안서
2. 제1항제2호부터 제4호까지의 사항을 증명할 수 있는 서류. 이 경우 제1항제4호의 사항을 증명할 수 있는 서류는 사고 장소를 관할하는 경찰서장의 확인이 있어야 한다.

③ 자동차의 운행으로 인한 사망 또는 부상 사고를 조사한 경찰서장은 그 사고가 법 제30조제1항 각 호의 어느 하나에 해당하는 경우에는 피해자에게 법 제30조제1항에 따른 보상을 청구할 수 있음을 알려야 한다.

④ 피해자가 법 제35조제1항에 따라 준용되는 법 제10조 및 법 제11조에 따른 보상금 및 가불금을 함께 청구할 때에는 그 지급청구서를 각각 제출하되, 그 중 하나의 청구서에는 제2항에 따른 서류를 첨부하지 아니할 수 있다.

⑤ 국토교통부장관은 제1항에 따라 보상의 청구를 받으면 지체 없이 이를 심사한 후 보상금을 결정하고, 결정한 날부터 10일 이내에 지급하여야 한다. 〈개정 2013. 3. 23.〉

⑥ 제1항에 따른 보상금의 지급청구에 관하여는 제7조제4항을 준용한다. 이 경우 "보험회사등"은 "국토교통부장관"으로 본다. 〈개정 2013. 3. 23.〉

⑦ 보험회사등이 법 제11조제5항 및 제30조제4항에 따라 보상을 청구할 때에는 다음 각 호의 사항을 적은 청구서를 국토교통부장관(법 제45조제4항에 따라 국토교통부장관이 법 제30조제4항에 따른 보상 업무를 위탁한 경우에는 그 업무를 위탁받은 보험 관련 단체 또는 특수법인

을 말한다. 이하 제9항에서 같다)에게 제출하여야 한다. 〈개정 2013. 3. 23., 2015. 12. 22.〉

1. 청구인의 명칭 및 주소

2. 피해자의 성명 및 주소

3. 사고 발생의 일시 · 장소 및 개요

4. 해당 자동차의 종류 및 등록번호

5. 보험가입자의 성명 및 주소

6. 청구요건(제10조제2항에 해당하는 사유를 말한다)

7. 청구금액 및 그 산출 기초

⑧ 제7항에 따른 청구서에는 같은 항 제2호 · 제3호 · 제6호 및 제7호의 사항을 증명할 수 있는 서류를 첨부하여야 한다.

⑨ 국토교통부장관은 제7항에 따라 청구서를 받으면 지체 없이 이를 심사하여 보상의 금액을 결정하고, 결정한 날부터 10일 이내에 보상금을 지급하여야 한다. 〈개정 2013. 3. 23.〉

제21조(지원대상자)

① 법 제30조제2항에 따라 정부가 지원할 수 있는 대상자는 다음 각 호의 요건을 모두 갖춘 사람으로서 제23조제2항에 따라 지원대상자로 결정된 자로 한다. 다만, 지원을 위한 재원이 부족할 경우에는 생활형편이 어려운 자의 순서로 그 지원대상자를 선정할 수 있다.

〈개정 2020. 1. 7.〉

1. 중증 후유장애인, 사망자 또는 중증 후유장애인의 유자녀 및 피부양가족일 것

2. 생활형편이 「국민기초생활 보장법」에 따른 기준 중위소득을 고려하여 국토교통부장관이 정하는 기준에 해당되어 생계 유지, 학업 또는 재활치료(중증 후유장애인인 경우만 해당한다)를 계속하기 곤란한 상태에 있을 것

② 제1항에 따른 중증 후유장애인, 사망자 또는 중증 후유장애인의 유자녀 및 피부양가족의 범위는 별표 3과 같다. 〈개정 2020. 1. 7.〉

제22조(지원의 기준 및 금액)

① 제21조제1항에 따른 지원대상자에 대하여 정부가 지원할 수 있는 기준은 다음 각 호와 같다.

〈개정 2009. 12. 31., 2012. 8. 22.〉

1. 중증후유장애인의 경우: 다음 각 목의 지원

　　가. 「의료법」에 따른 의료기관 또는 「장애인복지법」에 따른 재활시설을 이용하거나 그 밖에 요양을 하기 위하여 필요한 비용의 보조

나. 학업의 유지를 위한 장학금의 지급

2. 유자녀의 경우: 다음 각 목의 지원

가. 생활자금의 대출

나. 학업의 유지를 위한 장학금의 지급

다. 자립지원을 위하여 유자녀의 보호자(유자녀의 친권자, 후견인, 유자녀를 보호·양육·교육하거나 그 의무가 있는 자 또는 업무·고용 등의 관계로 사실상 유자녀를 보호·감독하는 자를 말한다)가 유자녀의 명의로 저축한 금액에 따른 지원자금(이하 "자립지원금"이라 한다)의 지급

3. 피부양가족: 노부모 등의 생활의 정도를 고려한 보조금의 지급

4. 제1호부터 제3호까지의 규정에 해당하는 사람에 대한 심리치료 등의 정서적 지원 사업

② 제1항에 따른 지원 금액은 별표 4에 따른 금액을 기준으로 하되, 지원을 위한 재원을 고려하여 국토교통부장관이 기준금액의 2분의 1의 범위에서 가감하여 정하는 금액으로 한다.

〈개정 2013. 3. 23.〉

제22조의2(자동차손해배상 보장사업을 위한 정보의 범위)

법 제30조제3항 각 호 외의 부분에서 "대통령령에 따른 정보"란 다음 각 호의 정보를 말한다.〈개정 2013. 3. 23., 2022. 1. 25.〉

1. 피해자(피해자가 사망한 경우에는 피해보상을 받을 권리를 가진 자를 말한다. 이하 제4호 및 제5호에서 같다)의 성명, 주민등록번호, 주소 및 연락처

2. 피해 원인, 피해 현황 및 피해 정도에 관한 정보

3. 가해차량에 관한 정보

4. 피해자 가족구성원의 인적사항에 관한 정보 중 「주민등록법」 제30조에 따른 주민등록 전산정보자료

5. 피해자의 생활형편에 관한 정보 중 다음 각 목의 정보

가. 「국민기초생활 보장법」에 따른 수급권자 또는 차상위계층 여부

나. 「한부모가족지원법」 제5조 또는 제5조의2에 따른 지원대상자 여부

6. 피해자의 신체 장애에 관한 정보 중 다음 각 목의 정보

가. 별표 2에 따른 후유 장애 등급 및 내용

나. 「장애인복지법」에 따른 장애 종류 및 정도

7. 그 밖에 제1호부터 제6호까지와 유사한 정보로서 국토교통부장관이 필요하다고 인정하는 정보

[본조신설 2012. 8. 22.]

제23조(지원의 방법 및 절차 등)

① 제21조 및 제22조에 따른 지원을 받으려는 자는 지원신청서를 작성하여 국토교통부장관에 게 제출하여야 한다. 〈개정 2013. 3. 23.〉

② 국토교통부장관은 제1항에 따른 지원신청을 받은 경우에는 지체 없이 이를 심사하여 지원대 상 여부를 결정한 후 신청인에게 그 결과를 알려야 한다. 〈개정 2013. 3. 23.〉

③ 국토교통부장관은 법 제30조제2항 및 법 제31조에 따른 정부의 지원에 관한 업무를 적절하 게 수행하기 위하여 다음 각 호의 사항이 포함되는 지원업무의 처리에 관한 규정을 작성하여 야 한다. 〈개정 2009. 12. 31., 2013. 3. 23.〉

1. 제21조에 따른 지원대상자 선정의 세부 기준

2. 제22조제1항제2호 각 목에 따른 생활자금의 대출 및 그 상환, 장학금의 지급 또는 자립지 원금의 지급에 관한 사항

3. 제22조제2항에 따른 구체적인 지원금액

4. 제27조에 따른 구체적인 집행 절차 및 사후 관리 등에 관한 사항

5. 제1항에 따른 지원신청서의 작성 및 제출에 관한 사항

6. 재원의 관리와 회계처리에 관한 사항

7. 지원업무계획의 수립 및 시행에 관한 사항

제23조의2(자동차사고 피해예방사업의 범위 등)

① 법 제30조의2제1항제3호에서 "자동차사고 피해예방을 위한 연구·개발 등 대통령령으로 정 하는 사항"이란 다음 각 호의 사업을 말한다.

1. 자동차사고 피해예방을 위한 연구 및 개발

2. 자동차사고 피해예방과 피해보상에 관한 통계 및 자료의 수집·관리

3. 자동차사고 피해예방과 관련한 시범사업 및 선도사업의 시행·지원

② 국토교통부장관은 법 제30조의2제1항에 따른 자동차사고 피해예방사업을 적절하게 수행하 기 위하여 다음 각 호의 사항이 포함된 자동차사고 피해예방사업 시행지침을 마련하여 운영 하여야 한다.

1. 자동차사고 피해예방사업 계획의 수립 및 시행에 관한 사항

2. 재원의 관리와 회계처리에 관한 사항

3. 자동차사고 피해예방사업의 방법 및 절차에 관한 사항

4. 자동차사고 피해예방사업의 정책적 타당성 평가에 관한 사항

[본조신설 2014. 2. 5.]

제24조(재활사업의 범위 등)

① 법 제31조제1항제1호에서 "대통령령으로 정하는 사업"이란 다음 각 호의 사업을 말한다.

　1. 의료재활사업 관계자에 대한 교육

　2. 의료재활사업에 관한 조사 · 연구

② 법 제31조제1항제2호에서 "대통령령으로 정하는 사업"이란 다음 각 호의 사업을 말한다.

　1. 직업재활사업 관계자에 대한 교육

　2. 직업재활사업에 관한 조사 · 연구

　3. 「장애인복지법」에 따른 장애인복지시설에서 제공하는 주거편의 · 상담 · 훈련 등 서비스의 소개

③ 삭제 〈2016. 12. 30.〉

제25조(재활시설운영자의 요건)

① 삭제 〈2009. 9. 3.〉

② 법 제32조제1항제2호가목 및 나목에서 "대통령령으로 정하는 요건을 갖춘 법인"이란 각각 「장애인복지법」에 따른 장애인복지단체로서 자동차사고후유장애인의 재활사업을 목적으로 설립된 법인을 말한다.　　　　　　　　　　　　　　　　　　　　　〈개정 2015. 12. 22.〉

제26조(재활시설운영자의 지정신청 등)

① 법 제32조제2항에 따라 재활시설운영자로 지정받으려는 자는 다음 각 호의 서류(전자문서를 포함한다)를 첨부하여 국토교통부장관에게 신청하여야 한다. 이 경우 국토교통부장관은 「전자정부법」 제36조제1항에 따른 행정정보의 공동이용을 통하여 법인등기부 등본을 확인하여야 한다.　　　　〈개정 2009. 9. 3., 2010. 5. 4., 2011. 1. 24., 2013. 3. 23.〉

　1. 정관

　2. 의료재활시설 및 직업재활시설(이하 "재활시설"이라 한다)의 운영 · 관리 등 계획서(자동차사고 후유장애인 재활시설의 운영 · 관리 등을 위한 전문인력의 확보 방안을 포함한다)

　3. 재활시설의 운영 · 관리 등을 위한 내부 규정 1부

　4. 의료재활시설운영자로 지정받으려는 경우에는 다음 각 목의 서류

　　가. 의료기관 개설허가증 사본

　　나. 「의료법」 제58조 및 제58조의3에 따른 평가결과 및 인증등급

　　다. 최근 3년간 진료과목별 진료실적

② 국토교통부장관은 제1항에 따른 신청을 받으면 법 제34조제1항에 따른 재활시설운영심의위

원회(이하 "심의위원회"라 한다)의 심의를 거쳐 재활시설운영자를 지정하여야 한다.

〈개정 2013. 3. 23.〉

제27조(재활시설운영자에 대한 감독 등)

① 재활시설운영자는 다음 연도 재활시설의 운영·관리 등을 위한 계획 및 예산을 매년 10월 31일까지 국토교통부장관에게 제출하고 승인을 받아야 한다. 승인받은 계획 및 예산을 변경하려는 경우에도 또한 같다. 〈개정 2013. 3. 23.〉

② 재활시설운영자는 다음 각 호의 사항을 매 분기 종료 후 25일 이내에 국토교통부장관에게 보고하여야 한다. 〈개정 2013. 3. 23.〉

1. 재활시설의 운영·관리 등의 현황(입소자의 현황을 포함한다)

2. 재활시설의 운영·관리 등을 위한 전문인력의 현황

3. 재활시설의 운영·관리 등을 위한 교부금의 수입 및 지출현황

4. 재활시설의 운영·관리 등을 위한 교부금의 잔액증명서 등 국토교통부장관이 요구하는 자료

③ 국토교통부장관은 재활시설운영자의 전 분기 재활시설의 운영·관리 등의 사업실적 및 재활시설의 운영·관리 등을 위한 교부금의 집행실적을 고려하여 다음 분기의 재활시설의 운영·관리 등을 위한 교부금을 조정하여 지급할 수 있다 〈개정 2013. 3. 23.〉

제28조(심의위원회의 구성·운영 등)

① 심의위원회는 위원장 1명을 포함한 20명 이내의 위원으로 구성한다.

② 심의위원회의 위원은 다음 각 호의 자가 되며, 위원장은 제3호의 위촉위원 중에서 호선한다.

〈개정 2013. 3. 23., 2019. 2. 8.〉

1. 국토교통부의 자동차후유장애인 재활지원 관련 업무 담당 과장 또는 팀장

2. 「한국교통안전공단법」에 따른 한국교통안전공단(이하 "한국교통안전공단"이라 한다) 소속 직원 중에서 한국교통안전공단 이사장이 지명하는 자 1명

3. 다음 각 목의 자 중에서 국토교통부장관이 위촉하는 자 18명 이내

가. 경제·경영·법률·의료·교통·건축·장애인복지 또는 재활관련 분야의 대학(「고등교육법」 제2조에 따른 학교를 말한다)에서 조교수 이상으로 3년 이상 있거나 있었던 자

나. 판사·검사 또는 변호사로 3년 이상 있거나 있었던 자

다. 고위공무원단에 속하는 일반직공무원 또는 5급 이상 공무원으로서 교통·의료·건축

또는 장애인복지 분야에서 3년 이상 근무하거나 근무한 자

라. 「공공기관의 운영에 관한 법률」에 따른 공공기관에서 교통·의료·건축·장애인복지 분야의 중간관리자 이상으로 3년 이상 있거나 있었던 자

마. 언론인으로서 3년 이상 근무하거나 근무한 자

바. 「비영리민간단체 지원법」 제2조에 따른 비영리민간단체로부터 추천을 받은 자

사. 그 밖에 경제·경영·법률·의료·교통·건축·장애인복지 또는 재활 관련 분야의 전문지식과 경험이 풍부한 자로서 해당 분야에서 3년 이상 근무하거나 근무한 자

③ 위촉위원의 임기는 2년으로 하되, 2차에 한하여 연임할 수 있다. 〈개정 2009. 12. 31.〉

④ 위원장이 부득이한 사유로 직무를 수행할 수 없을 때에는 위원장이 미리 지명한 위원이 그 직무를 대행한다.

⑤ 심의위원회의 회의는 재적위원 과반수의 출석으로 개의하고, 출석위원 과반수의 찬성으로 의결한다.

⑥ 심의위원회의 사무를 처리하기 위하여 간사 1명을 두되, 간사는 국토교통부 소속 공무원 중에서 국토교통부장관이 지명하는 자가 된다. 〈개정 2013. 3. 23.〉

⑦ 제1항부터 제6항까지 및 제28조의2에서 규정한 사항 외에 심의위원회의 운영 등에 필요한 사항은 심의위원회의 의결을 거쳐 위원장이 정한다. 〈개정 2012. 7. 4.〉

제28조의2(위원의 제척·기피·회피)

① 심의위원회 위원(이하 이 조에서 "위원"이라 한다)이 다음 각 호의 어느 하나에 해당하는 경우에는 심의위원회의 심의·의결에서 제척(除斥)된다.

1. 위원 또는 그 배우자나 배우자이었던 사람이 해당 안건의 당사자(당사자가 법인·단체 등인 경우에는 그 임원을 포함한다. 이하 이 호 및 제2호에서 같다)가 되거나 그 안건의 당사자와 공동권리자 또는 공동의무자인 경우

2. 위원이 해당 안건의 당사자와 친족이거나 친족이었던 경우

3. 위원이 해당 안건에 대하여 자문, 연구, 용역(하도급을 포함한다), 감정 또는 조사를 한 경우

4. 위원이나 위원이 속한 법인·단체 등이 해당 안건의 당사자의 대리인이거나 대리인이었던 경우

5. 위원이 임원 또는 직원으로 재직하고 있거나 최근 3년 내에 재직하였던 기업 등이 해당 안건에 관하여 자문, 연구, 용역(하도급을 포함한다), 감정 또는 조사를 한 경우

② 해당 안건의 당사자는 위원에게 공정한 심의·의결을 기대하기 어려운 사정이 있는 경우에는 심의위원회에 기피 신청을 할 수 있고, 심의위원회는 의결로 이를 결정한다. 이 경우 기피

신청의 대상인 위원은 그 의결에 참여하지 못한다.

③ 위원이 제1항 각 호에 따른 제척 사유에 해당하는 경우에는 스스로 해당 안건의 심의·의결에서 회피(回避)하여야 한다.

[본조신설 2012. 7. 4.]

제28조의3(심의위원회 위원의 해촉 등)

① 제28조제2항제2호에 따라 위원을 지명한 자는 위원이 다음 각 호의 어느 하나에 해당하는 경우에는 그 지명을 철회할 수 있다.

1. 심신장애로 인하여 직무를 수행할 수 없게 된 경우

2. 직무와 관련된 비위사실이 있는 경우

3. 직무태만, 품위손상이나 그 밖의 사유로 인하여 위원으로 적합하지 아니하다고 인정되는 경우

4. 제28조의2제1항 각 호의 어느 하나에 해당하는 데에도 불구하고 회피하지 아니한 경우

5. 위원 스스로 직무를 수행하는 것이 곤란하다고 의사를 밝히는 경우

② 국토교통부장관은 제28조제2항제3호에 따른 위원이 제1항 각 호의 어느 하나에 해당하는 경우에는 해당 위원을 해촉할 수 있다.

[본조신설 2015. 12. 31.]

제29조(보상책임의 면제)

법 제36조제1항에서 "그 밖에 대통령령으로 정하는 법률"이란 다음 각 호의 법률을 말한다.

〈개정 2015. 11. 20., 2018. 9. 18.〉

1. 「공무원 재해보상법」(같은 법 제8조의 급여 중 같은 조 제5호에 따른 재해유족급여를 제외한 급여를 말한다)

2. 「군인연금법」(같은 법 제6조제13호·제14호 및 제17호에 따른 재해보상금, 사망조위금 및 공무상요양비만 해당한다)

3. 「사립학교교직원 연금법」(같은 법 제42조에 따라 준용되는 「공무원 재해보상법」 제8조의 급여 중 같은 조 제5호에 따른 재해유족급여를 제외한 급여를 말한다)

4. 「의무경찰대 설치 및 운영에 관한 법률」

5. 「국가유공자 등 예우 및 지원에 관한 법률」(같은 법 제15조에 따른 간호수당, 같은 법 제17조에 따른 사망일시금 및 같은 법 제43조의2에 따른 보철구의 지급만 해당한다)

6. 「근로기준법」

7. 「국민건강보험법」

제30조(분담금의 납부자 등)

① 법 제37조제1항에서 "대통령령으로 정하는 자동차보유자"란 제5조제3호에 따른 자동차의 보유자를 말한다.

② 제1항에 따른 자동차의 보유자와 자동차손해배상에 관한 보험계약을 체결한 보험회사(「보험업법」에 따른 외국보험회사를 포함한다)는 해당 자동차의 보유자로부터 분담금을 징수하여 정부에 납부하여야 한다. 〈개정 2020. 2. 25.〉

제31조(분담금액)

① 법 제37조제1항에 따라 자동차보유자가 국토교통부장관(법 제45조제1항에 따라 국토교통부장관이 법 제37조에 따른 분담금의 수납·관리에 관한 업무를 자동차손해배상진흥원이나 보험 관련 단체에 위탁한 경우에는 그 위탁을 받은 자를 말한다. 이하 제32조제1항, 제32조의2제2항 및 제33조에서 같다)에게 납부해야 하는 분담금은 책임보험등의 보험료(책임공제의 경우에는 책임공제분담금을 말한다. 이하 "책임보험료등"이라 한다)에 해당하는 금액의 100분의 5를 넘지 아니하는 범위에서 국토교통부령으로 정하는 금액으로 한다.
〈개정 2009. 12. 31., 2013. 3. 23., 2016. 12. 30., 2022. 1. 25.〉

② 삭제 〈2016. 12. 30.〉

③ 국토교통부장관은 제1항에 따라 분담금을 정할 때에는 미리 금융위원회와 협의하여야 한다.
〈개정 2013. 3. 23., 2016. 12. 30.〉

제32조(분담금의 납부 등)

① 보험회사등은 법 제37조제2항 및 제3항에 따라 자동차보유자로부터 징수한 분담금을 징수한 달의 다음 달 말일까지 그 징수 명세를 첨부하여 국토교통부장관에게 납부하여야 한다.
〈개정 2013. 3. 23., 2016. 12. 30.〉

② 국토교통부장관은 법 제30조제5항에 따른 자동차손해배상 보장사업(이하 "자동차손해배상 보장사업"이라 한다)에 따른 수입과 지출을 다른 수입 및 지출과 구분하여 경리하여야 한다.
〈개정 2013. 3. 23.〉

③ 국토교통부장관은 법 제30조제1항에 따른 정부의 보상에 관한 업무를 적절하게 수행하기 위하여 다음 각 호의 사항이 포함되는 손해배상 보장업무의 처리에 관한 규정을 작성하여야 한다. 〈개정 2009. 12. 31., 2013. 3. 23., 2016. 12. 30.〉

1. 분담금의 징수·관리

2. 보상처리에 관한 사항

3. 법 제39조제1항에 따른 손해배상청구권의 대위행사에 관한 사항

4. 보상업무계획의 수립 및 시행에 관한 사항

④ 삭제 〈2009. 12. 31.〉

⑤ 삭제 〈2009. 12. 31.〉

⑥ 삭제 〈2009. 12. 31.〉

⑦ 삭제 〈2009. 12. 31.〉

제32조의2(분담금의 추가 징수)

① 법 제37조제3항에 따라 추가로 징수할 수 있는 분담금은 법 제37조제1항에 따른 분담금의 3배에 해당하는 금액으로 한다.

② 보험회사등은 법 제37조제3항에 따라 분담금을 추가로 내야 할 자와 책임보험등의 계약을 체결할 때에 제1항에 따른 분담금을 징수하여 국토교통부장관에게 납부하여야 한다.

[본조신설 2016. 12. 30.]

제33조(손해배상청구권의 대위행사를 위한 협조요청)

① 국토교통부장관(법 제45조제1항에 따라 국토교통부장관이 법 제39조제1항에 따른 손해배상청구권의 대위행사에 관한 업무를 위탁한 경우에는 그 위탁을 받은 자를 말한다)은 법 제39조제1항에 따른 피해자의 손해배상청구권을 대위행사하기 위하여 가입관리전산망을 이용하여 경찰청장, 시·도경찰청장이나 경찰서장(이하 "경찰청장등"이라 한다)에게 다음 각 호의 정보의 열람·제출 또는 확인 등을 요구할 수 있다.　　　　　　　〈개정 2022. 1. 25.〉

1. 법 제30조제1항제1호 또는 제3호에 따른 보유자를 알 수 없는 자동차를 운행한 사람의 검거 여부와 인적사항(「개인정보 보호법 시행령」 제19조에 따른 주민등록번호, 여권번호, 운전면허번호 및 외국인등록번호를 포함한다. 이하 같다)에 관한 정보

2. 법 제30조제1항제2호 본문에 따른 보험가입자등이 아닌 사람의 인적사항에 관한 정보

② 제1항에 따른 요구를 받은 경찰청장등은 특별한 사유가 없으면 요구에 따라야 한다.

제33조의2(채권의 결손처분)

① 법 제39조제3항제2호에서 "대통령령으로 정하는 경우"란 다음 각 호의 경우를 말한다.

1. 법 제39조제1항에 따른 손해배상책임이 있는 자 또는 법 제39조제2항에 따른 가불금을 지

급받은 자(이하 "채무자"라 한다)의 행방을 알 수 없거나 재산이 없다는 것이 판명되어 법 제39조제3항에 따른 구상금 또는 미반환가불금 등(이하 "구상금등"이라 한다)을 받을 가능성이 없는 경우

2. 채무자가 「채무자 회생 및 파산에 관한 법률」에 따라 납부의무를 면제받게 된 경우

3. 그 밖에 구상금등을 받을 가능성이 없다고 법 제39조의2제1항에 따른 자동차손해배상보장사업 채권정리위원회(이하 "채권정리위원회"라 한다)가 인정한 경우

② 정부는 법 제39조제3항에 따라 청구권의 대위행사를 중지하거나 구상금등의 전부 또는 일부에 대한 결손처분을 한 경우 연도별로 채무자의 인적사항 · 사고내용 · 지급금액, 채권정리위원회의 의결사유 · 의결일자 등 필요한 내용을 기재한 대장(전자문서를 포함한다)을 작성하여 10년간 보관하여야 한다.

[본조신설 2009. 12. 31.]

제33조의3(채권정리위원회의 구성 등)

① 채권정리위원회는 위원장 1명을 포함한 15명 이내의 위원으로 구성한다.

② 채권정리위원회의 위원은 다음 각 호의 사람이 되며, 위원장은 제2호에 따라 지명받은 사람과 제3호의 위촉위원 중에서 호선한다. 〈개정 2013. 3. 23., 2016. 12. 30.〉

1. 국토교통부의 자동차손해배상보장사업 관련 업무 담당 과장 또는 팀장

2. 법 제45조제1항제3호에 따라 법 제37조에 따른 분담금의 수납 · 관리에 관한 업무를 위탁받은 보험 관련 단체(이하 "분담금관리자"라 한다) 소속 임직원 중에서 분담금관리자의 장이 지명하는 사람(이하 "지명위원"이라 한다) 1명

3. 다음 각 목의 사람 중에서 국토교통부장관이 위촉하는 사람(이하 "위촉위원"이라 한다)

   가. 대학(「고등교육법」 제2조제1호에 따른 대학을 말한다)에서 「보험업법」 제4조제1항제2호다목의 자동차보험(이하 "자동차보험"이라 한다) 관련 분야의 조교수 이상으로 3년 이상 재직한 사람

   나. 판사 · 검사 또는 변호사로 3년 이상 있거나 있었던 사람

   다. 자동차보험 업무에 종사한 경력이 5년 이상 된 사람으로서 그 업무에 관한 학식과 경험이 풍부한 사람

③ 위원장과 위원은 비상근으로 한다.

④ 위촉위원의 임기는 2년으로 한다.

⑤ 위원장은 위원회를 대표하며 위원회의 업무를 총괄한다.

⑥ 위원장이 부득이한 사유로 직무를 수행할 수 없을 때에는 위원장이 미리 지명한 위원이 그

직무를 대행한다.

⑦ 삭제 〈2015. 12. 31.〉

[본조신설 2009. 12. 31.]

제33조의4(채권정리위원회 위원의 해촉 등)

① 제33조의3제2항제2호에 따라 위원을 지명한 자는 위원이 다음 각 호의 어느 하나에 해당하는 경우에는 그 지명을 철회할 수 있다.

　1. 심신장애로 인하여 직무를 수행할 수 없게 된 경우

　2. 직무와 관련된 비위사실이 있는 경우

　3. 직무태만, 품위손상이나 그 밖의 사유로 인하여 위원으로 적합하지 아니하다고 인정되는 경우

　4. 위원 스스로 직무를 수행하는 것이 곤란하다고 의사를 밝히는 경우

② 국토교통부장관은 제33조의3제2항제3호에 따른 위원이 제1항 각 호의 어느 하나에 해당하는 경우에는 해당 위원을 해촉할 수 있다.

[본조신설 2015. 12. 31.]

[종전 제33조의4는 제33조의5로 이동 〈2015. 12. 31.〉]

제33조의5(채권정리위원회의 회의 등)

① 위원장은 채권정리위원회의 회의를 소집하고 그 의장이 된다.

② 채권정리위원회의 회의는 재적위원 과반수의 출석으로 개의(開議)하고, 출석위원 과반수의 찬성으로 의결한다.

③ 위원 또는 그와 친족관계이거나 친족관계이었던 자가 해당 안건의 채무자가 되는 경우에는 그 위원은 해당 안건과 관련된 회의에 참석할 수 없다.

④ 채권정리위원회는 위원장이 필요하다고 인정하는 경우와 국토교통부장관의 요청이 있는 경우 수시로 개최할 수 있다. 　〈개정 2013. 3. 23.〉

⑤ 채권정리위원회는 회의록을 작성하여 갖추어 두어야 한다.

⑥ 지명위원과 위촉위원이 안건심사와 관련하여 회의에 참석하는 경우 예산의 범위에서 수당·여비와 그 밖에 필요한 경비를 지급할 수 있다.

⑦ 제1항부터 제6항까지에서 규정한 사항 외에 채권정리위원회의 운영에 필요한 사항은 위원회의 의결을 거쳐 위원장이 정한다.

[본조신설 2009. 12. 31.]

[제33조의4에서 이동, 종전 제33조의5는 제33조의6으로 이동 〈2015. 12. 31.〉]

제33조의6(채권정리위원회의 소위원회)

① 채권정리위원회가 위임한 사항을 심의하고 의결하기 위하여 채권정리위원회에 소위원회를 둘 수 있다.

② 소위원회는 위원장이 지명하는 5명 이내의 위원으로 구성한다.

③ 소위원회의 위원장(이하 "소위원장"이라 한다)은 해당 소위원회의 위원 중에서 호선한다.

④ 소위원회의 회의의 운영에 관하여는 제33조의3제5항·제6항 및 제33조의5를 준용한다. 이 경우 "위원장"은 "소위원장"으로, "채권정리위원회"는 "소위원회"로 본다. 〈개정 2015. 12. 31.〉

[본조신설 2009. 12. 31.]

[제33조의5에서 이동, 종전 제33조의6은 제33조의7로 이동 〈2015. 12. 31.〉]

제33조의7(채권정리위원회의 사무처리)

① 채권정리위원회 및 소위원회의 사무를 처리하기 위하여 간사 1명을 둔다.

② 간사는 국토교통부 소속 공무원 중에서 국토교통부장관이 임명한다. 〈개정 2013. 3. 23.〉

[본조신설 2009. 12. 31.]

[제33조의6에서 이동, 종전 제33조의7은 제33조의8로 이동 〈2015. 12. 31.〉]

제33조의8(결손처분에 관한 자료 제출 요구 등)

① 국토교통부장관은 구상금등의 결손처분에 관한 채권정리위원회의 심의를 요청하기 위하여 다음 각 호의 자에게 필요한 자료의 제출을 요구할 수 있다.

1. 법 제45조제1항제1호 또는 제4호에 따라 법 제30조제1항에 따른 보상업무나 법 제39조제1항에 따른 손해배상 청구권의 대위행사에 관한 업무를 위탁받은 자(이하 이 조 및 제35조의3에서 "보장사업자"라 한다)

2. 법 제45조제4항에 따라 법 제30조제4항에 따른 보상업무 또는 법 제39조제2항에 따른 반환 청구 업무를 위탁받은 보험 관련 단체나 자동차손해배상진흥원(이하 이 조에서 "미반환가불금보상사업자"라 한다)

② 제1항에 따른 요구를 받은 보장사업자와 미반환가불금보상사업자는 특별한 사정이 없으면 지체 없이 그 요구에 따라야 한다.

[전문개정 2022. 1. 25.]

제33조의9(수입금의 관리 등)

① 자동차손해배상진흥원은 법 제39조의7제3항 각 호에 따른 수입금(이하 "수입금"이라 한다)의 관리계획을 수립하여 법 제39조의10제3항에 따른 예산서와 함께 국토교통부장관에게 제출하여야 한다.   〈개정 2020. 2. 25.〉

② 자동차손해배상진흥원은 수입금을 제1항에 따른 수입금의 관리계획에서 정한 용도에만 사용하여야 한다.

③ 제1항 및 제2항에서 규정한 사항 외에 수입금의 한도 및 관리 등을 위하여 필요한 세부사항은 국토교통부장관이 정하여 고시한다.

[본조신설 2015. 12. 22.]

[제33조의8에서 이동, 종전 제33조의9는 제33조의10으로 이동 〈2015. 12. 31.〉]

제33조의10(기금의 관리·운용에 관한 사무의 위탁)

① 국토교통부장관은 법 제39조의13제2항에 따라 법 제39조의11에 따른 자동차사고 피해지원기금(이하 "피해지원기금"이라 한다)의 관리·운용에 관한 사무 중 다음 각 호의 사무를 자동차손해배상진흥원에 위탁한다.   〈개정 2022. 1. 25.〉

1. 피해지원기금의 관리·운용에 관한 회계 사무

2. 피해지원기금의 수입 및 지출에 관한 사무

3. 피해지원기금의 자산운용에 관한 사무

4. 그 밖에 피해지원기금의 관리·운용에 관하여 국토교통부장관이 정하는 사무

② 제1항에 따라 피해지원기금의 관리·운용에 관한 사무를 위탁받은 자동차손해배상진흥원은 피해지원기금을 다른 회계와 구분하여 회계처리해야 한다.   〈개정 2022. 1. 25.〉

[본조신설 2016. 12. 30.]

[종전 제33조의10은 제33조의12로 이동 〈2016. 12. 30.〉]

제33조의11(피해지원기금의 회계기관)

① 국토교통부장관은 피해지원기금의 수입과 지출에 관한 사무를 수행하기 위하여 그 소속 공무원 중에서 기금수입징수관, 기금재무관, 기금지출관 및 기금출납공무원을 각각 임명하여야 한다.   〈개정 2022. 1. 25.〉

② 국토교통부장관은 제33조의10제1항에 따라 피해지원기금의 관리·운용에 관한 사무를 위탁받은 자동차손해배상진흥원의 임원 중에서 기금수입담당임원과 기금지출원인행위담당임원을, 자동차손해배상진흥원의 직원 중에서 기금지출원과 기금출납원을 각각 임명해야 한다.

이 경우 기금수입담당임원은 기금수입징수관의 직무를, 기금지출원인행위담당임원은 기금재무관의 직무를, 기금지출원은 기금지출관의 직무를, 기금출납원은 기금출납공무원의 직무를 각각 수행한다. 〈개정 2022. 1. 25.〉

[본조신설 2016. 12. 30.]

[제목개정 2022. 1. 25.]

제33조의12(자율주행자동차사고조사위원회의 구성 등)

① 법 제39조의14제1항에 따른 자율주행자동차사고조사위원회(이하 "사고조사위원회"라 한다)는 위원장 1명을 포함하여 20명 이내의 위원으로 구성한다.

② 위원은 다음 각 호의 어느 하나에 해당하는 사람 중에서 국토교통부장관이 임명하거나 위촉한다.

1. 「고등교육법」 제2조제1호부터 제6호까지의 학교에서 법학, 기계, 자동차, 전자, 제어, 정보통신기술 관련 분야의 조교수 이상의 직에 5년 이상 있거나 있었던 사람

2. 판사·검사 또는 변호사의 직에 5년 이상 있거나 있었던 사람

3. 4급 이상 공무원의 직에 있는 사람으로서 자동차와 관련된 업무에 실무경험이 있는 사람

4. 「소비자기본법」 제29조에 따라 등록된 소비자단체의 임원

5. 다음 각 목의 어느 하나에 해당하는 기관 등에서 10년 이상 자동차 관련 업무 또는 소비자 보호 업무에 종사한 사람

   가. 「공공기관의 운영에 관한 법률」 제4조에 따른 공공기관

   나. 제3항제2호 각 목의 어느 하나에 해당하는 사업자 및 사업자단체 또는 연구기관

③ 다음 각 호의 어느 하나에 해당하는 사람은 위원이 될 수 없다.

1. 「국가공무원법」 제33조 각 호의 어느 하나에 해당하는 사람

2. 최근 3년 이내에 다음 각 목의 어느 하나에 해당하는 사업자 및 사업자단체 또는 연구기관의 임직원으로 재직한 사실이 있는 사람

   가. 자율주행자동차를 제작·조립 또는 수입한 자(판매를 위탁받은 자를 포함한다. 이하 "제작자등"이라 한다) 및 그 사업자단체

   나. 보험회사등 및 그 사업자단체

   다. 자동차 및 자동차보험 관련 연구기관

④ 위원장은 위원 중에서 국토교통부장관이 임명하거나 위촉한다.

⑤ 위원의 임기는 2년으로 한다. 다만 위원의 사임 등으로 새로 임명 또는 위촉된 위원의 임기는 전임위원 임기의 남은 기간으로 한다.

⑥ 위원 중 공무원이 아닌 위원은 다음 각 호의 어느 하나에 해당하는 경우를 제외하고는 본인의 의사에 반하여 해촉되지 않는다.

1. 장기간의 심신쇠약 등으로 직무를 수행하는 것이 현저히 부적당하다고 인정되는 경우

2. 사고조사위원회의 업무와 관련하여 비위사실이 발견된 경우

3. 제33조의13제1항 각 호의 어느 하나에 해당하는 데에도 불구하고 회피하지 않은 경우

4. 연간 위원회 출석률이 3분의 2 미만인 경우

5. 직무태만, 품위손상, 전문성 부족 등의 사유로 위원의 직을 유지하는 것이 적합하지 않다고 사고조사위원회의 의결로 인정되는 경우

⑦ 사고조사위원회는 다음 각 호의 어느 하나에 해당하는 경우에 위원장이 소집한다.

1. 위원장이 필요하다고 인정하는 경우

2. 재적위원 3분의 1 이상이 소집을 요구하는 경우

3. 국토교통부장관이 소집을 요구하는 경우

⑧ 사고조사위원회는 재적위원 과반수의 출석과 출석위원 과반수의 찬성으로 의결한다.

⑨ 제1항부터 제8항까지에서 규정한 사항 외에 사고조사위원회의 구성·운영 등에 필요한 사항은 국토교통부장관이 정하여 고시한다.

[본조신설 2020. 10. 8.]

[종전 제33조의12는 제33조의17로 이동 〈2020. 10. 8.〉]

제33조의13(위원의 제척·기피·회피)

① 사고조사위원회의 위원이 다음 각 호의 어느 하나에 해당하는 경우 사고조사위원회의 심의·의결에서 제척된다.

1. 위원이나 그 배우자 또는 배우자였던 사람이 자율주행자동차사고의 당사자(자율주행자동차의 보유자인 경우를 포함한다. 이하 "당사자등"이라 한다)인 경우

2. 위원이 당사자등과 친족이거나 친족이었던 경우

3. 위원 또는 위원이 속한 법인 또는 단체(최근 3년 이내에 속했던 법인 또는 단체를 포함한다)가 해당 자율주행자동차사고에 대하여 증언, 진술, 자문, 연구, 용역 또는 감정을 한 경우

4. 위원 또는 위원이 속한 법인 또는 단체가 최근 3년 이내에 해당 자율주행자동차의 제작·조립·수입 또는 보험·공제와 관련된 자문, 연구 또는 용역을 수행한 경우

5. 위원이 해당 자율주행자동차의 제작자등 또는 해당 자율주행자동차사고로 인하여 보험금 등을 지급해야 하는 보험회사등의 임직원으로 재직했던 경우

6. 위원이 당사자등, 해당 자율주행자동차의 제작자등 또는 해당 자율주행자동차사고로 인

하여 보험금등을 지급해야 하는 보험회사등의 대리인이거나 대리인이었던 경우

② 자율주행자동차사고에 이해관계가 있는 자는 위원에게 공정한 심의 · 의결을 기대하기 어려운 사정이 있는 경우에는 사고조사위원회에 기피신청을 할 수 있다.

③ 사고조사위원회는 제2항에 따른 기피신청을 받은 경우 의결로 기피 여부를 결정한다. 이 경우 기피 신청의 대상인 위원은 그 의결에 참여하지 못한다.

④ 위원은 제1항 각 호에 따른 제척사유에 해당하는 경우에는 스스로 해당 안건의 심의 · 의결에서 회피하여야 한다.

[본조신설 2020. 10. 8.]

[종전 제33조의13은 제33조의18로 이동 〈2020. 10. 8.〉]

제33조의14(사고조사위원회의 업무)

법 제39조의15제1항제2호에서 "대통령령으로 정하는 업무"란 다음 각 호의 업무를 말한다.

1. 법 제39조의15제2항에 따른 정보의 수집 · 이용 및 제공을 위한 정보통신망의 구축 · 운영

2. 자율주행자동차 및 그 사고에 대한 조사 · 연구

3. 그 밖에 자율주행자동차사고 조사에 필요한 업무로서 국토교통부장관이 요청하는 업무

[본조신설 2020. 10. 8.]

제33조의15(자율주행정보의 기록 · 보관)

① 법 제39조의17제1항에서 "대통령령으로 정하는 자율주행과 관련된 정보"란 다음 각 호의 어느 하나에 해당하는 정보로서 국토교통부장관이 고시하는 정보를 말한다.

1. 자율주행시스템(「자율주행자동차 상용화 촉진 및 지원에 관한 법률」 제2조제1항제2호에 따른 자율주행시스템을 말한다. 이하 같다)의 작동 및 해제에 관한 정보

2. 자율주행시스템의 개입 요구(「자율주행자동차 상용화 촉진 및 지원에 관한 법률」 제2조제2항제1호에 따른 부분 자율주행자동차에서 자율주행시스템이 운전자에게 개입을 요구하는 것을 말한다)에 관한 정보

3. 그 밖에 사고발생 원인 조사를 위해 필요한 정보

② 법 제39조의17제3항 전단에서 "대통령령으로 정하는 기간"이란 6개월을 말한다.

[본조신설 2020. 10. 8.]

제33조의16(자율주행정보 등의 열람 및 제공 요구)

① 법 제39조의17제4항에 따라 자율주행정보 등의 열람 및 제공을 요구하려는 자는 국토교통부

령으로 정하는 자율주행정보 열람 및 제공 신청서를 사고조사위원회에 제출해야 한다.

② 법 제39조의17제5항에 따라 청구인이 부담해야 하는 비용은 「공공기관의 정보공개에 관한 법률 시행령」 제17조제1항에 따라 행정안전부령으로 정하는 바에 따른다.

[본조신설 2020. 10. 8.]

제33조의17(포상금의 지급 기준 및 절차 등)

① 법 제43조의2제1항에서 "대통령령으로 정하는 관계 행정기관이나 수사기관"이란 경찰관서 및 소방관서를 말한다.

② 법 제43조의2에 따라 신고 또는 고발을 받은 경찰관서나 소방관서는 신고되거나 고발된 운전자가 검거된 경우에는 국토교통부장관에게 다음 각 호의 사항을 알려야 한다.

〈개정 2013. 3. 23., 2022. 1. 25.〉

1. 신고 또는 고발을 한 사람의 인적사항

2. 신고 또는 고발의 내용

3. 피해자의 인적사항

4. 피해자의 피해 정도

5. 그 밖에 검거된 운전자의 인적사항 등 국토교통부장관이 포상금 지급을 위하여 필요하다고 인정하는 사항

③ 국토교통부장관은 제2항에 따라 통보를 받은 경우에는 그 내용을 확인한 후 포상금 지급 여부를 결정하여야 한다. 다만, 다음 각 호의 어느 하나에 해당하는 경우에는 포상금을 지급하지 아니한다.

〈개정 2013. 3. 23.〉

1. 신고 또는 고발이 있은 후 같은 위반행위에 대하여 같은 내용의 신고 또는 고발을 한 경우

2. 관계 법령에 따라 다른 행정기관으로부터 같은 위반행위의 신고 또는 고발에 대한 포상금을 지급받은 경우

④ 국토교통부장관은 제3항에 따라 포상금 지급 결정을 하는 경우에는 다음 각 호의 기준에 따라 포상금액을 결정하여야 한다.

〈개정 2013. 3. 23.〉

1. 피해자가 사망한 신고 또는 고발의 경우: 100만원

2. 피해자가 부상한 신고 또는 고발의 경우: 50만원부터 80만원까지의 범위에서 부상의 정도별로 국토교통부장관이 정하여 고시하는 금액

⑤ 국토교통부장관은 제3항 및 제4항에 따라 포상금 지급을 결정한 경우에는 지체 없이 신고인 또는 고발인에게 알려야 한다.

〈개정 2013. 3. 23.〉

⑥ 제5항에 따라 포상금 지급 결정을 통보받은 신고인 또는 고발인은 국토교통부장관에게 포상

금 지급을 신청하여야 한다. 이 경우 국토교통부장관은 포상금 지급 신청을 받은 날부터 1개월 이내에 포상금을 지급하여야 한다. 〈개정 2013. 3. 23.〉

⑦ 제3항부터 제6항까지의 규정에 따른 포상금의 지급 기준·절차 및 방법 등에 관하여 필요한 세부 사항은 국토교통부장관이 정하여 고시한다. 〈개정 2013. 3. 23.〉

[본조신설 2012. 8. 22.]

[제33조의12에서 이동 〈2020. 10. 8.〉]

제33조의18(자동차 운행 안전장치의 종류)

법 제43조의3제1항에 따른 자동차 운행 안전장치의 종류는 다음 각 호와 같다.

1. 차선이탈, 충돌, 사각지대 진입 등의 위험상황을 운전자에게 알려주는 장치

2. 장애물과의 충돌을 방지하기 위하여 차량의 제동 또는 제어 능력을 향상시키거나 차량 스스로 제동 또는 제어하는 장치

3. 자동차의 후방 확인을 위한 영상장치 등 운전자의 시계(視界)범위를 확보하기 위한 장치

4. 그 밖에 자동차사고의 예방에 효과가 있는 것으로서 국토교통부장관이 인정하여 고시하는 장치

[본조신설 2016. 12. 30.]

[제33조의13에서 이동 〈2020. 10. 8.〉]

제34조(자료 제출의 요청)

① 특별자치시장·특별자치도지사·시장·군수 또는 구청장(구청장은 자치구의 구청장을 말하며, 이하 "시장·군수·구청장"이라 한다)은 국토교통부장관이 요청하면 법 제6조제2항·제3항 또는 제48조에 따라 의무보험에 가입하지 아니한 자에 대하여 하는 업무의 처리현황을 특별시장·광역시장·특별자치시장·도지사 또는 특별자치도지사(이하 이 조에서 "시·도지사"라 한다)를 경유(특별자치시장과 특별자치도지사의 경우는 제외한다)하여 국토교통부장관에게 제출해야 한다. 〈개정 2022. 1. 25.〉

② 시·도지사는 시장·군수·구청장(특별자치시장과 특별자치도지사는 제외한다)이 의무보험에 가입하지 아니한 자에 대하여 하는 업무를 원활하게 수행할 수 있도록 필요한 지원을 해야 한다. 〈개정 2022. 1. 25.〉

③ 건강보험심사평가원은 국토교통부장관이 요청하면 법 제12조의2에 따라 위탁받은 자동차보험진료수가의 심사 업무 및 조정 업무 등의 처리현황을 국토교통부장관에게 제출하여야 한다. 〈신설 2014. 2. 5.〉

제34조의2(권한의 위임)

국토교통부장관은 법 제44조에 따라 법 제43조제1항에 따른 검사 · 질문 등의 권한 중 자동차보험진료수가를 청구하는 의료기관에 대한 검사 · 질문 권한을 시장 · 군수 · 구청장에게 위임한다.

〈개정 2013. 3. 23.〉

[본조신설 2009. 9. 3.]

제35조(권한의 위탁 등)

① 국토교통부장관은 법 제45조제1항에 따라 자동차손해배상 보장사업을 보험회사등, 보험 관련 단체 또는 자동차손해배상진흥원에 위탁할 때에는 위탁받을 자에 대하여 다음 각 호의 사항을 확인하여야 한다. 다만, 법 제45조제1항제3호부터 제6호까지의 규정에 따른 업무를 보험 관련 단체 또는 자동차손해배상진흥원에 위탁하는 경우에는 그러하지 아니하다. 〈개정 2009. 12. 31., 2012. 8. 22., 2013. 3. 23., 2020. 2. 25.〉

1. 최근 3년간 재산상황 및 수입과 지출의 전망

2. 특별시 · 광역시 · 도 및 특별자치도별로 설치된 한 곳 이상의 상설 보상조직 및 그에 필요한 인력 확보에 관한 사항

② 국토교통부장관은 법 제45조제1항 또는 같은 조 제4항에 따라 자동차손해배상 보장사업을 보험회사등, 보험 관련 단체 또는 자동차손해배상진흥원에 위탁하였으면 그 사실을 관보에 게재하여야 한다. 〈개정 2013. 3. 23., 2020. 2. 25.〉

③ 국토교통부장관은 법 제45조제2항에 따라 다음 각 호의 업무를 한국교통안전공단에 위탁한다. 다만, 다음 각 호의 업무와 관련하여 제23조제3항에 따른 지원업무의 처리에 관한 규정 작성에 관한 업무는 제외한다. 〈개정 2013. 3. 23., 2019. 2. 8.〉

1. 법 제30조제2항에 따른 중증 후유장애인, 유자녀, 피부양가족에 대한 지원에 관한 업무

2. 법 제31조제1항에 따른 재활시설 설치에 관한 업무

④ 국토교통부장관은 법 제45조제3항에 따라 법 제7조에 따른 가입관리전산망의 구성 · 운영에 관한 업무(제6조제2항에 따른 가입관리전산망운영지침 작성에 관한 업무는 제외한다)를 「보험업법」 제176조에 따른 보험요율산출기관(이하 "보험요율산출기관"이라 한다)에 위탁한다. 〈개정 2009. 12. 31., 2013. 3. 23.〉

⑤ 국토교통부장관은 법 제45조제5항에 따라 법 제30조의2제1항에 따른 자동차사고 피해예방 사업에 관한 업무를 보험 관련 단체 중 국토교통부장관이 지정하여 고시하는 단체 또는 한국교통안전공단에 위탁한다. 〈신설 2014. 2. 5., 2019. 2. 8.〉

⑥ 국토교통부장관은 법 제45조제6항에 따라 사고조사위원회의 운영 및 사무처리를 한국교통

안전공단에 위탁한다. 〈신설 2020. 10. 8.〉

⑦ 제2항 및 제3항에 따라 업무를 위탁받은 자는 다음 각 호의 사항을 매 분기 종료 후 25일 이내에 국토교통부장관에게 보고하여야 한다.

〈개정 2009. 12. 31., 2013. 3. 23., 2014. 2. 5., 2016. 12. 30., 2020. 10. 8.〉

1. 업무의 처리상황

2. 삭제 〈2016. 12. 30.〉

3. 제31조제1항에 따라 분담금을 정하기 위하여 국토교통부장관이 지정하는 자료

⑧ 제4항 및 제5항에 따라 업무를 위탁받은 기관은 매년 11월 말까지 다음 연도 업무계획 및 소요 경비를 국토교통부장관에게 제출하여 승인을 받아야 한다. 승인받은 업무계획 및 소요 경비를 변경하려는 경우에도 또한 같다. 〈개정 2013. 3. 23., 2014. 2. 5., 2020. 10. 8.〉

⑨ 제4항 및 제5항에 따라 업무를 위탁받은 기관은 매년 2월 말까지 전년도 업무실적 및 경비지출 명세를 국토교통부장관에게 제출하여야 한다. 〈개정 2013. 3. 23., 2014. 2. 5., 2020. 10. 8.〉

제35조의2 삭제 〈2016. 12. 30.〉

제35조의3(정보의 제공 내용 및 범위)

법 제45조의2제1항에 따라 보험요율산출기관이 법 제45조제1항에 따라 업무를 위탁받은 자에게 제공할 수 있는 정보의 내용 및 범위는 다음 각 호와 같다.

〈개정 2013. 3. 23., 2021. 1. 5., 2022. 1. 25.〉

1. 보장사업자에 대한 정보의 제공: 보험회사, 보험종목, 보험가입자의 이름 · 주소 및 주민등록번호, 자동차등록번호, 책임보험의 시작일 · 종료일 등 보장사업자가 그 업무를 수행하는 데에 필요한 정보

2. 분담금관리자에 대한 정보의 제공: 보험회사, 보험종목, 보험가입자의 이름, 주소 및 주민등록번호, 자동차등록번호, 책임보험의 시작일 · 종료일 등 분담금관리자가 분담금의 수납 · 관리와 관련하여 국토교통부장관이 정하는 업무를 수행하는 데에 필요한 정보

[본조신설 2009. 12. 31.]

제35조의4(민감정보 및 고유식별정보의 처리)

① 국토교통부장관(법 제45조제2항 및 제4항에 따라 국토교통부장관으로부터 업무를 위탁받은 자를 포함한다)은 다음 각 호의 사무를 수행하기 위하여 불가피한 경우 「개인정보 보호법」 제23조에 따른 건강에 관한 정보와 같은 법 시행령 제19조에 따른 주민등록번호, 여권번호,

운전면허번호, 외국인등록번호가 포함된 자료를 처리(「개인정보보호법」 제2조제2호에 따른 처리를 말한다. 이하 이 조에서 같다)할 수 있다. 〈개정 2013. 3. 23., 2016. 12. 30.〉

1. 법 제11조제5항, 제30조제4항 및 제39조제2항에 따른 미반환가불금의 보상, 반환청구권 대위행사에 관한 사무

2. 법 제30조제2항 및 제36조제3항에 따른 중증 후유장해인의 유자녀 등의 지원에 관한 사무

3. 법 제31조부터 제34조까지의 규정에 따른 후유장애인 등의 재활 지원에 관한 사무

② 국토교통부장관(법 제39조의13제2항 및 제45조제1항·제3항에 따라 국토교통부장관으로부터 업무를 위탁받은 자를 포함한다)은 다음 각 호의 사무를 수행하기 위하여 불가피한 경우 「개인정보 보호법」 제23조에 따른 건강에 관한 정보, 같은 법 시행령 제18조제2호에 따른 범죄경력자료에 해당하는 정보, 같은 법 시행령 제19조에 따른 주민등록번호, 여권번호, 운전면허번호, 외국인등록번호가 포함된 자료를 처리할 수 있다.

〈개정 2013. 3. 23., 2016. 12. 30., 2022. 1. 25.〉

1. 법 제7조에 따른 의무보험가입관리전산망의 구성·운영 등에 관한 사무

2. 법 제30조제1항, 제36조제1항·제2항, 제37조 및 제39조제1항에 따른 자동차손해배상 보장사업 및 분담금 징수·관리, 손해배상 청구권 대위행사에 관한 사무

3. 법 제39조의2제1항에 따른 채권정리위원회의 운영에 관한 사무

4. 법 제39조의13제1항에 따른 피해지원기금의 관리·운용에 관한 사무

③ 국토교통부장관은 법 제43조에 따른 검사·질문에 관한 사무를 수행하기 위하여 「개인정보 보호법」 제23조에 따른 건강에 관한 정보와 같은 법 시행령 제19조에 따른 주민등록번호, 여권번호, 운전면허번호, 외국인등록번호가 포함된 자료를 처리할 수 있다.

〈개정 2013. 3. 23.〉

④ 국토교통부장관(법 제45조제1항제6호에 따라 국토교통부장관으로부터 업무를 위탁받은 자를 포함한다)은 법 제43조의2에 따른 포상금 지급에 관한 사무를 수행하기 위하여 불가피한 경우 「개인정보 보호법 시행령」 제19조에 따른 주민등록번호, 여권번호, 운전면허번호, 외국인등록번호가 포함된 자료를 처리할 수 있다. 〈신설 2014. 12. 30.〉

⑤ 자동차손해배상진흥원은 법 제39조의8제1항에 따른 자료의 제출요구, 검사 및 질문 등에 관한 사무를 수행하기 위하여 불가피한 경우 「개인정보 보호법」 제23조에 따른 건강에 관한 정보, 같은 법 시행령 제18조제2호에 따른 범죄경력자료에 해당하는 정보, 같은 법 시행령 제19조에 따른 주민등록번호, 여권번호, 운전면허의 면허번호 또는 외국인등록번호가 포함된 자료를 처리할 수 있다. 〈신설 2015. 12. 22.〉

⑥ 건강보험심사평가원은 법 제12조의2에 따른 자동차보험진료수가의 심사·조정에 관한 사무

를 수행하기 위해 불가피한 경우 「개인정보 보호법」 제23조에 따른 건강에 관한 정보, 같
은 법 시행령 제19조에 따른 주민등록번호, 여권번호, 운전면허의 면허번호 또는 외국인등록
번호가 포함된 자료를 처리할 수 있다.   〈신설 2020. 1. 7.〉

⑦ 심의회는 법 제19조부터 제22조까지 및 제22조의2에 따른 자동차보험진료수가의 심사·조
정에 관한 사무를 수행하기 위해 불가피한 경우 「개인정보 보호법」 제23조에 따른 건강에
관한 정보, 같은 법 시행령 제19조에 따른 주민등록번호, 여권번호, 운전면허의 면허번호 또
는 외국인등록번호가 포함된 자료를 처리할 수 있다.   〈신설 2020. 1. 7.〉

[본조신설 2012. 8. 22.]

제35조의5(규제의 재검토)

국토교통부장관은 다음 각 호의 사항에 대하여 다음 각 호의 기준일을 기준으로 3년마다(매 3년
이 되는 해의 기준일과 같은 날 전까지를 말한다) 그 타당성을 검토하여 개선 등의 조치를 해야 한
다.   〈개정 2020. 3. 3., 2022. 3. 8.〉

1. 제3조에 따른 책임보험금 등: 2014년 1월 1일

2. 제6조에 따른 의무보험 가입관리전산망의 구성·운영 등: 2014년 1월 1일

3. 제10조에 따른 가불금액 등: 2014년 1월 1일

4. 삭제 〈2020. 3. 3.〉

5. 제25조에 따른 재활시설운영자의 요건: 2014년 1월 1일

6. 제31조에 따른 분담금액의 기준 등: 2014년 1월 1일

7. 제32조의2제1항에 따른 분담금의 추가 징수 금액: 2022년 1월 1일

[본조신설 2013. 12. 30.]

제36조(과태료의 부과기준)

법 제48조제1항부터 제3항까지의 규정에 따른 과태료의 부과기준은 별표 5와 같다.

[전문개정 2011. 4. 4.]

제37조(범칙행위의 범위 및 범칙금액 등)

① 법 제50조제1항에 따른 범칙행위의 구체적인 범위와 법 제51조제2항에 따른 범칙금의 액수
는 별표 6과 같다.

② 범칙금은 분할하여 납부할 수 없다.

제38조(범칙자의 범위)

① 법 제50조제2항제1호에서 "범칙행위를 상습적으로 하는 자"란 범칙행위를 한 날부터 1년 이내에 같은 위반행위를 한 사람을 말한다.

② 법 제50조제2항제2호를 적용할 때에는 다음 각 호의 어느 하나에 해당하는 사람은 범칙자에서 제외하여야 한다.

1. 법 제6조제3항에 따라 의무보험 가입 명령을 받고 2개월 이내에 의무보험에 가입하지 아니한 사람
2. 의무보험에 가입되어 있지 아니한 자동차를 운행하다가 교통사고를 일으킨 사람

제38조의2(정보제공의 범위)

국토교통부장관은 법 제50조제4항에 따라 다음 각 호의 정보를 경찰청장에게 제공할 수 있다.
〈개정 2013. 3. 23.〉

1. 법 제5조제1항부터 제3항까지의 규정에 따른 보험 또는 공제에의 가입 현황 및 변동 내용에 관한 정보
2. 법 제8조 본문을 위반한 자에 대한 처리결과에 관한 정보

[본조신설 2012. 8. 22.]

제39조(통고처분의 절차)

① 시장·군수·구청장 또는 경찰서장은 법 제51조에 따라 통고처분을 할 때에는 범칙금 납부통고서를 작성하여야 한다.
〈개정 2012. 8. 22.〉

② 제1항에 따른 범칙금 납부통고서에는 통고처분을 받을 자의 인적사항, 범칙금액, 위반 내용, 적용 법규, 납부 장소, 납부 기간 및 통고처분 연월일을 적고 시장·군수·구청장 또는 경찰서장이 기명날인하여야 한다.
〈개정 2012. 8. 22.〉

③ 제1항 및 제2항에서 규정한 사항 외에 범칙금의 납부 등에 필요한 사항은 국토교통부령으로 정한다.
〈개정 2013. 3. 23.〉

부칙 〈제32848호, 2022. 8. 2.〉 (건설기계관리법 시행령)

제1조(시행일)

이 영은 2022년 8월 4일부터 시행한다.

제2조 생략

제3조(다른 법령의 개정)

자동차손해배상 보장법 시행령 일부를 다음과 같이 개정한다.

제6조제3항제4호 중 "「건설기계관리법」 제13조제9항"을 "「건설기계관리법」 제13조제10항"으로 한다.

별표 5 제1호나목 중 "「건설기계관리법」 제13조제9항"을 "「건설기계관리법」 제13조제10항"으로 한다.

자동차손해배상 보장법 시행규칙

시행규칙

[시행 2022. 7. 28.]
[국토교통부령 제938호, 2022. 1. 14., 일부개정]

제1장 총칙

제1조(목적)

이 규칙은 「자동차손해배상 보장법」 및 같은 법 시행령에서 위임된 사항과 그 시행에 필요한 사항을 규정함을 목적으로 한다.

제1조의2(보험 등의 가입 의무 면제의 승인 기준 및 신청 절차 등)

① 「자동차손해배상 보장법」(이하 "법"이라 한다) 제5조의2제1항 및 같은 법 시행령(이하 "영"이라 한다) 제5조의2에 따라 보험 또는 공제에의 가입 의무(이하 "보험등 가입 의무"라 한다)를 면제받으려는 자는 별지 제1호서식의 보험등 가입 의무의 면제 신청서에 다음 각 호의 서류를 첨부하여 자동차의 등록업무를 관할하는 특별시장·광역시장·도지사·특별자치도지사(자동차의 등록업무가 시장·군수·구청장에게 위임된 경우에는 시장·군수·구청장을 말한다. 이하 "시·도지사"라 한다)에게 신청하여야 한다.

  1. 영 제5조의2 각 호의 사유 및 그 운행중지기간을 증명할 수 있는 서류

  2. 자동차등록증 사본

② 시·도지사는 제1항에 따라 보험등 가입 의무의 면제 신청을 받은 때에는 다음 각 호의 승인 기준에 적합한 지를 심사하고, 승인하는 경우에는 해당 자동차등록증과 자동차등록번호판을 보관하여야 한다.

  1. 영 제5조의2의 보험등 가입 의무의 면제 사유에 해당할 것

  2. 운행중지기간이 적절할 것

③ 시·도지사는 제2항에 따라 자동차등록번호판을 보관할 때에는 자동차보유자의 성명·주소, 자동차의 종류·등록번호 및 보관일자·보관기관 등을 적은 별지 제2호서식의 자동차등록번호판 보관 확인서를 신청인에게 발급하여야 한다.

④ 시·도지사는 제2항에 따라 보험등 가입 의무의 면제 승인을 받은 자동차보유자가 그 승인의 취소를 요청하는 경우에는 보험등 가입 의무의 면제 승인을 취소하고, 자동차보유자에게 제2항에 따라 보관하고 있는 자동차등록증과 자동차등록번호판을 반환하여야 한다.

  [본조신설 2012. 9. 4.]

제2조(의무보험 종료 사실의 통지)

보험회사 및 공제사업자(이하 "보험회사등"이라 한다)가 법 제6조제1항에 따라 의무보험계약이 끝난다는 사실을 알릴 때에는 다음 각 호의 사실에 관한 안내가 포함되어야 한다.

〈개정 2012. 9. 4., 2016. 1. 22.〉

1. 의무보험에 가입하지 아니하는 경우에는 법 제6조제4항에 따라 자동차 등록번호판(이륜자동차 번호판 및 건설기계의 등록번호표를 포함한다. 이하 같다)이 영치될 수 있다는 사실

2. 의무보험에 가입되어 있지 아니한 자동차를 운행하는 경우에는 법 제46조제2항에 따라 1년 이하의 징역이나 1천만원 이하의 벌금형을 받게 된다는 사실

3. 의무보험에 가입하지 아니하는 경우에는 법 제48조제3항제1호에 따라 의무보험에 가입하지 아니한 기간에 따라 300만원 이하의 과태료가 부과된다는 사실

제3조(의무보험 계약의 체결 사실 등의 통지)

① 법 제6조제2항에 따라 보험계약자등이 의무보험 계약 체결 사실 등을 알려야 하는 시기는 별표와 같다.

② 보험회사등이 법 제6조제2항에 따라 의무보험 계약 체결 사실 등을 알릴 때에는 법 제7조제1항에 따른 의무보험 가입관리전산망(이하 "가입관리전산망"이라 한다)을 이용하되, 가입관리전산망이 작동되지 아니하거나 그 밖의 사유로 이용하기 곤란한 경우에는 다른 적절한 방법으로 알릴 수 있다.

③ 보험회사등이 법 제6조제2항에 따른 사실을 알릴 때에는 다음 각 호의 사항을 포함하여야 한다. 〈개정 2012. 9. 4.〉

1. 자동차등록번호

2. 자동차소유자의 성명, 주민등록번호, 주소

3. 그 밖에 특별자치도지사·시장·군수 또는 구청장(자치구의 구청 장을 말하며, 이하 "시장·군수·구청장"이라 한다)이 법 제6조제3항에 따라 자동차보유자에게 의무보험 가입을 명하는데 필요한 항목

제4조(자동차 등록번호판의 영치)

① 시장·군수·구청장은 법 제6조제4항에 따라 자동차 등록번호판을 영치할 때에는 자동차소유자의 성명·주소, 자동차의 종류·등록번호 및 영치 일시 등이 적힌 별지 제3호서식의 영치증을 발급하여야 한다. 〈개정 2012. 9. 4.〉

② 시장·군수·구청장은 자동차보유자가 등록번호판이 영치된 자동차에 대하여 의무보험에 가입하였음을 증명한 경우에는 해당 자동차 등록번호판의 영치를 즉시 해제하고, 그 사실을 해당 자동차를 등록한 기관에 지체 없이 알려야 한다.

제5조(보험금등 산출 기초의 증명서류)

영 제7조제2항제3호에서 "국토교통부령으로 정하는 증명서류"란 치료비의 명세별로 단위, 단가, 수량 및 금액을 명시하여 의료기관이 발행한 치료비청구명세서 및 치료비추정서를 말한다. 이 경우 치료비추정서에는 주치의의 치료에 관한 의견이 표시되어야 한다.

〈개정 2012. 9. 4., 2013. 3. 23.〉

제6조(가불금의 지급기한)

법 제11조제2항에서 "국토교통부령으로 정하는 기간"이란 피해자로부터 가불금의 지급청구를 받은 날부터 10일까지의 기간을 말한다.　　　　　　　　　　　　　　　〈개정 2013. 3. 23.〉

제6조의2(자동차보험진료수가의 청구)

① 보험회사등이 법 제12조의2제1항 및 영 제11조의2에 따라 건강보험심사평가원(이하 "건강보험심사평가원"이라 한다)에 업무를 위탁한 경우에 의료기관은 건강보험심사평가원에 자동차보험진료수가를 청구하여야 한다.

② 건강보험심사평가원은 제1항에 따라 진료수가를 청구받은 때에는 해당 보험회사등에 청구받은 사실을 알려야 한다.

[본조신설 2012. 9. 4.]

제6조의3(자동차보험진료수가의 심사ㆍ지급)

① 건강보험심사평가원은 제6조의2에 따라 자동차보험진료수가를 청구받은 때에는 그 청구 내용이 법 제15조제1항에 따른 자동차보험진료수가에 관한 기준에 적합한 지를 심사하여야 한다.

② 건강보험심사평가원의 원장은 법 제14조제2항에 따라 제공받은 자료의 사실 여부 및 이 규칙 제6조의2에 따른 자동차보험진료수가 청구의 사실여부를 확인할 필요가 있는 경우에는 소속 직원으로 하여금 현지를 방문하여 확인하게 할 수 있다.　　　〈개정 2020. 12. 16.〉

③ 건강보험심사평가원의 원장은 제6조의2에 따라 자동차보험진료수가를 청구받은 날부터 15일 이내에 해당 의료기관 및 보험회사등에 그 심사결과를 알려야 한다.

④ 보험회사등은 제3항에 따라 자동차보험진료수가 심사결과를 통보받은 때에는 해당 의료기관에 자동차보험진료수가를 지급하여야 한다.

[본조신설 2012. 9. 4.]

제6조의4(이의제기 등)

① 의료기관 및 보험회사등은 제6조의3제3항에 따른 건강보험심사평가원의 심사결과에 이의가 있는 때에는 심사결과를 통보받은 날부터 90일 이내에 건강보험심사평가원에 이의제기할 수 있다. 〈개정 2014. 2. 7., 2020. 12. 16.〉

② 건강보험심사평가원은 제1항에 따라 이의제기를 받은 때에는 이의제기를 받은 날부터 60일 이내에 해당 의료기관 및 보험회사등에게 이의제기에 대한 심사결과를 알려야 한다. 〈개정 2014. 2. 7., 2020. 12. 16.〉

③ 제2항에 따라 심사결과를 통보받은 의료기관 및 보험회사등은 그 결과에 따라 제6조의3제4항에 따라 지급된 자동차보험진료수가를 정산하여야 한다. 〈신설 2014. 2. 7.〉

[본조신설 2012. 9. 4.]

[제목개정 2014. 2. 7.]

제6조의5(자동차보험진료수가 심사업무처리에 관한 규정)

제6조의2부터 제6조의4까지의 규정에 따른 자동차보험진료수가의 청구, 심사, 지급 및 이의제기 등에 필요한 세부사항은 국토교통부장관이 정하여 고시한다. 〈개정 2013. 3. 23.〉

[본조신설 2012. 9. 4.]

제6조의6(입원환자의 외출 또는 외박에 관한 기록ㆍ관리)

영 제12조제1항에 따라 의료기관이 입원환자의 외출 또는 외박에 관한 사항을 기록ㆍ관리할 때에는 별지 제3호의2서식의 외출ㆍ외박 기록표에 적어야 한다.

[본조신설 2014. 2. 7.]

제7조(자동차보험진료수가기준에 포함되어야 하는 사항)

법 제15조제2항에서 "그 밖에 국토교통부령으로 정하는 사항"이란 다음 각 호의 사항을 말한다. 〈개정 2013. 3. 23.〉

1. 자동차보험진료수가로 산정ㆍ지급하는 진료의 기준

2. 자동차보험진료수가의 산정방법

3. 삭제 〈2014. 2. 7.〉

4. 자동차보험진료수가의 청구 및 지급방법

5. 삭제 〈2020. 12. 16.〉

제7조의2(자동차보험정비협의회 위원의 위촉 등)

법 제15조의2제1항에 따른 위원은 다음 각 호의 구분에 따라 국토교통부장관이 위촉한다.

1. 법 제15조의2제2항제1호에 따른 보험업계를 대표하는 위원: 「보험업법」 제175조에 따라 설립된 손해보험협회에서 추천한 사람 5명

2. 법 제15조의2제2항제2호에 따른 정비업계를 대표하는 위원: 「자동차관리법」 제68조에 따라 설립된 연합회에서 추천한 사람 5명

3. 법 제15조의2제2항제3호에 따른 공익을 대표하는 위원: 다음 각 목의 사람 5명

   가. 국토교통부 소속 공무원의 직에 있는 사람으로서 「자동차손해배상보장법」 또는 「자동차관리법」을 담당하는 사람 1명

   나. 금융위원회 소속 공무원의 직에 있는 사람으로서 「보험업법」을 담당하는 사람 1명

   다. 「고등교육법」 제2조제1호부터 제6호까지의 규정에 따른 대학에서 자동차보험 분야의 조교수 이상의 직에 있는 사람 1명

   라. 「고등교육법」 제2조제1호부터 제6호까지의 규정에 따른 대학에서 자동차정비 분야의 조교수 이상의 직에 있는 사람 1명

   마. 「소비자기본법」 제29조에 따라 등록된 소비자단체의 임원의 직에 있는 사람 1명

   [본조신설 2020. 10. 8.]

제8조(공동계약체결이 가능한 경우)

법 제24조제2항에서 "국토교통부령으로 정하는 사유"란 자동차 보유자가 다음 각 호의 어느 하나에 해당하는 경우를 말한다. 〈개정 2013. 3. 23.〉

1. 과거 2년 동안 다음 각 목의 어느 하나에 해당하는 사항을 2회 이상 위반한 경력이 있는 경우

   가. 「도로교통법」 제43조에 따른 무면허운전 등의 금지

   나. 「도로교통법」 제44조제1항에 따른 술에 취한 상태에서의 운전금지

   다. 「도로교통법」 제54조제1항에 따른 사고발생 시의 조치 의무

2. 보험회사가 「보험업법」에 따라 허가를 받거나 신고한 법 제5조제1항부터 같은 조 제3항까지의 규정에 따른 보험의 보험요율과 책임준비금 산출기준에 따라 손해배상책임을 담보하는 것이 현저히 곤란하다고 보험요율산출기관이 인정한 경우

제9조(의무보험 계약의 해제 가능 사유)

법 제25조제8호에서 "그 밖에 국토교통부령으로 정하는 경우"란 다음 각 호의 어느 하나에 해당하는 경우를 말한다. 〈개정 2013. 3. 23., 2020. 10. 8.〉

1. 「자동차관리법」 제48조제2항에 따른 이륜자동차의 사용폐지 신고를 한 경우
2. 「자동차관리법」 제43조제1항제2호 또는 「건설기계관리법」 제13조제1항제2호에 따른 정기검사를 받지 아니한 경우
3. 법 제5조제3항에 따른 보험 또는 공제의 가입에 관한 계약에서 「상법」 제650조제1항·제2항, 제651조, 제652조제1항 또는 제654조에 따른 계약 해지의 사유가 발생한 경우

제10조 삭제 〈2022. 1. 14.〉

제11조(분담금액)

영 제31조제1항에서 "국토교통부령으로 정하는 금액"이란 책임보험의 보험료(책임공제의 경우에는 책임공제분담금을 말한다)의 1,000분의 10을 말한다.　　　　〈개정 2008. 11. 13., 2013. 3. 23.〉

제11조의2(자동차손해배상진흥원의 업무)

① 법 제39조의3제1항에 따라 설립된 자동차손해배상진흥원(이하 "자동차손해배상진흥원"이라 한다)은 매년 법 제39조의4제1항에 따른 업무의 계획을 수립하여 법 제39조의10제3항에 따른 예산서와 함께 국토교통부장관에게 제출하여야 한다.

② 법 제39조의4제1항제4호에서 "국토교통부령으로 정하는 업무"란 다음 각 호의 업무를 말한다.

1. 자동차손해배상 및 보상 정책의 교육 및 홍보
2. 자동차손해배상 및 보상 정책 관련 통계 및 자료의 수집·관리
3. 법 제39조의4제2항 각 호의 기관에 대한 정책 연구 지원
4. 그 밖에 법 제39조의4제1항제1호부터 제3호까지의 업무 및 이 조 제1항제1호부터 제3호까지의 업무를 수행하기 위한 부대사업

③ 제1항 및 제2항에서 규정한 사항 외에 자동차손해배상진흥원의 업무에 관하여 필요한 사항은 국토교통부장관이 정한다.

[본조신설 2016. 1. 22.]

제11조의3(이사회의 구성)

① 법 제39조의5제5항에 따른 이사회(이하 "이사회"라 한다)는 원장 1명, 이사 12명(이사장 1명을 포함한다) 이내로 구성한다.　　　　〈개정 2022. 1. 14.〉

② 이사는 다음 각 호의 사람이 되며, 이사장은 제2호에 따라 위촉된 이사 중에서 호선한다.

1. 국토교통부의 자동차 공제사업 업무 담당 공무원 중 국토교통부장관이 지명하는 사람 1명
2. 다음 각 목의 어느 하나에 해당하는 사람 중에서 국토교통부장관이 위촉하는 사람
   가. 「고등교육법」 제2조 각 호에 따른 학교에서 교통·금융·보험·법률 관련 분야의 조교수 이상의 직(職)에 3년 이상 근무한 경력이 있는 사람
   나. 판사·검사 또는 변호사의 직에 3년 이상 근무한 경력이 있는 사람
   다. 교통·금융·보험·법률 관련 분야에서 5년 이상 근무한 경력이 있는 사람으로서 그 업무에 관한 학식과 경험이 풍부한 사람
③ 원장 및 이사의 임기는 3년으로 하며, 한 차례만 연임할 수 있다.　　　　〈개정 2022. 1. 14.〉
④ 제1항부터 제3항까지에서 규정한 사항 외에 이사회의 구성에 관하여 필요한 사항은 정관으로 정한다.
[본조신설 2016. 1. 22.]

제11조의4(이사회의 운영)

① 이사회의 회의는 이사장이 필요하다고 인정하는 경우나 원장이 이사회의 소집을 요청하는 경우 또는 재적이사 3분의 1 이상의 요구가 있는 경우에 이사장이 소집한다.
② 이사회의 회의는 이사장이 주재한다.
③ 이사회는 재적과반수의 출석으로 개의(開議)하고 출석과반수의 찬성으로 의결한다.
④ 감사는 이사회에 출석하여 의견을 진술할 수 있다.
⑤ 제1항부터 제4항까지에서 규정한 사항 외에 이사회의 운영에 필요한 사항은 정관으로 정한다.
[본조신설 2016. 1. 22.]

제11조의5(자율주행정보 등의 열람 및 제공 신청서)

영 제33조의16제1항에서 "국토교통부령으로 정하는 자율주행정보 열람 및 제공 신청서"란 별지 제4호서식의 정보 열람 및 제공 신청서를 말한다.
[본조신설 2020. 10. 8.]

제12조(의무보험 가입 여부의 확인)

관할 관청(해당 업무를 위탁받은 자를 포함한다. 이하 같다)은 법 제42조제1항 및 제2항에 따라 자동차가 의무보험에 가입하였는지를 확인할 때에는 가입관리전산망을 이용하여야 한다. 다만, 관할 관청은 다음 각 호의 어느 하나에 해당하는 경우에는 신청인 또는 신고인이 제시하는 의무보

험에 가입하였음을 증명하는 서류로 의무보험 가입 사실을 확인할 수 있다. 〈개정 2012. 9. 4.〉

　　1. 해당 계약 자료를 확인하기 위한 전산파일이 생성되지 아니한 경우

　　2. 가입관리전산망의 장애 등으로 가입관리전산망을 통하여 확인하는 것이 곤란한 경우

제12조의2(규제의 재검토)

　국토교통부장관은 다음 각 호의 사항에 대하여 다음 각 호의 기준일을 기준으로 3년마다(매 3년이 되는 해의 기준일과 같은 날 전까지를 말한다) 그 타당성을 검토하여 개선 등의 조치를 하여야 한다.

　　1. 제3조 및 별표에 따른 의무보험 계약의 체결 사실 등의 통지: 2014년 1월 1일

　　2. 제10조에 따른 구상금액: 2014년 1월 1일

　　[본조신설 2013. 12. 30.]

제13조(범칙자 적발 보고서의 작성)

　특별사법경찰관리(「사법경찰관리의 직무를 수행할 자와 그 직무범위에 관한 법률」 제5조제35호에 따라 지명받은 공무원을 말한다) 또는 사법경찰관은 같은 조 제2항에 따른 범칙자를 적발한 경우에는 별지 제4호서식의 범칙자 적발 보고서를 작성하여야 한다. 〈개정 2012. 9. 4.〉

제14조(범칙금 통고 및 징수기록 대장)

① 시장·군수·구청장 또는 경찰서장은 법 제51조에 따라 범칙금 납부통고를 한 경우에는 별책의 범칙금 통고 및 징수기록 대장을 작성·관리하여야 한다. 〈개정 2012. 9. 4.〉

② 제1항에 따른 범칙금 통고 및 징수기록 대장은 전자적 처리가 불가능한 특별한 사유가 없으면 전자적 처리가 가능한 방법으로 작성·관리하여야 한다.

제15조(범칙금의 납부)

① 법 제52조제1항에 따른 수납기관(이하 "수납기관"이라 한다)은 범칙금을 받은 경우에는 범칙금을 납부한 사람에게 영수증을 발급하고 지체 없이 영수확인통지서를 시장·군수·구청장 또는 경찰서장에게 보내야 한다. 〈개정 2012. 9. 4.〉

② 시장·군수·구청장 또는 경찰서장은 제1항에 따라 수납기관으로부터 범칙금영수확인통지서를 받았으면 별책의 범칙금 통고 및 징수기록 대장에 징수사항을 기록하여야 한다.

〈개정 2012. 9. 4.〉

부칙 〈제938호, 2022. 1. 14.〉

이 규칙은 2022년 1월 28일부터 시행한다. 다만, 제10조의 개정규정은 2022년 7월 28일부터 시행한다.

제2부

산업재해보상보험법

제1장 총칙

제1조(목적)

　이 법은 산업재해보상보험 사업을 시행하여 근로자의 업무상의 재해를 신속하고 공정하게 보상하며, 재해근로자의 재활 및 사회 복귀를 촉진하기 위하여 이에 필요한 보험시설을 설치·운영하고, 재해 예방과 그 밖에 근로자의 복지 증진을 위한 사업을 시행하여 근로자 보호에 이바지하는 것을 목적으로 한다.

제2조(보험의 관장과 보험연도)

　① 이 법에 따른 산업재해보상보험 사업(이하 "보험사업"이라 한다)은 고용노동부장관이 관장한다. 〈개정 2010. 6. 4.〉

　② 이 법에 따른 보험사업의 보험연도는 정부의 회계연도에 따른다.

제3조(국가의 부담 및 지원)

　① 국가는 회계연도마다 예산의 범위에서 보험사업의 사무 집행에 드는 비용을 일반회계에서 부담하여야 한다.

　② 국가는 회계연도마다 예산의 범위에서 보험사업에 드는 비용의 일부를 지원할 수 있다.

제4조(보험료)

　이 법에 따른 보험사업에 드는 비용에 충당하기 위하여 징수하는 보험료나 그 밖의 징수금에 관하여는 「고용보험 및 산업재해보상보험의 보험료징수 등에 관한 법률」(이하 "보험료징수법"이라 한다)에서 정하는 바에 따른다.

제5조(정의)

　이 법에서 사용하는 용어의 뜻은 다음과 같다.

〈개정 2010. 1. 27., 2010. 5. 20., 2010. 6. 4., 2012. 12. 18., 2017. 10. 24., 2018. 6. 12., 2020. 5. 26.〉

　1. "업무상의 재해"란 업무상의 사유에 따른 근로자의 부상·질병·장해 또는 사망을 말한다.

　2. "근로자"·"임금"·"평균임금"·"통상임금"이란 각각 「근로기준법」에 따른 "근로자"·

"임금"·"평균임금"·"통상임금"을 말한다. 다만, 「근로기준법」에 따라 "임금" 또는 "평균임금"을 결정하기 어렵다고 인정되면 고용노동부장관이 정하여 고시하는 금액을 해당 "임금" 또는 "평균임금"으로 한다.

3. "유족"이란 사망한 사람의 배우자(사실상 혼인 관계에 있는 사람을 포함한다. 이하 같다)·자녀·부모·손자녀·조부모 또는 형제자매를 말한다.

4. "치유"란 부상 또는 질병이 완치되거나 치료의 효과를 더 이상 기대할 수 없고 그 증상이 고정된 상태에 이르게 된 것을 말한다.

5. "장해"란 부상 또는 질병이 치유되었으나 정신적 또는 육체적 훼손으로 인하여 노동능력이 상실되거나 감소된 상태를 말한다.

6. "중증요양상태"란 업무상의 부상 또는 질병에 따른 정신적 또는 육체적 훼손으로 노동능력이 상실되거나 감소된 상태로서 그 부상 또는 질병이 치유되지 아니한 상태를 말한다.

7. "진폐"(塵肺)란 분진을 흡입하여 폐에 생기는 섬유증식성(纖維增殖性) 변화를 주된 증상으로 하는 질병을 말한다.

8. "출퇴근"이란 취업과 관련하여 주거와 취업장소 사이의 이동 또는 한 취업장소에서 다른 취업장소로의 이동을 말한다.

제6조(적용 범위)

이 법은 근로자를 사용하는 모든 사업 또는 사업장(이하 "사업"이라 한다)에 적용한다. 다만, 위험률·규모 및 장소 등을 고려하여 대통령령으로 정하는 사업에 대하여는 이 법을 적용하지 아니한다.

제7조(보험 관계의 성립·소멸)

이 법에 따른 보험 관계의 성립과 소멸에 대하여는 보험료징수법으로 정하는 바에 따른다.

제8조(산업재해보상보험및예방심의위원회)

① 산업재해보상보험 및 예방에 관한 중요 사항을 심의하게 하기 위하여 고용노동부에 산업재해보상보험및예방심의위원회(이하 "위원회"라 한다)를 둔다.   〈개정 2009. 10. 9., 2010. 6. 4.〉

② 위원회는 근로자를 대표하는 사람, 사용자를 대표하는 사람 및 공익을 대표하는 사람으로 구성하되, 그 수는 각각 같은 수로 한다.   〈개정 2020. 5. 26.〉

③ 위원회는 그 심의 사항을 검토하고, 위원회의 심의를 보조하게 하기 위하여 위원회에 전문위원회를 둘 수 있다.   〈개정 2009. 10. 9.〉

④ 위원회 및 전문위원회의 조직·기능 및 운영에 필요한 사항은 대통령령으로 정한다.

〈개정 2009. 10. 9.〉

[제목개정 2009. 10. 9.]

제9조(보험사업 관련 조사·연구)

① 고용노동부장관은 보험사업을 효율적으로 관리·운영하기 위하여 조사·연구 사업 등을 할 수 있다. 〈개정 2010. 6. 4.〉

② 고용노동부장관은 필요하다고 인정하면 제1항에 따른 업무의 일부를 대통령령으로 정하는 자에게 대행하게 할 수 있다. 〈개정 2010. 6. 4.〉

제2장 근로복지공단

제10조(근로복지공단의 설립)

고용노동부장관의 위탁을 받아 제1조의 목적을 달성하기 위한 사업을 효율적으로 수행하기 위하여 근로복지공단(이하 "공단"이라 한다)을 설립한다.

〈개정 2010. 6. 4.〉

제11조(공단의 사업)

① 공단은 다음 각 호의 사업을 수행한다. 〈개정 2010. 1. 27., 2015. 1. 20.〉

1. 보험가입자와 수급권자에 관한 기록의 관리·유지

2. 보험료징수법에 따른 보험료와 그 밖의 징수금의 징수

3. 보험급여의 결정과 지급

4. 보험급여 결정 등에 관한 심사 청구의 심리·결정

5. 산업재해보상보험 시설의 설치·운영

5의2. 업무상 재해를 입은 근로자 등의 진료·요양 및 재활

5의3. 재활보조기구의 연구개발·검정 및 보급

5의4. 보험급여 결정 및 지급을 위한 업무상 질병 관련 연구

5의5. 근로자 등의 건강을 유지·증진하기 위하여 필요한 건강진단 등 예방 사업

6. 근로자의 복지 증진을 위한 사업

7. 그 밖에 정부로부터 위탁받은 사업

8. 제5호·제5호의2부터 제5호의5까지·제6호 및 제7호에 따른 사업에 딸린 사업

② 공단은 제1항제5호의2부터 제5호의5까지의 사업을 위하여 의료기관, 연구기관 등을 설치·운영할 수 있다. 〈신설 2010. 1. 27., 2015. 1. 20.〉

③ 제1항제3호에 따른 사업의 수행에 필요한 자문을 하기 위하여 공단에 관계 전문가 등으로 구성되는 보험급여자문위원회를 둘 수 있다. 〈개정 2010. 1. 27.〉

④ 제3항에 따른 보험급여자문위원회의 구성과 운영에 필요한 사항은 공단이 정한다.

〈개정 2010. 1. 27.〉

⑤ 정부는 예산의 범위에서 공단의 사업과 운영에 필요한 비용을 출연할 수 있다.

〈신설 2015. 1. 20.〉

제12조(법인격)

공단은 법인으로 한다.

제13조(사무소)

① 공단의 주된 사무소 소재지는 정관으로 정한다.

② 공단은 필요하면 정관으로 정하는 바에 따라 분사무소를 둘 수 있다.

제14조(정관)

① 공단의 정관에는 다음 각 호의 사항을 적어야 한다.

1. 목적

2. 명칭

3. 주된 사무소와 분사무소에 관한 사항

4. 임직원에 관한 사항

5. 이사회에 관한 사항

6. 사업에 관한 사항

7. 예산 및 결산에 관한 사항

8. 자산 및 회계에 관한 사항

9. 정관의 변경에 관한 사항

10. 내부규정의 제정·개정 및 폐지에 관한 사항

11. 공고에 관한 사항

② 공단의 정관은 고용노동부장관의 인가를 받아야 한다. 이를 변경하려는 때에도 또한 같다.

〈개정 2010. 6. 4.〉

제15조(설립등기)

공단은 그 주된 사무소의 소재지에서 설립등기를 함으로써 성립한다.

제16조(임원)

① 공단의 임원은 이사장 1명과 상임이사 4명을 포함한 15명 이내의 이사와 감사 1명으로 한다.

〈개정 2010. 1. 27.〉

② 이사장·상임이사 및 감사의 임면(任免)에 관하여는 「공공기관의 운영에 관한 법률」 제26조에 따른다. 〈개정 2010. 1. 27.〉

③ 비상임이사(제4항에 따라 당연히 비상임이사로 선임되는 사람은 제외한다)는 다음 각 호의 어느 하나에 해당하는 사람 중에서 「공공기관의 운영에 관한 법률」 제26조제3항에 따라 고용노동부장관이 임명한다. 이 경우 제1호와 제2호에 해당하는 비상임이사는 같은 수로 하되, 노사 어느 일방이 추천하지 아니하는 경우에는 그러하지 아니하다.

〈신설 2010. 1. 27., 2010. 5. 20., 2010. 6. 4.〉

1. 총연합단체인 노동조합이 추천하는 사람

2. 전국을 대표하는 사용자단체가 추천하는 사람

3. 사회보험 또는 근로복지사업에 관한 학식과 경험이 풍부한 사람으로서 「공공기관의 운영에 관한 법률」 제29조에 따른 임원추천위원회가 추천하는 사람

④ 당연히 비상임이사로 선임되는 사람은 다음 각 호와 같다. 〈신설 2010. 1. 27., 2010. 6. 4.〉

1. 기획재정부에서 공단 예산 업무를 담당하는 3급 공무원 또는 고위공무원단에 속하는 일반직공무원 중에서 기획재정부장관이 지명하는 1명

2. 고용노동부에서 산업재해보상보험 업무를 담당하는 3급 공무원 또는 고위공무원단에 속하는 일반직공무원 중에서 고용노동부장관이 지명하는 1명

⑤ 비상임이사에게는 보수를 지급하지 아니한다. 다만, 직무 수행에 드는 실제 비용은 지급할 수 있다. 〈개정 2010. 1. 27.〉

제17조(임원의 임기)

이사장의 임기는 3년으로 하고, 이사와 감사의 임기는 2년으로 하되, 각각 1년 단위로 연임할 수

있다. 〈개정 2010. 1. 27.〉

제18조(임원의 직무)

① 이사장은 공단을 대표하고 공단의 업무를 총괄한다.

② 상임이사는 정관으로 정하는 바에 따라 공단의 업무를 분장하고, 이사장이 부득이한 사유로 직무를 수행할 수 없을 때에는 정관으로 정하는 순서에 따라 그 직무를 대행한다.

〈개정 2020. 5. 26.〉

③ 감사(監事)는 공단의 업무와 회계를 감사(監査)한다.

제19조(임원의 결격사유와 당연퇴직)

다음 각 호의 어느 하나에 해당하는 사람은 공단의 임원이 될 수 없다.

1. 「국가공무원법」 제33조 각 호의 어느 하나에 해당하는 사람
2. 「공공기관의 운영에 관한 법률」 제34조제1항제2호에 해당하는 사람

[전문개정 2010. 1. 27.]

제20조(임원의 해임)

임원의 해임에 관하여는 「공공기관의 운영에 관한 법률」 제22조제1항, 제31조제6항, 제35조제2항·제3항, 제36조제2항 및 제48조제4항·제8항에 따른다.

[전문개정 2010. 1. 27.]

제21조(임직원의 겸직 제한 등)

① 공단의 상임임원과 직원은 그 직무 외에 영리를 목적으로 하는 업무에 종사하지 못한다.

〈개정 2010. 1. 27.〉

② 상임임원이 「공공기관의 운영에 관한 법률」 제26조에 따른 임명권자나 제청권자의 허가를 받은 경우와 직원이 이사장의 허가를 받은 경우에는 비영리 목적의 업무를 겸할 수 있다.

〈신설 2010. 1. 27.〉

③ 공단의 임직원이나 그 직에 있었던 사람은 그 직무상 알게 된 비밀을 누설하여서는 아니된다. 〈개정 2010. 1. 27., 2020. 5. 26.〉

제22조(이사회)

① 공단에 「공공기관의 운영에 관한 법률」 제17조제1항 각 호의 사항을 심의·의결하기 위하

여 이사회를 둔다.

② 이사회는 이사장을 포함한 이사로 구성한다.

③ 이사장은 이사회의 의장이 된다.

④ 이사회의 회의는 이사회 의장이나 재적이사 3분의 1 이상의 요구로 소집하고, 재적이사 과반수의 찬성으로 의결한다.

⑤ 감사는 이사회에 출석하여 의견을 진술할 수 있다.

[전문개정 2010. 1. 27.]

제23조(직원의 임면 및 대리인의 선임)

① 이사장은 정관으로 정하는 바에 따라 공단의 직원을 임명하거나 해임한다.

② 이사장은 정관으로 정하는 바에 따라 직원 중에서 업무에 관한 재판상 행위 또는 재판 외의 행위를 할 수 있는 권한을 가진 대리인을 선임할 수 있다.

제24조(벌칙 적용에서의 공무원 의제)

공단의 임원과 직원은 「형법」 제129조부터 제132조까지의 규정에 따른 벌칙의 적용에서는 공무원으로 본다.

제25조(업무의 지도 · 감독)

① 공단은 대통령령으로 정하는 바에 따라 회계연도마다 사업 운영계획과 예산에 관하여 고용노동부장관의 승인을 받아야 한다. 〈개정 2010. 6. 4.〉

② 공단은 회계연도마다 회계연도가 끝난 후 2개월 이내에 사업 실적과 결산을 고용노동부장관에게 보고하여야 한다. 〈개정 2010. 6. 4.〉

③ 고용노동부장관은 공단에 대하여 그 사업에 관한 보고를 명하거나 사업 또는 재산 상황을 검사할 수 있고, 필요하다고 인정하면 정관을 변경하도록 명하는 등 감독을 위하여 필요한 조치를 할 수 있다. 〈개정 2010. 6. 4., 2020. 5. 26.〉

제26조(공단의 회계)

① 공단의 회계연도는 정부의 회계연도에 따른다.

② 공단은 보험사업에 관한 회계를 공단의 다른 회계와 구분하여 회계처리하여야 한다.

〈개정 2018. 6. 12.〉

③ 공단은 고용노동부장관의 승인을 받아 회계규정을 정하여야 한다. 〈개정 2010. 6. 4.〉

제26조의2(공단의 수입)

공단의 수입은 다음 각 호와 같다.

1. 정부나 정부 외의 자로부터 받은 출연금 또는 기부금
2. 제11조에 따른 공단의 사업수행으로 발생한 수입 및 부대수입
3. 제27조에 따른 차입금 및 이입충당금
4. 제28조에 따른 잉여금
5. 그 밖의 수입금

[본조신설 2018. 6. 12.]

제27조(자금의 차입 등)

① 공단은 제11조에 따른 사업을 위하여 필요하면 고용노동부장관의 승인을 받아 자금을 차입(국제기구ㆍ외국 정부 또는 외국인으로부터의 차입을 포함한다)할 수 있다. 〈개정 2010. 6. 4.〉

② 공단은 회계연도마다 보험사업과 관련하여 지출이 수입을 초과하게 되면 제99조에 따른 책임준비금의 범위에서 고용노동부장관의 승인을 받아 제95조에 따른 산업재해보상보험 및 예방 기금에서 이입(移入)하여 충당할 수 있다. 〈개정 2010. 6. 4.〉

제28조(잉여금의 처리)

공단은 회계연도 말에 결산상 잉여금이 있으면 공단의 회계규정으로 정하는 바에 따라 회계별로 구분하여 손실금을 보전(補塡)하고 나머지는 적립하여야 한다.

제29조(권한 또는 업무의 위임ㆍ위탁)

① 이 법에 따른 공단 이사장의 대표 권한 중 일부를 대통령령으로 정하는 바에 따라 공단의 분사무소(이하 "소속 기관"이라 한다)의 장에게 위임할 수 있다.

② 이 법에 따른 공단의 업무 중 일부를 대통령령으로 정하는 바에 따라 체신관서나 금융기관에 위탁할 수 있다.

제30조(수수료 등의 징수)

공단은 제11조에 따른 사업에 관하여 고용노동부장관의 승인을 받아 공단 시설의 이용료나 업무위탁 수수료 등 그 사업에 필요한 비용을 수익자가 부담하게 할 수 있다. 〈개정 2010. 6. 4.〉

제31조(자료 제공의 요청)

① 공단은 보험급여의 결정과 지급 등 보험사업을 효율적으로 수행하기 위하여 필요하면 질병관리청·국세청·경찰청 및 지방자치단체 등 관계 행정기관이나 그 밖에 대통령령으로 정하는 보험사업과 관련되는 기관·단체에 주민등록·외국인등록 등 대통령령으로 정하는 자료의 제공을 요청할 수 있다. 〈개정 2020. 5. 26., 2020. 12. 8., 2022. 6. 10.〉

② 제1항에 따라 자료의 제공을 요청받은 관계 행정기관이나 관련 기관·단체 등은 정당한 사유 없이 그 요청을 거부할 수 없다.

③ 제1항에 따라 공단에 제공되는 자료에 대하여는 수수료나 사용료 등을 면제한다.

제31조의2(가족관계등록 전산정보의 공동이용)

① 공단은 다음 각 호의 업무를 수행하기 위하여 「전자정부법」에 따라 「가족관계의 등록 등에 관한 법률」 제9조제1항에 따른 전산정보자료를 공동이용(「개인정보 보호법」 제2조제2호에 따른 처리를 포함한다)할 수 있다.

1. 제40조에 따른 요양급여 수급권자의 생존 여부 확인

2. 제52조에 따른 휴업급여 수급권자의 생존 여부 확인

3. 제57조에 따른 장해급여 수급권자의 생존 여부 확인

4. 제61조에 따른 간병급여 수급권자의 생존 여부 확인

5. 제62조에 따른 유족급여 수급권자의 수급자격 확인

6. 제66조에 따른 상병보상연금 수급권자의 생존 여부 확인

7. 제72조에 따른 직업재활급여 수급권자의 생존 여부 확인

8. 제81조에 따른 미지급 보험급여 지급을 위한 수급권자의 유족 여부 확인

9. 제91조의3에 따른 진폐보상연금 수급권자의 생존 여부 및 제91조의4에 따른 진폐유족연금 수급권자의 수급자격 확인

② 법원행정처장은 제1항에 따라 공단이 전산정보자료의 공동이용을 요청하는 경우 특별한 사유가 없으면 그 공동이용을 위하여 필요한 조치를 취하여야 한다.

③ 누구든지 제1항에 따라 공동이용하는 전산정보자료를 그 목적 외의 용도로 이용하거나 활용하여서는 아니 된다.

[본조신설 2021. 1. 26.]

제32조(출자 등)

① 공단은 공단의 사업을 효율적으로 수행하기 위하여 필요하면 제11조제1항제5호·제5호의2

부터 제5호의5까지·제6호 및 제7호에 따른 사업에 출자하거나 출연할 수 있다.

〈개정 2010. 1. 27., 2015. 1. 20.〉

② 제1항에 따른 출자·출연에 필요한 사항은 대통령령으로 정한다.

제33조 삭제 〈2010. 1. 27.〉

제34조(유사명칭의 사용 금지)

공단이 아닌 자는 근로복지공단 또는 이와 비슷한 명칭을 사용하지 못한다.

[전문개정 2010. 1. 27.]

제35조(「민법」의 준용)

공단에 관하여는 이 법과 「공공기관의 운영에 관한 법률」에 규정된 것 외에는 「민법」 중 재단법인에 관한 규정을 준용한다.

〈개정 2010. 1. 27.〉

제3장 보험급여

제36조(보험급여의 종류와 산정 기준 등)

① 보험급여의 종류는 다음 각 호와 같다. 다만, 진폐에 따른 보험급여의 종류는 제1호의 요양급여, 제4호의 간병급여, 제7호의 장례비, 제8호의 직업재활급여, 제91조의3에 따른 진폐보상연금 및 제91조의4에 따른 진폐유족연금으로 하고, 제91조의12에 따른 건강손상자녀에 대한 보험급여의 종류는 제1호의 요양급여, 제3호의 장해급여, 제4호의 간병급여, 제7호의 장례비, 제8호의 직업재활급여로 한다. 〈개정 2010. 5. 20., 2021. 1. 26., 2022. 1. 11.〉

1. 요양급여
2. 휴업급여
3. 장해급여
4. 간병급여
5. 유족급여
6. 상병(傷病)보상연금
7. 장례비

8. 직업재활급여

② 제1항에 따른 보험급여는 제40조, 제52조부터 제57조까지, 제60조부터 제62조까지, 제66조부터 제69조까지, 제71조, 제72조, 제91조의3 및 제91조의4에 따른 보험급여를 받을 수 있는 사람(이하 "수급권자"라 한다)의 청구에 따라 지급한다. 〈개정 2010. 5. 20., 2020. 5. 26.〉

③ 보험급여를 산정하는 경우 해당 근로자의 평균임금을 산정하여야 할 사유가 발생한 날부터 1년이 지난 이후에는 매년 전체 근로자의 임금 평균액의 증감률에 따라 평균임금을 증감하되, 그 근로자의 연령이 60세에 도달한 이후에는 소비자물가변동률에 따라 평균임금을 증감한다. 다만, 제6항에 따라 산정한 금액을 평균임금으로 보는 진폐에 걸린 근로자에 대한 보험급여는 제외한다. 〈개정 2010. 5. 20.〉

④ 제3항에 따른 전체 근로자의 임금 평균액의 증감률 및 소비자물가변동률의 산정 기준과 방법은 대통령령으로 정한다. 이 경우 산정된 증감률 및 변동률은 매년 고용노동부장관이 고시한다. 〈개정 2010. 6. 4.〉

⑤ 보험급여(진폐보상연금 및 진폐유족연금은 제외한다)를 산정할 때 해당 근로자의 근로 형태가 특이하여 평균임금을 적용하는 것이 적당하지 아니하다고 인정되는 경우로서 대통령령으로 정하는 경우에는 대통령령으로 정하는 산정 방법에 따라 산정한 금액을 평균임금으로 한다. 〈개정 2010. 5. 20.〉

⑥ 보험급여를 산정할 때 진폐 등 대통령령으로 정하는 직업병으로 보험급여를 받게 되는 근로자에게 그 평균임금을 적용하는 것이 근로자의 보호에 적당하지 아니하다고 인정되면 대통령령으로 정하는 산정 방법에 따라 산정한 금액을 그 근로자의 평균임금으로 한다. 〈개정 2010. 5. 20.〉

⑦ 보험급여(장례비는 제외한다)를 산정할 때 그 근로자의 평균임금 또는 제3항부터 제6항까지의 규정에 따라 보험급여의 산정 기준이 되는 평균임금이 「고용정책 기본법」 제17조의 고용구조 및 인력수요 등에 관한 통계에 따른 상용근로자 5명 이상 사업체의 전체 근로자의 임금 평균액의 1.8배(이하 "최고 보상기준 금액"이라 한다)를 초과하거나, 2분의 1(이하 "최저 보상기준 금액"이라 한다)보다 적으면 그 최고 보상기준 금액이나 최저 보상기준 금액을 각각 그 근로자의 평균임금으로 하되, 최저 보상기준 금액이 「최저임금법」 제5조제1항에 따른 시간급 최저임금액에 8을 곱한 금액(이하 "최저임금액"이라 한다)보다 적으면 그 최저임금액을 최저 보상기준 금액으로 한다. 다만, 휴업급여 및 상병보상연금을 산정할 때에는 최저 보상기준 금액을 적용하지 아니한다. 〈개정 2018. 6. 12., 2021. 1. 26.〉

⑧ 최고 보상기준 금액이나 최저 보상기준 금액의 산정방법 및 적용기간은 대통령령으로 정한다. 이 경우 산정된 최고 보상기준 금액 또는 최저 보상기준 금액은 매년 고용노동부장관이

고시한다.   〈개정 2010. 6. 4.〉

제37조(업무상의 재해의 인정 기준)

① 근로자가 다음 각 호의 어느 하나에 해당하는 사유로 부상·질병 또는 장해가 발생하거나 사망하면 업무상의 재해로 본다. 다만, 업무와 재해 사이에 상당인과관계(相當因果關係)가 없는 경우에는 그러하지 아니하다.   〈개정 2010. 1. 27., 2017. 10. 24., 2019. 1. 15.〉

  1. 업무상 사고

    가. 근로자가 근로계약에 따른 업무나 그에 따르는 행위를 하던 중 발생한 사고

    나. 사업주가 제공한 시설물 등을 이용하던 중 그 시설물 등의 결함이나 관리소홀로 발생한 사고

    다. 삭제 〈2017. 10. 24.〉

    라. 사업주가 주관하거나 사업주의 지시에 따라 참여한 행사나 행사준비 중에 발생한 사고

    마. 휴게시간 중 사업주의 지배관리하에 있다고 볼 수 있는 행위로 발생한 사고

    바. 그 밖에 업무와 관련하여 발생한 사고

  2. 업무상 질병

    가. 업무수행 과정에서 물리적 인자(因子), 화학물질, 분진, 병원체, 신체에 부담을 주는 업무 등 근로자의 건강에 장해를 일으킬 수 있는 요인을 취급하거나 그에 노출되어 발생한 질병

    나. 업무상 부상이 원인이 되어 발생한 질병

    다. 「근로기준법」 제76조의2에 따른 직장 내 괴롭힘, 고객의 폭언 등으로 인한 업무상 정신적 스트레스가 원인이 되어 발생한 질병

    라. 그 밖에 업무와 관련하여 발생한 질병

  3. 출퇴근 재해

    가. 사업주가 제공한 교통수단이나 그에 준하는 교통수단을 이용하는 등 사업주의 지배관리하에서 출퇴근하는 중 발생한 사고

    나. 그 밖에 통상적인 경로와 방법으로 출퇴근하는 중 발생한 사고

② 근로자의 고의·자해행위나 범죄행위 또는 그것이 원인이 되어 발생한 부상·질병·장해 또는 사망은 업무상의 재해로 보지 아니한다. 다만, 그 부상·질병·장해 또는 사망이 정상적인 인식능력 등이 뚜렷하게 낮아진 상태에서 한 행위로 발생한 경우로서 대통령령으로 정하는 사유가 있으면 업무상의 재해로 본다.   〈개정 2020. 5. 26.〉

③ 제1항제3호나목의 사고 중에서 출퇴근 경로 일탈 또는 중단이 있는 경우에는 해당 일탈 또는

중단 중의 사고 및 그 후의 이동 중의 사고에 대하여는 출퇴근 재해로 보지 아니한다. 다만, 일탈 또는 중단이 일상생활에 필요한 행위로서 대통령령으로 정하는 사유가 있는 경우에는 출퇴근 재해로 본다. 〈신설 2017. 10. 24.〉

④ 출퇴근 경로와 방법이 일정하지 아니한 직종으로 대통령령으로 정하는 경우에는 제1항제3호나목에 따른 출퇴근 재해를 적용하지 아니한다. 〈신설 2017. 10. 24.〉

⑤ 업무상의 재해의 구체적인 인정 기준은 대통령령으로 정한다. 〈개정 2017. 10. 24.〉

[2017. 10. 24. 법률 제14933호에 의하여 2016. 9. 29. 헌법재판소에서 헌법불합치 결정된 이 조 제1항제1호다목을 삭제함.]

제38조(업무상질병판정위원회)

① 제37조제1항제2호에 따른 업무상 질병의 인정 여부를 심의하기 위하여 공단 소속 기관에 업무상질병판정위원회(이하 "판정위원회"라 한다)를 둔다.

② 판정위원회의 심의에서 제외되는 질병과 판정위원회의 심의 절차는 고용노동부령으로 정한다. 〈개정 2010. 6. 4.〉

③ 판정위원회의 구성과 운영에 필요한 사항은 고용노동부령으로 정한다. 〈개정 2010. 6. 4.〉

제39조(사망의 추정)

① 사고가 발생한 선박 또는 항공기에 있던 근로자의 생사가 밝혀지지 아니하거나 항행(航行) 중인 선박 또는 항공기에 있던 근로자가 행방불명 또는 그 밖의 사유로 그 생사가 밝혀지지 아니하면 대통령령으로 정하는 바에 따라 사망한 것으로 추정하고, 유족급여와 장례비에 관한 규정을 적용한다. 〈개정 2021. 1. 26.〉

② 공단은 제1항에 따른 사망의 추정으로 보험급여를 지급한 후에 그 근로자의 생존이 확인되면 그 급여를 받은 사람이 선의(善意)인 경우에는 받은 금액을, 악의(惡意)인 경우에는 받은 금액의 2배에 해당하는 금액을 징수하여야 한다. 〈개정 2020. 5. 26.〉

제40조(요양급여)

① 요양급여는 근로자가 업무상의 사유로 부상을 당하거나 질병에 걸린 경우에 그 근로자에게 지급한다.

② 제1항에 따른 요양급여는 제43조제1항에 따른 산재보험 의료기관에서 요양을 하게 한다. 다만, 부득이한 경우에는 요양을 갈음하여 요양비를 지급할 수 있다.

③ 제1항의 경우에 부상 또는 질병이 3일 이내의 요양으로 치유될 수 있으면 요양급여를 지급하

지 아니한다.

④ 제1항의 요양급여의 범위는 다음 각 호와 같다. 〈개정 2010. 6. 4.〉

　1. 진찰 및 검사

　2. 약제 또는 진료재료와 의지(義肢)나 그 밖의 보조기의 지급

　3. 처치, 수술, 그 밖의 치료

　4. 재활치료

　5. 입원

　6. 간호 및 간병

　7. 이송

　8. 그 밖에 고용노동부령으로 정하는 사항

⑤ 제2항 및 제4항에 따른 요양급여의 범위나 비용 등 요양급여의 산정 기준은 고용노동부령으로 정한다. 〈개정 2010. 6. 4.〉

⑥ 업무상의 재해를 입은 근로자가 요양할 산재보험 의료기관이 제43조제1항제2호에 따른 상급종합병원인 경우에는 「응급의료에 관한 법률」 제2조제1호에 따른 응급환자이거나 그 밖에 부득이한 사유가 있는 경우를 제외하고는 그 근로자가 상급종합병원에서 요양할 필요가 있다는 의학적 소견이 있어야 한다. 〈개정 2010. 5. 20.〉

제41조(요양급여의 신청)

① 제40조제1항에 따른 요양급여(진폐에 따른 요양급여는 제외한다. 이하 이 조에서 같다)를 받으려는 사람은 소속 사업장, 재해발생 경위, 그 재해에 대한 의학적 소견, 그 밖에 고용노동부령으로 정하는 사항을 적은 서류를 첨부하여 공단에 요양급여의 신청을 하여야 한다. 이 경우 요양급여 신청의 절차와 방법은 고용노동부령으로 정한다.

〈개정 2010. 5. 20., 2010. 6. 4., 2020. 5. 26.〉

② 근로자를 진료한 제43조제1항에 따른 산재보험 의료기관은 그 근로자의 재해가 업무상의 재해로 판단되면 그 근로자의 동의를 받아 요양급여의 신청을 대행할 수 있다.

제41조의2(요양급여 범위 여부의 확인 등)

① 제40조제1항에 따른 요양급여를 받은 사람은 자신이 부담한 비용이 같은 조 제5항에 따라 요양급여의 범위에서 제외되는 비용인지 여부에 대하여 공단에 확인을 요청할 수 있다.

② 제1항에 따른 확인 요청을 받은 공단은 그 결과를 요청한 사람에게 알려야 한다. 이 경우 확인을 요청한 비용이 요양급여 범위에 해당되는 비용으로 확인되면 그 내용을 제43조제1항에

따른 산재보험 의료기관에 알려야 한다.

③ 제2항 후단에 따라 통보받은 산재보험 의료기관은 받아야 할 금액보다 더 많이 징수한 금액(이하 이 조에서 "과다본인부담금"이라 한다)을 지체 없이 확인을 요청한 사람에게 지급하여야 한다. 다만, 공단은 해당 산재보험 의료기관이 과다본인부담금을 지급하지 아니하면 해당 산재보험 의료기관에 지급할 제45조에 따른 진료비에서 과다본인부담금을 공제하여 확인을 요청한 사람에게 지급할 수 있다.

[본조신설 2020. 12. 8.]

제42조(건강보험의 우선 적용)

① 제41조제1항에 따라 요양급여의 신청을 한 사람은 공단이 이 법에 따른 요양급여에 관한 결정을 하기 전에는 「국민건강보험법」 제41조에 따른 요양급여 또는 「의료급여법」 제7조에 따른 의료급여(이하 "건강보험 요양급여등"이라 한다)를 받을 수 있다.

〈개정 2011. 12. 31., 2020. 5. 26.〉

② 제1항에 따라 건강보험 요양급여등을 받은 사람이 「국민건강보험법」 제44조 또는 「의료급여법」 제10조에 따른 본인 일부 부담금을 산재보험 의료기관에 납부한 후에 이 법에 따른 요양급여 수급권자로 결정된 경우에는 그 납부한 본인 일부 부담금 중 제40조제5항에 따른 요양급여에 해당하는 금액을 공단에 청구할 수 있다. 〈개정 2011. 12. 31., 2020. 5. 26.〉

제43조(산재보험 의료기관의 지정 및 지정취소 등)

① 업무상의 재해를 입은 근로자의 요양을 담당할 의료기관(이하 "산재보험 의료기관"이라 한다)은 다음 각 호와 같다.

〈개정 2010. 1. 27., 2010. 5. 20., 2010. 6. 4., 2015. 5. 18.〉

1. 제11조제2항에 따라 공단에 두는 의료기관

2. 「의료법」 제3조의4에 따른 상급종합병원

3. 「의료법」 제3조에 따른 의료기관과 「지역보건법」 제10조에 따른 보건소(「지역보건법」 제12조에 따른 보건의료원을 포함한다. 이하 같다)로서 고용노동부령으로 정하는 인력·시설 등의 기준에 해당하는 의료기관 또는 보건소 중 공단이 지정한 의료기관 또는 보건소

② 공단은 제1항제3호에 따라 의료기관이나 보건소를 산재보험 의료기관으로 지정할 때에는 다음 각 호의 요소를 고려하여야 한다.

1. 의료기관이나 보건소의 인력·시설·장비 및 진료과목

2. 산재보험 의료기관의 지역별 분포

③ 공단은 제1항제2호 및 제3호에 따른 산재보험 의료기관이 다음 각 호의 어느 하나의 사유에 해당하면 그 지정을 취소(제1항제3호의 경우만 해당된다)하거나 12개월의 범위에서 업무상의 재해를 입은 근로자를 진료할 수 없도록 하는 진료제한 조치 또는 개선명령(이하 "진료제한등의 조치"라 한다)을 할 수 있다.

1. 업무상의 재해와 관련된 사항을 거짓이나 그 밖에 부정한 방법으로 진단하거나 증명한 경우

2. 제45조에 따른 진료비를 거짓이나 그 밖에 부정한 방법으로 청구한 경우

3. 제50조에 따른 평가 결과 지정취소나 진료제한등의 조치가 필요한 경우

4. 「의료법」 위반이나 그 밖의 사유로 의료업을 일시적 또는 영구적으로 할 수 없게 되거나, 소속 의사가 의료행위를 일시적 또는 영구적으로 할 수 없게 된 경우

5. 제1항제3호에 따른 인력 · 시설 등의 기준에 미치지 못하게 되는 경우

6. 진료제한등의 조치를 위반하는 경우

④ 제3항에 따라 지정이 취소된 산재보험 의료기관은 지정이 취소된 날부터 1년의 범위에서 고용노동부령으로 정하는 기간 동안은 산재보험 의료기관으로 다시 지정받을 수 없다.

〈신설 2010. 1. 27., 2010. 6. 4.〉

⑤ 공단은 제1항제2호 및 제3호에 따른 산재보험 의료기관이 다음 각 호의 어느 하나의 사유에 해당하면 12개월의 범위에서 진료제한 등의 조치를 할 수 있다.

〈개정 2010. 1. 27., 2010. 5. 20., 2020. 5. 26.〉

1. 제40조제5항 및 제91조의9제3항에 따른 요양급여의 산정 기준을 위반하여 제45조에 따른 진료비를 부당하게 청구한 경우

2. 제45조제1항을 위반하여 공단이 아닌 자에게 진료비를 청구한 경우

3. 제47조제1항에 따른 진료계획을 제출하지 아니하는 경우

4. 제118조에 따른 보고, 제출 요구 또는 조사에 따르지 아니하는 경우

5. 산재보험 의료기관의 지정 조건을 위반한 경우

⑥ 공단은 제3항 또는 제5항에 따라 지정을 취소하거나 진료제한 조치를 하려는 경우에는 청문을 실시하여야 한다. 〈개정 2010. 1. 27.〉

⑦ 제1항제3호에 따른 지정절차, 제3항 및 제5항에 따른 지정취소, 진료제한등의 조치의 기준 및 절차는 고용노동부령으로 정한다. 〈개정 2010. 1. 27., 2010. 6. 4.〉

제44조(산재보험 의료기관에 대한 과징금 등)

① 공단은 제43조제3항제1호 · 제2호 및 같은 조 제5항제1호 중 어느 하나에 해당하는 사유로

진료제한 조치를 하여야 하는 경우로서 그 진료제한 조치가 그 산재보험 의료기관을 이용하는 근로자에게 심한 불편을 주거나 그 밖에 특별한 사유가 있다고 인정되면, 그 진료제한 조치를 갈음하여 거짓이나 부정한 방법으로 지급하게 한 보험급여의 금액 또는 거짓이나 부정·부당하게 지급받은 진료비의 5배 이하의 범위에서 과징금을 부과할 수 있다.

〈개정 2010. 1. 27.〉

② 제1항에 따라 과징금을 부과하는 위반행위의 종류와 위반정도 등에 따른 과징금의 금액 등에 관한 사항은 대통령령으로 정한다.

③ 제1항에 따라 과징금 부과 처분을 받은 자가 과징금을 기한 내에 내지 아니하면 고용노동부장관의 승인을 받아 국세 체납처분의 예에 따라 징수한다.　　〈개정 2010. 1. 27., 2010. 6. 4.〉

제45조(진료비의 청구 등)

① 산재보험 의료기관이 제40조제2항 또는 제91조의9제1항에 따라 요양을 실시하고 그에 드는 비용(이하 "진료비"라 한다)을 받으려면 공단에 청구하여야 한다.

〈개정 2010. 5. 20.〉

② 제1항에 따라 청구된 진료비에 관한 심사 및 결정, 지급 방법 및 지급 절차는 고용노동부령으로 정한다.　　〈개정 2010. 6. 4.〉

제46조(약제비의 청구 등)

① 공단은 제40조제4항제2호에 따른 약제의 지급을 「약사법」 제20조에 따라 등록한 약국을 통하여 할 수 있다.

② 제1항에 따른 약국이 약제비를 받으려면 공단에 청구하여야 한다.

③ 제2항에 따라 청구된 약제비에 관한 심사 및 결정, 지급 방법 및 지급 절차는 고용노동부령으로 정한다.　　〈개정 2010. 6. 4.〉

제47조(진료계획의 제출)

① 산재보험 의료기관은 제41조 또는 제91조의5에 따라 요양급여를 받고 있는 근로자의 요양기간을 연장할 필요가 있는 때에는 그 근로자의 부상·질병 경과, 치료예정기간 및 치료방법 등을 적은 진료계획을 대통령령으로 정하는 바에 따라 공단에 제출하여야 한다.

〈개정 2010. 5. 20., 2020. 5. 26.〉

② 공단은 제1항에 따라 제출된 진료계획이 적절한지를 심사하여 산재보험 의료기관에 대하여 치료기간의 변경을 명하는 등 대통령령으로 정하는 필요한 조치(이하 "진료계획 변경 조치

등"이라 한다)를 할 수 있다.

제48조(의료기관 변경 요양)

① 공단은 다음 각 호의 어느 하나에 해당하는 사유가 있으면 요양 중인 근로자를 다른 산재보험 의료기관으로 옮겨 요양하게 할 수 있다.　　　　　　　　　　〈개정 2010. 5. 20.〉

　　1. 요양 중인 산재보험 의료기관의 인력·시설 등이 그 근로자의 전문적인 치료 또는 재활치료에 맞지 아니하여 다른 산재보험 의료기관으로 옮길 필요가 있는 경우

　　2. 생활근거지에서 요양하기 위하여 다른 산재보험 의료기관으로 옮길 필요가 있는 경우

　　3. 제43조제1항제2호에 따른 상급종합병원에서 전문적인 치료 후 다른 산재보험 의료기관으로 옮길 필요가 있는 경우

　　4. 그 밖에 대통령령으로 정하는 절차를 거쳐 부득이한 사유가 있다고 인정되는 경우

② 요양 중인 근로자는 제1항제1호부터 제3호까지의 어느 하나에 해당하는 사유가 있으면 공단에 의료기관 변경 요양을 신청할 수 있다.　　　　　　　　　〈개정 2021. 1. 26.〉

[제목개정 2021. 1. 26.]

제49조(추가상병 요양급여의 신청)

업무상의 재해로 요양 중인 근로자는 다음 각 호의 어느 하나에 해당하는 경우에는 그 부상 또는 질병(이하 "추가상병"이라 한다)에 대한 요양급여를 신청할 수 있다.

　　1. 그 업무상의 재해로 이미 발생한 부상이나 질병이 추가로 발견되어 요양이 필요한 경우

　　2. 그 업무상의 재해로 발생한 부상이나 질병이 원인이 되어 새로운 질병이 발생하여 요양이 필요한 경우

제50조(산재보험 의료기관의 평가)

① 공단은 업무상의 재해에 대한 의료의 질 향상을 촉진하기 위하여 제43조제1항제3호의 산재보험 의료기관 중 대통령령으로 정하는 의료기관에 대하여 인력·시설·의료서비스나 그 밖에 요양의 질과 관련된 사항을 평가할 수 있다. 이 경우 평가의 방법 및 기준은 대통령령으로 정한다.

② 공단은 제1항에 따라 평가한 결과를 고려하여 평가한 산재보험 의료기관을 행정적·재정적으로 우대하거나 제43조제3항제3호에 따라 지정취소 또는 진료제한등의 조치를 할 수 있다.

제51조(재요양)

① 제40조에 따른 요양급여를 받은 사람이 치유 후 요양의 대상이 되었던 업무상의 부상 또는 질병이 재발하거나 치유 당시보다 상태가 악화되어 이를 치유하기 위한 적극적인 치료가 필요하다는 의학적 소견이 있으면 다시 제40조에 따른 요양급여(이하 "재요양"이라 한다)를 받을 수 있다. 〈개정 2020. 5. 26.〉

② 재요양의 요건과 절차 등에 관하여 필요한 사항은 대통령령으로 정한다.

제52조(휴업급여)

휴업급여는 업무상 사유로 부상을 당하거나 질병에 걸린 근로자에게 요양으로 취업하지 못한 기간에 대하여 지급하되, 1일당 지급액은 평균임금의 100분의 70에 상당하는 금액으로 한다. 다만, 취업하지 못한 기간이 3일 이내이면 지급하지 아니한다.

제53조(부분휴업급여)

① 요양 또는 재요양을 받고 있는 근로자가 그 요양기간 중 일정기간 또는 단시간 취업을 하는 경우에는 그 취업한 날에 해당하는 그 근로자의 평균임금에서 그 취업한 날에 대한 임금을 뺀 금액의 100분의 80에 상당하는 금액을 지급할 수 있다. 다만, 제54조제2항 및 제56조제2항에 따라 최저임금액을 1일당 휴업급여 지급액으로 하는 경우에는 최저임금액(별표 1 제2호에 따라 감액하는 경우에는 그 감액한 금액)에서 취업한 날에 대한 임금을 뺀 금액을 지급할 수 있다. 〈개정 2022. 6. 10.〉

② 제1항에 따른 부분휴업급여의 지급 요건 및 지급 절차는 대통령령으로 정한다.
〈개정 2022. 6. 10.〉

제54조(저소득 근로자의 휴업급여)

① 제52조에 따라 산정한 1일당 휴업급여 지급액이 최저 보상기준 금액의 100분의 80보다 적거나 같으면 그 근로자에 대하여는 평균임금의 100분의 90에 상당하는 금액을 1일당 휴업급여 지급액으로 한다. 다만, 그 근로자의 평균임금의 100분의 90에 상당하는 금액이 최저 보상기준 금액의 100분의 80보다 많은 경우에는 최저 보상기준 금액의 100분의 80에 상당하는 금액을 1일당 휴업급여 지급액으로 한다.

② 제1항 본문에 따라 산정한 휴업급여 지급액이 최저임금액보다 적으면 그 최저임금액을 그 근로자의 1일당 휴업급여 지급액으로 한다. 〈개정 2018. 6. 12.〉

제55조(고령자의 휴업급여)

휴업급여를 받는 근로자가 61세가 되면 그 이후의 휴업급여는 별표 1에 따라 산정한 금액을 지급한다. 다만, 61세 이후에 취업 중인 사람이 업무상의 재해로 요양하거나 61세 전에 제37조제1항제2호에 따른 업무상 질병으로 장해급여를 받은 사람이 61세 이후에 그 업무상 질병으로 최초로 요양하는 경우 대통령령으로 정하는 기간에는 별표 1을 적용하지 아니한다. 〈개정 2020. 5. 26.〉

제56조(재요양 기간 중의 휴업급여)

① 재요양을 받는 사람에 대하여는 재요양 당시의 임금을 기준으로 산정한 평균임금의 100분의 70에 상당하는 금액을 1일당 휴업급여 지급액으로 한다. 이 경우 평균임금 산정사유 발생일은 대통령령으로 정한다. 〈개정 2020. 5. 26.〉

② 제1항에 따라 산정한 1일당 휴업급여 지급액이 최저임금액보다 적거나 재요양 당시 평균임금 산정의 대상이 되는 임금이 없으면 최저임금액을 1일당 휴업급여 지급액으로 한다.

③ 장해보상연금을 지급받는 사람이 재요양하는 경우에는 1일당 장해보상연금액(별표 2에 따라 산정한 장해보상연금액을 365로 나눈 금액을 말한다. 이하 같다)과 제1항 또는 제2항에 따라 산정한 1일당 휴업급여 지급액을 합한 금액이 장해보상연금의 산정에 적용되는 평균임금의 100분의 70을 초과하면 그 초과하는 금액 중 휴업급여에 해당하는 금액은 지급하지 아니한다. 〈개정 2020. 5. 26.〉

④ 재요양 기간 중의 휴업급여를 산정할 때에는 제54조를 적용하지 아니한다.

제57조(장해급여)

① 장해급여는 근로자가 업무상의 사유로 부상을 당하거나 질병에 걸려 치유된 후 신체 등에 장해가 있는 경우에 그 근로자에게 지급한다.

② 장해급여는 장해등급에 따라 별표 2에 따른 장해보상연금 또는 장해보상일시금으로 하되, 그 장해등급의 기준은 대통령령으로 정한다.

③ 제2항에 따른 장해보상연금 또는 장해보상일시금은 수급권자의 선택에 따라 지급한다. 다만, 대통령령으로 정하는 노동력을 완전히 상실한 장해등급의 근로자에게는 장해보상연금을 지급하고, 장해급여 청구사유 발생 당시 대한민국 국민이 아닌 사람으로서 외국에서 거주하고 있는 근로자에게는 장해보상일시금을 지급한다. 〈개정 2020. 5. 26.〉

④ 장해보상연금은 수급권자가 신청하면 그 연금의 최초 1년분 또는 2년분(제3항 단서에 따른 근로자에게는 그 연금의 최초 1년분부터 4년분까지)의 2분의 1에 상당하는 금액을 미리 지급할 수 있다. 이 경우 미리 지급하는 금액에 대하여는 100분의 5의 비율 범위에서 대통령령으

로 정하는 바에 따라 이자를 공제할 수 있다.

⑤ 장해보상연금 수급권자의 수급권이 제58조에 따라 소멸한 경우에 이미 지급한 연금액을 지급 당시의 각각의 평균임금으로 나눈 일수(日數)의 합계가 별표 2에 따른 장해보상일시금의 일수에 못 미치면 그 못 미치는 일수에 수급권 소멸 당시의 평균임금을 곱하여 산정한 금액을 유족 또는 그 근로자에게 일시금으로 지급한다.

제58조(장해보상연금 등의 수급권의 소멸)

장해보상연금 또는 진폐보상연금의 수급권자가 다음 각 호의 어느 하나에 해당하면 그 수급권이 소멸한다. 〈개정 2010. 5. 20.〉

1. 사망한 경우

2. 대한민국 국민이었던 수급권자가 국적을 상실하고 외국에서 거주하고 있거나 외국에서 거주하기 위하여 출국하는 경우

3. 대한민국 국민이 아닌 수급권자가 외국에서 거주하기 위하여 출국하는 경우

4. 장해등급 또는 진폐장해등급이 변경되어 장해보상연금 또는 진폐보상연금의 지급 대상에서 제외되는 경우

[제목개정 2010. 5. 20.]

제59조(장해등급등의 재판정)

① 공단은 장해보상연금 또는 진폐보상연금 수급권자 중 그 장해상태가 호전되거나 악화되어 이미 결정된 장해등급 또는 진폐장해등급(이하 이 조에서 "장해등급등"이라 한다)이 변경될 가능성이 있는 사람에 대하여는 그 수급권자의 신청 또는 직권으로 장해등급등을 재판정할 수 있다. 〈개정 2010. 5. 20., 2020. 5. 26.〉

② 제1항에 따른 장해등급등의 재판정 결과 장해등급등이 변경되면 그 변경된 장해등급등에 따라 장해급여 또는 진폐보상연금을 지급한다. 〈개정 2010. 5. 20.〉

③ 제1항과 제2항에 따른 장해등급등 재판정은 1회 실시하되 그 대상자·시기 및 재판정 결과에 따른 장해급여 또는 진폐보상연금의 지급 방법은 대통령령으로 정한다. 〈개정 2010. 5. 20.〉

[제목개정 2010. 5. 20.]

제60조(재요양에 따른 장해급여)

① 장해보상연금의 수급권자가 재요양을 받는 경우에도 그 연금의 지급을 정지하지 아니한다.

② 재요양을 받고 치유된 후 장해상태가 종전에 비하여 호전되거나 악화된 경우에는 그 호전 또

는 악화된 장해상태에 해당하는 장해등급에 따라 장해급여를 지급한다. 이 경우 재요양 후의 장해급여의 산정 및 지급 방법은 대통령령으로 정한다.

제61조(간병급여)

① 간병급여는 제40조에 따른 요양급여를 받은 사람 중 치유 후 의학적으로 상시 또는 수시로 간병이 필요하여 실제로 간병을 받는 사람에게 지급한다. 〈개정 2020. 5. 26.〉

② 제1항에 따른 간병급여의 지급 기준과 지급 방법 등에 관하여 필요한 사항은 대통령령으로 정한다.

제62조(유족급여)

① 유족급여는 근로자가 업무상의 사유로 사망한 경우에 유족에게 지급한다.

② 유족급여는 별표 3에 따른 유족보상연금이나 유족보상일시금으로 하되, 유족보상일시금은 근로자가 사망할 당시 제63조제1항에 따른 유족보상연금을 받을 수 있는 자격이 있는 사람이 없는 경우에 지급한다. 〈개정 2020. 5. 26.〉

③ 제2항에 따른 유족보상연금을 받을 수 있는 자격이 있는 사람이 원하면 별표 3의 유족보상일시금의 100분의 50에 상당하는 금액을 일시금으로 지급하고 유족보상연금은 100분의 50을 감액하여 지급한다. 〈개정 2020. 5. 26.〉

④ 유족보상연금을 받던 사람이 그 수급자격을 잃은 경우 다른 수급자격자가 없고 이미 지급한 연금액을 지급 당시의 각각의 평균임금으로 나누어 산정한 일수의 합계가 1,300일에 못 미치면 그 못 미치는 일수에 수급자격 상실 당시의 평균임금을 곱하여 산정한 금액을 수급자격 상실 당시의 유족에게 일시금으로 지급한다. 〈개정 2020. 5. 26.〉

⑤ 제2항에 따른 유족보상연금의 지급 기준 및 방법, 그 밖에 필요한 사항은 대통령령으로 정한다.

제63조(유족보상연금 수급자격자의 범위)

① 유족보상연금을 받을 수 있는 자격이 있는 사람(이하 "유족보상연금 수급자격자"라 한다)은 근로자가 사망할 당시 그 근로자와 생계를 같이 하고 있던 유족(그 근로자가 사망할 당시 대한민국 국민이 아닌 사람으로서 외국에서 거주하고 있던 유족은 제외한다) 중 배우자와 다음 각 호의 어느 하나에 해당하는 사람으로 한다. 이 경우 근로자와 생계를 같이 하고 있던 유족의 판단 기준은 대통령령으로 정한다.

〈개정 2010. 6. 4., 2012. 12. 18., 2017. 12. 19., 2018. 6. 12., 2020. 5. 26.〉

1. 부모 또는 조부모로서 각각 60세 이상인 사람

2. 자녀로서 25세 미만인 사람

2의2. 손자녀로서 19세 미만인 사람

3. 형제자매로서 19세 미만이거나 60세 이상인 사람

4. 제1호부터 제3호까지의 규정 중 어느 하나에 해당하지 아니하는 자녀·부모·손자녀·조부모 또는 형제자매로서 「장애인복지법」 제2조에 따른 장애인 중 고용노동부령으로 정한 장애 정도에 해당하는 사람

② 제1항을 적용할 때 근로자가 사망할 당시 태아(胎兒)였던 자녀가 출생한 경우에는 출생한 때부터 장래에 향하여 근로자가 사망할 당시 그 근로자와 생계를 같이 하고 있던 유족으로 본다.

③ 유족보상연금 수급자격자 중 유족보상연금을 받을 권리의 순위는 배우자·자녀·부모·손자녀·조부모 및 형제자매의 순서로 한다.

제64조(유족보상연금 수급자격자의 자격 상실과 지급 정지 등)

① 유족보상연금 수급자격자인 유족이 다음 각 호의 어느 하나에 해당하면 그 자격을 잃는다.

⟨개정 2012. 12. 18., 2018. 6. 12., 2020. 5. 26.⟩

1. 사망한 경우

2. 재혼한 때(사망한 근로자의 배우자만 해당하며, 재혼에는 사실상 혼인 관계에 있는 경우를 포함한다)

3. 사망한 근로자와의 친족 관계가 끝난 경우

4. 자녀가 25세가 된 때

4의2. 손자녀 또는 형제자매가 19세가 된 때

5. 제63조제1항제4호에 따른 장애인이었던 사람으로서 그 장애 상태가 해소된 경우

6. 근로자가 사망할 당시 대한민국 국민이었던 유족보상연금 수급자격자가 국적을 상실하고 외국에서 거주하고 있거나 외국에서 거주하기 위하여 출국하는 경우

7. 대한민국 국민이 아닌 유족보상연금 수급자격자가 외국에서 거주하기 위하여 출국하는 경우

② 유족보상연금을 받을 권리가 있는 유족보상연금 수급자격자(이하 "유족보상연금 수급권자"라 한다)가 그 자격을 잃은 경우에 유족보상연금을 받을 권리는 같은 순위자가 있으면 같은 순위자에게, 같은 순위자가 없으면 다음 순위자에게 이전된다.

③ 유족보상연금 수급권자가 3개월 이상 행방불명이면 대통령령으로 정하는 바에 따라 연금 지급을 정지하고, 같은 순위자가 있으면 같은 순위자에게, 같은 순위자가 없으면 다음 순위자

에게 유족보상연금을 지급한다. 〈개정 2010. 1. 27.〉

제65조(수급권자인 유족의 순위)

① 제57조제5항 · 제62조제2항(유족보상일시금에 한정한다) 및 제4항에 따른 유족 간의 수급권
의 순위는 다음 각 호의 순서로 하되, 각 호의 사람 사이에서는 각각 그 적힌 순서에 따른다.
이 경우 같은 순위의 수급권자가 2명 이상이면 그 유족에게 똑같이 나누어 지급한다.

〈개정 2020. 5. 26.〉

1. 근로자가 사망할 당시 그 근로자와 생계를 같이 하고 있던 배우자 · 자녀 · 부모 · 손자녀
및 조부모

2. 근로자가 사망할 당시 그 근로자와 생계를 같이 하고 있지 아니하던 배우자 · 자녀 · 부
모 · 손자녀 및 조부모 또는 근로자가 사망할 당시 근로자와 생계를 같이 하고 있던 형제자매

3. 형제자매

② 제1항의 경우 부모는 양부모(養父母)를 선순위로, 실부모(實父母)를 후순위로 하고, 조부모
는 양부모의 부모를 선순위로, 실부모의 부모를 후순위로, 부모의 양부모를 선순위로, 부모
의 실부모를 후순위로 한다.

③ 수급권자인 유족이 사망한 경우 그 보험급여는 같은 순위자가 있으면 같은 순위자에게, 같은
순위자가 없으면 다음 순위자에게 지급한다.

④ 제1항부터 제3항까지의 규정에도 불구하고 근로자가 유언으로 보험급여를 받을 유족을 지
정하면 그 지정에 따른다.

제66조(상병보상연금)

① 요양급여를 받는 근로자가 요양을 시작한 지 2년이 지난 날 이후에 다음 각 호의 요건 모두에
해당하는 상태가 계속되면 휴업급여 대신 상병보상연금을 그 근로자에게 지급한다.

〈개정 2010. 1. 27., 2018. 6. 12.〉

1. 그 부상이나 질병이 치유되지 아니한 상태일 것

2. 그 부상이나 질병에 따른 중증요양상태의 정도가 대통령령으로 정하는 중증요양상태등급
기준에 해당할 것

3. 요양으로 인하여 취업하지 못하였을 것

② 상병보상연금은 별표 4에 따른 중증요양상태등급에 따라 지급한다. 〈개정 2018. 6. 12.〉

제67조(저소득 근로자의 상병보상연금)

① 제66조에 따라 상병보상연금을 산정할 때 그 근로자의 평균임금이 최저임금액에 70분의 100을 곱한 금액보다 적을 때에는 최저임금액의 70분의 100에 해당하는 금액을 그 근로자의 평균임금으로 보아 산정한다.

② 제66조 또는 제1항에서 정한 바에 따라 산정한 상병보상연금액을 365로 나눈 1일당 상병보상연금 지급액이 제54조에서 정한 바에 따라 산정한 1일당 휴업급여 지급액보다 적으면 제54조에서 정한 바에 따라 산정한 금액을 1일당 상병보상연금 지급액으로 한다.

〈개정 2010. 1. 27.〉

제68조(고령자의 상병보상연금)

상병보상연금을 받는 근로자가 61세가 되면 그 이후의 상병보상연금은 별표 5에 따른 1일당 상병보상연금 지급기준에 따라 산정한 금액을 지급한다. 〈개정 2010. 1. 27.〉

제69조(재요양 기간 중의 상병보상연금)

① 재요양을 시작한 지 2년이 지난 후에 부상·질병 상태가 제66조제1항 각 호의 요건 모두에 해당하는 사람에게는 휴업급여 대신 별표 4에 따른 중증요양상태등급에 따라 상병보상연금을 지급한다. 이 경우 상병보상연금을 산정할 때에는 재요양 기간 중의 휴업급여 산정에 적용되는 평균임금을 적용하되, 그 평균임금이 최저임금액에 70분의 100을 곱한 금액보다 적거나 재요양 당시 평균임금 산정의 대상이 되는 임금이 없을 때에는 최저임금액의 70분의 100에 해당하는 금액을 그 근로자의 평균임금으로 보아 산정한다.

〈개정 2018. 6. 12., 2020. 5. 26.〉

② 제1항에 따른 상병보상연금을 받는 근로자가 장해보상연금을 받고 있으면 별표 4에 따른 중증요양상태등급별 상병보상연금의 지급일수에서 별표 2에 따른 장해등급별 장해보상연금의 지급일수를 뺀 일수에 제1항 후단에 따른 평균임금을 곱하여 산정한 금액을 그 근로자의 상병보상연금으로 한다. 〈개정 2018. 6. 12.〉

③ 제2항에 따른 상병보상연금을 받는 근로자가 61세가 된 이후에는 별표 5에 따라 산정한 1일당 상병보상연금 지급액에서 제1항 후단에 따른 평균임금을 기준으로 산정한 1일당 장해보상연금 지급액을 뺀 금액을 1일당 상병보상연금 지급액으로 한다. 〈신설 2010. 1. 27.〉

④ 제1항부터 제3항까지의 규정에도 불구하고 제57조제3항 단서에 따른 장해보상연금을 받는 근로자가 재요양하는 경우에는 상병보상연금을 지급하지 아니한다. 다만, 재요양 중에 중증요양상태등급이 높아지면 제1항 전단에도 불구하고 재요양을 시작한 때부터 2년이 지난 것

으로 보아 제2항 및 제3항에 따라 산정한 상병보상연금을 지급한다.

〈개정 2010. 1. 27., 2018. 6. 12., 2020. 5. 26.〉

⑤ 재요양 기간 중 상병보상연금을 산정할 때에는 제67조를 적용하지 아니한다.

〈개정 2010. 1. 27.〉

제70조(연금의 지급기간 및 지급시기)

① 장해보상연금, 유족보상연금, 진폐보상연금 또는 진폐유족연금의 지급은 그 지급사유가 발생한 달의 다음 달 첫날부터 시작되며, 그 지급받을 권리가 소멸한 달의 말일에 끝난다. 〈개정 2010. 5. 20., 2020. 5. 26.〉

② 장해보상연금, 유족보상연금, 진폐보상연금 또는 진폐유족연금은 그 지급을 정지할 사유가 발생한 때에는 그 사유가 발생한 달의 다음 달 첫날부터 그 사유가 소멸한 달의 말일까지 지급하지 아니한다. 〈개정 2010. 5. 20., 2020. 5. 26.〉

③ 장해보상연금, 유족보상연금, 진폐보상연금 또는 진폐유족연금은 매년 이를 12등분하여 매달 25일에 그 달 치의 금액을 지급하되, 지급일이 토요일이거나 공휴일이면 그 전날에 지급한다. 〈개정 2010. 5. 20.〉

④ 장해보상연금, 유족보상연금, 진폐보상연금 또는 진폐유족연금을 받을 권리가 소멸한 경우에는 제3항에 따른 지급일 전이라도 지급할 수 있다. 〈개정 2010. 5. 20.〉

제71조(장례비)

① 장례비는 근로자가 업무상의 사유로 사망한 경우에 지급하되, 평균임금의 120일분에 상당하는 금액을 그 장례를 지낸 유족에게 지급한다. 다만, 장례를 지낼 유족이 없거나 그 밖에 부득이한 사유로 유족이 아닌 사람이 장례를 지낸 경우에는 평균임금의 120일분에 상당하는 금액의 범위에서 실제 드는 비용을 그 장례를 지낸 사람에게 지급한다.

〈개정 2020. 5. 26., 2021. 1. 26.〉

② 제1항에 따른 장례비가 대통령령으로 정하는 바에 따라 고용노동부장관이 고시하는 최고 금액을 초과하거나 최저 금액에 미달하면 그 최고 금액 또는 최저 금액을 각각 장례비로 한다.

〈개정 2010. 6. 4., 2021. 1. 26.〉

③ 제1항에도 불구하고 대통령령으로 정하는 바에 따라 근로자가 업무상의 사유로 사망하였다고 추정되는 경우에는 장례를 지내기 전이라도 유족의 청구에 따라 제2항에 따른 최저 금액을 장례비로 미리 지급할 수 있다. 이 경우 장례비를 청구할 수 있는 유족의 순위에 관하여는 제65조를 준용한다. 〈신설 2021. 5. 18.〉

④ 제3항에 따라 장례비를 지급한 경우 제1항 및 제2항에 따른 장례비는 제3항에 따라 지급한 금액을 공제한 나머지 금액으로 한다. 〈신설 2021. 5. 18.〉

[제목개정 2021. 1. 26.]

제72조(직업재활급여)

① 직업재활급여의 종류는 다음 각 호와 같다.

〈개정 2010. 1. 27., 2010. 5. 20., 2018. 6. 12., 2020. 5. 26.〉

1. 장해급여 또는 진폐보상연금을 받은 사람이나 장해급여를 받을 것이 명백한 사람으로서 대통령령으로 정하는 사람(이하 "장해급여자"라 한다) 중 취업을 위하여 직업훈련이 필요한 사람(이하 "훈련대상자"라 한다)에 대하여 실시하는 직업훈련에 드는 비용 및 직업훈련수당

2. 업무상의 재해가 발생할 당시의 사업에 복귀한 장해급여자에 대하여 사업주가 고용을 유지하거나 직장적응훈련 또는 재활운동을 실시하는 경우(직장적응훈련의 경우에는 직장복귀 전에 실시한 경우도 포함한다)에 각각 지급하는 직장복귀지원금, 직장적응훈련비 및 재활운동비

② 제1항제1호의 훈련대상자 및 같은 항 제2호의 장해급여자는 장해정도 및 연령 등을 고려하여 대통령령으로 정한다.

제73조(직업훈련비용)

① 훈련대상자에 대한 직업훈련은 공단과 계약을 체결한 직업훈련기관(이하 "직업훈련기관"이라 한다)에서 실시하게 한다.

② 제72조제1항제1호에 따른 직업훈련에 드는 비용(이하 "직업훈련비용"이라 한다)은 제1항에 따라 직업훈련을 실시한 직업훈련기관에 지급한다. 다만, 직업훈련기관이 「장애인고용촉진 및 직업재활법」, 「고용보험법」 또는 「국민 평생 직업능력 개발법」이나 그 밖에 다른 법령에 따라 직업훈련비용에 상당한 비용을 받은 경우 등 대통령령으로 정하는 경우에는 지급하지 아니한다. 〈개정 2021. 8. 17.〉

③ 직업훈련비용의 금액은 고용노동부장관이 훈련비용, 훈련기간 및 노동시장의 여건 등을 고려하여 고시하는 금액의 범위에서 실제 드는 비용으로 하되, 직업훈련비용을 지급하는 훈련기간은 12개월 이내로 한다. 〈개정 2010. 6. 4.〉

④ 직업훈련비용의 지급 범위 · 기준 · 절차 및 방법, 직업훈련기관과의 계약 및 해지 등에 필요한 사항은 고용노동부령으로 정한다. 〈개정 2010. 6. 4.〉

제74조(직업훈련수당)

① 제72조제1항제1호에 따른 직업훈련수당은 제73조제1항에 따라 직업훈련을 받는 훈련대상자에게 그 직업훈련으로 인하여 취업하지 못하는 기간에 대하여 지급하되, 1일당 지급액은 최저임금액에 상당하는 금액으로 한다. 다만, 휴업급여나 상병보상연금을 받는 훈련대상자에게는 직업훈련수당을 지급하지 아니한다. 〈개정 2010. 1. 27.〉

② 제1항에 따른 직업훈련수당을 받는 사람이 장해보상연금 또는 진폐보상연금을 받는 경우에는 1일당 장해보상연금액 또는 1일당 진폐보상연금액(제91조의3제2항에 따라 산정한 진폐보상연금액을 365로 나눈 금액을 말한다)과 1일당 직업훈련수당을 합한 금액이 그 근로자의 장해보상연금 또는 진폐보상연금 산정에 적용되는 평균임금의 100분의 70을 초과하면 그 초과하는 금액 중 직업훈련수당에 해당하는 금액은 지급하지 아니한다. 〈개정 2010. 5. 20., 2020. 5. 26.〉

③ 제1항에 따른 직업훈련수당 지급 등에 필요한 사항은 고용노동부령으로 정한다. 〈개정 2010. 6. 4.〉

제75조(직장복귀지원금 등)

① 제72조제1항제2호에 따른 직장복귀지원금, 직장적응훈련비 및 재활운동비는 장해급여자에 대하여 고용을 유지하거나 직장적응훈련 또는 재활운동을 실시하는 사업주에게 각각 지급한다. 이 경우 직장복귀지원금, 직장적응훈련비 및 재활운동비의 지급요건은 각각 대통령령으로 정한다.

② 제1항에 따른 직장복귀지원금은 고용노동부장관이 임금수준 및 노동시장의 여건 등을 고려하여 고시하는 금액의 범위에서 사업주가 장해급여자에게 지급한 임금액으로 하되, 그 지급기간은 12개월 이내로 한다. 〈개정 2010. 6. 4.〉

③ 제1항에 따른 직장적응훈련비 및 재활운동비는 고용노동부장관이 직장적응훈련 또는 재활운동에 드는 비용을 고려하여 고시하는 금액의 범위에서 실제 드는 비용으로 하되, 그 지급기간은 3개월 이내로 한다. 〈개정 2010. 6. 4.〉

④ 장해급여자를 고용하고 있는 사업주가 「고용보험법」 제23조에 따른 지원금, 「장애인고용촉진 및 직업재활법」 제30조에 따른 장애인 고용장려금이나 그 밖에 다른 법령에 따라 직장복귀지원금, 직장적응훈련비 또는 재활운동비(이하 "직장복귀지원금등"이라 한다)에 해당하는 금액을 받은 경우 등 대통령령으로 정하는 경우에는 그 받은 금액을 빼고 직장복귀지원금등을 지급한다. 〈개정 2010. 1. 27.〉

⑤ 사업주가 「장애인고용촉진 및 직업재활법」 제28조에 따른 의무로써 장애인을 고용한 경

우 등 대통령령으로 정하는 경우에는 직장복귀지원금등을 지급하지 아니한다.

<신설 2010. 1. 27.>

제75조의2(직장복귀 지원)

① 공단은 업무상 재해를 입은 근로자에게 장기간 요양이 필요하거나 요양 종결 후 장해가 발생할 것이 예상되는 등 대통령령으로 정하는 기준에 해당하여 그 근로자의 직장복귀를 위하여 필요하다고 판단되는 경우에는 업무상 재해가 발생한 당시의 사업주에게 근로자의 직장복귀에 관한 계획서(이하 이 조에서 "직장복귀계획서"라 한다)를 작성하여 제출하도록 요구할 수 있다. 이 경우 공단은 직장복귀계획서의 내용이 적절하지 아니하다고 판단되는 때에는 사업주에게 이를 변경하여 제출하도록 요구할 수 있다.

② 공단은 제1항에 따라 사업주가 직장복귀계획서를 작성하거나 그 내용을 이행할 수 있도록 필요한 지원을 할 수 있다.

③ 공단은 업무상 재해를 입은 근로자의 직장복귀 지원을 위하여 필요하다고 인정하는 경우에는 그 근로자의 요양기간 중에 산재보험 의료기관에 의뢰하여 해당 근로자의 직업능력 평가 등 대통령령으로 정하는 조치를 할 수 있다.

④ 공단은 업무상 재해를 입은 근로자의 직장복귀 지원을 위하여 산재보험 의료기관 중 고용노동부령으로 정하는 인력 및 시설 등을 갖춘 의료기관을 직장복귀지원 의료기관으로 지정하여 운영할 수 있다.

⑤ 제4항에 따른 직장복귀지원 의료기관에 대하여는 제40조제5항에 따른 요양급여의 산정 기준 및 제50조에 따른 산재보험 의료기관의 평가 등에서 우대할 수 있다.

⑥ 제4항에 따른 직장복귀지원 의료기관의 지정 절차, 지정 취소 등에 필요한 사항은 고용노동부령으로 정한다.

[본조신설 2021. 5. 18.]

제76조(보험급여의 일시지급)

① 대한민국 국민이 아닌 근로자가 업무상의 재해에 따른 부상 또는 질병으로 요양 중 치유되기 전에 출국하기 위하여 보험급여의 일시지급을 신청하는 경우에는 출국하기 위하여 요양을 중단하는 날 이후에 청구 사유가 발생할 것으로 예상되는 보험급여를 한꺼번에 지급할 수 있다.

<개정 2010. 1. 27.>

② 제1항에 따라 한꺼번에 지급할 수 있는 금액은 다음 각 호의 보험급여를 미리 지급하는 기간에 따른 이자 등을 고려하여 대통령령으로 정하는 방법에 따라 각각 환산한 금액을 합한 금

액으로 한다. 이 경우 해당 근로자가 제3호 및 제4호에 따른 보험급여의 지급사유 모두에 해당될 것으로 의학적으로 판단되는 경우에는 제4호에 해당하는 보험급여의 금액은 합산하지 아니한다. 〈개정 2010. 1. 27., 2010. 5. 20., 2018. 6. 12., 2020. 5. 26.〉

1. 출국하기 위하여 요양을 중단하는 날부터 업무상의 재해에 따른 부상 또는 질병이 치유될 것으로 예상되는 날까지의 요양급여

2. 출국하기 위하여 요양을 중단하는 날부터 업무상 부상 또는 질병이 치유되거나 그 부상·질병 상태가 취업할 수 있게 될 것으로 예상되는 날(그 예상되는 날이 요양 개시일부터 2년이 넘는 경우에는 요양 개시일부터 2년이 되는 날)까지의 기간에 대한 휴업급여

3. 출국하기 위하여 요양을 중단할 당시 업무상의 재해에 따른 부상 또는 질병이 치유된 후에 남을 것으로 예상되는 장해의 장해등급에 해당하는 장해보상일시금

4. 출국하기 위하여 요양을 중단할 당시 요양 개시일부터 2년이 지난 후에 상병보상연금의 지급대상이 되는 중증요양상태가 지속될 것으로 예상되는 경우에는 그 예상되는 중증요양상태등급(요양 개시일부터 2년이 지난 후 출국하기 위하여 요양을 중단하는 경우에는 그 당시의 부상·질병 상태에 따른 중증요양상태등급)과 같은 장해등급에 해당하는 장해보상일시금에 해당하는 금액

5. 요양 당시 받고 있는 진폐장해등급에 따른 진폐보상연금

③ 제1항에 따른 일시지급의 신청 및 지급 절차는 고용노동부령으로 정한다. 〈개정 2010. 6. 4.〉

제77조(합병증 등 예방관리)

① 공단은 업무상의 부상 또는 질병이 치유된 사람 중에서 합병증 등 재요양 사유가 발생할 우려가 있는 사람에게 산재보험 의료기관에서 그 예방에 필요한 조치를 받도록 할 수 있다.
〈개정 2018. 6. 12., 2020. 5. 26.〉

② 제1항에 따른 조치대상, 조치내용 및 조치비용 산정 기준 등 예방관리에 필요한 구체적인 사항은 대통령령으로 정한다. 〈신설 2018. 6. 12.〉

[전문개정 2010. 1. 27.]

제78조(장해특별급여)

① 보험가입자의 고의 또는 과실로 발생한 업무상의 재해로 근로자가 대통령령으로 정하는 장해등급 또는 진폐장해등급에 해당하는 장해를 입은 경우에 수급권자가 「민법」에 따른 손해배상청구를 갈음하여 장해특별급여를 청구하면 제57조의 장해급여 또는 제91조의3의 진폐보상연금 외에 대통령령으로 정하는 장해특별급여를 지급할 수 있다. 다만, 근로자와 보험

가입자 사이에 장해특별급여에 관하여 합의가 이루어진 경우에 한정한다.

〈개정 2010. 5. 20., 2020. 5. 26.〉

② 수급권자가 제1항에 따른 장해특별급여를 받으면 동일한 사유에 대하여 보험가입자에게 「민법」이나 그 밖의 법령에 따른 손해배상을 청구할 수 없다.

③ 공단은 제1항에 따라 장해특별급여를 지급하면 대통령령으로 정하는 바에 따라 그 급여액 모두를 보험가입자로부터 징수한다.

제79조(유족특별급여)

① 보험가입자의 고의 또는 과실로 발생한 업무상의 재해로 근로자가 사망한 경우에 수급권자가 「민법」에 따른 손해배상청구를 갈음하여 유족특별급여를 청구하면 제62조의 유족급여 또는 제91조의4의 진폐유족연금 외에 대통령령으로 정하는 유족특별급여를 지급할 수 있다.

〈개정 2010. 5. 20.〉

② 유족특별급여에 관하여는 제78조제1항 단서·제2항 및 제3항을 준용한다. 이 경우 "장해특별급여"는 "유족특별급여"로 본다.

제80조(다른 보상이나 배상과의 관계)

① 수급권자가 이 법에 따라 보험급여를 받았거나 받을 수 있으면 보험가입자는 동일한 사유에 대하여 「근로기준법」에 따른 재해보상 책임이 면제된다.

② 수급권자가 동일한 사유에 대하여 이 법에 따른 보험급여를 받으면 보험가입자는 그 금액의 한도 안에서 「민법」이나 그 밖의 법령에 따른 손해배상의 책임이 면제된다. 이 경우 장해보상연금 또는 유족보상연금을 받고 있는 사람은 장해보상일시금 또는 유족보상일시금을 받은 것으로 본다.

〈개정 2020. 5. 26.〉

③ 수급권자가 동일한 사유로 「민법」이나 그 밖의 법령에 따라 이 법의 보험급여에 상당한 금품을 받으면 공단은 그 받은 금품을 대통령령으로 정하는 방법에 따라 환산한 금액의 한도 안에서 이 법에 따른 보험급여를 지급하지 아니한다. 다만, 제2항 후단에 따라 수급권자가 지급받은 것으로 보게 되는 장해보상일시금 또는 유족보상일시금에 해당하는 연금액에 대하여는 그러하지 아니하다.

④ 요양급여를 받는 근로자가 요양을 시작한 후 3년이 지난 날 이후에 상병보상연금을 지급받고 있으면 「근로기준법」 제23조제2항 단서를 적용할 때 그 사용자는 그 3년이 지난 날 이후에는 같은 법 제84조에 따른 일시보상을 지급한 것으로 본다.

제81조(미지급의 보험급여)

① 보험급여의 수급권자가 사망한 경우에 그 수급권자에게 지급하여야 할 보험급여로서 아직 지급되지 아니한 보험급여가 있으면 그 수급권자의 유족(유족급여의 경우에는 그 유족급여를 받을 수 있는 다른 유족)의 청구에 따라 그 보험급여를 지급한다.

② 제1항의 경우에 그 수급권자가 사망 전에 보험급여를 청구하지 아니하면 같은 항에 따른 유족의 청구에 따라 그 보험급여를 지급한다.

제82조(보험급여의 지급)

① 보험급여는 지급 결정일부터 14일 이내에 지급하여야 한다. 〈개정 2018. 6. 12.〉

② 공단은 수급권자의 신청이 있는 경우에는 보험급여를 수급권자 명의의 지정된 계좌(이하 "보험급여수급계좌"라 한다)로 입금하여야 한다. 다만, 정보통신장애나 그 밖에 대통령령으로 정하는 불가피한 사유로 보험급여를 보험급여수급계좌로 이체할 수 없을 때에는 대통령령으로 정하는 바에 따라 보험급여를 지급할 수 있다. 〈신설 2018. 6. 12.〉

③ 보험급여수급계좌의 해당 금융기관은 이 법에 따른 보험급여만이 보험급여수급계좌에 입금되도록 관리하여야 한다. 〈신설 2018. 6. 12.〉

④ 제2항에 따른 신청의 방법·절차와 제3항에 따른 보험급여수급계좌의 관리에 필요한 사항은 대통령령으로 정한다. 〈신설 2018. 6. 12.〉

제83조(보험급여 지급의 제한)

① 공단은 근로자가 다음 각 호의 어느 하나에 해당되면 보험급여의 전부 또는 일부를 지급하지 아니할 수 있다. 〈개정 2010. 5. 20.〉

1. 요양 중인 근로자가 정당한 사유 없이 요양에 관한 지시를 위반하여 부상·질병 또는 장해 상태를 악화시키거나 치유를 방해한 경우

2. 장해보상연금 또는 진폐보상연금 수급권자가 제59조에 따른 장해등급 또는 진폐장해등급 재판정 전에 자해(自害) 등 고의로 장해 상태를 악화시킨 경우

② 공단은 제1항에 따라 보험급여를 지급하지 아니하기로 결정하면 지체 없이 이를 관계 보험가입자와 근로자에게 알려야 한다.

③ 제1항에 따른 보험급여 지급 제한의 대상이 되는 보험급여의 종류 및 제한 범위는 대통령령으로 정한다.

제84조(부당이득의 징수)

① 공단은 보험급여를 받은 사람이 다음 각 호의 어느 하나에 해당하면 그 급여액에 해당하는 금액(제1호의 경우에는 그 급여액의 2배에 해당하는 금액)을 징수하여야 한다. 이 경우 공단이 제90조제2항에 따라 국민건강보험공단등에 청구하여 받은 금액은 징수할 금액에서 제외한다. 〈개정 2020. 5. 26.〉

1. 거짓이나 그 밖의 부정한 방법으로 보험급여를 받은 경우

2. 수급권자 또는 수급권이 있었던 사람이 제114조제2항부터 제4항까지의 규정에 따른 신고의무를 이행하지 아니하여 부당하게 보험급여를 지급받은 경우

3. 그 밖에 잘못 지급된 보험급여가 있는 경우

② 제1항제1호의 경우 보험급여의 지급이 보험가입자 · 산재보험 의료기관 또는 직업훈련기관의 거짓된 신고, 진단 또는 증명으로 인한 것이면 그 보험가입자 · 산재보험 의료기관 또는 직업훈련기관도 연대하여 책임을 진다.

③ 공단은 산재보험 의료기관이나 제46조제1항에 따른 약국이 다음 각 호의 어느 하나에 해당하면 그 진료비나 약제비에 해당하는 금액을 징수하여야 한다. 다만, 제1호의 경우에는 그 진료비나 약제비의 2배에 해당하는 금액(제44조제1항에 따라 과징금을 부과하는 경우에는 그 진료비에 해당하는 금액)을 징수한다. 〈개정 2010. 5. 20., 2018. 6. 12.〉

1. 거짓이나 그 밖의 부정한 방법으로 진료비나 약제비를 지급받은 경우

2. 제40조제5항 또는 제91조의9제3항에 따른 요양급여의 산정 기준 및 제77조제2항에 따른 조치비용 산정 기준을 위반하여 부당하게 진료비나 약제비를 지급받은 경우

3. 그 밖에 진료비나 약제비를 잘못 지급받은 경우

④ 제1항 및 제3항 단서에도 불구하고 공단은 거짓이나 그 밖의 부정한 방법으로 보험급여, 진료비 또는 약제비를 받은 자(제2항에 따라 연대책임을 지는 자를 포함한다)가 부정수급에 대한 조사가 시작되기 전에 부정수급 사실을 자진 신고한 경우에는 그 보험급여액, 진료비 또는 약제비에 해당하는 금액을 초과하는 부분은 징수를 면제할 수 있다. 〈신설 2018. 6. 12.〉

제84조의2(부정수급자 명단 공개 등)

① 공단은 제84조제1항제1호 또는 같은 조 제3항제1호에 해당하는 자(이하 "부정수급자"라 한다)로서 매년 직전 연도부터 과거 3년간 다음 각 호의 어느 하나에 해당하는 자의 명단을 공개할 수 있다. 이 경우 같은 조 제2항에 따른 연대책임자의 명단을 함께 공개할 수 있다.

1. 부정수급 횟수가 2회 이상이고 부정수급액의 합계가 1억원 이상인 자

2. 1회의 부정수급액이 2억원 이상인 자

② 부정수급자 또는 연대책임자의 사망으로 명단 공개의 실효성이 없는 경우 등 대통령령으로 정하는 경우에는 제1항에 따른 명단을 공개하지 아니할 수 있다.

③ 공단은 이의신청이나 그 밖의 불복절차가 진행 중인 부당이득징수결정처분에 대해서는 해당 이의신청이나 불복절차가 끝난 후 명단을 공개할 수 있다.

④ 공단은 제1항에 따른 공개대상자에게 고용노동부령으로 정하는 바에 따라 미리 그 사실을 통보하고 소명의 기회를 주어야 한다.

⑤ 그 밖에 명단 공개의 방법 및 절차 등에 필요한 사항은 고용노동부령으로 정한다.

[본조신설 2018. 6. 12.]

제85조(징수금의 징수)

제39조제2항에 따른 보험급여액의 징수, 제78조에 따른 장해특별급여액의 징수, 제79조에 따른 유족특별급여액의 징수 및 제84조에 따른 부당이득의 징수에 관하여는 보험료징수법 제27조, 제28조, 제29조, 제30조, 제32조, 제39조, 제41조 및 제42조를 준용한다. 이 경우 "건강보험공단"은 "공단"으로 본다. 〈개정 2010. 1. 27.〉

제86조(보험급여 등의 충당)

① 공단은 제84조제1항 및 제3항에 따라 부당이득을 받은 자, 제84조제2항에 따라 연대책임이 있는 보험가입자 또는 산재보험 의료기관에 지급할 보험급여·진료비 또는 약제비가 있으면 이를 제84조에 따라 징수할 금액에 충당할 수 있다.

② 보험급여·진료비 및 약제비의 충당 한도 및 충당 절차는 대통령령으로 정한다.

제87조(제3자에 대한 구상권)

① 공단은 제3자의 행위에 따른 재해로 보험급여를 지급한 경우에는 그 급여액의 한도 안에서 급여를 받은 사람의 제3자에 대한 손해배상청구권을 대위(代位)한다. 다만, 보험가입자인 둘 이상의 사업주가 같은 장소에서 하나의 사업을 분할하여 각각 행하다가 그 중 사업주를 달리 하는 근로자의 행위로 재해가 발생하면 그러하지 아니하다. 〈개정 2020. 5. 26.〉

② 제1항의 경우에 수급권자가 제3자로부터 동일한 사유로 이 법의 보험급여에 상당하는 손해 배상을 받으면 공단은 그 배상액을 대통령령으로 정하는 방법에 따라 환산한 금액의 한도 안에서 이 법에 따른 보험급여를 지급하지 아니한다.

③ 수급권자 및 보험가입자는 제3자의 행위로 재해가 발생하면 지체 없이 공단에 신고하여야 한다.

제87조의2(구상금협의조정기구 등)

① 공단은 제87조에 따라 「자동차손해배상 보장법」 제2조제7호가목에 따른 보험회사등(이하 이 조에서 "보험회사등"이라 한다)에게 구상권을 행사하는 경우 그 구상금 청구액을 협의·조정하기 위하여 보험회사등과 구상금협의조정기구를 구성하여 운영할 수 있다.

② 공단과 보험회사등은 제1항에 따른 협의·조정을 위하여 상대방에게 필요한 자료의 제출을 요구할 수 있다. 이 경우 자료의 제출을 요구받은 상대방은 특별한 사정이 없으면 그 요구에 따라야 한다.

③ 제1항 및 제2항에 따른 구상금협의조정기구의 구성 및 운영 등에 관하여 필요한 사항은 공단이 정한다.

[본조신설 2017. 10. 24.]

제88조(수급권의 보호)

① 근로자의 보험급여를 받을 권리는 퇴직하여도 소멸되지 아니한다.

② 보험급여를 받을 권리는 양도 또는 압류하거나 담보로 제공할 수 없다.

③ 제82조제2항에 따라 지정된 보험급여수급계좌의 예금 중 대통령령으로 정하는 액수 이하의 금액에 관한 채권은 압류할 수 없다. 〈신설 2018. 6. 12.〉

제89조(수급권의 대위)

보험가입자(보험료징수법 제2조제5호에 따른 하수급인을 포함한다. 이하 이 조에서 같다)가 소속 근로자의 업무상의 재해에 관하여 이 법에 따른 보험급여의 지급 사유와 동일한 사유로 「민법」이나 그 밖의 법령에 따라 보험급여에 상당하는 금품을 수급권자에게 미리 지급한 경우로서 그 금품이 보험급여에 대체하여 지급한 것으로 인정되는 경우에 보험가입자는 대통령령으로 정하는 바에 따라 그 수급권자의 보험급여를 받을 권리를 대위한다.

제90조(요양급여 비용의 정산)

① 공단은 「국민건강보험법」 제13조에 따른 국민건강보험공단 또는 「의료급여법」 제5조에 따른 시장, 군수 또는 구청장(이하 "국민건강보험공단등"이라 한다)이 제42조제1항에 따라 이 법에 따른 요양급여의 수급권자에게 건강보험 요양급여등을 우선 지급하고 그 비용을 청구하는 경우에는 그 건강보험 요양급여등이 이 법에 따라 지급할 수 있는 요양급여에 상당한 것으로 인정되면 그 요양급여에 해당하는 금액을 지급할 수 있다. 〈개정 2011. 12. 31.〉

② 공단이 수급권자에게 요양급여를 지급한 후 그 지급결정이 취소된 경우로서 그 지급한 요양

급여가 「국민건강보험법」 또는 「의료급여법」에 따라 지급할 수 있는 건강보험 요양급여등에 상당한 것으로 인정되면 공단은 그 건강보험 요양급여등에 해당하는 금액을 국민건강보험공단등에 청구할 수 있다.

제90조의2(국민건강보험 요양급여 비용의 정산)

① 제40조에 따른 요양급여나 재요양을 받은 사람이 요양이 종결된 후 2년 이내에 「국민건강보험법」 제41조에 따른 요양급여를 받은 경우(종결된 요양의 대상이 되었던 업무상의 부상 또는 질병의 증상으로 요양급여를 받은 경우로 한정한다)에는 공단은 그 요양급여 비용 중 국민건강보험공단이 부담한 금액을 지급할 수 있다.

② 제1항에 따른 요양급여 비용의 지급 절차와 그 밖에 필요한 사항은 고용노동부령으로 정한다.

[본조신설 2015. 1. 20.]

제91조(공과금의 면제)

보험급여로서 지급된 금품에 대하여는 국가나 지방자치단체의 공과금을 부과하지 아니한다.

제4장 진폐에 따른 보험급여의 특례 〈신설 2010. 5. 20.〉

제91조의2(진폐에 대한 업무상의 재해의 인정기준)

근로자가 진폐에 걸릴 우려가 있는 작업으로서 암석, 금속이나 유리섬유 등을 취급하는 작업 등 고용노동부령으로 정하는 분진작업(이하 "분진작업"이라 한다)에 종사하여 진폐에 걸리면 제37조제1항제2호가목에 따른 업무상 질병으로 본다.　　　　　　　　　　　〈개정 2010. 6. 4.〉

[본조신설 2010. 5. 20.]

제91조의3(진폐보상연금)

① 진폐보상연금은 업무상 질병인 진폐에 걸린 근로자(이하 "진폐근로자"라 한다)에게 지급한다.

② 진폐보상연금은 제5조제2호 및 제36조제6항에 따라 정하는 평균임금을 기준으로 하여 별표

6에 따라 산정하는 진폐장해등급별 진폐장해연금과 기초연금을 합산한 금액으로 한다. 이 경우 기초연금은 최저임금액의 100분의 60에 365를 곱하여 산정한 금액으로 한다.

③ 진폐보상연금을 받던 사람이 그 진폐장해등급이 변경된 경우에는 변경된 날이 속한 달의 다음 달부터 기초연금과 변경된 진폐장해등급에 해당하는 진폐장해연금을 합산한 금액을 지급한다.

[본조신설 2010. 5. 20.]

제91조의4(진폐유족연금)

① 진폐유족연금은 진폐근로자가 진폐로 사망한 경우에 유족에게 지급한다.

② 진폐유족연금은 사망 당시 진폐근로자에게 지급하고 있거나 지급하기로 결정된 진폐보상연금과 같은 금액으로 한다. 이 경우 진폐유족연금은 제62조제2항 및 별표 3에 따라 산정한 유족보상연금을 초과할 수 없다.

③ 제91조의6에 따른 진폐에 대한 진단을 받지 아니한 근로자가 업무상 질병인 진폐로 사망한 경우에 그 근로자에 대한 진폐유족연금은 제91조의3제2항에 따른 기초연금과 제91조의8제3항에 따라 결정되는 진폐장해등급별로 별표 6에 따라 산정한 진폐장해연금을 합산한 금액으로 한다.

④ 진폐유족연금을 받을 수 있는 유족의 범위 및 순위, 자격 상실과 지급 정지 등에 관하여는 제63조 및 제64조를 준용한다. 이 경우 "유족보상연금"은 "진폐유족연금"으로 본다.

[본조신설 2010. 5. 20.]

제91조의5(진폐에 대한 요양급여 등의 청구)

① 분진작업에 종사하고 있거나 종사하였던 근로자가 업무상 질병인 진폐로 요양급여 또는 진폐보상연금을 받으려면 고용노동부령으로 정하는 서류를 첨부하여 공단에 청구하여야 한다. 〈개정 2010. 6. 4.〉

② 제1항에 따라 요양급여 등을 청구한 사람이 제91조의8제2항에 따라 요양급여 등의 지급 또는 부지급 결정을 받은 경우에는 제91조의6에 따른 진단이 종료된 날부터 1년이 지나거나 요양이 종결되는 때에 다시 요양급여 등을 청구할 수 있다. 다만, 제91조의6제1항에 따른 건강진단기관으로부터 합병증[「진폐의 예방과 진폐근로자의 보호 등에 관한 법률」(이하 "진폐근로자보호법"이라 한다) 제2조제2호에 따른 합병증을 말한다. 이하 같다]이나 심폐기능의 고도장해 등으로 응급진단이 필요하다는 의학적 소견이 있으면 1년이 지나지 아니한 경우에도 요양급여 등을 청구할 수 있다.

[본조신설 2010. 5. 20.]

제91조의6(진폐의 진단)

① 공단은 근로자가 제91조의5에 따라 요양급여 등을 청구하면 진폐근로자보호법 제15조에 따른 건강진단기관(이하 "건강진단기관"이라 한다)에 제91조의8의 진폐판정에 필요한 진단을 의뢰하여야 한다.

② 건강진단기관은 제1항에 따라 진폐에 대한 진단을 의뢰받으면 고용노동부령으로 정하는 바에 따라 진폐에 대한 진단을 실시하고 그 진단결과를 공단에 제출하여야 한다.

〈개정 2010. 6. 4.〉

③ 근로자가 진폐근로자보호법 제11조부터 제13조까지의 규정에 따른 건강진단을 받은 후에 건강진단기관이 같은 법 제16조제1항 후단 및 같은 조 제3항 후단에 따라 해당 근로자의 흉부 엑스선 사진 등을 고용노동부장관에게 제출한 경우에는 제91조의5제1항 및 이 조 제2항에 따라 요양급여 등을 청구하고 진단결과를 제출한 것으로 본다.　　〈개정 2010. 6. 4.〉

④ 공단은 제2항에 따라 진단을 실시한 건강진단기관에 그 진단에 드는 비용을 지급한다. 이 경우 그 비용의 산정 기준 및 청구 등에 관하여는 제40조제5항 및 제45조를 준용한다.

⑤ 제2항에 따라 진단을 받는 근로자에게는 고용노동부장관이 정하여 고시하는 금액을 진단수당으로 지급할 수 있다. 다만, 장해보상연금 또는 진폐보상연금을 받고 있는 사람에게는 진단수당을 지급하지 아니한다.　　〈개정 2010. 6. 4.〉

⑥ 제1항, 제2항 및 제5항에 따른 진단의뢰, 진단결과의 제출 및 진단수당의 구체적인 지급절차 등에 관한 사항은 고용노동부령으로 정한다.　　〈개정 2010. 6. 4.〉

[본조신설 2010. 5. 20.]

제91조의7(진폐심사회의)

① 제91조의6에 따른 진단결과에 대하여 진폐병형 및 합병증 등을 심사하기 위하여 공단에 관계 전문가 등으로 구성된 진폐심사회의(이하 "진폐심사회의"라 한다)를 둔다.

② 진폐심사회의의 위원 구성 및 회의 운영이나 그 밖에 필요한 사항은 고용노동부령으로 정한다.　　〈개정 2010. 6. 4.〉

[본조신설 2010. 5. 20.]

제91조의8(진폐판정 및 보험급여의 결정 등)

① 공단은 제91조의6에 따라 진단결과를 받으면 진폐심사회의의 심사를 거쳐 해당 근로자의 진

폐병형, 합병증의 유무 및 종류, 심폐기능의 정도 등을 판정(이하 "진폐판정"이라 한다)하여야 한다. 이 경우 진폐판정에 필요한 기준은 대통령령으로 정한다.

② 공단은 제1항의 진폐판정 결과에 따라 요양급여의 지급 여부, 진폐장해등급과 그에 따른 진폐보상연금의 지급 여부 등을 결정하여야 한다. 이 경우 진폐장해등급 기준 및 합병증 등에 따른 요양대상인정기준은 대통령령으로 정한다.

③ 공단은 합병증 등으로 심폐기능의 정도를 판정하기 곤란한 진폐근로자에 대하여는 제2항의 진폐장해등급 기준에도 불구하고 진폐병형을 고려하여 진폐장해등급을 결정한다. 이 경우 진폐장해등급 기준은 대통령령으로 정한다.

④ 공단은 제2항 및 제3항에 따라 보험급여의 지급 여부 등을 결정하면 그 내용을 해당 근로자에게 알려야 한다.

[본조신설 2010. 5. 20.]

제91조의9(진폐에 따른 요양급여의 지급 절차와 기준 등)

① 공단은 제91조의8제2항에 따라 요양급여를 지급하기로 결정된 진폐근로자에 대하여는 제40조제2항 본문에도 불구하고 산재보험 의료기관 중 진폐근로자의 요양을 담당하는 의료기관(이하 "진폐요양 의료기관"이라 한다)에서 요양을 하게 한다.

② 고용노동부장관은 진폐요양 의료기관이 적정한 요양을 제공하는 데 활용할 수 있도록 전문가의 자문 등을 거쳐 입원과 통원의 처리기준, 표준적인 진료기준 등을 정하여 고시할 수 있다. 〈개정 2010. 6. 4.〉

③ 공단은 진폐요양 의료기관에 대하여 시설, 인력 및 의료의 질 등을 고려하여 3개 이내의 등급으로 나누어 등급화할 수 있다. 이 경우 그 등급의 구분 기준, 등급별 요양대상 환자 및 등급별 요양급여의 산정 기준은 고용노동부령으로 정한다. 〈개정 2010. 6. 4.〉

④ 진폐요양 의료기관을 평가하는 업무에 대하여 자문하기 위하여 공단에 진폐요양의료기관평가위원회를 둔다. 이 경우 진폐요양의료기관평가위원회의 구성·운영이나 그 밖에 필요한 사항은 고용노동부령으로 정한다. 〈개정 2010. 6. 4.〉

⑤ 진폐요양 의료기관에 대한 평가에 관하여는 제50조를 준용한다. 이 경우 제50조제1항 중 "제43조제1항제3호의 산재보험 의료기관 중 대통령령으로 정하는 의료기관"은 "진폐요양 의료기관"으로 본다.

[본조신설 2010. 5. 20.]

제91조의10(진폐에 따른 사망의 인정 등)

분진작업에 종사하고 있거나 종사하였던 근로자가 진폐, 합병증이나 그 밖에 진폐와 관련된 사유로 사망하였다고 인정되면 업무상의 재해로 본다. 이 경우 진폐에 따른 사망 여부를 판단하는 때에 고려하여야 하는 사항은 대통령령으로 정한다.

[본조신설 2010. 5. 20.]

제91조의11(진폐에 따른 사망원인의 확인 등)

① 분진작업에 종사하고 있거나 종사하였던 근로자의 사망원인을 알 수 없는 경우에 그 유족은 해당 근로자가 진폐 등으로 사망하였는지 여부에 대하여 확인하기 위하여 병리학 전문의가 있는 산재보험 의료기관 중에서 공단이 지정하는 의료기관에 전신해부에 대한 동의서를 첨부하여 해당 근로자의 시신에 대한 전신해부를 의뢰할 수 있다. 이 경우 그 의료기관은 「시체 해부 및 보존 등에 관한 법률」 제2조에도 불구하고 전신해부를 할 수 있다. 〈개정 2020. 4. 7.〉

② 공단은 제1항에 따라 전신해부를 실시한 의료기관 또는 유족에게 그 비용의 전부 또는 일부를 지원할 수 있다. 이 경우 비용의 지급기준 및 첨부서류 제출, 그 밖에 비용지원 절차에 관한 사항은 고용노동부령으로 정한다. 〈개정 2010. 6. 4.〉

[본조신설 2010. 5. 20.]

제5장 건강손상자녀에 대한 보험급여의 특례 〈신설 2022. 1. 11.〉

제91조의12(건강손상자녀에 대한 업무상의 재해의 인정기준)

임신 중인 근로자가 업무수행 과정에서 제37조제1항제1호 · 제3호 또는 대통령령으로 정하는 유해인자의 취급이나 노출로 인하여, 출산한 자녀에게 부상, 질병 또는 장해가 발생하거나 그 자녀가 사망한 경우 업무상의 재해로 본다. 이 경우 그 출산한 자녀(이하 "건강손상자녀"라 한다)는 제5조제2호에도 불구하고 이 법을 적용할 때 해당 업무상 재해의 사유가 발생한 당시 임신한 근로자가 속한 사업의 근로자로 본다.

[본조신설 2022. 1. 11.]

제91조의13(장해등급의 판정시기)

건강손상자녀에 대한 장해등급 판정은 18세 이후에 한다.

[본조신설 2022. 1. 11.]

제91조의14(건강손상자녀의 장해급여·장례비 산정기준)

건강손상자녀에게 지급하는 보험급여 중 장해급여 및 장례비의 산정기준이 되는 금액은 각각 제57조제2항 및 제71조에도 불구하고 다음 각 호와 같다.

1. 장해급여: 제36조제7항에 따른 최저 보상기준 금액
2. 장례비: 제71조제2항에 따른 장례비 최저 금액

[본조신설 2022. 1. 11.]

제6장 노무제공자에 대한 특례 〈신설 2022. 6. 10.〉

제91조의15(노무제공자 등의 정의)

이 장에서 사용하는 용어의 뜻은 다음과 같다.

1. "노무제공자"란 자신이 아닌 다른 사람의 사업을 위하여 다음 각 목의 어느 하나에 해당하는 방법에 따라 자신이 직접 노무를 제공하고 그 대가를 지급받는 사람으로서 업무상 재해로부터의 보호 필요성, 노무제공 형태 등을 고려하여 대통령령으로 정하는 직종에 종사하는 사람을 말한다.

   가. 노무제공자가 사업주로부터 직접 노무제공을 요청받은 경우

   나. 노무제공자가 사업주로부터 일하는 사람의 노무제공을 중개·알선하기 위한 전자적 정보처리시스템(이하 "온라인 플랫폼"이라 한다)을 통해 노무제공을 요청받는 경우

2. "플랫폼 종사자"란 온라인 플랫폼을 통해 노무를 제공하는 노무제공자를 말한다.

3. "플랫폼 운영자"란 온라인 플랫폼을 이용하여 플랫폼 종사자의 노무제공을 중개 또는 알선하는 것을 업으로 하는 자를 말한다.

4. "플랫폼 이용 사업자"란 플랫폼 종사자로부터 노무를 제공받아 사업을 영위하는 자를 말한다. 다만, 플랫폼 운영자가 플랫폼 종사자의 노무를 직접 제공받아 사업을 영위하는 경우 플랫폼 운영자를 플랫폼 이용 사업자로 본다.

5. "보수"란 노무제공자가 이 법의 적용을 받는 사업에서 노무제공의 대가로 지급받은 「소득세법」 제19조에 따른 사업소득 및 같은 법 제21조에 따른 기타소득에서 대통령령으로 정하는 금품을 뺀 금액을 말한다. 다만, 노무제공의 특성에 따라 소득확인이 어렵다고 대통령령으로 정하는 직종의 보수는 고용노동부장관이 고시하는 금액으로 한다.

6. "평균보수"란 이를 산정하여야 할 사유가 발생한 날이 속하는 달의 전전달 말일부터 이전 3개월 동안 노무제공자가 재해가 발생한 사업에서 지급받은 보수와 같은 기간 동안 해당 사업 외의 사업에서 지급받은 보수를 모두 합산한 금액을 해당 기간의 총 일수로 나눈 금액을 말한다. 다만, 노무제공의 특성에 따라 소득확인이 어렵거나 소득의 종류나 내용에 따라 평균보수를 산정하기 곤란하다고 인정되는 경우에는 고용노동부장관이 고시하는 금액으로 한다.

[본조신설 2022. 6. 10.]

제91조의16(다른 조문과의 관계)

① 제5조제2호에도 불구하고 노무제공자는 이 법의 적용을 받는 근로자로 본다.

② 제6조에도 불구하고 노무제공자의 노무를 제공받는 사업은 이 법의 적용을 받는 사업으로 본다.

[본조신설 2022. 6. 10.]

제91조의17(노무제공자에 대한 보험급여의 산정기준 등)

① 노무제공자의 평균보수 산정사유 발생일은 대통령령으로 정한다.

② 노무제공자에 대해 제3장 및 제3장의2에 따른 보험급여에 관한 규정을 적용할 때에는 "임금"은 "보수"로, "평균임금"은 "평균보수"로 본다.

③ 제91조의15제6호에도 불구하고 업무상 재해를 입은 노무제공자가 평균보수 산정기간 동안 근로자(대통령령으로 정하는 일용근로자는 제외한다)로서 지급받은 임금이 있는 경우에는 그 기간의 보수와 임금을 합산한 금액을 해당 기간의 총일수로 나누어 평균보수를 산정한다.

④ 제36조제3항 본문에도 불구하고 노무제공자에 대한 보험급여를 산정하는 경우 해당 노무제공자의 평균보수를 산정하여야 할 사유가 발생한 날부터 1년이 지난 이후에는 매년 소비자물가변동률에 따라 평균보수를 증감한다.

⑤ 노무제공자에 대한 보험급여의 산정에 관하여는 제36조제5항 및 제6항은 적용하지 아니한다.

[본조신설 2022. 6. 10.]

제91조의18(노무제공자에 대한 업무상의 재해의 인정기준)

노무제공자에 대한 업무상의 재해의 인정기준은 제37조제1항부터 제4항까지의 규정을 적용하되 구체적인 인정기준은 노무제공 형태 등을 고려하여 대통령령으로 정한다.

[본조신설 2022. 6. 10.]

제91조의19(노무제공자에 대한 보험급여 산정 특례)

① 노무제공자에 대해서는 제54조에도 불구하고 제52조에 따라 산정한 1일당 휴업급여 지급액이 대통령령으로 정하는 최저 휴업급여 보장액(이하 "최저 휴업급여 보장액"이라 한다)보다 적으면 최저 휴업급여 보장액을 1일당 휴업급여 지급액으로 한다.

② 재요양을 받는 노무제공자에 대해서는 제56조제2항에도 불구하고 제56조제1항에 따라 산정한 1일당 휴업급여 지급액이 최저 휴업급여 보장액보다 적거나 재요양 당시 평균보수 산정의 대상이 되는 보수가 없으면 최저 휴업급여 보장액을 1일당 휴업급여 지급액으로 한다.

③ 장해보상연금을 지급받는 노무제공자가 재요양하는 경우에는 제56조제3항에도 불구하고 1일당 장해보상연금액과 제2항 또는 제56조제1항에 따라 산정한 1일당 휴업급여 지급액을 합한 금액이 장해보상연금의 산정에 적용되는 평균보수의 100분의 70을 초과하면 그 초과하는 금액 중 휴업급여에 해당하는 금액은 지급하지 아니한다.

④ 제1항 및 제2항에 따라 최저 휴업급여 보장액을 1일당 휴업급여 지급액으로 하는 노무제공자가 그 요양기간 중 일정기간 또는 단시간 취업을 하는 경우에는 제53조제1항 단서에도 불구하고 최저 휴업급여 보장액(별표 1 제2호에 따라 감액하는 경우에는 그 감액한 금액)에서 취업한 날에 대한 보수를 뺀 금액을 부분휴업급여로 지급할 수 있다.

[본조신설 2022. 6. 10.]

제91조의20(노무제공자에 대한 보험급여의 지급)

① 노무제공자의 보험급여는 보험료징수법에 따라 공단에 신고된 해당 노무제공자의 보수를 기준으로 평균보수를 산정한 후 그에 따라 지급한다.

② 수급권자는 신고 누락 등으로 인하여 제1항에 따라 산정된 평균보수가 실제 평균보수와 다르게 산정된 경우에는 보험료징수법으로 정하는 바에 따라 보수에 대한 정정신고를 거쳐 이 법에 따른 평균보수 및 보험급여의 정정청구를 할 수 있다.

③ 노무제공자에 대한 보험급여의 지급 등에 필요한 사항은 고용노동부령으로 정한다.

[본조신설 2022. 6. 10.]

제91조의21(플랫폼 운영자에 대한 자료제공 등의 요청)

공단은 플랫폼 종사자에 관한 보험사무의 효율적 처리를 위하여 플랫폼 운영자에게 해당 온라인 플랫폼의 이용 및 보험관계의 확인에 필요한 다음 각 호의 자료 또는 정보의 제공을 요청할 수 있다. 이 경우 요청을 받은 플랫폼 운영자는 정당한 사유가 없으면 그 요청에 따라야 한다.

    1. 플랫폼 이용 사업자 및 플랫폼 종사자의 온라인 플랫폼 이용 개시일 또는 종료일

    2. 플랫폼 이용 사업자의 보험관계와 관련된 사항으로서 사업장의 명칭 · 주소 등 대통령령으로 정하는 정보

    3. 플랫폼 종사자의 보험관계 및 보험급여의 결정과 지급 등과 관련된 사항으로서 플랫폼 종사자의 이름 · 직종 · 보수 · 노무제공 내용 등 대통령령으로 정하는 자료 또는 정보

[본조신설 2022. 6. 10.]

제7장 근로복지 사업

제92조(근로복지 사업)

① 고용노동부장관은 근로자의 복지 증진을 위한 다음 각 호의 사업을 한다. 〈개정 2010. 6. 4.〉

    1. 업무상의 재해를 입은 근로자의 원활한 사회 복귀를 촉진하기 위한 다음 각 목의 보험시설의 설치 · 운영

       가. 요양이나 외과 후 처치에 관한 시설

       나. 의료재활이나 직업재활에 관한 시설

    2. 장학사업 등 재해근로자와 그 유족의 복지 증진을 위한 사업

    3. 그 밖에 근로자의 복지 증진을 위한 시설의 설치 · 운영 사업

② 고용노동부장관은 공단 또는 재해근로자의 복지 증진을 위하여 설립된 법인 중 고용노동부장관의 지정을 받은 법인(이하 "지정법인"이라 한다)에 제1항에 따른 사업을 하게 하거나 같은 항 제1호에 따른 보험시설의 운영을 위탁할 수 있다. 〈개정 2010. 6. 4.〉

③ 지정법인의 지정 기준에 필요한 사항은 고용노동부령으로 정한다. 〈개정 2010. 6. 4.〉

④ 고용노동부장관은 예산의 범위에서 지정법인의 사업에 필요한 비용의 일부를 보조할 수 있다. 〈개정 2010. 6. 4.〉

제93조(국민건강보험 요양급여 비용의 본인 일부 부담금의 대부)

① 공단은 제37조제1항제2호에 따른 업무상 질병에 대하여 요양 신청을 한 경우로서 요양급여의 결정에 걸리는 기간 등을 고려하여 대통령령으로 정하는 사람에 대하여 「국민건강보험법」 제44조에 따른 요양급여 비용의 본인 일부 부담금에 대한 대부사업을 할 수 있다.

〈개정 2011. 12. 31., 2020. 5. 26.〉

② 공단은 제1항에 따라 대부를 받은 사람에게 지급할 이 법에 따른 요양급여가 있으면 그 요양급여를 대부금의 상환에 충당할 수 있다. 〈개정 2020. 5. 26.〉

③ 제1항에 따른 대부의 금액·조건 및 절차는 고용노동부장관의 승인을 받아 공단이 정한다.

〈개정 2010. 6. 4.〉

④ 제2항에 따른 요양급여의 충당 한도 및 충당 절차는 대통령령으로 정한다.

제94조(장해급여자의 고용 촉진)

고용노동부장관은 보험가입자에 대하여 장해급여 또는 진폐보상연금을 받은 사람을 그 적성에 맞는 업무에 고용하도록 권고할 수 있다. 〈개정 2010. 1. 27., 2010. 5. 20., 2010. 6. 4., 2020. 5. 26.〉

제8장 산업재해보상보험 및 예방기금

제95조(산업재해보상보험및예방기금의 설치 및 조성)

① 고용노동부장관은 보험사업, 산업재해 예방 사업에 필요한 재원을 확보하고, 보험급여에 충당하기 위하여 산업재해보상보험및예방기금(이하 "기금"이라 한다)을 설치한다.

〈개정 2010. 6. 4.〉

② 기금은 보험료, 기금운용 수익금, 적립금, 기금의 결산상 잉여금, 정부 또는 정부 아닌 자의 출연금 및 기부금, 차입금, 그 밖의 수입금을 재원으로 하여 조성한다.

③ 정부는 산업재해 예방 사업을 수행하기 위하여 회계연도마다 기금지출예산 총액의 100분의 3의 범위에서 제2항에 따른 정부의 출연금으로 세출예산에 계상(計上)하여야 한다.

제96조(기금의 용도)

① 기금은 다음 각 호의 용도에 사용한다. 〈개정 2008. 12. 31., 2010. 1. 27., 2019. 1. 15.〉

1. 보험급여의 지급 및 반환금의 반환

2. 차입금 및 이자의 상환

3. 공단에의 출연

4. 「산업안전보건법」 제12조에 따른 용도

5. 재해근로자의 복지 증진

6. 「한국산업안전보건공단법」에 따른 한국산업안전보건공단(이하 "한국산업안전보건공단"이라 한다)에 대한 출연

7. 보험료징수법 제4조에 따른 업무를 위탁받은 자에의 출연

8. 그 밖에 보험사업 및 기금의 관리와 운용

② 고용노동부장관은 회계연도마다 제1항 각 호에 해당하는 기금지출예산 총액의 100분의 8 이상을 제1항제4호 및 제6호에 따른 용도로 계상하여야 한다. 〈개정 2010. 6. 4.〉

③ 제1항제7호에 따라 기금으로부터 「국민건강보험법」 제13조에 따른 국민건강보험공단에 출연하는 금액은 징수업무(고지·수납·체납 업무를 말한다)가 차지하는 비율 등을 기준으로 산정한다. 〈신설 2018. 6. 12.〉

제97조(기금의 관리·운용)

① 기금은 고용노동부장관이 관리·운용한다. 〈개정 2010. 6. 4.〉

② 고용노동부장관은 다음 각 호의 방법에 따라 기금을 관리·운용하여야 한다. 〈개정 2010. 6. 4.〉

1. 금융기관 또는 체신관서에의 예입(預入) 및 금전신탁

2. 재정자금에의 예탁

3. 투자신탁 등의 수익증권 매입

4. 국가·지방자치단체 또는 금융기관이 직접 발행하거나 채무이행을 보증하는 유가증권의 매입

5. 그 밖에 기금 증식을 위하여 대통령령으로 정하는 사업

③ 고용노동부장관은 제2항에 따라 기금을 관리·운용할 때에는 그 수익이 대통령령으로 정하는 수준 이상이 되도록 하여야 한다. 〈개정 2010. 6. 4.〉

④ 기금은 「국가회계법」 제11조에 따라 회계처리를 한다. 〈개정 2018. 6. 12.〉

⑤ 고용노동부장관은 기금의 관리·운용에 관한 업무의 일부를 공단 또는 한국산업안전보건공단에 위탁할 수 있다. 〈개정 2008. 12. 31., 2010. 6. 4.〉

제98조(기금의 운용계획)

고용노동부장관은 회계연도마다 위원회의 심의를 거쳐 기금운용계획을 세워야 한다.

〈개정 2010. 6. 4.〉

제99조(책임준비금의 적립)

① 고용노동부장관은 보험급여에 충당하기 위하여 책임준비금을 적립하여야 한다.

〈개정 2010. 6. 4.〉

② 고용노동부장관은 회계연도마다 책임준비금을 산정하여 적립금 보유액이 책임준비금의 금
액을 초과하면 그 초과액을 장래의 보험급여 지급 재원으로 사용하고, 부족하면 그 부족액을
보험료 수입에서 적립하여야 한다. 〈개정 2010. 6. 4.〉

③ 제1항에 따른 책임준비금의 산정 기준 및 적립에 필요한 사항은 대통령령으로 정한다.

제100조(잉여금과 손실금의 처리)

① 기금의 결산상 잉여금이 생기면 이를 적립금으로 적립하여야 한다.

② 기금의 결산상 손실금이 생기면 적립금을 사용할 수 있다.

제101조(차입금)

① 기금에 속하는 경비를 지급하기 위하여 필요하면 기금의 부담으로 차입할 수 있다.

② 기금에서 지급할 현금이 부족하면 기금의 부담으로 일시차입을 할 수 있다.

③ 제2항에 따른 일시차입금은 그 회계연도 안에 상환하여야 한다.

제102조(기금의 출납 등)

기금을 관리·운용을 할 때의 출납 절차 등에 관한 사항은 대통령령으로 정한다.

제9장 심사 청구 및 재심사 청구

제103조(심사 청구의 제기)

① 다음 각 호의 어느 하나에 해당하는 공단의 결정 등(이하 "보험급여 결정등"이라 한다)에 불

복하는 자는 공단에 심사 청구를 할 수 있다. 〈개정 2010. 5. 20., 2018. 6. 12., 2022. 1. 11.〉

1. 제3장, 제3장의2 및 제3장의3에 따른 보험급여에 관한 결정

2. 제45조 및 제91조의6제4항에 따른 진료비에 관한 결정

3. 제46조에 따른 약제비에 관한 결정

4. 제47조제2항에 따른 진료계획 변경 조치등

5. 제76조에 따른 보험급여의 일시지급에 관한 결정

5의2. 제77조에 따른 합병증 등 예방관리에 관한 조치

6. 제84조에 따른 부당이득의 징수에 관한 결정

7. 제89조에 따른 수급권의 대위에 관한 결정

② 제1항에 따른 심사 청구는 그 보험급여 결정등을 한 공단의 소속 기관을 거쳐 공단에 제기하여야 한다.

③ 제1항에 따른 심사 청구는 보험급여 결정등이 있음을 안 날부터 90일 이내에 하여야 한다.

④ 제2항에 따라 심사 청구서를 받은 공단의 소속 기관은 5일 이내에 의견서를 첨부하여 공단에 보내야 한다.

⑤ 보험급여 결정등에 대하여는 「행정심판법」에 따른 행정심판을 제기할 수 없다.

제104조(산업재해보상보험심사위원회)

① 제103조에 따른 심사 청구를 심의하기 위하여 공단에 관계 전문가 등으로 구성되는 산업재해보상보험심사위원회(이하 "심사위원회"라 한다)를 둔다.

② 심사위원회 위원의 제척 · 기피 · 회피에 관하여는 제108조를 준용한다.

③ 심사위원회의 구성과 운영에 필요한 사항은 대통령령으로 정한다.

제105조(심사 청구에 대한 심리 · 결정)

① 공단은 제103조제4항에 따라 심사 청구서를 받은 날부터 60일 이내에 심사위원회의 심의를 거쳐 심사 청구에 대한 결정을 하여야 한다. 다만, 부득이한 사유로 그 기간 이내에 결정을 할 수 없으면 한 차례만 20일을 넘지 아니하는 범위에서 그 기간을 연장할 수 있다.

〈개정 2020. 5. 26.〉

② 제1항 본문에도 불구하고 심사 청구 기간이 지난 후에 제기된 심사 청구 등 대통령령으로 정하는 사유에 해당하는 경우에는 심사위원회의 심의를 거치지 아니할 수 있다.

③ 제1항 단서에 따라 결정기간을 연장할 때에는 최초의 결정기간이 끝나기 7일 전까지 심사 청구인 및 보험급여 결정등을 한 공단의 소속 기관에 알려야 한다.

④ 공단은 심사 청구의 심리를 위하여 필요하면 청구인의 신청 또는 직권으로 다음 각 호의 행위를 할 수 있다.

1. 청구인 또는 관계인을 지정 장소에 출석하게 하여 질문하거나 의견을 진술하게 하는 것
2. 청구인 또는 관계인에게 증거가 될 수 있는 문서나 그 밖의 물건을 제출하게 하는 것
3. 전문적인 지식이나 경험을 가진 제3자에게 감정하게 하는 것
4. 소속 직원에게 사건에 관계가 있는 사업장이나 그 밖의 장소에 출입하여 사업주·근로자, 그 밖의 관계인에게 질문하게 하거나, 문서나 그 밖의 물건을 검사하게 하는 것
5. 심사 청구와 관계가 있는 근로자에게 공단이 지정하는 의사·치과의사 또는 한의사(이하 "의사등"이라 한다)의 진단을 받게 하는 것

⑤ 제4항제4호에 따른 질문이나 검사를 하는 공단의 소속 직원은 그 권한을 표시하는 증표를 지니고 이를 관계인에게 내보여야 한다.

제106조(재심사 청구의 제기)

① 제105조제1항에 따른 심사 청구에 대한 결정에 불복하는 자는 제107조에 따른 산업재해보상보험재심사위원회에 재심사 청구를 할 수 있다. 다만, 판정위원회의 심의를 거친 보험급여에 관한 결정에 불복하는 자는 제103조에 따른 심사 청구를 하지 아니하고 재심사 청구를 할 수 있다.

② 제1항에 따른 재심사 청구는 그 보험급여 결정등을 한 공단의 소속 기관을 거쳐 제107조에 따른 산업재해보상보험재심사위원회에 제기하여야 한다.

③ 제1항에 따른 재심사 청구는 심사 청구에 대한 결정이 있음을 안 날부터 90일 이내에 제기하여야 한다. 다만, 제1항 단서에 따라 심사 청구를 거치지 아니하고 재심사 청구를 하는 경우에는 보험급여에 관한 결정이 있음을 안 날부터 90일 이내에 제기하여야 한다.

④ 재심사 청구에 관하여는 제103조제4항을 준용한다. 이 경우 "심사 청구서"는 "재심사 청구서"로, "공단"은 "산업재해보상보험재심사위원회"로 본다.

제107조(산업재해보상보험재심사위원회)

① 제106조에 따른 재심사 청구를 심리·재결하기 위하여 고용노동부에 산업재해보상보험재심사위원회(이하 "재심사위원회"라 한다)를 둔다. 〈개정 2010. 6. 4.〉

② 재심사위원회는 위원장 1명을 포함한 90명 이내의 위원으로 구성하되, 위원 중 2명은 상임위원으로, 1명은 당연직위원으로 한다. 〈개정 2018. 6. 12.〉

③ 재심사위원회의 위원 중 5분의 2에 해당하는 위원은 제5항제2호부터 제5호까지에 해당하는

사람 중에서 근로자 단체 및 사용자 단체가 각각 추천하는 사람으로 구성한다. 이 경우 근로자 단체 및 사용자 단체가 추천한 사람은 같은 수로 하여야 한다. 〈개정 2010. 1. 27., 2020. 5. 26.〉

④ 제3항에도 불구하고 근로자단체나 사용자단체가 각각 추천하는 사람이 위촉하려는 전체 위원 수의 5분의 1보다 적은 경우에는 제3항 후단을 적용하지 아니하고 근로자단체와 사용자단체가 추천하는 위원 수를 전체 위원 수의 5분의 2 미만으로 할 수 있다. 〈신설 2010. 1. 27.〉

⑤ 재심사위원회의 위원장 및 위원은 다음 각 호의 어느 하나에 해당하는 사람 중에서 고용노동부장관의 제청으로 대통령이 임명한다. 다만, 당연직위원은 고용노동부장관이 소속 3급의 일반직 공무원 또는 고위공무원단에 속하는 일반직 공무원 중에서 지명하는 사람으로 한다.
〈개정 2010. 1. 27., 2010. 6. 4., 2020. 5. 26.〉

1. 3급 이상의 공무원 또는 고위공무원단에 속하는 일반직 공무원으로 재직하고 있거나 재직하였던 사람

2. 판사 · 검사 · 변호사 또는 경력 10년 이상의 공인노무사

3. 「고등교육법」 제2조에 따른 학교에서 부교수 이상으로 재직하고 있거나 재직하였던 사람

4. 노동 관계 업무 또는 산업재해보상보험 관련 업무에 15년 이상 종사한 사람

5. 사회보험이나 산업의학에 관한 학식과 경험이 풍부한 사람

⑥ 다음 각 호의 어느 하나에 해당하는 사람은 위원에 임명될 수 없다.
〈개정 2010. 1. 27., 2015. 1. 20., 2020. 5. 26., 2022. 6. 10.〉

1. 피성년후견인 · 피한정후견인 또는 파산선고를 받고 복권되지 아니한 사람

2. 금고 이상의 실형을 선고받고 그 집행이 끝나거나(집행이 끝난 것으로 보는 경우를 포함한다) 집행이 면제된 날부터 3년이 지나지 아니한 사람

2의2. 금고 이상의 형의 집행유예를 선고받고 그 유예기간 중에 있는 사람

3. 심신 상실자 · 심신 박약자

⑦ 재심사위원회 위원(당연직위원은 제외한다)의 임기는 3년으로 하되 연임할 수 있고, 위원장이나 위원의 임기가 끝난 경우 그 후임자가 임명될 때까지 그 직무를 수행한다.
〈개정 2010. 1. 27., 2018. 6. 12.〉

⑧ 재심사위원회의 위원은 다음 각 호의 어느 하나에 해당하는 경우 외에는 그 의사에 반하여 면직되지 아니한다. 〈개정 2010. 1. 27., 2018. 6. 12.〉

1. 금고 이상의 형을 선고받은 경우

2. 오랜 심신 쇠약으로 직무를 수행할 수 없게 된 경우

3. 직무와 관련된 비위사실이 있거나 재심사위원회 위원직을 유지하기에 적합하지 아니하다고 인정되는 비위사실이 있는 경우

⑨ 재심사위원회에 사무국을 둔다 〈개정 2010. 1. 27.〉

⑩ 재심사위원회의 조직·운영 등에 필요한 사항은 대통령령으로 정한다. 〈개정 2010. 1. 27.〉

제108조(위원의 제척·기피·회피)

① 재심사위원회의 위원은 다음 각 호의 어느 하나에 해당하는 경우에는 그 사건의 심리(審理)·재결(裁決)에서 제척(除斥)된다. 〈개정 2020. 5. 26.〉

　　1. 위원 또는 그 배우자나 배우자였던 사람이 그 사건의 당사자가 되거나 그 사건에 관하여 공동권리자 또는 의무자의 관계에 있는 경우

　　2. 위원이 그 사건의 당사자와 「민법」 제777조에 따른 친족이거나 친족이었던 경우

　　3. 위원이 그 사건에 관하여 증언이나 감정을 한 경우

　　4. 위원이 그 사건에 관하여 당사자의 대리인으로서 관여하거나 관여하였던 경우

　　5. 위원이 그 사건의 대상이 된 보험급여 결정등에 관여한 경우

② 당사자는 위원에게 심리·재결의 공정을 기대하기 어려운 사정이 있는 경우에는 기피신청을 할 수 있다.

③ 위원은 제1항이나 제2항의 사유에 해당하면 스스로 그 사건의 심리·재결을 회피할 수 있다.

④ 사건의 심리·재결에 관한 사무에 관여하는 위원 아닌 직원에게도 제1항부터 제3항까지의 규정을 준용한다.

제109조(재심사 청구에 대한 심리와 재결)

① 재심사 청구에 대한 심리·재결에 관하여는 제105조제1항 및 같은 조 제3항부터 제5항까지를 준용한다. 이 경우 "공단"은 "재심사위원회"로, "심사위원회의 심의를 거쳐 심사 청구"는 "재심사 청구"로, "결정"은 "재결"로, "소속 직원"은 "재심사위원회의 위원"으로 본다.

② 재심사위원회의 재결은 공단을 기속(羈束)한다.

제110조(심사 청구인 및 재심사 청구인의 지위 승계)

심사 청구인 또는 재심사 청구인이 사망한 경우 그 청구인이 보험급여의 수급권자이면 제62조제1항 또는 제81조에 따른 유족이, 그 밖의 자이면 상속인 또는 심사 청구나 재심사 청구의 대상인 보험급여에 관련된 권리·이익을 승계한 자가 각각 청구인의 지위를 승계한다.

제111조(다른 법률과의 관계)

① 제103조 및 제106조에 따른 심사 청구 및 재심사 청구의 제기는 시효의 중단에 관하여 「민

법」 제168조에 따른 재판상의 청구로 본다.

② 제106조에 따른 재심사 청구에 대한 재결은 「행정소송법」 제18조를 적용할 때 행정심판에 대한 재결로 본다.

③ 제103조 및 제106조에 따른 심사 청구 및 재심사 청구에 관하여 이 법에서 정하고 있지 아니한 사항에 대하여는 「행정심판법」에 따른다.

제10장 보칙

제111조의2(불이익 처우의 금지)

사업주는 근로자가 보험급여를 신청한 것을 이유로 근로자를 해고하거나 그 밖에 근로자에게 불이익한 처우를 하여서는 아니 된다.

[본조신설 2016. 12. 27.]

제112조(시효)

① 다음 각 호의 권리는 3년간 행사하지 아니하면 시효로 말미암아 소멸한다. 다만, 제1호의 보험급여 중 장해급여, 유족급여, 장례비, 진폐보상연금 및 진폐유족연금을 받을 권리는 5년간 행사하지 아니하면 시효의 완성으로 소멸한다. 〈개정 2010. 1. 27., 2018. 6. 12., 2021. 1. 26.〉

1. 제36조제1항에 따른 보험급여를 받을 권리

2. 제45조에 따른 산재보험 의료기관의 권리

3. 제46조에 따른 약국의 권리

4. 제89조에 따른 보험가입자의 권리

5. 제90조제1항에 따른 국민건강보험공단등의 권리

② 제1항에 따른 소멸시효에 관하여는 이 법에 규정된 것 외에는 「민법」에 따른다.

제113조(시효의 중단)

제112조에 따른 소멸시효는 제36조제2항에 따른 청구로 중단된다. 이 경우 청구가 제5조제1호에 따른 업무상의 재해 여부의 판단이 필요한 최초의 청구인 경우에는 그 청구로 인한 시효중단의 효력은 제36조제1항에서 정한 다른 보험급여에도 미친다. 〈개정 2020. 5. 26.〉

제114조(보고 등)

① 공단은 필요하다고 인정하면 대통령령으로 정하는 바에 따라 이 법의 적용을 받는 사업의 사업주 또는 그 사업에 종사하는 근로자 및 보험료징수법 제33조에 따른 보험사무대행기관(이하 "보험사무대행기관"이라 한다)에게 보험사업에 관하여 필요한 보고 또는 관계 서류의 제출을 요구할 수 있다.

② 장해보상연금, 유족보상연금, 진폐보상연금 또는 진폐유족연금을 받을 권리가 있는 사람은 보험급여 지급에 필요한 사항으로서 대통령령으로 정하는 사항을 공단에 신고하여야 한다.
〈개정 2010. 5. 20., 2020. 5. 26.〉

③ 수급권자 및 수급권이 있었던 사람은 수급권의 변동과 관련된 사항으로서 대통령령으로 정하는 사항을 공단에 신고하여야 한다. 〈개정 2020. 5. 26.〉

④ 수급권자가 사망하면 「가족관계의 등록 등에 관한 법률」 제85조에 따른 신고 의무자는 1개월 이내에 그 사망 사실을 공단에 신고하여야 한다.

제115조(연금 수급권자등의 출국신고 등)

① 대한민국 국민인 장해보상연금 수급권자, 유족보상연금 수급권자, 진폐보상연금 수급권자, 진폐유족연금 수급권자(이하 이 조에서 "장해보상연금 수급권자등"이라 한다) 또는 유족보상연금 · 진폐유족연금 수급자격자가 외국에서 거주하기 위하여 출국하는 경우에는 장해보상연금 수급권자등은 이를 공단에 신고하여야 한다. 〈개정 2010. 5. 20.〉

② 장해보상연금 수급권자등과 유족보상연금 · 진폐유족연금 수급자격자가 외국에서 거주하는 기간에 장해보상연금, 유족보상연금, 진폐보상연금 또는 진폐유족연금을 받는 경우 장해보상연금 수급권자등은 그 수급권 또는 수급자격과 관련된 사항으로서 대통령령으로 정하는 사항을 매년 1회 이상 고용노동부령으로 정하는 바에 따라 공단에 신고하여야 한다.
〈개정 2010. 5. 20., 2010. 6. 4.〉

[제목개정 2010. 5. 20.]

제116조(사업주 등의 조력)

① 보험급여를 받을 사람이 사고로 보험급여의 청구 등의 절차를 행하기 곤란하면 사업주는 이를 도와야 한다. 〈개정 2020. 5. 26.〉

② 사업주는 보험급여를 받을 사람이 보험급여를 받는 데에 필요한 증명을 요구하면 그 증명을 하여야 한다. 〈개정 2020. 5. 26.〉

③ 사업주의 행방불명, 그 밖의 부득이한 사유로 제2항에 따른 증명이 불가능하면 그 증명을 생

략할 수 있다.

④ 제91조의15제2호에 따른 플랫폼 종사자는 보험급여를 받기 위하여 필요한 경우 노무제공 내용, 노무대가 및 시간에 관한 자료 또는 이와 관련된 정보의 제공을 제91조의15제3호에 따른 플랫폼 운영자에게 요청할 수 있다. 이 경우 요청을 받은 플랫폼 운영자는 특별한 사유가 없으면 해당 자료 또는 정보를 제공하여야 한다. 〈신설 2022. 6. 10.〉

[제목개정 2022. 6. 10.]

제117조(사업장 등에 대한 조사)

① 공단은 보험급여에 관한 결정, 심사 청구의 심리·결정 등을 위하여 확인이 필요하다고 인정하면 소속 직원에게 이 법의 적용을 받는 사업의 사무소 또는 사업장과 보험사무대행기관 또는 제91조의15제3호에 따른 플랫폼 운영자의 사무소에 출입하여 관계인에게 질문을 하게 하거나 관계 서류를 조사하게 할 수 있다. 〈개정 2022. 6. 10.〉

② 제1항의 경우에 공단 직원은 그 권한을 표시하는 증표를 지니고 이를 관계인에게 내보여야 한다.

제118조(산재보험 의료기관에 대한 조사 등)

① 공단은 보험급여에 관하여 필요하다고 인정하면 대통령령으로 정하는 바에 따라 보험급여를 받는 근로자를 진료한 산재보험 의료기관(의사를 포함한다. 이하 이 조에서 같다)에 대하여 그 근로자의 진료에 관한 보고 또는 그 진료에 관한 서류나 물건의 제출을 요구하거나 소속 직원으로 하여금 그 관계인에게 질문을 하게 하거나 관계 서류나 물건을 조사하게 할 수 있다.

② 제1항의 조사에 관하여는 제117조제2항을 준용한다.

제119조(진찰 요구)

공단은 보험급여에 관하여 필요하다고 인정하면 대통령령으로 정하는 바에 따라 보험급여를 받은 사람 또는 이를 받으려는 사람에게 산재보험 의료기관에서 진찰을 받을 것을 요구할 수 있다. 〈개정 2020. 5. 26.〉

제119조의2(포상금의 지급)

공단은 제84조제1항 및 같은 조 제3항에 따라 보험급여, 진료비 또는 약제비를 부당하게 지급받은 자를 신고한 사람에게 예산의 범위에서 고용노동부령으로 정하는 바에 따라 포상금을 지급할

수 있다. 〈개정 2010. 6. 4.〉

[본조신설 2010. 5. 20.]

제120조(보험급여의 일시 중지)

① 공단은 보험급여를 받고자 하는 사람이 다음 각 호의 어느 하나에 해당되면 보험급여의 지급을 일시 중지할 수 있다. 〈개정 2010. 5. 20., 2020. 5. 26., 2021. 1. 26.〉

    1. 요양 중인 근로자가 제48조제1항에 따른 공단의 의료기관 변경 요양 지시를 정당한 사유 없이 따르지 아니하는 경우

    2. 제59조에 따라 공단이 직권으로 실시하는 장해등급 또는 진폐장해등급 재판정 요구에 따르지 아니하는 경우

    3. 제114조나 제115조에 따른 보고 · 서류제출 또는 신고를 하지 아니하는 경우

    4. 제117조에 따른 질문이나 조사에 따르지 아니하는 경우

    5. 제119조에 따른 진찰 요구에 따르지 아니하는 경우

② 제1항에 따른 일시 중지의 대상이 되는 보험급여의 종류, 일시 중지의 기간 및 일시 중지 절차는 대통령령으로 정한다.

제121조(국외의 사업에 대한 특례)

① 국외 근무 기간에 발생한 근로자의 재해를 보상하기 위하여 우리나라가 당사국이 된 사회 보장에 관한 조약이나 협정(이하 "사회보장관련조약"이라 한다)으로 정하는 국가나 지역에서의 사업에 대하여는 고용노동부장관이 금융위원회와 협의하여 지정하는 자(이하 "보험회사"라 한다)에게 이 법에 따른 보험사업을 자기의 계산으로 영위하게 할 수 있다.

〈개정 2008. 2. 29., 2010. 1. 27., 2010. 6. 4.〉

② 보험회사는 「보험업법」에 따른 사업 방법에 따라 보험사업을 영위한다. 이 경우 보험회사가 지급하는 보험급여는 이 법에 따른 보험급여보다 근로자에게 불이익하여서는 아니 된다.

③ 제1항에 따라 보험사업을 영위하는 보험회사는 이 법과 근로자를 위한 사회보장관련조약에서 정부가 부담하는 모든 책임을 성실히 이행하여야 한다.

④ 제1항에 따른 국외의 사업과 이를 대상으로 하는 보험사업에 대하여는 제2조, 제3조제1항, 제6조 단서, 제8조, 제82조제1항과 제5장 및 제6장을 적용하지 아니한다. 〈개정 2018. 6. 12.〉

⑤ 보험회사는 제1항에 따른 보험사업을 영위할 때 이 법에 따른 공단의 권한을 행사할 수 있다.

제122조(해외파견자에 대한 특례)

① 보험료징수법 제5조제3항 및 제4항에 따른 보험가입자가 대한민국 밖의 지역(고용노동부령으로 정하는 지역은 제외한다)에서 하는 사업에 근로시키기 위하여 파견하는 사람(이하 "해외파견자"라 한다)에 대하여 공단에 보험 가입 신청을 하여 승인을 받으면 해외파견자를 그 가입자의 대한민국 영역 안의 사업(2개 이상의 사업이 있는 경우에는 주된 사업을 말한다)에 사용하는 근로자로 보아 이 법을 적용할 수 있다.　　　　　　　　〈개정 2010. 6. 4., 2020. 5. 26.〉

② 해외파견자의 보험급여의 기초가 되는 임금액은 그 사업에 사용되는 같은 직종 근로자의 임금액 및 그 밖의 사정을 고려하여 고용노동부장관이 정하여 고시하는 금액으로 한다.

〈개정 2010. 6. 4.〉

③ 해외파견자에 대한 보험급여의 지급 등에 필요한 사항은 고용노동부령으로 정한다.

〈개정 2010. 6. 4.〉

④ 제1항에 따라 이 법의 적용을 받는 해외파견자의 보험료 산정, 보험 가입의 신청 및 승인, 보험료의 신고 및 납부, 보험 관계의 소멸, 그 밖에 필요한 사항은 보험료징수법으로 정하는 바에 따른다.

제123조(현장실습생에 대한 특례)

① 이 법이 적용되는 사업에서 현장 실습을 하고 있는 학생 및 직업 훈련생(이하 "현장실습생"이라 한다) 중 고용노동부장관이 정하는 현장실습생은 제5조제2호에도 불구하고 이 법을 적용할 때는 그 사업에 사용되는 근로자로 본다.　　　　　　　　　　〈개정 2010. 6. 4.〉

② 현장실습생이 실습과 관련하여 입은 재해는 업무상의 재해로 보아 제36조제1항에 따른 보험급여를 지급한다.　　　　　　　　　　　　　　　　　　　　　〈개정 2010. 5. 20.〉

③ 현장실습생에 대한 보험급여의 기초가 되는 임금액은 현장실습생이 지급받는 훈련수당 등 모든 금품으로 하되, 이를 적용하는 것이 현장실습생의 재해보상에 적절하지 아니하다고 인정되면 고용노동부장관이 정하여 고시하는 금액으로 할 수 있다.　〈개정 2010. 6. 4.〉

④ 현장실습생에 대한 보험급여의 지급 등에 필요한 사항은 대통령령으로 정한다.

⑤ 현장실습생에 대한 보험료의 산정ㆍ신고 및 납부 등에 관한 사항은 보험료징수법으로 정하는 바에 따른다.

제123조의2(학생연구자에 대한 특례)

① 「연구실 안전환경 조성에 관한 법률」 제2조제1호에 따른 대학ㆍ연구기관등은 제6조에도 불구하고 이 법의 적용을 받는 사업으로 본다.

② 「연구실 안전환경 조성에 관한 법률」 제2조제8호에 따른 연구활동종사자 중 같은 조 제1호에 따른 대학·연구기관등이 수행하는 연구개발과제에 참여하는 대통령령으로 정하는 학생 신분의 연구자(이하 이 조에서 "학생연구자"라 한다)는 제5조제2호에도 불구하고 이 법을 적용할 때에는 그 사업의 근로자로 본다.

③ 제2항에 따라 이 법의 적용을 받는 학생연구자에 대한 보험 관계의 성립·소멸 및 변경, 보험료의 산정·신고·납부, 보험료나 그 밖에 징수금의 징수에 필요한 사항은 보험료징수법에서 정하는 바에 따른다.

④ 학생연구자에 대한 보험급여의 산정 기준이 되는 평균임금은 고용노동부장관이 고시하는 금액으로 한다.

⑤ 학생연구자에 대한 보험급여 지급사유인 업무상의 재해의 인정 기준은 대통령령으로 정한다.

⑥ 학생연구자에게 제36조제1항제2호에 따른 휴업급여 또는 같은 항 제6호에 따른 상병보상연금을 지급하는 경우 제54조, 제56조제2항, 제67조 및 제69조제1항은 적용하지 아니한다.

⑦ 학생연구자에 대한 보험급여의 지급 등에 필요한 사항은 대통령령으로 정한다.

[본조신설 2021. 4. 13.]

제124조(중·소기업 사업주등에 대한 특례)

① 대통령령으로 정하는 중·소기업 사업주(근로자를 사용하지 아니하는 자를 포함한다. 이하 이 조에서 같다)는 공단의 승인을 받아 자기 또는 유족을 보험급여를 받을 수 있는 사람으로 하여 보험에 가입할 수 있다. 〈개정 2020. 5. 26., 2020. 12. 8.〉

② 제1항에 따른 중·소기업 사업주의 배우자(사실상 혼인관계에 있는 사람을 포함한다. 이하 이 조에서 같다) 또는 4촌 이내의 친족으로서 대통령령으로 정하는 요건을 갖추어 해당 사업에 노무를 제공하는 사람은 공단의 승인을 받아 보험에 가입할 수 있다. 〈신설 2020. 12. 8.〉

③ 제1항에 따른 중·소기업 사업주 및 제2항에 따른 중·소기업 사업주의 배우자 또는 4촌 이내의 친족(이하 이 조에서 "중·소기업 사업주등"이라 한다)은 제5조제2호에도 불구하고 이 법을 적용할 때에는 근로자로 본다. 〈신설 2020. 12. 8.〉

④ 중·소기업 사업주등에 대한 보험급여의 지급 사유인 업무상의 재해의 인정 범위는 대통령령으로 정한다. 〈개정 2020. 12. 8.〉

⑤ 중·소기업 사업주등에 대한 보험급여의 산정 기준이 되는 평균임금은 고용노동부장관이 정하여 고시하는 금액으로 한다. 〈개정 2010. 6. 4., 2020. 12. 8.〉

⑥ 제4항에 따른 업무상의 재해가 보험료의 체납 기간에 발생하면 대통령령으로 정하는 바에

따라 그 재해에 대한 보험급여의 전부 또는 일부를 지급하지 아니할 수 있다.

〈개정 2020. 12. 8.〉

⑦ 중·소기업 사업주등에 대한 보험급여의 지급 등에 필요한 사항은 고용노동부령으로 정한
다. 〈개정 2010. 6. 4., 2020. 12. 8.〉

⑧ 이 법의 적용을 받는 중·소기업 사업주등의 보험료의 산정, 보험 가입의 신청 및 승인, 보험
료의 신고 및 납부, 보험관계의 소멸, 그 밖에 필요한 사항은 보험료징수법으로 정하는 바에
따른다. 〈개정 2020. 12. 8.〉

[제목개정 2020. 12. 8.]

제125조 삭제 〈2022. 6. 10.〉

제126조(「국민기초생활 보장법」상의 수급자에 대한 특례)

① 제5조제2호에 따른 근로자가 아닌 사람으로서 「국민기초생활 보장법」 제15조에 따른 자
활급여 수급자 중 고용노동부장관이 정하여 고시하는 사업에 종사하는 사람은 제5조제2호
에도 불구하고 이 법의 적용을 받는 근로자로 본다. 〈개정 2010. 6. 4., 2020. 5. 26.〉

② 자활급여 수급자의 보험료 산정 및 보험급여의 기초가 되는 임금액은 자활급여 수급자가 제
1항의 사업에 참여하여 받는 자활급여로 한다.

제126조의2(벌칙 적용에서 공무원 의제)

재심사위원회 위원 중 공무원이 아닌 위원은 「형법」 제129조부터 제132조까지의 규정을 적
용할 때에는 공무원으로 본다.

[본조신설 2018. 6. 12.]

제11장 벌칙

제127조(벌칙)

① 제31조의2제3항을 위반하여 공동이용하는 전산정보자료를 같은 조 제1항에 따른 목적 외의
용도로 이용하거나 활용한 자는 3년 이하의 징역 또는 3천만원 이하의 벌금에 처한다.

② 산재보험 의료기관이나 제46조제1항에 따른 약국의 종사자로서 거짓이나 그 밖의 부정한 방법으로 진료비나 약제비를 지급받은 자는 3년 이하의 징역 또는 3천만원 이하의 벌금에 처한다. 〈개정 2021. 1. 26.〉

③ 다음 각 호의 어느 하나에 해당하는 자는 2년 이하의 징역 또는 2천만원 이하의 벌금에 처한다. 〈개정 2016. 12. 27., 2018. 6. 12., 2021. 1. 26.〉

  1. 거짓이나 그 밖의 부정한 방법으로 보험급여를 받은 자

  2. 거짓이나 그 밖의 부정한 방법으로 보험급여를 받도록 시키거나 도와준 자

  3. 제111조의2를 위반하여 근로자를 해고하거나 그 밖에 근로자에게 불이익한 처우를 한 사업주

④ 제21조제3항을 위반하여 비밀을 누설한 자는 2년 이하의 징역 또는 1천만원 이하의 벌금에 처한다. 〈개정 2010. 1. 27., 2021. 1. 26.〉

제128조(양벌규정)

법인의 대표자나 법인 또는 개인의 대리인, 사용인, 그 밖의 종업원이 그 법인 또는 개인의 업무에 관하여 제127조제2항의 위반행위를 하면 그 행위자를 벌하는 외에 그 법인 또는 개인에게도 해당 조문의 벌금형을 과(科)한다. 다만, 법인 또는 개인이 그 위반행위를 방지하기 위하여 해당 업무에 관하여 상당한 주의와 감독을 게을리하지 아니한 경우에는 그러하지 아니하다.

〈개정 2021. 1. 26.〉

[전문개정 2009. 1. 7.]

제129조(과태료)

① 제91조의21을 위반하여 자료 또는 정보의 제공 요청에 따르지 아니한 자에게는 300만원 이하의 과태료를 부과한다. 〈신설 2022. 6. 10.〉

② 다음 각 호의 어느 하나에 해당하는 자에게는 200만원 이하의 과태료를 부과한다.

〈개정 2010. 1. 27., 2022. 6. 10.〉

  1. 제34조를 위반하여 근로복지공단 또는 이와 비슷한 명칭을 사용한 자

  2. 제45조제1항을 위반하여 공단이 아닌 자에게 진료비를 청구한 자

③ 다음 각 호의 어느 하나에 해당하는 자에게는 100만원 이하의 과태료를 부과한다.

〈개정 2022. 6. 10.〉

  1. 제47조제1항에 따른 진료계획을 정당한 사유 없이 제출하지 아니하는 자

2. 제105조제4항(제109조제1항에서 준용하는 경우를 포함한다)에 따른 질문에 답변하지 아니하거나 거짓된 답변을 하거나 검사를 거부·방해 또는 기피한 자

3. 제114조제1항 또는 제118조에 따른 보고를 하지 아니하거나 거짓된 보고를 한 자 또는 서류나 물건의 제출 명령에 따르지 아니한 자

4. 제117조 또는 제118조에 따른 공단의 소속 직원의 질문에 답변을 거부하거나 조사를 거부·방해 또는 기피한 자

5. 삭제 〈2022. 6. 10.〉

④ 제1항부터 제3항까지의 규정에 따른 과태료는 대통령령으로 정하는 바에 따라 고용노동부 장관이 부과·징수한다. 〈개정 2010. 6. 4., 2022. 6. 10.〉

⑤ 삭제 〈2010. 1. 27.〉

⑥ 삭제 〈2010. 1. 27.〉

부칙 〈제18928호, 2022. 6. 10.〉

제1조(시행일)

이 법은 2023년 7월 1일부터 시행한다. 다만, 부칙 제8조는 공포한 날부터 시행한다.

제2조(부분휴업급여에 관한 적용례)

제53조의 개정규정은 이 법 시행 이후 지급사유가 발생한 부분휴업급여부터 적용한다.

제3조(노무제공자에 대한 보험급여의 산정기준 등에 관한 적용례)

① 제91조의17제1항부터 제3항까지 및 제5항의 개정규정은 이 법 시행 후 새로 요양 또는 재요양을 시작하는 노무제공자부터 적용한다.

② 제91조의17제4항의 개정규정은 이 법 시행 당시 요양 또는 재요양을 받고 있는 노무제공자에게도 적용하되, 이 법 시행 후 평균보수를 증감하는 경우부터 적용한다.

제4조(노무제공자에 대한 업무상 재해의 인정기준에 관한 적용례)

제91조의18의 개정규정은 이 법 시행 후 최초로 발생하는 재해부터 적용한다.

제5조(노무제공자에 대한 보험급여의 지급 등에 관한 적용례)

제91조의19 및 제91조의20의 개정규정은 이 법 시행 후 새로 요양 또는 재요양을 시작하는 노무제공자부터 적용한다.

제6조(노무제공자에 대한 보험급여의 산정기준 등에 관한 경과조치)

이 법 시행 당시 요양 또는 재요양을 받고 있는 노무제공자는 제91조의17제1항부터 제3항까지 및 제5항의 개정규정에도 불구하고 종전의 규정에 따른다.

제7조(노무제공자에 대한 보험급여의 지급 등에 관한 경과조치)

이 법 시행 당시 요양 또는 재요양을 받고 있는 노무제공자는 제91조의19 및 제91조의20의 개정규정에도 불구하고 종전의 규정에 따른다.

제8조(특수형태근로종사자의 업무상 재해 인정 및 보험급여 지급 등의 특례)

① 종전의 제125조제1항에 따른 특수형태근로종사자가 이 법 공포 이후 2023년 6월 30일까지 같은 항 제1호에 따른 주된 사업 외의 사업(종전의 제125조제1항에 따른 직종에 종사하는 사업에 한한다)에서 최초로 재해를 입은 경우에는 종전의 규정을 적용받는 특수형태근로종사자로 본다. 이 경우 업무상 재해의 인정 기준 및 보험급여의 지급 등에 대하여는 종전의 제125조제8항·제9항 및 제11항을 적용한다.

② 제1항의 재해가 발생한 사업은 본칙 제6조에도 불구하고 종전의 규정을 적용받는 사업으로 본다. 다만, 종전의 제125조제3항부터 제7항까지와 「고용보험 및 산업재해보상보험의 보험료징수 등에 관한 법률」 제26조, 제49조의3 및 제50조제1항제1호는 적용하지 아니한다.

[시행일: 2022. 6. 10.] 제8조

산업재해보상보험법 시행령

[시행 2022. 7. 1.]
[대통령령 제32539호, 2022. 3. 15., 일부개정]

제1장 총칙

제1조(목적)

이 영은 「산업재해보상보험법」에서 위임한 사항과 그 시행에 필요한 사항을 규정함을 목적으로 한다.

제2조(법의 적용 제외 사업)

① 「산업재해보상보험법」(이하 "법"이라 한다) 제6조 단서에서 "대통령령으로 정하는 사업"이란 다음 각 호의 어느 하나에 해당하는 사업 또는 사업장(이하 "사업"이라 한다)을 말한다.

〈개정 2008. 8. 7., 2010. 3. 26., 2015. 4. 14., 2018. 9. 18., 2020. 6. 9.〉

1. 「공무원 재해보상법」 또는 「군인 재해보상법」에 따라 재해보상이 되는 사업. 다만, 「공무원 재해보상법」 제60조에 따라 순직유족급여 또는 위험직무순직유족급여에 관한 규정을 적용받는 경우는 제외한다.

2. 「선원법」, 「어선원 및 어선 재해보상보험법」 또는 「사립학교교직원 연금법」에 따라 재해보상이 되는 사업

3. 삭제 〈2017. 12. 26.〉

4. 가구내 고용활동

5. 삭제 〈2017. 12. 26.〉

6. 농업, 임업(벌목업은 제외한다), 어업 및 수렵업 중 법인이 아닌 자의 사업으로서 상시근로자 수가 5명 미만인 사업

② 제1항 각 호의 사업의 범위에 관하여 이 영에 특별한 규정이 없으면 「통계법」에 따라 통계청장이 고시하는 한국표준산업분류표(이하 "한국표준산업분류표"라 한다)에 따른다.

〈개정 2017. 12. 26.〉

③ 삭제 〈2017. 12. 26.〉

제2조의2(상시근로자 수의 산정 및 적용 시점)

① 제2조제1항제6호에 따른 상시근로자 수는 사업을 시작한 후 최초로 근로자를 사용한 날부터 그 사업의 가동일수(稼動日數) 14일 동안 사용한 근로자 연인원(延人員)을 14로 나누어 산정한다. 이 경우 상시근로자 수가 5명 미만이면 최초로 근로자를 사용한 날부터 하루씩 순차적으로 미루어 가동기간 14일 동안 사용한 근로자 연인원을 14로 나누어 산정한다.

〈개정 2017. 12. 26.〉

② 제1항에도 불구하고 최초로 근로자를 사용한 날부터 14일 이내에 사업이 종료되거나 업무상 재해가 발생한 경우에는 그 때까지 사용한 연인원을 그 가동일수로 나누어 산정한다.

③ 제1항 및 제2항에 따라 산정한 상시근로자 수가 5명 이상이 되는 사업은 상시근로자 수가 최초로 5명 이상이 되는 해당 기간의 첫 날에 상시근로자 수가 5명 이상이 되는 사업이 성립한 것으로 본다. 〈개정 2017. 12. 26.〉

④ 삭제 〈2017. 12. 26.〉

[본조신설 2010. 3. 26.]

제3조(산업재해보상보험및예방심의위원회의 기능)

법 제8조제1항에 따른 산업재해보상보험및예방심의위원회(이하 "위원회"라 한다)는 다음 각 호의 사항을 심의한다. 〈개정 2010. 2. 24., 2010. 7. 12., 2017. 12. 26., 2019. 12. 24.〉

1. 법 제40조제5항에 따른 요양급여의 범위나 비용 등 요양급여의 산정 기준에 관한 사항

2. 「고용보험 및 산업재해보상보험의 보험료징수 등에 관한 법률」(이하 "보험료징수법"이라 한다) 제14조제3항 및 같은 조 제4항에 따른 산재보험료율의 결정에 관한 사항

3. 법 제98조에 따른 산업재해보상보험및예방기금의 운용계획 수립에 관한 사항

4. 「산업안전보건법」 제4조제1항 각 호에 따른 산업안전·보건 업무와 관련되는 주요 정책 및 같은 법 제7조에 따른 산업재해 예방에 관한 기본계획

5. 그 밖에 고용노동부장관이 산업재해보상보험 사업(이하 "보험사업"이라 한다) 및 산업안전·보건 업무에 관하여 심의에 부치는 사항

[제목개정 2010. 2. 24.]

제4조(위원회의 구성)

위원회의 위원은 다음 각 호의 구분에 따라 각각 고용노동부장관이 임명하거나 위촉한다.

〈개정 2010. 2. 24., 2010. 7. 12.〉

1. 근로자를 대표하는 위원은 총연합단체인 노동조합이 추천하는 사람 5명

2. 사용자를 대표하는 위원은 전국을 대표하는 사용자 단체가 추천하는 사람 5명

3. 공익을 대표하는 위원은 다음 각 목의 사람 5명

　가. 고용노동부차관

　나. 고용노동부에서 산업재해보상보험 업무를 담당하는 고위공무원 또는 산업재해 예방 업무를 담당하는 고위공무원 중 1명

　다. 시민단체(「비영리민간단체 지원법」 제2조에 따른 비영리민간단체를 말한다)에서 추

천한 사람과 사회보험 또는 산업재해 예방에 관한 학식과 경험이 풍부한 사람 중 3명

제5조(위원의 임기 등)

① 위원의 임기는 3년으로 하되, 연임할 수 있다. 다만, 제4조제3호가목 또는 나목에 해당하는 위원의 임기는 그 재직기간으로 한다. 〈개정 2010. 2. 24.〉

② 보궐위원의 임기는 전임자의 남은 임기로 한다.

③ 고용노동부장관은 제4조에 따른 위원회의 위촉위원이 다음 각 호의 어느 하나에 해당하는 경우에는 해당 위원을 해촉(解囑)할 수 있다. 〈신설 2016. 3. 22.〉

　1. 심신장애로 인하여 직무를 수행할 수 없게 된 경우

　2. 직무와 관련된 비위사실이 있는 경우

　3. 직무태만, 품위손상이나 그 밖의 사유로 인하여 위원으로 적합하지 아니하다고 인정되는 경우

　4. 위원 스스로 직무를 수행하는 것이 곤란하다고 의사를 밝히는 경우

[제목개정 2016. 3. 22.]

제6조(위원장과 부위원장)

① 위원회에 위원장과 부위원장을 각 1명씩 둔다.

② 위원장은 고용노동부차관이 되고, 부위원장은 공익을 대표하는 위원 중에서 위원회가 선임한다. 〈개정 2010. 7. 12.〉

③ 위원장은 위원회를 대표하며, 위원회의 사무를 총괄한다.

④ 부위원장은 위원장을 보좌하며 위원장이 부득이한 사유로 직무를 수행할 수 없을 때에는 그 직무를 대행한다.

제7조(위원회의 회의)

① 위원장은 위원회의 회의를 소집하고 그 의장이 된다.

② 위원회의 회의는 고용노동부장관의 요구가 있거나 재적위원 과반수의 요구가 있을 때 소집한다. 〈개정 2010. 7. 12.〉

③ 위원회의 회의는 재적위원 과반수의 출석으로 개의하고, 출석위원 과반수의 찬성으로 의결한다.

제8조(전문위원회)

① 법 제8조제3항에 따라 위원회에 산업재해보상보험정책전문위원회, 산업재해보상보험요양 전문위원회 및 산업안전보건전문위원회를 둔다. 〈개정 2010. 2. 24.〉

② 제1항에 따른 전문위원회는 위원회 위원장의 명을 받아 다음 각 호의 구분에 따른 사항을 검토하여 위원회에 보고한다. 〈개정 2010. 2. 24.〉

　　1. 산업재해보상보험정책전문위원회: 산업재해보상보험의 재정·적용·징수·급여·재활 및 복지에 관한 사항

　　2. 산업재해보상보험요양전문위원회: 요양급여의 범위나 비용 등 요양급여의 기준 및 요양 관리에 관한 사항

　　3. 산업안전보건전문위원회: 산업안전보건에 관한 중요정책 및 제도개선에 관한 사항

③ 각 전문위원회는 25명 이내의 위원으로 구성하되, 비상임으로 한다.

④ 산업재해보상보험정책전문위원회의 위원은 다음 각 호의 어느 하나에 해당하는 사람 중에서 위원장이 위촉한다. 〈개정 2010. 2. 24., 2010. 7. 12.〉

　　1. 고용노동부에서 산업재해보상보험 업무를 담당하는 4급 이상 일반직 공무원

　　2. 총연합단체인 노동조합 또는 전국을 대표하는 사용자 단체가 각각 추천하는 사람

　　3. 사회보험의 재정·적용·징수·급여 등에 관한 학식과 경험이 풍부한 사람

⑤ 산업재해보상보험요양전문위원회의 위원은 다음 각 호의 어느 하나에 해당하는 사람 중에서 위원장이 위촉한다. 〈개정 2010. 2. 24., 2010. 7. 12.〉

　　1. 고용노동부에서 산업재해보상보험 업무를 담당하는 4급 이상 일반직 공무원

　　2. 총연합단체인 노동조합 또는 전국을 대표하는 사용자 단체가 각각 추천하는 사람

　　3. 산업의학 등 전문과목별 의학적 전문지식과 경험이 풍부한 사람

⑥ 산업안전보건전문위원회의 위원은 다음 각 호의 어느 하나에 해당하는 사람 중에서 위원장이 위촉한다. 〈신설 2010. 2. 24., 2010. 7. 12.〉

　　1. 고용노동부에서 산업안전보건 업무를 담당하는 4급 이상 일반직 공무원

　　2. 총연합단체인 노동조합 또는 전국을 대표하는 사용자 단체가 각각 추천하는 사람

　　3. 산업안전보건에 관한 학식과 경험이 풍부한 사람

⑦ 위원장은 제4항부터 제6항까지의 규정에 따라 위촉된 위원이 제5조제3항 각 호의 어느 하나에 해당하는 경우에는 해당 위원을 해촉할 수 있다. 〈신설 2016. 3. 22.〉

⑧ 전문위원회의 구성과 운영, 그 밖에 필요한 사항은 위원회의 의결을 거쳐 위원장이 정한다. 〈개정 2010. 2. 24., 2016. 3. 22.〉

제8조의2(조사 · 연구위원)

① 산업재해보상보험과 산업재해 예방에 관한 사항을 조사 · 연구하게 하기 위하여 위원회에 산업재해보상보험 · 산업안전공학 · 기계안전 · 전기안전 · 화공안전 · 건축안전 · 토목안전 · 산업의학 · 산업간호 · 산업위생 · 인간공학 · 유해물질관리 · 안전보건 관련 법령 및 산업재해통계, 그 밖에 필요한 각 분야별로 2명 이내의 조사 · 연구위원을 둘 수 있다.

② 조사 · 연구위원은 해당 분야에 관한 학식과 경험이 풍부한 사람 중에서 고용노동부장관이 임명한다. 〈개정 2010. 7. 12.〉

[본조신설 2010. 2. 24.]

제8조의3(관계 행정기관 등의 협조)

위원회 및 제8조에 따른 전문위원회는 안건의 심의를 위하여 필요하다고 인정하는 경우에는 관계 행정기관 또는 단체에 자료 제출을 요청하거나 관계 공무원이나 관계 전문가 등을 출석시켜 의견을 들을 수 있다.

[본조신설 2010. 2. 24.]

제9조(위원회의 간사)

① 위원회에 그 사무를 처리할 간사 1명을 둔다.

② 간사는 고용노동부장관이 그 소속 공무원 중에서 임명한다. 〈개정 2010. 7. 12.〉

제10조(위원의 수당)

위원회 및 전문위원회의 회의에 출석한 위원과 전문위원회의 위원에게는 예산의 범위에서 수당을 지급할 수 있다. 다만, 공무원인 위원이 그 소관업무와 직접적으로 관련되어 위원회에 출석하는 경우에는 그러하지 아니하다.

제11조(운영세칙)

이 영에서 규정한 사항 외에 위원회의 운영에 필요한 사항은 위원회의 의결을 거쳐 위원장이 정한다.

제12조(조사 · 연구 사업의 대행)

고용노동부장관은 법 제9조제2항에 따라 보험사업에 관한 조사 · 연구 사업의 일부를 「정부출연연구기관 등의 설립 · 운영 및 육성에 관한 법률」 제8조에 따라 설립된 연구기관에 대행하게 할 수 있다. 이 경우 연구기관을 선정할 때에는 보험사업과 관련된 연구 인력 및 실적 등을 고려하여야 한다.

〈개정 2010. 7. 12.〉

제2장 근로복지공단

제13조 삭제 〈2010. 3. 26.〉

제14조(예산 및 사업운영계획의 승인)

① 법 제10조에 따른 근로복지공단(이하 "공단"이라 한다)은 법 제25조제1항에 따라 다음 회계연도의 예산에 관하여 고용노동부장관의 승인을 받으려면 다음 회계연도 개시 전까지 예산요구서와 예산에 따른 사업설명서를 고용노동부장관에게 제출하여야 한다.

〈개정 2010. 3. 26., 2010. 7. 12.〉

② 공단은 법 제25조제1항에 따라 사업운영계획에 관하여 고용노동부장관의 승인을 받으려면 제1항에 따라 승인을 받은 예산이 확정된 후 지체 없이 사업운영계획을 수립하여 고용노동부장관에게 제출하여야 한다.

〈개정 2010. 7. 12.〉

③ 공단은 제1항 및 제2항에 따라 승인을 받은 예산과 사업운영계획을 변경하려면 그 변경 사유 및 변경 내용을 적은 서류를 고용노동부장관에게 제출하여 승인을 받아야 한다.

〈개정 2010. 7. 12.〉

제15조(결산서의 제출)

공단은 법 제25조제2항에 따라 결산서를 고용노동부장관에게 제출할 때에는 다음 각 호의 서류를 첨부하여야 한다.

〈개정 2010. 7. 12.〉

1. 재무제표(공인회계사나 회계법인의 감사의견서를 포함한다)와 그 부속서류
2. 그 밖에 결산의 내용을 명확하게 하기 위하여 필요한 서류

제16조(공단 규정의 승인)

공단은 다음 각 호의 사항에 관한 규정을 제정하거나 개정하려면 고용노동부장관의 승인을 받아야 한다.

〈개정 2010. 7. 12.〉

1. 공단의 조직 및 정원에 관한 사항
2. 임직원의 인사 및 보수에 관한 사항

3. 공단의 회계에 관한 사항

4. 그 밖에 공단의 운영, 보험사업 및 근로복지사업에 관한 중요 사항

제17조(자금 차입 등의 승인 신청)

① 공단은 법 제27조제1항에 따라 자금의 차입에 관한 승인을 받으려면 다음 각 호의 사항을 적은 승인신청서를 고용노동부장관에게 제출하여야 한다. 〈개정 2010. 7. 12.〉

1. 차입 사유

2. 차입처(借入處)

3. 차입 금액

4. 차입 조건

5. 차입금의 상환방법 및 상환기간

6. 그 밖에 자금의 차입과 상환에 필요한 사항

② 공단은 법 제27조제2항에 따라 산업재해보상보험및예방기금으로부터의 이입충당(移入充當)에 관한 승인을 받으려면 이입충당의 사유 및 금액 등에 관한 사항을 적은 승인신청서를 고용노동부장관에게 제출하여야 한다. 〈개정 2010. 7. 12.〉

제18조(공단 이사장의 대표 권한의 위임)

① 법 제29조제1항에 따라 공단 이사장의 대표 권한 중 공단의 분사무소(이하 "소속 기관"이라 한다)의 장에게 대표 권한을 위임하는 공단 업무의 범위는 별표 1과 같다.

② 제1항에 따른 공단 이사장의 대표 권한의 위임에도 불구하고 공단이 당사자가 되는 소송행위, 「행정심판법」에 따른 심판청구 및 「감사원법」에 따른 심사청구에 관한 대표 권한은 공단 이사장에게 있다.

제19조(업무의 위탁)

① 공단이 법 제29조제2항에 따라 위탁할 수 있는 업무의 범위는 다음 각 호와 같다.

1. 보험급여의 지급에 관한 사항

2. 제1호의 사항에 딸린 업무

② 공단이 제1항에 따라 업무를 위탁한 경우에는 그 위탁을 받은 자에게 위탁에 따른 수수료를 지급할 수 있다.

제20조(출자 등)

공단은 법 제32조제1항에 따라 출자 또는 출연을 하려면 다음 각 호의 사항을 적은 신청서를 제출하여 고용노동부장관의 승인을 받아야 한다. 〈개정 2010. 7. 12.〉

1. 출자 또는 출연의 필요성

2. 출자 또는 출연할 재산의 종류 및 가액(價額)

3. 사업의 개요

4. 그 밖에 출자 또는 출연에 필요한 사항

제3장 보험급여

제1절 보험급여의 기준

제21조(보험급여의 청구, 결정 통지 등)

① 법 제36조제2항에 따라 다음 각 호의 어느 하나에 해당하는 보험급여를 받으려는 사람은 공단에 각각의 보험급여에 대해 신청하거나 청구해야 한다. 〈개정 2010. 11. 15., 2021. 6. 8.〉

1. 휴업급여

2. 장해보상일시금 또는 장해보상연금(법 제57조제5항에 따른 일시금을 포함한다)

3. 간병급여

4. 유족보상일시금 또는 유족보상연금(법 제62조제4항에 따른 일시금을 포함한다)

5. 상병보상연금

6. 장례비

7. 직업재활급여

8. 진폐보상연금

9. 진폐유족연금

② 공단은 제1항에 따른 보험급여의 신청 또는 청구를 받으면 보험급여의 지급 여부와 지급 내용 등을 결정하여 청구인에게 알려야 한다.

③ 공단은 장해보상연금, 유족보상연금, 진폐보상연금 또는 진폐유족연금을 지급하기로 결정한 경우에는 그 수급권자에게 연금증서를 내주어야 한다. 〈개정 2010. 11. 15.〉

제22조(평균임금의 증감)

① 법 제36조제3항 및 제4항에 따른 전체 근로자의 임금 평균액의 증감률 및 소비자물가변동률의 산정 기준과 방법은 별표 2와 같다.

② 법 제36조제3항에 따른 평균임금의 증감은 보험급여 수급권자의 신청을 받아 하거나 공단이 직권으로 할 수 있다.

제23조(근로 형태가 특이한 근로자의 범위)

법 제36조제5항에서 "근로형태가 특이하여 평균임금을 적용하는 것이 적당하지 아니하다고 인정되는 경우로서 대통령령으로 정하는 경우"란 다음 각 호의 어느 하나에 해당하는 경우를 말한다.

1. 1일 단위로 고용되거나 근로일에 따라 일당(미리 정하여진 1일 동안의 근로시간에 대하여 근로하는 대가로 지급되는 임금을 말한다. 이하 같다) 형식의 임금을 지급받는 근로자(이하 "일용근로자"라 한다)에게 평균임금을 적용하는 경우. 다만, 일용근로자가 다음 각 목의 어느 하나에 해당하는 경우에는 일용근로자로 보지 아니한다.

    가. 근로관계가 3개월 이상 계속되는 경우

    나. 그 근로자 및 같은 사업에서 같은 직종에 종사하는 다른 일용근로자의 근로조건, 근로계약의 형식, 구체적인 고용 실태 등을 종합적으로 고려할 때 근로 형태가 상용근로자와 비슷하다고 인정되는 경우

2. 둘 이상의 사업(보험료징수법 제5조제3항·제4항 및 제6조제2항·제3항에 따른 산재보험의 보험가입자가 운영하는 사업을 말한다)에서 근로하는 「근로기준법」 제2조제8호에 따른 단시간근로자(일용근로자는 제외하며, 이하 "단시간근로자"라 한다)에게 평균임금을 적용하는 경우

[전문개정 2016. 3. 22.]

제24조(근로 형태가 특이한 근로자의 평균임금 산정 방법)

① 법 제36조제5항에서 "대통령령으로 정하는 산정 방법에 따라 산정한 금액"이란 다음 각 호의 구분에 따라 산정한 금액을 말한다. 〈개정 2016. 3. 22.〉

1. 제23조제1호에 해당하는 경우: 해당 일용근로자의 일당에 일용근로자의 1개월간 실제 근로일수 등을 고려하여 고용노동부장관이 고시하는 근로계수(이하 "통상근로계수"라 한다)를 곱하여 산정한 금액

2. 제23조제2호에 해당하는 경우: 평균임금 산정기간 동안 해당 단시간근로자가 재해가 발생

한 사업에서 지급받은 임금과 같은 기간 동안 해당 사업 외의 사업에서 지급받은 임금을 모두 합산한 금액을 해당 기간의 총일수로 나눈 금액

② 평균임금 산정사유 발생일 당시 1개월 이상 근로한 일용근로자는 제1항제1호에 따른 산정 방법에 따라 산정한 금액을 평균임금으로 하는 것이 실제의 임금 또는 근로일수에 비추어 적절하지 아니한 경우에는 실제의 임금 또는 근로일수를 증명하는 서류를 첨부하여 공단에 제1항제1호에 따른 산정 방법의 적용 제외를 신청할 수 있다.　　〈개정 2016. 3. 22., 2017. 12. 26.〉

③ 단시간근로자가 법 제36조제2항에 따라 보험급여를 청구할 때에는 재해가 발생한 사업 외의 사업에 취업한 사실, 근로시간 및 임금을 증명하는 서류를 공단에 제출하여야 한다.

〈신설 2016. 3. 22.〉

제25조(직업병에 걸린 사람에 대한 평균임금 산정 특례)

① 법 제36조제6항에서 "진폐 등 대통령령으로 정하는 직업병"이란 법 제37조제1항제2호에 따른 업무상 질병(이하 "업무상 질병"이라 한다)으로서 다음 각 호의 어느 하나에 해당하는 질병(이하 이 조에서 "직업병"이라 한다)을 말한다. 이 경우 유해 · 위험요인에 일시적으로 다량 노출되어 급성으로 발병한 질병은 제외한다.　　〈개정 2010. 11. 15., 2013. 6. 28.〉

1. 진폐

2. 별표 3 제2호가목 · 나목, 제3호가목부터 사목까지, 같은 호 자목부터 카목까지, 제4호, 제5호, 제6호가목부터 다목까지, 같은 호 마목 · 자목 · 카목, 제7호마목부터 차목까지, 제8호, 제9호, 제10호, 제11호나목부터 사목까지, 같은 호 아목1) · 2) 및 제12호나목부터 라목까지의 질병 중 어느 하나에 해당하는 질병

3. 그 밖에 유해 · 위험요인에 장기간 노출되어 걸렸거나 유해 · 위험요인에 노출된 후 일정 기간의 잠복기가 지난 후에 걸렸음이 의학적으로 인정되는 질병

② 법 제36조제6항에서 "대통령령으로 정하는 산정 방법에 따라 산정한 금액"이란 다음 각 호의 구분에 따라 산정한 금액을 말한다.　　〈개정 2010. 11. 15., 2012. 11. 12.〉

1. 제1항제1호에 해당하는 직업병의 경우: 해당 직업병이 확인된 날을 기준으로 제26조제1항에 따른 전체 근로자의 임금 평균액을 고려하여 고용노동부장관이 매년 고시하는 금액

2. 제1항제2호 및 제3호에 해당하는 직업병의 경우: 「통계법」 제3조제2호에 따른 지정통계로서 고용노동부장관이 작성하는 사업체노동력조사(이하 "사업체노동력조사"라 한다)에 따른 근로자의 월평균 임금총액에 관한 조사내용 중 해당 직업병에 걸린 근로자와 성별 · 직종 및 소속한 사업의 업종 · 규모가 비슷한 근로자의 월평균 임금총액을 해당 근로자의 직업병이 확인된 날이 속하는 분기의 전전분기 말일 이전 1년 동안 합하여 산출한 금

액을 그 기간의 총 일수로 나눈 금액. 이 경우 성별·직종 및 소속한 사업의 업종·규모가 비슷한 근로자의 판단기준은 공단이 정한다.

③ 제2항에서 직업병이 확인된 날은 그 직업병이 보험급여의 지급 대상이 된다고 확인될 당시에 발급된 진단서나 소견서의 발급일로 한다. 다만, 그 직업병의 검사·치료의 경과 등이 진단서나 소견서의 발급과 시간적·의학적 연속성이 있는 경우에는 그 요양을 시작한 날로 한다. 〈개정 2013. 6. 28., 2016. 3. 22.〉

1. 삭제 〈2016. 3. 22.〉

2. 삭제 〈2016. 3. 22.〉

④ 삭제 〈2010. 11. 15.〉

⑤ 법 제36조제6항을 적용할 때 그 근로자가 소속된 사업이 휴업 또는 폐업한 후 제1항제2호 및 제3호에 해당하는 직업병이 확인된 경우(휴업 또는 폐업 전에 그 근로자가 퇴직한 경우를 포함한다)에는 그 사업이 휴업 또는 폐업한 날을 기준으로 제2항제2호에 따라 산정한 금액을 제1항제2호 및 제3호에 해당하는 직업병이 확인된 날까지 별표 2 제1호에 따라 증감하여 산정한 금액을 그 근로자의 평균임금으로 본다. 〈개정 2010. 11. 15.〉

⑥ 법 제36조제6항에 따른 평균임금 산정 방법의 특례는 보험급여 수급권자의 신청이 있는 경우 또는 공단의 직권으로 적용할 수 있다. 〈개정 2010. 11. 15.〉

제26조(최고·최저 보상기준 금액의 산정방법)

① 법 제36조제7항에 따른 최고 보상기준 금액(이하 "최고 보상기준 금액"이라 한다)과 같은 항에 따른 최저 보상기준 금액(이하 "최저 보상기준 금액"이라 한다)의 산정 기준이 되는 임금 평균액은 「고용정책 기본법」 제17조의 고용구조 및 인력수요 등에 관한 통계에 따른 전전 보험연도의 7월 1일부터 직전 보험연도의 6월 30일까지 상용근로자 5명 이상 사업체의 전체 근로자를 대상으로 산정한 근로자 1명당 월별 월평균 임금총액의 합계를 365(산정 기간에 속한 2월이 29일까지 있는 경우에는 366)로 나눈 금액으로 한다. 〈개정 2012. 11. 12., 2018. 12. 11.〉

② 최고 보상기준 금액과 최저 보상기준 금액을 산정하는 경우 1원 미만은 버린다.

③ 최고 보상기준 금액과 최저 보상기준 금액의 적용기간은 해당 보험연도 1월 1일부터 12월 31일까지로 한다.

제2절 업무상의 재해의 인정 기준

제27조(업무수행 중의 사고)

① 근로자가 다음 각 호의 어느 하나에 해당하는 행위를 하던 중에 발생한 사고는 법 제37조제1항제1호가목에 따른 업무상 사고로 본다.

1. 근로계약에 따른 업무수행 행위
2. 업무수행 과정에서 하는 용변 등 생리적 필요 행위
3. 업무를 준비하거나 마무리하는 행위, 그 밖에 업무에 따르는 필요적 부수행위
4. 천재지변·화재 등 사업장 내에 발생한 돌발적인 사고에 따른 긴급피난·구조행위 등 사회통념상 예견되는 행위

② 근로자가 사업주의 지시를 받아 사업장 밖에서 업무를 수행하던 중에 발생한 사고는 법 제37조제1항제1호가목에 따른 업무상 사고로 본다. 다만, 사업주의 구체적인 지시를 위반한 행위, 근로자의 사적(私的) 행위 또는 정상적인 출장 경로를 벗어났을 때 발생한 사고는 업무상 사고로 보지 않는다.

③ 업무의 성질상 업무수행 장소가 정해져 있지 않은 근로자가 최초로 업무수행 장소에 도착하여 업무를 시작한 때부터 최후로 업무를 완수한 후 퇴근하기 전까지 업무와 관련하여 발생한 사고는 법 제37조제1항제1호가목에 따른 업무상 사고로 본다.

제28조(시설물 등의 결함 등에 따른 사고)

① 사업주가 제공한 시설물, 장비 또는 차량 등(이하 이 조에서 "시설물등"이라 한다)의 결함이나 사업주의 관리 소홀로 발생한 사고는 법 제37조제1항제1호나목에 따른 업무상 사고로 본다.

② 사업주가 제공한 시설물등을 사업주의 구체적인 지시를 위반하여 이용한 행위로 발생한 사고와 그 시설물등의 관리 또는 이용권이 근로자의 전속적 권한에 속하는 경우에 그 관리 또는 이용 중에 발생한 사고는 법 제37조제1항제1호나목에 따른 업무상 사고로 보지 않는다.

제29조 삭제 〈2017. 12. 26.〉

제30조(행사 중의 사고)

운동경기·야유회·등산대회 등 각종 행사(이하 "행사"라 한다)에 근로자가 참가하는 것이 사회통념상 노무관리 또는 사업운영상 필요하다고 인정되는 경우로서 다음 각 호의 어느 하나에 해

당하는 경우에 근로자가 그 행사에 참가(행사 참가를 위한 준비 · 연습을 포함한다)하여 발생한 사고는 법 제37조제1항제1호라목에 따른 업무상 사고로 본다.

  1. 사업주가 행사에 참가한 근로자에 대하여 행사에 참가한 시간을 근무한 시간으로 인정하는 경우

  2. 사업주가 그 근로자에게 행사에 참가하도록 지시한 경우

  3. 사전에 사업주의 승인을 받아 행사에 참가한 경우

  4. 그 밖에 제1호부터 제3호까지의 규정에 준하는 경우로서 사업주가 그 근로자의 행사 참가를 통상적 · 관례적으로 인정한 경우

제31조(특수한 장소에서의 사고)

사회통념상 근로자가 사업장 내에서 할 수 있다고 인정되는 행위를 하던 중 태풍 · 홍수 · 지진 · 눈사태 등의 천재지변이나 돌발적인 사태로 발생한 사고는 근로자의 사적 행위, 업무 이탈 등 업무와 관계없는 행위를 하던 중에 사고가 발생한 것이 명백한 경우를 제외하고는 법 제37조제1항제1호바목에 따른 업무상 사고로 본다.

제32조(요양 중의 사고)

업무상 부상 또는 질병으로 요양을 하고 있는 근로자에게 다음 각 호의 어느 하나에 해당하는 사고가 발생하면 법 제37조제1항제1호바목에 따른 업무상 사고로 본다.　　　　〈개정 2018. 12. 11.〉

  1. 요양급여와 관련하여 발생한 의료사고

  2. 요양 중인 산재보험 의료기관(산재보험 의료기관이 아닌 의료기관에서 응급진료 등을 받는 경우에는 그 의료기관을 말한다. 이하 이 조에서 같다) 내에서 업무상 부상 또는 질병의 요양과 관련하여 발생한 사고

  3. 업무상 부상 또는 질병의 치료를 위하여 거주지 또는 근무지에서 요양 중인 산재보험 의료기관으로 통원하는 과정에서 발생한 사고

제33조(제3자의 행위에 따른 사고)

제3자의 행위로 근로자에게 사고가 발생한 경우에 그 근로자가 담당한 업무가 사회통념상 제3자의 가해행위를 유발할 수 있는 성질의 업무라고 인정되면 그 사고는 법 제37조제1항제1호바목에 따른 업무상 사고로 본다.

제34조(업무상 질병의 인정기준)

① 근로자가 「근로기준법 시행령」 제44조제1항 및 같은 법 시행령 별표 5의 업무상 질병의 범위에 속하는 질병에 걸린 경우(임신 중인 근로자가 유산·사산 또는 조산한 경우를 포함한다. 이하 이 조에서 같다) 다음 각 호의 요건 모두에 해당하면 법 제37조제1항제2호가목에 따른 업무상 질병으로 본다. 〈개정 2018. 12. 11.〉

1. 근로자가 업무수행 과정에서 유해·위험요인을 취급하거나 유해·위험요인에 노출된 경력이 있을 것

2. 유해·위험요인을 취급하거나 유해·위험요인에 노출되는 업무시간, 그 업무에 종사한 기간 및 업무 환경 등에 비추어 볼 때 근로자의 질병을 유발할 수 있다고 인정될 것

3. 근로자가 유해·위험요인에 노출되거나 유해·위험요인을 취급한 것이 원인이 되어 그 질병이 발생하였다고 의학적으로 인정될 것

② 업무상 부상을 입은 근로자에게 발생한 질병이 다음 각 호의 요건 모두에 해당하면 법 제37조제1항제2호나목에 따른 업무상 질병으로 본다.

1. 업무상 부상과 질병 사이의 인과관계가 의학적으로 인정될 것

2. 기초질환 또는 기존 질병이 자연발생적으로 나타난 증상이 아닐 것

③ 제1항 및 제2항에 따른 업무상 질병(진폐증은 제외한다)에 대한 구체적인 인정 기준은 별표 3과 같다.

④ 공단은 근로자의 업무상 질병 또는 업무상 질병에 따른 사망의 인정 여부를 판정할 때에는 그 근로자의 성별, 연령, 건강 정도 및 체질 등을 고려하여야 한다.

제35조(출퇴근 중의 사고)

① 근로자가 출퇴근하던 중에 발생한 사고가 다음 각 호의 요건에 모두 해당하면 법 제37조제1항제3호가목에 따른 출퇴근 재해로 본다.

1. 사업주가 출퇴근용으로 제공한 교통수단이나 사업주가 제공한 것으로 볼 수 있는 교통수단을 이용하던 중에 사고가 발생하였을 것

2. 출퇴근용으로 이용한 교통수단의 관리 또는 이용권이 근로자측의 전속적 권한에 속하지 아니하였을 것

② 법 제37조제3항 단서에서 "일상생활에 필요한 행위로서 대통령령으로 정하는 사유"란 다음 각 호의 어느 하나에 해당하는 경우를 말한다.

1. 일상생활에 필요한 용품을 구입하는 행위

2. 「고등교육법」 제2조에 따른 학교 또는 「직업교육훈련 촉진법」 제2조에 따른 직업교

육훈련기관에서 직업능력 개발향상에 기여할 수 있는 교육이나 훈련 등을 받는 행위

3. 선거권이나 국민투표권의 행사

4. 근로자가 사실상 보호하고 있는 아동 또는 장애인을 보육기관 또는 교육기관에 데려주거나 해당 기관으로부터 데려오는 행위

5. 의료기관 또는 보건소에서 질병의 치료나 예방을 목적으로 진료를 받는 행위

6. 근로자의 돌봄이 필요한 가족 중 의료기관 등에서 요양 중인 가족을 돌보는 행위

7. 제1호부터 제6호까지의 규정에 준하는 행위로서 고용노동부장관이 일상생활에 필요한 행위라고 인정하는 행위

[본조신설 2017. 12. 26.]

제35조의2(출퇴근 재해 적용 제외 직종 등)

법 제37조제4항에서 "출퇴근 경로와 방법이 일정하지 아니한 직종으로 대통령령으로 정하는 경우"란 다음 각 호의 어느 하나에 해당하는 직종에 종사하는 사람(법 제124조에 따라 자기 또는 유족을 보험급여를 받을 수 있는 자로 하여 보험에 가입한 사람으로서 근로자를 사용하지 아니하는 사람을 말한다)이 본인의 주거지에 업무에 사용하는 자동차 등의 차고지를 보유하고 있는 경우를 말한다. 〈개정 2020. 1. 7.〉

1. 「여객자동차 운수사업법」 제3조제1항제3호에 따른 수요응답형 여객자동차운송사업

2. 「여객자동차 운수사업법 시행령」 제3조제2호라목에 따른 개인택시운송사업

3. 제122조제1항제2호에 해당하는 사람 중 「통계법」 제22조에 따라 통계청장이 고시하는 직업에 관한 표준분류(이하 "한국표준직업분류표"라 한다)의 세분류에 따른 택배원인 사람으로서 다음 각 목의 어느 하나에 해당하는 사람이 수행하는 배송 업무

　가. 퀵서비스업자[소화물의 집화(集貨) · 수송 과정 없이 그 배송만을 업무로 하는 사업의 사업주를 말한다. 이하 같다]로부터 업무를 의뢰받아 배송 업무를 하는 사람

　나. 퀵서비스업자

[본조신설 2017. 12. 26.]

제36조(자해행위에 따른 업무상의 재해의 인정 기준)

법 제37조제2항 단서에서 "대통령령으로 정하는 사유"란 다음 각 호의 어느 하나에 해당하는 경우를 말한다. 〈개정 2020. 1. 7.〉

1. 업무상의 사유로 발생한 정신질환으로 치료를 받았거나 받고 있는 사람이 정신적 이상 상태에서 자해행위를 한 경우

2. 업무상의 재해로 요양 중인 사람이 그 업무상의 재해로 인한 정신적 이상 상태에서 자해행위를 한 경우

3. 그 밖에 업무상의 사유로 인한 정신적 이상 상태에서 자해행위를 하였다는 상당인과관계가 인정되는 경우

제37조(사망의 추정)

① 법 제39조제1항에 따라 사망으로 추정하는 경우는 다음 각 호의 어느 하나에 해당하는 경우로 한다.

1. 선박이 침몰·전복·멸실 또는 행방불명되거나 항공기가 추락·멸실 또는 행방불명되는 사고가 발생한 경우에 그 선박 또는 항공기에 타고 있던 근로자의 생사가 그 사고 발생일부터 3개월간 밝혀지지 아니한 경우

2. 항행 중인 선박 또는 항공기에 타고 있던 근로자가 행방불명되어 그 생사가 행방불명된 날부터 3개월간 밝혀지지 아니한 경우

3. 천재지변, 화재, 구조물 등의 붕괴, 그 밖의 각종 사고의 현장에 있던 근로자의 생사가 사고 발생일부터 3개월간 밝혀지지 아니한 경우

② 제1항에 따라 사망으로 추정되는 사람은 그 사고가 발생한 날 또는 행방불명된 날에 사망한 것으로 추정한다.

③ 제1항 각 호의 사유로 생사가 밝혀지지 아니하였던 사람이 사고가 발생한 날 또는 행방불명된 날부터 3개월 이내에 사망한 것이 확인되었으나 그 사망 시기가 밝혀지지 아니한 경우에도 제2항에 따른 날에 사망한 것으로 추정한다.

④ 보험가입자는 제1항 각 호의 사유가 발생한 때 또는 사망이 확인된 때(제3항에 따라 사망한 것으로 추정하는 때를 포함한다)에는 지체 없이 공단에 근로자 실종 또는 사망확인의 신고를 하여야 한다.

⑤ 법 제39조제1항에 따라 보험급여를 지급한 후에 그 근로자의 생존이 확인되면 보험급여를 받은 사람과 보험가입자는 그 근로자의 생존이 확인된 날부터 15일 이내에 공단에 근로자 생존확인신고를 하여야 한다.

⑥ 공단은 근로자의 생존이 확인된 경우에 보험급여를 받은 사람에게 법 제39조제2항에 따른 금액을 낼 것을 알려야 한다.

⑦ 제6항에 따른 통지를 받은 사람은 그 통지를 받은 날부터 30일 이내에 통지받은 금액을 공단에 내야 한다.

제3절 요양급여 등

제38조(요양비의 청구 등)

① 법 제40조제2항 단서에 따라 수급권자가 받을 수 있는 요양비는 다음 각 호의 비용으로 한다.

1. 법 제43조제1항에 따른 산재보험 의료기관(이하 "산재보험 의료기관"이라 한다)이 아닌 의료기관에서 응급진료 등 긴급하게 요양을 한 경우의 요양비

2. 다음 각 목의 어느 하나에 해당하는 요양급여에 드는 비용(산재보험 의료기관에서 제공되지 아니하는 경우로 한정한다)

   가. 법 제40조제4항제2호 중 의지(義肢)나 그 밖의 보조기의 지급

   나. 법 제40조제4항제6호 중 간병

   다. 법 제40조제4항제7호의 이송

3. 그 밖에 공단이 정당한 사유가 있다고 인정하는 요양비

② 제1항에 따른 요양비를 받으려는 사람은 공단에 청구하여야 한다.

③ 공단은 긴급하거나 그 밖의 부득이한 사유가 있을 때에는 해당 근로자의 청구를 받아 법 제40조제4항제7호에 따른 이송에 드는 비용을 미리 지급할 수 있다.

제39조(과징금의 부과 · 납부 및 기준)

① 공단이 법 제44조제1항에 따라 과징금을 부과하려는 경우에는 해당 위반행위를 조사 · 확인한 후 위반사실 · 부과금액 · 이의방법 및 이의기간 등을 명시하여 이를 낼 것을 부과대상자에게 알려야 한다.

② 제1항에 따른 통지를 받은 자는 통지를 받은 날부터 20일 이내에 과징금을 공단이 지정하는 수납기관에 내야 한다. 다만, 천재지변이나 그 밖의 부득이한 사유로 그 기간에 과징금을 낼 수 없는 경우에는 그 사유가 없어진 날부터 7일 이내에 내야 한다.

③ 제2항에 따라 과징금을 받은 수납기관은 과징금을 낸 자에게 영수증을 내주어야 한다.

④ 과징금의 수납기관은 제2항에 따라 과징금을 수납하면 지체 없이 그 사실을 공단에 알려야 한다.

⑤ 법 제44조제2항에 따른 위반행위의 종류와 위반정도 등에 따른 과징금의 부과기준은 별표 5와 같다.

제40조(진료계획의 제출)

① 산재보험 의료기관은 법 제47조제1항에 따른 진료계획(이하 "진료계획"이라 한다)에 다음 각 호의 사항을 적어야 한다.

    1. 해당 근로자의 업무상의 재해에 따른 부상 또는 질병의 명칭

    2. 해당 근로자의 부상·질병의 경과, 진료내용 및 현재의 상태

    3. 요양기간을 연장할 의학적 필요성

    4. 향후 입원·통원 또는 취업치료 등 치료방법, 치료내용 및 치료예정기간

    5. 그 밖에 해당 근로자의 진료에 필요한 사항

② 산재보험 의료기관은 제1항에 따른 진료계획을 3개월(부상·질병의 특성상 1년 이상의 장기 요양이 필요한 경우로서 공단이 정하는 부상·질병의 경우에는 1년) 단위로 하여 종전의 요양기간(공단이 제41조제2항제1호에 따른 변경조치를 한 경우에는 변경된 요양기간을 말한다)이 끝나기 7일 전까지 공단에 제출하여야 한다.

제41조(진료계획의 심사 및 변경 조치)

① 법 제47조제2항에 따라 공단이 진료계획을 심사할 때에는 제42조에 따른 자문의사에게 자문하거나 제43조에 따른 자문의사회의의 심의를 거칠 수 있다.

② 법 제47조제2항에서 "대통령령으로 정하는 필요한 조치"란 다음 각 호의 조치를 말한다.

〈개정 2021. 6. 8.〉

    1. 치료의 종결 또는 치료예정기간의 단축

    2. 입원·통원 등 치료방법의 변경

    3. 법 제48조제1항에 따른 산재보험 의료기관의 변경

    4. 그 밖의 진료계획 변경

③ 공단은 진료계획에 대하여 제2항 각 호의 조치를 하려면 그 내용을 해당 근로자 및 산재보험 의료기관에 알려야 한다.

제42조(자문의사)

① 공단은 업무상의 재해에 따른 보험급여·진료비 또는 약제비 등의 지급 결정이나 그 밖에 보험사업에 필요한 의학적 자문을 하기 위하여 의사·치과의사 또는 한의사(공단의 직원인 의사·치과의사 또는 한의사를 포함한다)를 자문의사로 위촉하거나 임명할 수 있다.

② 제1항에 따른 자문의사(이하 "자문의사"라 한다)의 자격과 위촉·임명 절차 등에 관하여 필요한 사항은 공단이 정한다.

제43조(자문의사회의)

① 공단은 업무상의 재해에 따른 보험급여 · 진료비 또는 약제비 등의 지급 결정이나 그 밖에 보험사업과 관련된 의학적 판단이 필요한 사항에 대하여 체계적으로 자문하기 위하여 공단 소속 기관에 자문의사회의를 둔다.

② 자문의사회의는 자문의사 5명 이상으로 구성한다.

③ 자문의사회의는 공단의 자문에 응하여 의학적인 판단이 필요한 사항으로서 다음 각 호에 해당하는 사항을 심의한다. 〈개정 2021. 6. 8.〉

1. 요양 중인 근로자의 치료종결 여부(주치의와 자문의사의 치료종결에 관한 의학적 소견이 서로 다른 경우에만 해당된다)

2. 법 제48조제1항제4호에 따른 산재보험 의료기관 변경 요양 사유의 타당성

3. 제72조에 따른 보험급여의 일시지급 금액의 산정과 관련된 의학적 소견

4. 제118조제4항 단서에 따른 판정 또는 판단과 관련된 의학적 소견

5. 그 밖에 보험급여 · 진료비 및 약제비에 관한 사항으로서 공단 소속 기관의 장이 자문의사회의의 심의가 필요하다고 인정하는 사항

④ 자문의사회의의 구성 및 운영에 필요한 사항은 공단이 정한다.

제44조(산재보험 의료기관 변경 요양)

법 제48조제1항제4호에서 "대통령령으로 정하는 절차"란 자문의사회의의 심의 절차를 말한다.

[제목개정 2021. 6. 8.]

제45조(추가상병)

제32조에 따른 요양 중의 사고는 요양급여의 신청에 관하여 법 제49조에 따른 추가상병으로 본다.

제46조(평가 대상 산재보험 의료기관)

① 법 제50조제1항 전단에서 "대통령령으로 정하는 의료기관"이란 법 제43조제1항제3호에 따른 산재보험 의료기관으로 한다. 다만, 「의료법」 제58조에 따라 의료기관 인증을 받은 의료기관에 대한 평가는 같은 법에 따른 평가에서 제외되는 평가항목으로서 업무상의 재해에 대한 요양의 질과 관련된 사항만을 대상으로 한다. 〈개정 2012. 11. 12.〉

② 공단은 제1항에 따른 평가 대상 산재보험 의료기관 중에서 인력, 시설, 규모, 업무상의 재해를 입은 근로자에 대한 진료 실적, 진료비 청구 금액 또는 요양급여 등에 관한 종전의 평가결

과 등을 고려하여 평가할 의료기관을 선정할 수 있다.

제47조(산재보험 의료기관의 평가 방법 등

① 법 제50조에 따른 산재보험 의료기관의 평가 방법은 현지평가 또는 서면평가로 한다. 이 경우 현지평가의 대상으로 선정된 산재보험 의료기관에는 그 사실을 미리 알려야 한다.

② 산재보험 의료기관의 평가 기준은 다음 각 호와 같다.

　1. 인력, 시설 및 장비

　2. 의료서비스의 내용 및 수준

　3. 요양한 근로자의 만족도

　4. 업무상의 재해를 입은 근로자에 대한 진료 실적

　5. 그 밖에 업무상의 재해를 입은 근로자에 대한 요양의 질에 관한 사항

③ 제2항에 따른 평가에 필요한 세부 사항은 공단이 정한다.

제48조(재요양의 요건 및 절차)

① 법 제51조에 따른 재요양(이하 "재요양"이라 한다)은 업무상 부상 또는 질병에 대하여 요양급여(요양급여를 받지 아니하고 장해급여를 받는 부상 또는 질병의 경우에는 장해급여)를 받은 경우로서 다음 각 호의 요건 모두에 해당하는 경우에 인정한다.　　〈개정 2020. 1. 7.〉

　1. 치유된 업무상 부상 또는 질병과 재요양의 대상이 되는 부상 또는 질병 사이에 상당인과관계가 있을 것

　2. 재요양의 대상이 되는 부상 또는 질병의 상태가 치유 당시보다 악화된 경우로서 나이나 그 밖에 업무 외의 사유로 악화된 경우가 아닐 것

　3. 재요양의 대상이 되는 부상 또는 질병의 상태가 재요양을 통해 호전되는 등 치료효과를 기대할 수 있을 것

② 재요양을 받으려는 사람은 고용노동부령으로 정하는 바에 따라 공단에 재요양을 신청하여야 한다.　　〈개정 2010. 7. 12.〉

제4절 휴업급여

제49조(부분휴업급여의 지급 요건)

법 제53조에 따른 부분휴업급여를 받으려는 사람은 다음 각 호의 요건 모두를 갖추어야 한다.

　1. 요양 중 취업 사업과 종사 업무 및 근로시간이 정해져 있을 것

2. 그 근로자의 부상·질병 상태가 취업을 하더라도 치유 시기가 지연되거나 악화되지 아니할 것이라는 의사의 소견이 있을 것

제50조(부분휴업급여의 지급 절차)

① 부분휴업급여를 받으려는 사람은 고용노동부령으로 정하는 서류를 첨부하여 공단에 청구하여야 한다. 〈개정 2010. 7. 12.〉

② 공단은 제1항에 따른 청구가 있으면 그 근로자의 부상·질병 상태, 종사 업무 및 근로시간 등을 고려하여 지급 여부를 결정하고 그 내용을 그 근로자에게 알려야 한다.

제51조(고령자 휴업급여의 감액지급 유예기간)

법 제55조 단서에서 "대통령령으로 정하는 기간"이란 업무상의 재해로 요양을 시작한 날부터 2년을 말한다.

제52조(재요양에 따른 평균임금 산정사유 발생일)

법 제56조제1항 후단에서 "평균임금 산정사유 발생일"이란 다음 각 호의 어느 하나에 해당하는 날을 말한다. 〈개정 2010. 7. 12.〉

1. 재요양의 대상이 되는 부상 또는 질병에 대하여 재요양이 필요하다고 진단을 받은 날. 다만, 그 재요양의 대상이 되는 부상 또는 질병에 대한 진단 전의 검사·치료가 재요양의 대상이 된다고 인정하는 진단과 시간적·의학적 연속성이 있는 경우에는 그 검사·치료를 시작한 날

2. 해당 질병의 특성으로 재요양 대상에 해당하는지를 고용노동부령으로 정하는 절차에 따라 판정하여야 하는 질병은 그 판정 신청을 할 당시에 발급된 진단서나 소견서의 발급일

제5절 장해급여

제53조(장해등급의 기준 등)

① 법 제57조제2항에 따른 장해등급의 기준은 별표 6에 따른다. 이 경우 신체부위별 장해등급 판정에 관한 세부기준은 고용노동부령으로 정한다. 〈개정 2010. 7. 12.〉

② 별표 6에 따른 장해등급의 기준에 해당하는 장해가 둘 이상 있는 경우에는 그 중 심한 장해에 해당하는 장해등급을 그 근로자의 장해등급으로 하되, 제13급 이상의 장해가 둘 이상 있는 경우에는 다음 각 호의 구분에 따라 조정된 장해등급을 그 근로자의 장해등급으로 한다. 다

만, 조정의 결과 산술적으로 제1급을 초과하게 되는 경우에는 제1급을 그 근로자의 장해등급으로 하고, 그 장해의 정도가 조정된 등급에 규정된 다른 장해의 정도에 비하여 명백히 낮다고 인정되는 경우에는 조정된 등급보다 1개 등급 낮은 등급을 그 근로자의 장해등급으로 한다.

1. 제5급 이상에 해당하는 장해가 둘 이상 있는 경우에는 3개 등급 상향 조정

2. 제8급 이상에 해당하는 장해가 둘 이상 있는 경우에는 2개 등급 상향 조정

3. 제13급 이상에 해당하는 장해가 둘 이상 있는 경우에는 1개 등급 상향 조정

③ 별표 6에 규정되지 아니한 장해가 있을 때에는 같은 표 중 그 장해와 비슷한 장해에 해당하는 장해등급으로 결정한다.

④ 이미 장해가 있던 사람이 업무상 부상 또는 질병으로 같은 부위에 장해의 정도가 심해진 경우에 그 사람의 심해진 장해에 대한 장해급여의 금액은 법 별표 2에 따른 장해등급별 장해보상일시금 또는 장해보상연금의 지급일수를 기준으로 하여 다음 각 호의 구분에 따라 산정한 금액으로 한다.

1. 장해보상일시금으로 지급하는 경우: 심해진 장해에 해당하는 장해보상일시금의 지급일수에서 기존의 장해에 해당하는 장해보상일시금의 지급일수를 뺀 일수에 급여 청구사유 발생 당시의 평균임금을 곱하여 산정한 금액

2. 장해보상연금으로 지급하는 경우: 심해진 장해에 해당하는 장해보상연금의 지급일수에서 기존의 장해에 해당하는 장해보상연금의 지급일수(기존의 장해가 제8급부터 제14급까지의 장해 중 어느 하나에 해당하면 그 장해에 해당하는 장해보상일시금의 지급일수에 100분의 22.2를 곱한 일수)를 뺀 일수에 연금 지급 당시의 평균임금을 곱하여 산정한 금액

⑤ 법 제57조제3항 단서에서 "대통령령으로 정하는 노동력을 완전히 상실한 장해등급"이란 별표 6의 제1급부터 제3급까지의 장해등급을 말한다.

⑥ 법 제57조제5항에 따른 일시금을 지급받으려는 사람은 공단에 청구하여야 한다.

제54조 삭제 〈2020. 1. 7.〉

제55조(장해등급등의 재판정 대상자)

① 법 제59조제3항에 따른 장해등급 또는 진폐장해등급(이하 "장해등급등"이라 한다)의 재판정 대상자는 다음 각 호의 어느 하나에 해당하는 장해보상연금 또는 진폐보상연금 수급권자로 한다. 〈개정 2010. 11. 15.〉

1. 장해보상연금 지급 대상이 되는 장해 중 별표 6에 따른 제1급제3호, 제2급제5호, 제3급제3

호, 제5급제8호, 제7급제4호, 제9급제15호 및 제12급제15호에 해당하는 장해가 하나 이상 있는 경우

2. 장해보상연금 지급 대상이 되는 장해 중 별표 6에 따른 제6급제5호, 제7급제14호, 제8급제2호, 제9급제17호, 제10급제8호, 제11급제7호, 제12급제16호에 해당하는 장해(척추 신경 근장해에 따라 장해등급이 결정된 경우만 해당한다)가 하나 이상 있는 경우

3. 장해보상연금 지급 대상이 되는 장해 중 별표 6에 따른 제1급제6호 · 제8호., 제4급제6호, 제5급제4호 · 제5호, 제6급제6호 · 제7호, 제7급제7호 · 제11호, 제8급제4호 · 제6호 · 제7호, 제9급제11호 · 제13호, 제10급제10호 · 제13호 · 제14호, 제11급제9호 · 제10호, 제12급제9호 · 제10호 · 제12호 · 제14호, 제13급제8호 · 제11호에 해당하는 장해(신체 관절의 운동기능에 따라 장해등급이 결정된 경우만 해당된다)가 하나 이상 있는 경우

4. 진폐보상연금 지급 대상이 되는 진폐장해 중 별표 11의2 제2호에 따른 제1급부터 제7급까지에 해당하는 진폐장해가 남은 경우

5. 장해보상연금 지급 대상이 되는 장해 중 제53조제3항에 따른 장해가 있는 경우로서 제1호부터 제3호까지의 규정에 해당하는 장해가 하나 이상 포함되어 있는 경우

② 제1항에도 불구하고 장해보상연금 수급권자의 장해 중 제1항 각 호에 따른 장해의 등급이 변경되더라도 그 외의 장해 때문에 최종의 장해등급은 변경되지 아니하는 경우에는 장해등급의 재판정 대상에서 제외한다.

[제목개정 2010. 11. 15.]

제56조(장해등급등의 재판정 시기 등)

① 법 제59조에 따른 장해등급등의 재판정은 장해보상연금 또는 진폐보상연금의 지급 결정을 한 날을 기준으로 2년이 지난 날부터 1년 이내에 하여야 한다.　　　　〈개정 2010. 11. 15.〉

② 제1항에도 불구하고 장해등급등의 재판정 대상자가 재요양을 하는 경우에는 그 재요양 후 치유된 날(장해등급등이 변경된 경우에는 그에 따른 장해보상연금 또는 진폐보상연금의 지급 결정을 한 날)을 기준으로 2년이 지난 날부터 1년 이내에 하여야 한다. 〈개정 2010. 11. 15.〉

③ 공단은 제1항 또는 제2항에 따라 장해등급등의 재판정을 하려면 재판정 대상자에게 제117조제1항제2호에 따른 진찰을 받도록 요구하여야 한다.　　　　〈개정 2010. 11. 15.〉

④ 법 제59조제1항에 따라 장해등급등의 재판정을 받으려는 사람은 고용노동부령으로 정하는 바에 따라 공단에 신청하여야 한다.　　　　〈개정 2010. 7. 12., 2010. 11. 15.〉

⑤ 공단은 장해등급등의 재판정을 하려는 때에는 장해 정도를 진찰할 산재보험 의료기관(진폐 장해등급을 재판정하려는 경우에는 법 제91조의6제1항에 따른 건강진단기관을 말한다), 진

찰일이나 그 밖에 재판정에 필요한 사항을 구체적으로 밝혀 진찰일 30일 전까지 해당 근로자에게 알려야 한다. 〈개정 2010. 11. 15.〉

[제목개정 2010. 11. 15.]

제57조(장해등급등의 재판정에 따른 장해급여 또는 진폐보상연금의 지급 방법)

① 법 제59조에 따른 장해등급등의 재판정 결과 장해등급등이 변경되어 장해보상연금 또는 진폐보상연금을 청구한 경우에는 다음 각 호의 구분에 따라 장해보상연금 또는 진폐보상연금을 지급한다. 〈개정 2010. 11. 15., 2020. 1. 7.〉

1. 장해상태가 악화된 경우: 제56조제5항에 따른 재판정 진찰일이 속한 달의 다음달부터 변경된 장해등급등에 해당하는 장해보상연금 또는 진폐보상연금을 지급

2. 장해상태가 호전된 경우: 제56조제1항에 따른 재판정 결정일이 속한 달의 다음달부터 변경된 장해등급등에 해당하는 장해보상연금 또는 진폐보상연금을 지급

② 법 제59조에 따른 장해등급의 재판정 결과 장해등급이 변경되어 장해보상일시금을 청구한 경우에는 다음 각 호의 구분에 따라 지급한다.

1. 장해상태가 악화된 경우: 변경된 장해등급에 해당하는 장해보상일시금의 지급일수에서 이미 지급한 장해보상연금액을 지급 당시의 각각의 평균임금으로 나눈 일수의 합계를 뺀 일수에 평균임금을 곱한 금액 지급

2. 장해상태가 호전된 경우(변경된 장해등급이 제8급부터 제14급까지에 해당하는 경우를 포함한다): 변경된 장해등급에 해당하는 장해보상일시금의 지급일수가 이미 지급한 장해보상연금액을 지급 당시의 각각의 평균임금으로 나눈 일수의 합계보다 많은 경우에만 그 일수의 차에 평균임금을 곱한 금액 지급

③ 제1항에 따라 장해보상연금을 지급하는 경우에는 법 제57조제4항을 적용하지 아니한다.

[제목개정 2010. 11. 15.]

제58조(재요양 후의 장해급여)

① 장해보상연금을 받던 사람이 재요양 후에 장해등급이 변경되어 장해보상연금을 청구한 경우에는 재요양 후 치유된 날이 속하는 달의 다음 달부터 변경된 장해등급에 해당하는 장해보상연금을 지급한다.

② 장해보상연금을 받던 사람이 재요양 후에 장해등급이 변경되어 장해보상일시금을 청구한 경우에는 다음 각 호의 구분에 따라 지급한다.

1. 장해상태가 악화된 경우: 변경된 장해등급에 해당하는 장해보상일시금의 지급일수에서

이미 지급한 장해보상연금액을 지급 당시의 각각의 평균임금으로 나눈 일수의 합계를 뺀 일수에 평균임금을 곱한 금액 지급

2. 장해상태가 호전된 경우(변경된 장해등급이 제8급부터 제14급까지에 해당하는 경우를 포함한다): 변경된 장해등급에 해당하는 장해보상일시금의 지급일수가 이미 지급한 장해보상연금액을 지급 당시의 각각의 평균임금으로 나눈 일수의 합계보다 많은 경우에만 그 일수의 차에 평균임금을 곱한 금액 지급

③ 장해보상일시금을 받은 사람이 재요양을 한 경우 재요양 후의 장해상태가 종전에 비하여 악화되면 다음 각 호의 방법에 따라 장해급여를 지급한다. 〈개정 2017. 12. 26.〉

1. 장해보상연금으로 청구한 경우: 재요양 후 치유된 날이 속하는 달의 다음 달부터 변경된 장해등급에 해당하는 장해보상연금을 지급하되, 청구인의 신청에 따라 이미 지급한 장해보상일시금의 지급일수에 해당하는 기간만큼의 장해보상연금을 지급하지 아니하거나 이미 지급한 장해보상일시금 지급일수의 2배에 해당하는 기간만큼 장해보상연금의 2분의 1을 지급한다.

2. 장해보상일시금으로 청구한 경우: 변경된 장해등급에 해당하는 장해보상일시금의 지급일수에서 종전의 장해등급에 해당하는 장해보상일시금의 지급일수를 뺀 일수에 평균임금을 곱한 금액을 지급한다.

④ 재요양 후의 장해급여의 산정에 적용할 평균임금은 종전의 장해급여의 산정에 적용된 평균임금(장해급여를 받지 아니한 경우에는 종전의 요양종결 당시의 평균임금)을 제22조에 따라 증감한 금액으로 한다.

⑤ 재요양 후 장해보상연금을 지급하는 경우에는 법 제57조제4항을 적용하지 아니한다. 다만, 종전에 장해급여의 대상에 해당되지 않았던 사람이 재요양 후에 장해보상연금을 지급받게 되는 경우에는 그러하지 아니하다.

제6절 간병급여

제59조(간병급여의 지급 기준 및 방법)

① 법 제61조제1항에 따른 간병급여의 지급 대상은 별표 7과 같다.

② 간병급여는 제1항에 따른 간병급여의 지급 대상에 해당되는 사람이 실제로 간병을 받은 날에 대하여 지급한다.

③ 간병급여의 지급 기준은 「통계법」 제3조에 따른 지정통계 중 고용노동부장관이 작성하는 고용형태별근로실태조사의 직종별 월급여총액 등을 기초로 하여 고용노동부장관이 고시하

는 금액으로 한다. 이 경우 수시 간병급여의 대상자에게 지급할 간병급여의 금액은 상시 간병급여의 지급 대상자에게 지급할 금액의 3분의 2에 해당하는 금액으로 한다.

〈개정 2010. 7. 12.〉

④ 제1항에도 불구하고 간병급여의 대상자가 무료요양소 등에 들어가 간병 비용을 지출하지 않았거나, 제3항에 따른 지급 기준보다 적은 금액을 지출한 경우에는 실제 지출한 금액을 지급한다.

⑤ 간병급여 수급권자가 법 제51조에 따라 재요양을 받는 경우 그 재요양 기간 중에는 간병급여를 지급하지 않는다.

⑥ 간병급여의 청구 방법 등은 고용노동부령으로 정한다.

〈개정 2010. 7. 12.〉

제7절 유족급여

제60조(유족보상연금 청구에 관한 대표자 선임 등)

① 유족보상연금 수급권자가 2명 이상 있을 때에는 그 중 1명을 유족보상연금의 청구와 수령에 관한 대표자로 선임할 수 있다.

② 제1항에 따라 대표자를 선임하거나 그 선임된 대표자를 해임한 경우에는 지체 없이 그 선임 또는 해임을 증명할 수 있는 서류를 첨부하여 공단에 신고하여야 한다.

제61조(생계를 같이 하는 유족의 범위)

법 제63조제1항 각 호 외의 부분 전단에서 "근로자와 생계를 같이 하고 있던 유족"이란 근로자가 사망할 당시에 다음 각 호의 어느 하나에 해당하는 사람을 말한다.

1. 근로자와 「주민등록법」에 따른 주민등록표상의 세대를 같이 하고 동거하던 유족으로서 근로자의 소득으로 생계의 전부 또는 상당 부분을 유지하고 있던 사람

2. 근로자의 소득으로 생계의 전부 또는 상당 부분을 유지하고 있던 유족으로서 학업·취업·요양, 그 밖에 주거상의 형편 등으로 주민등록을 달리하였거나 동거하지 않았던 사람

3. 제1호 및 제2호에 따른 유족 외의 유족으로서 근로자가 정기적으로 지급하는 금품이나 경제적 지원으로 생계의 전부 또는 대부분을 유지하고 있던 사람₩

제62조(유족보상연금의 지급정지 등)

① 법 제64조제2항에 따라 유족보상연금을 받을 권리가 이전된 경우에 유족보상연금을 새로 지급받으려는 사람은 공단에 유족보상연금 수급권자 변경신청을 하여야 한다.

② 법 제64조제3항에 따라 유족보상연금 수급권자가 3개월 이상 행방불명이면 같은 순위자(같은 순위자가 없는 경우에는 다음 순위자)의 신청에 따라 행방불명된 달의 다음 달 분부터 그 행방불명 기간 동안 그 행방불명된 사람에 대한 유족보상연금의 지급을 정지하고, 법 제62조 제2항 및 법 별표 3에 따라 산정한 금액을 유족보상연금으로 지급한다. 이 경우 행방불명된 종전의 유족보상연금 수급권자는 법 제62조제2항 및 법 별표 3에 따른 가산금액이 적용되는 유족보상연금 수급자격자로 보지 않는다.

③ 제2항 전단에 따라 유족보상연금의 지급이 정지된 사람은 언제든지 그 지급정지의 해제를 신청할 수 있다.

제63조(유족보상연금액의 조정)

공단은 다음 각 호의 사유가 발생하면 유족보상연금 수급권자의 청구에 의하거나 직권으로 그 사유가 발생한 달의 다음 달 분부터 유족보상연금의 금액을 조정한다.

　　1. 근로자의 사망 당시 태아였던 자녀가 출생한 경우

　　2. 제62조제3항에 따라 지급정지가 해제된 경우

　　3. 유족보상연금 수급자격자가 법 제64조제1항에 따라 자격을 잃은 경우

　　4. 유족보상연금 수급자격자가 행방불명이 된 경우

제8절 상병보상연금

제64조(상병보상연금의 지급 등)

① 법 제66조부터 제69조까지의 규정에 따른 상병보상연금을 받으려는 사람은 중증요양상태를 증명할 수 있는 의사의 진단서를 첨부하여 공단에 청구하여야 한다. 　〈개정 2018. 12. 11.〉

② 공단은 상병보상연금을 받고 있는 근로자의 중증요양상태등급이 변동되면 수급권자의 청구에 의하여 또는 직권으로 그 변동된 날부터 새로운 중증요양상태등급에 따른 상병보상연금을 지급한다. 　〈개정 2018. 12. 11.〉

③ 상병보상연금을 받고 있는 근로자가 제2항에 따라 중증요양상태등급의 변동에 따른 상병보상연금을 청구할 때에는 변동된 중증요양상태를 증명할 수 있는 의사의 진단서를 첨부하여야 한다. 　〈개정 2018. 12. 11.〉

제65조(중증요양상태등급 기준 등)

① 법 제66조부터 제69조까지의 규정에 따른 상병보상연금을 지급하기 위한 중증요양상태등급

기준은 별표 8과 같다. 〈개정 2018. 12. 11.〉

② 중증요양상태가 둘 이상 있는 경우의 중증요양상태등급의 조정에 관하여는 제53조제2항을 준용한다. 이 경우 "장해등급"은 "중증요양상태등급"으로 보고, "장해"는 "중증요양상태"로 보며, 별표 6의 제4급부터 제14급까지의 장해등급의 기준은 각각 해당하는 등급의 중증요양상태등급으로 본다. 〈개정 2018. 12. 11.〉

③ 기존의 중증요양상태가 새로운 업무상 부상 또는 질병으로 정도가 심해진 경우에 심해진 중증요양상태등급에 대한 상병보상연금의 산정은 심해진 중증요양상태등급에 해당하는 상병보상연금의 지급일수에서 기존의 중증요양상태등급에 해당하는 상병보상연금의 지급일수를 뺀 일수에 연금 지급 당시의 평균임금을 곱하여 산정한 금액으로 한다. 〈개정 2018. 12. 11.〉

[제목개정 2018. 12. 11.]

제9절 장례비 〈개정 2021. 6. 8.〉

제66조(장례비 최고·최저 금액의 산정)

① 법 제71조제2항에 따른 장례비의 최고금액 및 최저금액은 다음 각 호의 구분에 따라 산정한다. 〈개정 2021. 6. 8.〉

1. 장례비 최고금액: 전년도 장례비 수급권자에게 지급된 1명당 평균 장례비 90일분 + 최고보상기준 금액의 30일분

2. 장례비 최저금액: 전년도 장례비 수급권자에게 지급된 1명당 평균 장례비 90일분 + 최저보상기준 금액의 30일분

② 장례비 최고금액 및 최저금액을 산정할 때 10원 미만은 버린다. 〈개정 2021. 6. 8.〉

③ 장례비 최고금액 및 최저금액의 적용기간은 다음 연도 1월 1일부터 12월 31일까지로 한다. 〈개정 2021. 6. 8.〉

[제목개정 2021. 6. 8.]

제66조의2(장례비의 선지급 사유)

법 제71조제3항 전단에 따라 근로자가 법 제37조제1항제1호 각 목 또는 제3호 각 목의 사유로 사망하였다고 추정되는 경우에는 장례를 지내기 전이라도 유족의 청구에 따라 법 제71조제2항에 따른 최저 금액을 장례비로 미리 지급할 수 있다.

[본조신설 2021. 12. 31.]

제10절 직업재활급여 등 〈개정 2021. 12. 31.〉

제67조(직업재활 지원)

① 공단은 업무상의 재해를 입은 사람의 직업재활을 위하여 그 근로자가 요양을 받는 기간이나 요양종결 후에 심리상담, 직업재활에 필요한 정보의 제공, 그 근로자의 직업욕구나 직업능력 등을 고려한 직업평가, 직업복귀계획 수립의 지원이나 그 밖에 필요한 지원을 할 수 있다.

② 공단은 업무상의 재해를 입은 사람에게 제1항에 따른 직업재활의 지원이 필요하면 상담·평가 또는 그 밖의 협조를 요청할 수 있다.

제68조(직업재활급여 대상자)

① 법 제72조제1항제1호에 따른 훈련대상자(이하 "훈련대상자"라 한다)는 다음 각 호의 요건을 모두 갖춘 사람으로 한다. 〈개정 2010. 3. 26., 2010. 7. 12., 2010. 11. 15.〉

1. 다음 각 목의 어느 하나에 해당할 것

   가. 장해등급등 제1급부터 제12급까지의 어느 하나에 해당할 것

   나. 업무상의 사유로 발생한 부상 또는 질병으로 인하여 요양 중으로서 그 부상 또는 질병의 상태가 치유 후에도 장해등급 제1급부터 제12급까지의 어느 하나에 해당할 것이라는 내용의 의학적 소견이 있을 것

2. 삭제 〈2012. 11. 12.〉

3. 취업하고 있지 아니한 사람일 것. 이 경우 취업의 범위는 고용노동부령으로 정한다.

4. 다른 직업훈련을 받고 있지 아니할 것

5. 제67조제1항에 따른 직업복귀계획을 수립하였을 것

② 제1항제3호에도 불구하고 직업훈련을 받고 있는 훈련대상자가 직업훈련 기간 중에 취업을 한 경우에는 그 직업훈련 과정이 끝날 때까지 직업훈련을 받게 할 수 있되, 취업한 기간에 대하여는 직업훈련수당을 지급하지 않는다.

③ 제1항에 따른 훈련대상자가 직업훈련 기간에 대하여 「고용보험법」에 따른 구직급여를 받은 경우에는 직업훈련을 받게 할 수 있되, 직업훈련수당은 지급하지 않는다. 〈개정 2010. 3. 26.〉

④ 법 제72조제1항제2호에 따른 장해급여자(이하 "장해급여자"라 한다)는 해당 사업에 복귀할 때 제1항제1호에 해당하는 사람으로 한다. 〈개정 2010. 3. 26.〉

제69조(직업훈련비용의 지급 제한)

법 제73조제2항 단서에서 "대통령령으로 정하는 경우"란 직업훈련기관이 해당 훈련대상자의 직

업훈련과 관련하여 다음 각 호의 어느 하나에 해당하는 경우를 말한다.

〈개정 2010. 8. 25., 2022. 2. 17.〉

1. 「장애인고용촉진 및 직업재활법」 제11조에 따른 직업적응훈련 및 같은 법 제12조에 따른 직업능력개발훈련의 지원을 받은 경우

2. 「고용보험법」 제29조에 따른 직업능력개발훈련의 지원을 받은 경우

3. 「국민 평생 직업능력 개발법」 제11조의2, 제12조, 제15조 및 제17조에 따른 직업능력개발훈련의 지원을 받은 경우

4. 훈련대상자를 고용하려는 사업주가 직업훈련비용을 부담한 경우

5. 그 밖에 법 또는 다른 법령에 따라 직업훈련비용에 상당하는 지원을 받은 경우

제70조(직장복귀지원금 등의 지급 요건 등)

① 법 제75조제2항에 따른 직장복귀지원금은 사업주가 장해급여자에 대하여 요양종결일 또는 직장복귀일부터 6개월 이상 고용을 유지하고 그에 따른 임금을 지급한 경우에 지급한다. 다만, 장해급여자가 요양종결일 또는 직장복귀일부터 6개월이 되기 전에 자발적으로 퇴직한 경우에는 그 퇴직한 날까지의 직장복귀지원금을 지급한다.　　　　〈개정 2010. 3. 26.〉

② 법 제75조제3항에 따른 직장적응훈련비는 사업주가 장해급여자에 대하여 그 직무수행이나 다른 직무로 전환하는 데에 필요한 직장적응훈련을 실시한 경우로서 다음 각 호의 요건 모두에 해당하는 경우에 지급한다.　　　　〈개정 2010. 3. 26., 2018. 12. 11.〉

1. 요양종결일 또는 직장복귀일 직전 3개월부터 요양종결일 또는 직장복귀일 이후 6개월 이내에 직장적응훈련을 시작하였을 것

2. 직장적응훈련이 끝난 날의 다음 날부터 6개월 이상 해당 장해급여자에 대한 고용을 유지하였을 것. 다만, 장해급여자가 직장적응훈련이 끝난 날의 다음 날부터 6개월이 되기 전에 자발적으로 퇴직한 경우에는 그러하지 아니하다.

③ 법 제75조제3항에 따른 재활운동비는 사업주가 장해급여자에 대하여 그 직무수행이나 다른 직무로 전환하는 데 필요한 재활운동을 실시한 경우로서 다음 각 호의 요건 모두에 해당하는 경우에 지급한다.　　　　〈신설 2018. 12. 11.〉

1. 요양종결일 또는 직장복귀일부터 6개월 이내에 재활운동을 시작하였을 것

2. 재활운동이 끝난 날의 다음 날부터 6개월 이상 해당 장해급여자에 대한 고용을 유지하였을 것. 다만, 장해급여자가 재활운동이 끝난 날의 다음 날부터 6개월이 되기 전에 자발적으로 퇴직한 경우에는 그렇지 않다.

④ 제1항부터 제3항까지의 규정에 따른 요양종결일 또는 직장복귀일을 적용할 때, 장해급여자

중 장해급여를 받은 자는 요양종결일을 적용하고 장해급여를 받을 것이 명백한 자는 직장복귀일을 적용한다. 〈신설 2010. 3. 26., 2018. 12. 11.〉

제71조(직장복귀지원금 등의 지급 제한)

① 법 제75조제4항에서 "대통령령으로 정하는 경우"란 장해급여자를 고용한 사업주가 다음 각 호의 어느 하나에 해당하는 경우를 말한다. 〈개정 2010. 3. 26., 2022. 2. 17.〉

1. 「고용보험법」 제23조·제27조·제32조에 따른 지원을 받은 경우

2. 「장애인고용촉진 및 직업재활법」 제30조에 따른 고용장려금을 받은 경우

3. 「국민 평생 직업능력 개발법」 제20조제1항에 따른 지원을 받은 경우

4. 그 밖에 법이나 다른 법령에 따라 직장복귀지원금·직장적응훈련비 또는 재활운동비에 해당하는 금액을 받은 경우

5. 삭제 〈2010. 3. 26.〉

② 법 제75조제5항에서 "「장애인고용촉진 및 직업재활법」 제28조에 따른 의무로써 장애인을 고용한 경우 등 대통령령으로 정하는 경우"란 장해급여자를 고용한 사업주가 다음 각 호의 어느 하나에 해당하는 경우를 말한다. 〈신설 2010. 3. 26.〉

1. 「장애인고용촉진 및 직업재활법」 제28조에 따른 고용의무가 있는 장애인을 고용한 경우(직장복귀지원금만을 지급하지 아니한다)

2. 직장복귀지원금을 받을 목적으로 장해급여자가 사업에 복귀하기 3개월 전부터 복귀 후 6개월 이내에 다른 장해급여자 또는 「장애인고용촉진 및 직업재활법」에 따른 장애인을 그 사업에서 퇴직하게 한 경우

제71조의2(직장복귀 지원)

① 법 제75조의2제1항에 따라 공단은 업무상 재해를 입은 근로자가 다음 각 호에 해당하는 경우에는 업무상 재해가 발생한 당시의 사업주에게 근로자의 직장복귀에 관한 계획서를 작성하여 제출하도록 요구할 수 있다.

1. 업무상 재해로 인한 부상 또는 질병으로 6개월 이상 요양이 필요한 경우

2. 업무상 재해로 인한 부상 또는 질병에 대한 요양 종결 후 별표 6에 따른 제1급부터 제14급까지의 장해등급에 해당하는 장해가 발생할 것이 예상되는 경우

3. 그 밖에 근로자의 원활한 직장복귀를 위하여 지원이 필요한 경우로서 공단이 정하는 경우

② 법 제75조의2제3항에서 "직업능력 평가 등 대통령령으로 정하는 조치"란 다음 각 호의 조치를 말한다.

1. 직업능력 평가에 대한 진단 및 직업능력 평가의 실시

2. 작업능력 회복·강화를 위한 지원

3. 재활치료에 대한 진단 및 신체기능 회복·강화를 위한 지원

4. 의지(義肢) 또는 보조기의 처방, 제작·유지·보수를 위한 지원과 그 사용에 따른 적응력 향상 훈련 지원

5. 장해 상태를 고려한 작업환경 개선 및 근로자의 직무 전환을 위한 지원

6. 근로자의 심리적 안정 및 정신기능 회복과 가족, 직장동료와의 관계 회복 지원

7. 그 밖에 근로자의 직장복귀를 위해 공단이 필요하다고 인정하는 조치

[본조신설 2021. 12. 31.]

제11절 보험급여의 일시지급 등

제72조(보험급여의 일시지급 기준)

법 제76조제2항 각 호 외의 부분 전단에서 "대통령령으로 정하는 방법에 따라 각각 환산한 금액"이란 같은 항 각 호에 따른 보험급여의 금액에서 각각 그 금액의 100분의 2에 해당하는 금액을 뺀 금액을 말한다. 이 경우 상병보상연금은 그 산정 기준이 되는 중증요양상태등급과 같은 장해등급의 장해보상일시금에 해당하는 금액으로 하고, 장해급여 중 장해보상연금은 그 장해등급의 장해보상일시금으로 한다. 〈개정 2010. 3. 26., 2018. 12. 11.〉

제72조의2(합병증 등 예방관리 조치대상 등)

① 법 제77조제1항에 따른 합병증 등 재요양 사유가 발생할 우려가 있는 사람(이하 "합병증등예방관리대상자"라 한다)는 공단이 자문의사의 자문 또는 제43조에 따른 자문의사회의의 심의를 거쳐 합병증 등의 예방관리가 필요하다고 결정한 사람으로 한다. 〈개정 2021. 6. 8.〉

② 공단은 합병증등예방관리대상자에게 산재보험 의료기관에서 다음 각 호의 어느 하나에 해당하는 조치를 받게 하고 예산의 범위에서 해당 비용을 지원할 수 있다. 이 경우 비용의 산정 기준은 법 제40조제5항에 따른 요양급여의 산정 기준에 따른다.

1. 진찰 및 검사

2. 약제 또는 진료재료의 처방

3. 수술을 제외한 처치, 그 밖의 치료

4. 재활치료

5. 입원

③ 합병증등예방관리대상자의 결정 기준 및 절차, 제2항에 따른 조치비용의 인정 범위, 그 밖에 필요한 사항은 공단이 정한다.

[본조신설 2018. 12. 11.]

제73조(장해특별급여의 지급기준 등)

① 법 제78조제1항 본문에서 "대통령령으로 정하는 장해등급 또는 진폐장해등급"이란 별표 6에 따른 제1급부터 제3급까지의 장해등급 또는 별표 11의2에 따른 제1급부터 제3급까지의 진폐 장해등급을 말한다. 〈개정 2010. 11. 15.〉

② 법 제78조제1항 본문에서 "대통령령으로 정하는 장해특별급여"란 평균임금의 30일분에 별표 9에 따른 장해등급 및 진폐장해등급별 노동력 상실률과 별표 11에 따른 취업가능기간에 대 응하는 라이프니츠 계수를 곱하여 산정한 금액에서 법 제57조에 따른 장해보상일시금(진폐 보상연금을 지급받는 경우에는 진폐장해등급과 같은 장해등급에 해당하는 장해보상일시금 을 말한다)을 뺀 금액을 말한다. 〈개정 2010. 11. 15.〉

③ 제2항에서 취업가능기간은 장해등급등이 판정된 날부터 단체협약 또는 취업규칙에서 정하 는 취업정년까지로 한다. 이 경우 단체협약 또는 취업규칙에서 취업정년을 정하고 있지 아니 하면 60세를 취업정년으로 본다. 〈개정 2010. 11. 15.〉

제74조(유족특별급여의 지급기준 등)

① 법 제79조제1항에서 "대통령령으로 정하는 유족특별급여"란 평균임금의 30일분에서 사망자 본인의 생활비(평균임금의 30일분에 별표 10에 따른 사망자 본인의 생활비 비율을 곱하여 산 정한 금액을 말한다)를 뺀 후 별표 11에 따른 취업가능개월수에 대응하는 라이프니츠 계수를 곱하여 산정한 금액에서 법 제62조에 따른 유족보상일시금을 뺀 금액을 말한다.

② 제1항의 취업가능개월수의 산정에 관하여는 제73조제3항을 준용한다. 이 경우 "장해등급이 판정된 날"은 "사망한 날"로 본다. 〈개정 2021. 6. 8.〉

제75조(특별급여액의 징수)

① 보험가입자는 법 제78조제3항 및 법 제79조제2항에 따라 장해특별급여액 또는 유족특별급 여액의 납부통지를 받으면 그 금액을 1년에 걸쳐 4회로 분할납부할 수 있다.

② 제1항에 따라 장해특별급여액 또는 유족특별급여액을 분할납부하려는 경우 최초의 납부액 은 납부통지를 받은 날이 속하는 분기의 말일까지 납부하고, 그 이후의 납부액은 각각 그 분 기의 말일까지 납부하여야 한다.

제76조(다른 보상이나 배상과의 조정 기준)

법 제80조제3항 본문에서 "대통령령으로 정하는 방법에 따라 환산한 금액"이란 수급권자가 지급받은 금품의 가액(이 법에 따라 보험급여를 산정할 당시의 가액을 말한다)을 말하되, 요양서비스를 제공받은 경우에는 그 요양에 드는 비용으로 환산한 금액을 말한다.

[전문개정 2017. 12. 26.]

제77조(미지급 보험급여 수급권자의 결정 등)

법 제81조에 따른 미지급 보험급여 수급권자의 결정에 관하여는 법 제65조제1항·제2항 및 제4항을 준용한다.

제77조의2(보험급여수급계좌)

① 법 제82조제2항 단서에서 "정보통신장애나 그 밖에 대통령령으로 정하는 불가피한 사유"란 다음 각 호의 어느 하나에 해당하는 경우를 말한다.

1. 법 제82조제2항 본문에 따른 보험급여수급계좌(이하 "보험급여수급계좌"라 한다)가 개설된 금융기관이 폐업, 업무정지, 정보통신장애 등으로 정상영업이 불가능하여 보험급여를 보험급여수급계좌로 이체할 수 없는 경우

2. 그 밖에 고용노동부장관이 보험급여를 보험급여 지급 결정일부터 14일 이내에 보험급여수급계좌로 이체하는 것이 불가능하다고 인정하는 경우

② 공단은 법 제82조제2항 단서에 따라 보험급여를 보험급여수급계좌로 이체할 수 없을 때에는 수급권자에게 해당 보험급여를 직접 현금으로 지급할 수 있다.

③ 공단은 수급권자가 법 제82조제2항 본문에 따른 신청을 하면 보험급여를 보험급여수급계좌로 받을 수 있다는 사실을 수급권자에게 안내해야 한다.

[본조신설 2018. 12. 11.]

제78조(보험급여 지급 제한의 범위 등)

① 공단은 보험급여 수급권자가 법 제83조제1항제1호에 해당하면 보험급여의 지급을 제한하기로 결정한 날 이후에 지급사유가 발생하는 휴업급여 또는 상병보상연금의 20일분(지급사유가 발생한 기간이 20일 미만이면 그 기간 해당분)에 상당하는 금액을 지급하지 않는다.

② 공단은 장해보상연금 또는 진폐보상연금 수급권자가 법 제83조제1항제2호에 해당하면 다음 각 호에 따라 장해급여를 지급한다. 〈개정 2010. 11. 15.〉

1. 장해상태가 종전의 장해등급등보다 심해진 경우에도 종전의 장해등급등에 해당하는 장해

보상연금 또는 진폐보상연금 지급

2. 장해상태가 종전의 장해등급등보다 호전되었음이 의학적 소견 등으로 확인되는 경우로서 재판정 전에 장해상태를 악화시킨 경우에는 그 호전된 장해등급등에 해당하는 장해급여 또는 진폐보상연금 지급

제79조(부당이득의 징수)

① 공단은 법 제84조에 따른 부당이득을 징수하기로 결정하면 지체 없이 납부 책임이 있는 사람에게 그 금액을 낼 것을 알려야 한다.

② 제1항에 따른 통지를 받은 자는 그 통지를 받은 날부터 30일 이내에 그 금액을 내야 한다.

제79조의2(부정수급자 명단 공개 제외 사유)

법 제84조의2제2항에서 "부정수급자 또는 연대책임자의 사망으로 명단 공개의 실효성이 없는 경우 등 대통령령으로 정하는 경우"란 다음 각 호의 어느 하나에 해당하는 경우를 말한다.

1. 법 제84조의2제1항 각 호 외의 부분 전단에 따른 부정수급자 또는 같은 항 각 호 외의 부분 후단에 따른 연대책임자가 사망한 경우

2. 법 제84조의2제1항 각 호 외의 부분 전단에 따른 부정수급자 또는 같은 항 각 호 외의 부분 후단에 따른 연대책임자가 법 제84조제1항에 따라 공단이 징수해야 하는 금액의 100분의 30 이상을 납부한 경우

3. 「채무자 회생 및 파산에 관한 법률」 제243조에 따른 회생계획인가의 결정에 따라 공단이 법 제84조제1항에 따라 징수해야 하는 금액에 대한 징수를 유예받고 그 유예기간 중에 있거나 해당 금액을 회생계획의 납부일정에 따라 납부하고 있는 경우

4. 공단이 법 제84조의2제1항 각 호 외의 부분 전단에 따른 부정수급자의 재산상황, 미성년자 해당 여부 및 그 밖의 사정 등을 고려하여 명단 공개의 실익이 없거나 공개하는 것이 부적절하다고 인정하는 경우

[본조신설 2018. 12. 11.]

제80조(보험급여 등의 충당 한도 및 절차)

① 공단이 법 제86조에 따라 보험급여ㆍ진료비 및 약제비를 충당하는 경우의 충당 한도는 다음 각 호와 같다.　　　　　　　　　　　　　　　　　　　　　　　　　　〈개정 2010. 7. 12.〉

1. 법 제84조제1항에 따른 부당이득을 받은 사람에게 지급할 보험급여(법 제75조에 따른 직장복귀지원금ㆍ직장적응훈련비 또는 재활운동비는 제외한다)가 있으면 그 지급할 보험급

여에 10분의 1을 곱한 금액. 다만, 보험급여 수급권자가 고용노동부령으로 정하는 바에 따라 서면으로 10분의 1을 넘는 금액의 충당에 동의하면 그 동의한 금액을 말한다.

2. 법 제84조제1항에 따른 부당이득을 받은 사람 또는 같은 조 제2항에 따른 연대책임이 있는 자가 보험가입자인 경우에는 그 보험가입자에게 지급할 보험급여의 금액(그 보험가입자가 법 제89조에 따라 보험급여를 받을 권리를 대위하는 경우에는 그 대위하는 금액을 포함한다)

3. 법 제84조제2항에 따른 연대책임이 있는 산재보험 의료기관에 지급할 진료비가 있으면 그 지급할 진료비에 해당하는 금액

4. 법 제84조제3항에 따른 부당이득을 받은 산재보험 의료기관이나 약국에 지급할 진료비나 약제비가 있으면 그 지급할 진료비나 약제비에 해당하는 금액

② 공단은 제1항에 따라 충당을 하려면 보험급여 수급권자, 보험가입자, 산재보험 의료기관 또는 약국의 의견을 들어야 하며, 충당을 결정하면 지체 없이 보험급여 수급권자, 보험가입자, 산재보험 의료기관 또는 약국에 그 사실을 알려야 한다.

제81조(제3자로부터 배상받은 사람에 대한 보험급여의 조정)

보험급여 수급권자가 제3자로부터 손해배상을 받은 경우에 그 손해배상금을 법 제87조제2항에 따라 보험급여를 지급하지 않는 금액으로 환산할 때 그 환산방법에 관하여는 제76조를 준용한다.

제81조의2(보험급여에 대한 압류 금지)

법 제88조제3항에서 "대통령령으로 정하는 액수"란 법 제82조제2항 본문에 따라 보험급여수급계좌에 입금된 금액 전액을 말한다.

[본조신설 2018. 12. 11.]

제82조(수급권의 대위)

① 법 제89조에 따라 보험가입자(보험료징수법 제2조제5호에 따른 하수급인을 포함한다. 이하 이 조에서 같다)가 보험급여 수급권자의 보험급여 수급권을 대위하여 보험급여를 지급받으려는 경우에는 법에 따른 보험급여의 지급 사유와 같은 사유로 보험급여에 상당하는 금품을 수급권자에게 지급한 사실을 증명하는 서류를 첨부하여 공단에 청구하여야 한다.

② 공단은 제1항에 따라 보험가입자가 보험급여 수급권을 대위하여 청구하면 그 보험급여 수급권자가 해당 보험급여에 상당하는 금품을 받았는지를 확인하여야 한다.

③ 보험가입자가 법 제89조에 따라 보험급여 수급권자에게 장해급여 또는 유족급여에 상당하

는 금품을 지급한 경우에는 각각 장해보상일시금 또는 유족보상일시금에 상당하는 금품을
지급한 것으로 본다.

제83조(보험급여 원부의 작성)

① 공단은 보험급여를 지급하면 그 보험급여를 받은 근로자별 보험급여 원부를 작성하여야 한
다.

② 공단은 보험급여와 관계있는 사람이 신청하면 보험급여 원부를 열람시켜야 하며, 필요한 경
우에는 증명서를 발급할 수 있다.

제3장의2 진폐에 따른 보험급여의 특례 〈신설 2010. 11. 15.〉

제83조의2(진폐판정 및 보험급여 결정 기준)

① 법 제91조의8제1항 및 제2항에 따른 진폐근로자에 대한 진폐판정 및 보험급여의 지급 여부
결정에 필요한 진폐병형 기준, 심폐기능의 정도 판정기준, 진폐장해등급 기준 및 합병증 등
에 따른 요양대상인정기준은 별표 11의2와 같다.

② 법 제91조의8제3항에 따른 합병증 등으로 심폐기능의 정도를 판정하기 곤란한 진폐근로자
에 대한 진폐장해등급의 결정기준은 별표 11의3과 같다.

[본조신설 2010. 11. 15.]

제83조의3(진폐에 따른 사망 여부 판단 시 고려사항)

법 제91조의10에 따라 진폐에 따른 사망 여부를 판단하는 때에 고려하여야 하는 사항은 진폐병
형, 심폐기능, 합병증, 성별, 연령 등으로 한다.

[본조신설 2010. 11. 15.]

제4장 근로복지 사업

제84조(국민건강보험 요양급여 비용의 본인 일부 부담금의 대부 대상)

법 제93조제1항에서 "대통령령으로 정하는 사람"이란 다음 각 호의 요건 모두에 해당하는 사람
을 말한다. 〈개정 2021. 6. 8.〉

1. 근로자가 법 제41조제1항에 따라 요양급여를 신청한 날부터 30일이 지날 때까지 공단이 요양급여에 관한 결정을 하지 아니하였을 것

2. 그 근로자의 업무와 요양급여의 신청을 한 질병 간에 상당인과관계가 있을 것으로 추정된다는 의학적 소견이 있을 것

제85조(대부금의 충당 한도 및 절차)

① 공단이 법 제93조제2항에 따라 충당할 때 그 충당 한도는 그 대부를 받은 사람에게 지급할 요양급여의 전액으로 한다.

② 공단은 제1항에 따라 충당을 하려면 해당 요양급여 수급권자의 의견을 들어야 하며, 충당 결정을 하면 지체 없이 그 사실을 요양급여 수급권자에게 알려야 한다.

제5장 산업재해보상보험및예방기금

제85조의2(출연금의 산정 기준 등)

고용노동부장관은 법 제96조제1항제7호에 따라 법 제95조에 따른 산업재해보상보험및예방기금(이하 "기금"이라 한다)으로부터 「국민건강보험법」 제13조에 따른 국민건강보험공단(이하 "건강보험공단"이라 한다)에 출연하는 금액을 산정하기 위하여 그 금액의 규모 · 산정기준 등에 관하여 필요한 사항을 보건복지부장관과 협의하여 정한다.

〈개정 2012. 8. 31., 2012. 11. 12., 2021. 6. 8.〉

[본조신설 2010. 9. 29.]

제85조의3(출연금의 용도 등)

① 공단, 「한국산업안전보건공단법」에 따른 한국산업안전보건공단(이하 "안전보건공단"이라 한다) 및 건강보험공단은 법 제96조제1항제3호 · 제6호 및 제7호에 따른 출연금(이하 "출연금"이라 한다)을 다음 각 호의 구분에 따른 용도로만 사용하여야 한다.   〈개정 2012. 11. 12.〉

1. 공단: 법 제11조에 따른 사업에 필요한 경비 및 이에 수반되는 경비

2. 안전보건공단: 「한국산업안전보건공단법」 제6조에 따른 사업에 필요한 경비 및 이에 수반되는 경비

3. 건강보험공단: 보험료징수법 제4조에 따른 징수업무를 수행하는 데 필요한 경비 및 이에 수반되는 경비

② 고용노동부장관은 공단, 안전보건공단 및 건강보험공단(이하 "피출연자"라 한다)이 출연금을 제1항의 용도 외로 사용한 경우에는 그에 해당하는 금액을 회수하여야 한다.

〈개정 2012. 11. 12.〉

③ 피출연자는 출연금을 별도의 계정을 설치하여 관리하여야 하며, 그 계정에서 발생한 이자수입은 고용노동부장관의 승인을 받아 제1항 각 호의 용도로 사용하거나 손실금 보전에 사용할 수 있다.

〈개정 2012. 11. 12.〉

④ 피출연자는 매 분기(分期)의 다음 달 10일까지 그 분기의 출연금 집행실적을 고용노동부장관에게 보고하여야 한다.

〈개정 2012. 11. 12.〉

[본조신설 2010. 9. 29.]

제85조의4(출연금의 추가 출연 및 반납)

① 피출연자는 출연금이 제85조의3제1항 각 호의 비용을 충당하기에 부족한 경우에는 고용노동부장관에게 추가 출연을 요청할 수 있다.

〈개정 2012. 11. 12.〉

② 고용노동부장관은 피출연자가 제1항에 따라 요청한 내용을 검토하여 타당성이 인정되는 경우에는 추가로 출연할 수 있다.

〈개정 2012. 11. 12.〉

③ 피출연자는 보험연도 내에 위탁받아 하는 사업(이하 이 항에서 "목적사업"이라 한다)에 사용하고 남은 출연금이 있는 경우에는 이를 고용노동부장관에게 반납하여야 한다. 다만, 고용노동부장관의 승인을 받은 경우에는 다음 연도에 이월하여 목적사업에 사용할 수 있다.

〈개정 2012. 11. 12.〉

[본조신설 2010. 9. 29.]

제86조(기금의 운용)

① 법 제97조제2항제5호에서 "대통령령으로 정하는 사업"이란 다음 각 호의 사업을 말한다.

〈개정 2008. 7. 29., 2021. 6. 8.〉

1. 근로자 후생복지 사업을 위한 융자

2. 「자본시장과 금융투자업에 관한 법률」 제4조에 따른 증권의 매입

3. 기금의 증식을 위한 부동산의 취득 및 처분

② 법 제97조제3항에서 "대통령령으로 정하는 수준"이란 「은행법」에 따른 은행으로서 전국을 영업구역으로 하는 은행의 1년 만기 정기예금 이자율을 고려하여 고용노동부장관이 정하는 수익률을 말한다. 이 경우 고용노동부장관은 기획재정부장관과 협의하여 제1항에 따른 근로자 후생복지 사업을 위한 융자의 이자율을 다른 사업의 수익률과 달리 정할 수 있다.

〈개정 2010. 7. 12., 2010. 11. 15.〉

제87조(기금계정의 설치)

고용노동부장관은 한국은행에 기금계정을 설치하여야 한다.　　　　〈개정 2010. 7. 12.〉

제88조(보험료 등의 기금 납입 등)

① 공단은 징수한 보험료와 그 밖의 징수금을 기금계정에 납입하여야 한다.

② 공단은 징수한 전월분의 보험료와 그 밖의 징수금, 미수금 등의 징수 현황을 매월 말일까지 고용노동부장관에게 문서로 보고하여야 한다.　　　　〈개정 2010. 7. 12.〉

제89조(기금운용계획)

법 제98조에 따른 기금운용계획에는 다음 각 호의 사항이 포함되어야 한다.

1. 기금의 수입 및 지출에 관한 사항

2. 해당 연도의 사업계획, 지출원인행위계획 및 자금계획에 관한 사항

3. 전년도 이월자금의 처리에 관한 사항

4. 책임준비금에 관한 사항

5. 그 밖에 기금 운용에 필요한 사항

제90조(책임준비금의 산정 기준 등)

① 고용노동부장관은 법 제99조제3항에 따라 매년 12월 31일을 기준으로 전년도 1월 1일부터 12월 31일까지 지급 결정한 보험급여의 총액을 다음 연도의 책임준비금으로 산정하여야 한다.

② 고용노동부장관은 제1항에 따라 산정된 책임준비금을 초과한 적립금 보유액이 있는 경우에는 장래의 보험급여 지급에 사용하기 위하여 적립하여야 한다.

③ 고용노동부장관은 징수한 보험료의 총액과 지급한 보험급여의 총액을 3년마다 분석하여 수입과 지출의 균형을 유지하도록 노력하여야 한다.

[전문개정 2012. 4. 16.]

제91조(기금의 회계기관 등)

① 고용노동부장관은 기금의 수입과 지출에 관한 사무를 수행하기 위하여 소속 공무원 중에서 기금수입징수관·기금재무관·기금지출관 및 기금출납공무원을 임명하여야 한다.

〈개정 2010. 7. 12.〉

② 공단 또는 안전보건공단의 이사장은 법 제97조제5항에 따라 기금의 관리·운용에 관한 업무를 위탁받은 경우에는 상임이사 중에서 기금수입 담당이사 및 기금지출원인행위 담당이사를, 그 직원 중에서 기금지출 직원 및 기금출납 직원을 각각 임명할 수 있으며, 이를 고용노동부장관에게 보고해야 한다. 이 경우 기금수입 담당이사는 기금수입징수관의 직무를, 기금지출원인행위 담당이사는 기금재무관의 직무를, 기금지출 직원은 기금지출관의 직무를, 기금출납 직원은 기금출납공무원의 직무를 각각 수행한다. 〈개정 2009. 1. 14., 2010. 7. 12., 2021. 6. 8.〉

③ 고용노동부장관은 제1항 및 제2항에 따른 기금수입징수관, 기금재무관, 기금지출관, 기금출납공무원, 기금수입 담당이사, 기금지출원인행위 담당이사, 기금지출 직원 및 기금출납 직원의 임명사항을 감사원장 및 한국은행총재에게 각각 알려야 한다.   〈개정 2010. 7. 12.〉

제92조(기금의 지출원인행위)

① 고용노동부장관은 기금재무관에게 기금의 월별 지출 한도액을 배정하고 이를 기금지출관에게 알려야 한다.   〈개정 2010. 7. 12.〉

② 기금재무관은 제1항에 따라 배정된 한도액의 범위에서 지출원인행위를 하여야 한다.

제93조(기금의 지출)

① 기금재무관이 기금지출관에게 기금을 지출하게 할 때에는 지출원인행위 관계 서류를 기금지출관에게 보내야 한다.

② 기금지출관은 기금재무관의 지출원인행위에 따라 기금을 지출하려면 한국은행, 「은행법」에 따른 은행 또는 체신관서를 지급인으로 하는 수표를 발행하여야 한다. 〈개정 2010. 11. 15.〉

③ 기금재무관이 지출원인행위를 한 후 불가피한 사유로 그 회계연도 내에 지출하지 못한 금액은 다음 연도에 이월하여 집행할 수 있다.

제94조(현금 취급의 금지)

기금지출관과 기금출납공무원은 현금을 보관하거나 출납할 수 없다. 다만, 「국고금관리법」 제24조에 따른 관서운영경비의 경우에는 현금을 보관하거나 출납할 수 있다.

제95조(기금의 결산보고)

고용노동부장관은 회계연도마다 「국가회계법」 제14조에 따른 결산보고서를 작성하여 다음 회계연도 2월 말까지 기획재정부장관에게 제출해야 한다. 〈개정 2010. 7. 12., 2012. 11. 12., 2021. 6. 8.〉

    1. 기금결산의 상황

2. 재정상태표, 재정운용표, 순자산변동표 등 재무상태표

3. 기금의 운용계획과 실적의 대비표

4. 수입 및 지출계산서

5. 그 밖에 결산의 내용을 명백히 하기 위하여 필요한 서류

제6장 심사 청구 및 재심사 청구

제96조(심사 청구의 방식)

① 법 제103조에 따른 심사 청구는 다음 각 호의 사항을 적은 문서(이하 "심사 청구서"라 한다)로 해야 한다. 〈개정 2021. 6. 8.〉

1. 심사 청구인의 이름 및 주소(심사 청구인이 법인인 경우에는 그 명칭·소재지 및 대표자의 이름)

2. 심사 청구의 대상이 되는 법 제103조제1항 각 호의 결정 또는 조치 등(이하 "보험급여 결정등"이라 한다)의 내용

3. 보험급여 결정등이 있음을 안 날

4. 심사 청구의 취지 및 이유

5. 심사 청구에 관한 고지의 유무 및 고지의 내용

② 심사 청구인이 재해를 입은 근로자가 아닌 경우(법 제103조제1항제2호 및 제3호에 따른 심사 청구의 경우는 제외한다)에는 심사 청구서에 제1항 각 호의 사항 외에 다음 각 호의 사항을 적어야 한다. 〈개정 2021. 6. 8.〉

1. 재해를 입은 근로자의 이름

2. 재해를 입은 근로자의 재해 당시 소속 사업의 명칭 및 소재지

③ 심사 청구를 선정대표자 또는 대리인이 제기하는 것이면 제1항 및 제2항에 따른 사항 외에 선정대표자 또는 대리인의 이름과 주소를 심사 청구서에 적어야 한다.

④ 심사 청구서에는 심사 청구인 또는 대리인이 서명하거나 날인하여야 한다.

제97조(보정 및 각하)

① 공단은 심사 청구가 법 제103조제3항에 따른 기간이 지나 제기되었거나 법령의 방식을 위반하여 보정(補正)할 수 없는 경우 또는 제2항 본문에 따른 기간에 보정하지 아니한 경우에는 각하결정을 하여야 한다.

② 심사 청구가 법령의 방식을 위반한 것이라도 보정할 수 있는 경우에는 공단은 상당한 기간을 정하여 심사 청구인에게 보정할 것을 요구할 수 있다. 다만, 보정할 사항이 경미한 경우에는 공단이 직권으로 보정할 수 있다.

③ 공단은 제2항 단서에 따라 직권으로 심사 청구를 보정한 경우에는 그 사실을 심사청구인에게 알려야 한다.

제98조(보험급여 결정등의 집행정지)

① 심사 청구는 해당 보험급여 결정등의 집행을 정지시키지 않는다. 다만, 공단은 그 집행으로 발생할 중대한 손실을 피하기 위하여 긴급한 필요가 있다고 인정하면 그 집행을 정지시킬 수 있다.

② 공단은 제1항 단서에 따라 집행을 정지시킨 경우에는 지체 없이 심사 청구인 및 해당 보험급여 결정등을 한 공단의 소속 기관에 문서로 알려야 한다.

③ 제2항에 따른 문서에는 다음 각 호의 사항을 적어야 한다.

1. 심사 청구 사건명
2. 집행정지 대상인 보험급여 결정등 및 집행정지의 내용
3. 심사 청구인의 이름 및 주소
4. 집행정지의 이유

제99조(산업재해보상보험심사위원회의 구성)

① 법 제104조제1항에 따른 산업재해보상보험심사위원회(이하 "심사위원회"라 한다)는 위원장 1명을 포함하여 150명 이내의 위원으로 구성하되, 위원 중 2명은 상임으로 한다.

〈개정 2010. 3. 26., 2015. 4. 14.〉

② 심사위원회의 위원은 다음 각 호의 어느 하나에 해당하는 사람 중에서 공단 이사장이 위촉하거나 임명한다.

1. 판사·검사·변호사 또는 경력 5년 이상의 공인노무사
2. 「고등교육법」 제2조에 따른 학교에서 조교수 이상으로 재직하고 있거나 재직하였던 사람
3. 노동 관계 업무 또는 산업재해보상보험 관련 업무에 10년 이상 종사한 사람
4. 사회보험이나 산업의학에 관한 학식과 경험이 풍부한 사람

③ 심사위원회의 위원장은 상임위원 중에서 공단 이사장이 임명한다.

④ 심사위원회의 위원 중 5분의 2에 해당하는 위원은 제2항 각 호의 어느 하나에 해당하는 사람으로서 근로자 단체 및 사용자 단체가 각각 추천하는 사람 중에서 위촉한다. 이 경우 근로자

단체 및 사용자 단체가 추천한 위원은 같은 수로 한다.

⑤ 심사위원회 위원의 임기는 3년으로 하되, 연임할 수 있다. 다만, 임기가 끝난 위원은 그 후임자가 위촉되거나 임명될 때까지 그 직무를 수행할 수 있다.

⑥ 이 영에서 규정한 것 외에 심사위원회의 구성에 필요한 사항은 공단이 정한다.

제100조(심사위원회의 운영)

① 심사위원회의 위원장은 심사위원회의 회의를 소집하고, 그 의장이 된다. 다만, 위원장은 심사위원회의 원활한 운영을 위하여 필요하면 상임위원 또는 그 밖에 위원장이 지명하는 위원이 심사위원회의 회의를 주재하도록 할 수 있다. 〈개정 2016. 3. 22.〉

② 심사위원회의 회의는 위원장(제1항 단서에 따라 상임위원 또는 위원장이 지명하는 위원이 회의를 주재하는 경우에는 그 위원)과 회의를 개최할 때 마다 위원장이 지정하는 위원 6명으로 구성한다. 〈개정 2016. 3. 22.〉

③ 심사위원회의 회의는 제2항에 따른 구성원 과반수의 출석으로 개의하고, 출석위원 과반수의 찬성으로 의결한다.

④ 공단은 심사 청구에 대하여 심사위원회의 심의를 거쳐 결정하는 경우에는 그 심리 경과에 관하여 심리조서를 작성하여야 한다.

⑤ 제4항에 따른 심리조서의 작성 · 열람 등에 관하여는 제110조를 준용한다. 이 경우 "재심사위원회"는 "심사위원회"로, "재심사 청구"는 "심사 청구"로 본다.

⑥ 심사위원회의 회의에 출석한 상임위원 및 공단의 임직원인 위원 외의 위원에게는 예산의 범위에서 수당과 여비를 지급할 수 있다.

⑦ 이 영에서 규정한 것 외에 심사위원회의 운영에 필요한 사항은 공단이 정한다.

제101조(심사 청구에 대한 결정의 방법)

① 법 제105조제1항에 따른 심사 청구에 대한 결정은 문서로 하여야 한다.

② 제1항에 따른 결정서에는 다음 각 호의 사항을 적어야 한다.

1. 사건번호 및 사건명

2. 심사 청구인의 이름 및 주소(심사 청구인이 법인인 경우에는 그 명칭 · 소재지 및 대표자의 이름)

3. 선정대표자 또는 대리인의 이름 및 주소(제96조제3항에 따른 심사 청구인 경우만 해당한다)

4. 심사 청구인이 재해를 입은 근로자가 아닌 경우에는 재해를 입은 근로자의 이름 및 주소

5. 주문

6. 심사 청구의 취지

7. 이유

8. 결정연월일

③ 공단은 제1항에 따라 심사 청구에 대한 결정을 하면 심사 청구인에게 심사 결정서 정본을 보내야 한다.

④ 공단이 보험급여 결정등을 하거나 심사 청구에 대한 결정을 할 때에는 그 상대방 또는 심사 청구인에게 그 보험급여 결정등 또는 심사 청구에 대한 결정에 관하여 심사 청구 또는 재심사 청구를 제기할 수 있는지 여부, 제기하는 경우의 절차 및 청구기간을 알려야 한다.

제102조(심사위원회의 심의 제외 대상)

① 법 제105조제2항에서 "대통령령으로 정하는 사유"란 해당 심사 청구가 다음 각 호의 어느 하나에 해당하는 경우를 말한다. 〈개정 2010. 7. 12., 2010. 11. 15.〉

1. 법 제38조에 따른 업무상질병판정위원회의 심의를 거쳐 업무상 질병의 인정 여부가 결정된 경우

2. 진폐인 경우

3. 이황화탄소 중독인 경우

4. 제97조제1항에 따른 각하 결정 사유에 해당하는 경우

5. 삭제 〈2020. 1. 7.〉

6. 그 밖에 심사 청구의 대상이 되는 보험급여 결정등이 적법한지를 명백히 알 수 있는 경우

② 제1항에도 불구하고 제1항 각 호의 어느 하나에 해당하는 심사 청구 중 공단이 심사위원회의 심의를 거쳐 결정할 필요가 있다고 인정하는 경우에는 심사위원회의 심의를 거쳐 결정할 수 있다.

제103조(심리를 위한 조사)

① 법 제105조제4항에 따른 심사 청구에 대한 심리를 위한 조사 신청은 다음 각 호의 사항을 적은 문서로 하여야 한다.

1. 심사 청구 사건명

2. 신청의 취지 및 이유

3. 출석할 관계인의 이름 및 주소(법 제105조제4항제1호의 경우만 해당한다)

4. 제출할 문서나 그 밖의 물건의 표시 및 그 소유자 또는 보관자의 이름과 주소(법 제105조

제4항제2호의 경우만 해당한다)

5. 감정할 사항 및 그 이유(법 제105조제4항제3호의 경우만 해당한다)

6. 출입할 사업장이나 그 밖의 장소의 명칭·소재지, 질문할 사업주·근로자, 그 밖의 관계인의 이름·주소, 검사할 문서나 그 밖의 물건의 표시(법 제105조제4항제4호의 경우만 해당한다)

7. 진단받을 근로자의 이름 및 주소(법 제105조제4항제5호의 경우만 해당한다)

② 공단이 법 제105조제4항에 따라 조사를 한 경우에는 다음 각 호의 사항을 적은 조서를 작성하여야 한다. 이 경우 법 제105조제4항제1호에 따라 심사 청구인 또는 관계인으로부터 진술을 받은 경우에는 진술조서를 작성하여 첨부하여야 한다.

1. 사건번호 및 사건명

2. 조사의 일시 및 장소

3. 조사대상 및 조사방법

4. 조사의 결과

제104조(실비 지급)

법 제105조제4항제1호에 따라 지정된 장소에 출석한 관계인과 같은 항 제3호에 따라 감정을 한 감정인에게는 고용노동부령으로 정하는 바에 따라 실비를 지급한다.　　　　〈개정 2010. 7. 12.〉

제105조(재심사 청구의 방식)

① 법 제106조에 따른 재심사 청구는 다음 각 호의 사항을 적은 문서로 하여야 한다.

1. 재심사 청구인의 이름 및 주소(재심사 청구인이 법인인 경우에는 그 명칭·소재지 및 대표자의 이름)

2. 재심사 청구의 대상이 되는 보험급여 결정등의 내용

3. 심사 청구에 대한 결정(법 제106조제3항 단서에 따라 재심사 청구를 하는 경우에는 보험급여에 관한 결정등)이 있음을 안 날

4. 재심사 청구의 취지 및 이유

5. 재심사 청구에 관한 고지 유무 및 그 내용

② 재심사 청구의 방식에 관하여는 제96조제2항부터 제4항까지의 규정을 준용한다. 이 경우 "심사 청구인"은 "재심사 청구인"으로, "심사 청구서"는 "재심사 청구서"로, "심사 청구"는 "재심사 청구"로 본다.

제106조(산업재해보상보험재심사위원회의 구성)

① 법 제107조에 따른 산업재해보상보험재심사위원회(이하 "재심사위원회"라 한다)에 위원장과 3명 이내의 부위원장을 둔다. 〈개정 2018. 12. 11.〉

② 부위원장은 재심사위원회가 위원 중에서 선출한다.

③ 위원장은 재심사위원회를 대표하며, 위원회의 사무를 총괄한다.

④ 부위원장은 위원장을 보좌하며, 위원장이 부득이한 사유로 직무를 수행할 수 없을 때에는 그 직무를 대행한다.

제107조(재심사위원회의 운영)

① 위원장은 재심사위원회의 회의를 소집하고, 그 의장이 된다. 다만, 재심사위원회의 원활한 운영을 위하여 필요하면 위원장의 명을 받아 부위원장이 재심사위원회의 회의를 주재할 수 있다

② 위원장은 재심사위원회의 회의를 소집하려면 회의 개최 5일 전까지 회의의 일시·장소 및 안건을 위원들에게 서면으로 알려야 한다. 다만, 긴급하게 회의를 소집하여야 할 때에는 회의 개최 전날까지 구두(口頭), 전화, 그 밖의 방법으로 알릴 수 있다.

③ 재심사위원회의 회의는 위원장 또는 부위원장, 상임위원 및 위원장이 회의를 할 때마다 지정하는 위원을 포함하여 9명으로 구성한다. 이 경우 위원장이 지정하는 위원 중에는 법 제107조제5항제2호의 자격이 있는 위원과 같은 항 제5호의 자격이 있는 위원이 각각 1명 이상 포함되어야 한다. 〈개정 2010. 3. 26.〉

④ 재심사위원회의 회의는 제3항에 따른 구성원 과반수의 출석과 출석위원 과반수의 찬성으로 의결한다. 이 경우 제3항 후단에 따른 자격이 있는 위원이 각각 1명 이상 출석하여야 한다.

⑤ 재심사위원회의 회의에 출석한 상임위원 및 당연직위원 외의 위원에게는 예산의 범위에서 수당과 여비를 지급할 수 있다.

⑥ 이 영에 규정한 것 외에 재심사위원회의 운영에 필요한 사항은 재심사위원회의 의결을 거쳐 위원장이 정한다.

제108조(재심사 심리기일 및 장소의 통지 등)

① 재심사위원회는 재심사청구서를 접수하면 그 청구에 대한 심리기일 및 장소를 정하여 심리기일 5일 전까지 당사자 및 공단에 각각 문서로 알려야 한다.

② 제1항에 따른 통지는 직접 전달하거나 등기우편으로 하여야 한다.

제109조(심리의 공개)

① 재심사위원회의 심리는 공개하여야 한다. 다만, 재심사 청구인의 신청이 있으면 공개하지 아니할 수 있다.

② 제1항 단서에 따른 신청은 그 취지 및 이유를 적은 문서로 하여야 한다.

제110조(심리조서)

① 재심사위원회는 재심사의 심리 경과에 관하여 다음 각 호의 사항을 적은 심리조서를 작성하여야 한다.

  1. 사건번호 및 사건명

  2. 심리일시 및 장소

  3. 출석한 위원의 이름

  4. 출석한 당사자의 이름

  5. 심리의 내용

  6. 그 밖에 필요한 사항

② 제1항의 심리조서에는 작성 연월일을 적고, 위원장이 서명하거나 날인하여야 한다.

③ 당사자 또는 관계인은 문서로 제1항에 따른 심리조서의 열람을 신청할 수 있다.

④ 재심사위원회는 당사자 또는 관계인이 제3항에 따른 열람을 신청한 경우에는 정당한 사유 없이 거부하지 못한다.

제111조(소위원회의 구성 · 운영)

① 재심사위원회는 재심사 청구의 효율적인 심리를 위하여 필요하다고 인정하는 경우에는 전문 분야별 소위원회(이하 "소위원회"라 한다)를 구성 · 운영할 수 있다. 〈개정 2018. 12. 11.〉

  1. 삭제 〈2018. 12. 11.〉

  2. 삭제 〈2018. 12. 11.〉

  3. 삭제 〈2018. 12. 11.〉

② 소위원회는 재심사위원회 위원장이 재심사위원회 위원 중에서 지정한 5명 이내의 위원으로 구성한다. 〈신설 2018. 12. 11.〉

③ 소위원회 위원장은 소위원회 위원 중에서 재심사위원회 위원장이 지정한다. 〈신설 2018. 12. 11.〉

④ 소위원회는 위원장이 지정하는 재심사 청구 사건을 검토하여 재심사위원회에 보고하여야 한다. 〈개정 2018. 12. 11.〉

⑤ 소위원회의 운영에 관하여는 제107조제1항 본문, 같은 조 제2항·제4항 및 제5항을 준용한다. 이 경우 "위원장"은 "소위원회 위원장"으로, "재심사위원회"는 "소위원회"로 본다.

〈개정 2018. 12. 11.〉

제112조(조사연구원의 배치)

① 고용노동부장관은 산업재해보상보험, 산업의학, 산업간호, 유해물질 관리 및 방사선 등 재심사위원회의 재심사 업무에 필요한 전문적인 조사·연구를 위하여 5명 이내의 조사연구원을 둘 수 있다.

〈개정 2010. 7. 12.〉

② 조사연구원의 보수에 관하여 필요한 사항은 고용노동부령으로 정한다.

〈개정 2010. 7. 12., 2015. 2. 10.〉

제113조(준용규정)

재심사 청구의 보정 및 각하, 보험급여 결정등의 집행정지, 재결의 방법, 심리를 위한 조사 및 실비 지급 등에 관하여는 제97조·제98조·제101조·제103조 및 제104조를 준용한다. 이 경우 "심사 청구"는 "재심사 청구"로, "심사 청구인"은 "재심사 청구인"으로, "공단"은 "재심사위원회"로, "공단의 소속기관"은 "공단"으로, "심사 청구에 대한 결정"은 "재심사 청구에 대한 재결"로, "심사 결정서"는 "재결서"로, 제101조제3항 중 "심사 청구인"은 "공단 및 재심사 청구인"으로, 같은 조 제4항 중 "심사 청구 또는 재심사 청구"는 "행정소송"으로 본다.

제7장 보칙

제114조(수급권의 변동 신고 등)

① 공단이 법 제114조제1항에 따라 보고 또는 서류의 제출을 요구할 수 있는 경우는 다음 각 호와 같다.

〈신설 2018. 12. 11., 2021. 6. 8.〉

1. 보험관계의 성립·변경 또는 소멸 등 보험관계의 확인이 필요한 경우

2. 근로자 수, 보수총액 및 사업종류 등 보험료 및 보험급여의 산정과 관련된 사항에 대하여 확인이 필요한 경우

3. 보험료징수법 제33조에 따른 보험사무대행기관이 보험사무를 위법 또는 부당하게 처리하거나 그 처리를 게을리하는지 여부에 대한 확인이 필요한 경우

4. 보험료징수법 제37조에 따른 징수비용과 그 밖의 지원금과 관련하여 사실관계의 확인이

필요한 경우

② 법 제114조제2항에서 "대통령령으로 정하는 사항"이란 다음 각 호의 어느 하나에 해당하는 사항을 말한다. 〈개정 2018. 12. 11.〉

1. 보험급여 수급권자가 이 법에 따른 보험급여 지급 사유와 같은 사유로 「민법」이나 그 밖의 법령에 따라 보험급여에 상당하는 금품을 받은 경우에는 그 내용

2. 보험급여 수급권자가 제3자로부터 이 법에 따른 보험급여 지급 사유와 같은 사유로 보험급여에 상당하는 손해배상을 받은 경우에는 그 내용

3. 유족보상연금 수급자격자가 변동된 경우에는 그 내용

4. 그 밖에 보험급여 수급권자의 이름 · 주민등록번호 · 주소 등이 변경된 경우에는 그 내용

③ 법 제114조제3항에서 "대통령령으로 정하는 사항"이란 다음 각 호의 어느 하나에 해당하는 사항을 말한다. 〈개정 2010. 11. 15., 2018. 12. 11.〉

1. 장해보상연금 또는 진폐보상연금 수급권의 소멸사유가 발생한 경우에는 그 내용

2. 유족보상연금 또는 진폐유족연금 수급권의 변동사유가 발생한 경우에는 그 내용

제115조(외국거주자의 수급권 신고)

법 제115조제2항에서 "대통령령으로 정하는 사항"이란 다음 각 호의 사항을 말한다. 이 경우 제3호부터 제5호까지의 규정은 유족보상연금 또는 진폐유족연금 수급권자에게만 해당된다.

〈개정 2010. 11. 15., 2018. 12. 31.〉

1. 생존 여부에 관한 사항

2. 국적(國籍)의 변동에 관한 사항

3. 혼인(사실상의 혼인을 포함한다) 여부에 관한 사항

4. 친족관계의 변동에 관한 사항

5. 장애상태에 관한 사항(유족보상연금 수급자격자 또는 진폐유족연금 수급권자가 법 제63조제1항제4호에 따른 장애인 중 고용노동부령으로 정한 장애 정도에 해당하는 사람인 경우에만 해당된다)

제116조(보고 · 제출요구)

법 제114조 및 법 제118조에 따른 보고 또는 관계 서류 등의 제출 요구는 문서로 하여야 한다.

제117조(진찰 요구 대상 등)

① 법 제119조에 따라 공단이 진찰을 요구할 수 있는 경우는 다음 각 호와 같다.

1. 업무상의 재해로 요양 중인 근로자에 대한 계속 요양의 필요성을 판단하기 위한 진찰

2. 장해등급 또는 중증요양상태등급의 판정을 위한 진찰

3. 업무상의 재해인지 판단하기 위한 진찰

4. 재요양이 필요한지 판단하기 위한 진찰

5. 법 제61조에 따른 간병이 필요한지 판단하기 위한 진찰

② 제1항에 따른 진찰비용은 그 진찰에 드는 실비로 지급한다.

③ 제2항에 따라 지급하는 진찰비용 중 제1항제3호에 따른 진찰비용에는 업무상의 재해로 추정할 수 있는 증상을 가진 사람으로서 그 증세가 위독하거나, 진찰 중 바로 치료하지 않으면 증세가 급속히 악화되어 진찰과 향후 치료에 지장이 있다는 의학적 소견에 따라 치료한 경우 그 치료에 든 비용을 포함할 수 있다.

④ 법 제119조에 따른 진찰 요구는 문서로 하여야 한다.

제118조(특진의료기관)

① 법 제119조에 따른 진찰(이하 이 조에서 "진찰"이라 한다)은 다음 각 호의 어느 하나에 해당하는 산재보험 의료기관(이하 "특진의료기관"이라 한다)에서 한다.

〈개정 2010. 3. 26., 2010. 11. 15., 2021. 6. 8.〉

1. 법 제43조제1항제1호에 따른 공단에 두는 의료기관

2. 법 제43조제1항제2호에 따른 상급종합병원

3. 제1호 및 제2호에 해당하지 아니하는 산재보험 의료기관 중 「의료법」 제3조제2항제3호 바목에 따른 종합병원

② 공단은 진찰을 요구할 때에는 진찰 요구의 목적, 진찰을 받을 사람의 거주지, 부상·질병 또는 장해 상태 등을 고려하여 진찰의 목적 달성에 적정하다고 인정하는 2개의 특진의료기관을 제시하여 진찰을 받을 사람이 그 중 하나를 선택하도록 할 수 있다.

③ 공단은 제117조제1항제2호에 따른 진찰을 할 특진의료기관을 따로 정하여 운영할 수 있다.

④ 공단은 특진의료기관에서 진찰한 결과가 주치의 및 자문의사의 소견과 각각 다른 경우에는 다시 진찰하여 판정하거나 판단할 수 있다. 다만, 그 진찰의 결과로는 제117조제1항 각 호의 어느 하나에 해당하는 진찰 요구의 목적에 따른 판정 또는 판단이 곤란한 경우에는 자문의사 회의의 심의를 거쳐 판정하거나 판단할 수 있다.

⑤ 특진의료기관은 제117조제1항제3호에 따른 진찰결과 업무상 질병에 해당된다고 판단되는 경우에는 진찰받은 사람과 같은 장소에서 동일 또는 유사한 유해요인에 노출된 근로자에게

법 제41조에 따른 요양급여 신청에 관한 상담, 안내, 그 밖에 필요한 지원을 할 수 있다.

〈신설 2018. 12. 11.〉

제119조(보험급여의 일시 중지)

① 공단은 법 제120조제1항에 따라 보험급여의 지급을 일시 중지하기 전에 그 보험급여를 받으려는 사람에게 상당한 기간을 정하여 문서로 의무이행을 촉구하여야 한다.

② 법 제120조에 따라 일시 중지할 수 있는 보험급여는 보험급여를 받으려는 사람이 제1항에 따른 의무를 이행하지 아니하여 그 보험급여를 받으려는 사람에게 지급될 보험급여의 지급결정이 곤란하거나 이에 지장을 주게 되는 모든 보험급여로 하되, 법 제120조제1항제1호의 경우에는 휴업급여 또는 상병보상연금 또는 진폐보상연금으로 한다. 〈개정 2010. 11. 15.〉

③ 보험급여를 일시 중지할 수 있는 기간은 공단이 제1항에 따라 의무를 이행하도록 지정한 날의 다음 날부터 그 의무를 이행한 날의 전날까지로 한다.

제120조(금융기관의 지정)

법 및 이 영에 따라 보험급여를 받으려는 사람은 공단이 지정하는 금융기관에 계좌를 개설하여야 한다.

제121조(현장실습생에 대한 보험급여 지급 등)

법 제123조에 따른 현장실습생에게 보험급여를 지급하는 경우 등에 관하여는 제21조부터 제28조까지, 제30조부터 제53조까지, 제55조부터 제85조까지, 제96조부터 제98조까지, 제101조부터 제105조까지 및 제113조부터 제120조까지의 규정을 준용한다. 〈개정 2021. 6. 8.〉

제121조의2(학생연구자의 범위)

법 제123조의2제2항에서 "대통령령으로 정하는 학생 신분의 연구자"란 다음 각 호의 사람(이하 "학생연구자"라 한다)을 말한다.

1. 「연구실 안전환경 조성에 관한 법률」 제2조제1호가목에 따른 대학·연구기관에 두는 학사·석사·박사학위과정(전문학위 및 통합된 학위과정을 포함한다)에 재학 중인 사람(휴학 중이거나 수료한 사람을 포함한다)

2. 제1호에 따른 학사·석사학위과정을 마치고 석사·박사학위과정 입학이 확정된 사람으로서 종전의 학사·석사학위과정에서 수행하던 연구개발과제를 석사·박사학위과정의 입학 전까지 계속 수행하는 사람

[본조신설 2021. 12. 31.]

제121조의3(학생연구자의 업무상 재해의 인정 기준)

법 제123조의2제5항에 따른 학생연구자에 대한 업무상의 재해의 인정 기준에 관하여는 제27조, 제28조, 제30조부터 제35조까지 및 제36조를 준용한다. 이 경우 "근로자"는 "학생연구자"로, "사업장"은 "「연구실 안전환경 조성에 관한 법률」에 따른 대학 · 연구기관등의 연구활동이 수행되는 장소"로, "사업주"는 "대학 · 연구기관등"으로 보고, 제27조제1항제1호의 "근로계약에 따른 업무수행 행위"는 "대학 · 연구기관등이 수행하는 연구개발과제에 참여하여 수행하는 연구활동 행위"로 본다.

[본조신설 2021. 12. 31.]

제121조의4(학생연구자의 보험급여의 지급 등)

① 법 제123조의2제2항에 따른 학생연구자의 보험급여의 신청 · 청구 및 결정 · 통지 등에 관하여는 제21조, 제37조, 제38조, 제44조, 제45조, 제48조부터 제53조까지, 제55조부터 제69조까지, 제72조, 제72조의2, 제73조부터 제77조까지, 제77조의2, 제78조, 제79조, 제79조의2, 제80조, 제81조, 제81조의2, 제82조, 제83조, 제83조의2, 제83조의3, 제96조부터 제98조까지, 제101조부터 제105조까지 및 제113조부터 제120조까지를 준용한다. 이 경우 "근로자"는 "학생연구자"로, "사업주"는 "「연구실 안전환경 조성에 관한 법률」에 따른 대학 · 연구기관등"으로 본다.

② 제1항에서 규정한 사항 외에 보험급여의 지급 등에 필요한 사항은 고용노동부령으로 정한다.

[본조신설 2021. 12. 31.]

제122조(중 · 소기업 사업주의 범위)

① 법 제124조제1항에서 "대통령령으로 정하는 중 · 소기업 사업주(근로자를 사용하지 아니하는 자를 포함한다. 이하 이 조에서 같다)"란 다음 각 호의 어느 하나에 해당하는 자를 말한다. 〈개정 2009. 6. 30., 2011. 12. 30., 2012. 11. 12., 2016. 3. 22., 2017. 12. 26., 2018. 12. 11., 2020. 1. 7., 2021. 6. 8.〉

1. 보험가입자로서 300명 미만의 근로자를 사용하는 사업주

2. 근로자를 사용하지 않는 사람. 다만, 법 제125조제1항 및 이 영 제125조에 따른 특수형태근로종사자에 해당하는 사람은 제외한다.

　가. 삭제 〈2020. 1. 7.〉

　　나. 삭제 〈2020. 1. 7.〉

　　다. 삭제 〈2020. 1. 7.〉

　　라. 삭제 〈2020. 1. 7.〉

　　마. 삭제 〈2020. 1. 7.〉

　　바. 삭제 〈2020. 1. 7.〉

　　사. 삭제 〈2020. 1. 7.〉

　　아. 삭제 〈2020. 1. 7.〉

　　자. 삭제 〈2020. 1. 7.〉

　　차. 삭제 〈2020. 1. 7.〉

　　카. 삭제 〈2020. 1. 7.〉

　　타. 삭제 〈2020. 1. 7.〉

② 제1항제1호에 따라 보험에 가입한 중·소기업 사업주가 300명 이상의 근로자를 사용하게 된 경우에도 중·소기업 사업주 본인이 보험관계를 유지하려고 하는 경우에는 계속하여 300명 미만의 근로자를 사용하는 사업주로 본다.　　　　　　　　　　　　〈개정 2018. 12. 11., 2020. 1. 7.〉

③ 제1항제2호에 따라 보험에 가입한 사람이 300명 미만의 근로자를 사용하게 된 경우에는 제1항제1호에 따라 보험에 가입한 것으로 본다.　　　　　　　　　　　　　　　〈개정 2020. 1. 7.〉

④ 법 제124조제2항에서 "대통령령으로 정하는 요건을 갖추어 해당 사업에 노무를 제공하는 사람"이란 제1항에 따른 중·소기업 사업주로부터 노무 제공에 대한 보수를 받지 않고 해당 사업에 노무를 제공하는 사람을 말한다.　　　　　　　　　　　　　　　〈신설 2021. 6. 8.〉

제123조(중·소기업 사업주등의 업무상의 재해의 인정 기준)

　법 제124조제1항에 따른 중·소기업 사업주 및 같은 조 제2항에 따른 중·소기업 사업주의 배우자 또는 4촌 이내의 친족(이하 "중·소기업 사업주등"이라 한다)에 대한 같은 조 제4항에 따른 업무상의 재해의 인정 범위에 관하여는 제27조, 제28조, 제30조부터 제35조까지 및 제36조를 준용한다. 이 경우 "근로자" 및 "진폐근로자"는 "중·소기업 사업주등"으로 보고, 제27조 중 "근로계약에 따른 업무수행 행위"는 "해당 사업에 필요한 업무수행 행위"로 본다.

　[전문개정 2021. 6. 8.]

제124조(중·소기업 사업주등에 대한 보험급여 지급의 제한)

　법 제124조제6항에 따라 중·소기업 사업주등이 보험료를 체납한 기간 중 발생한 업무상의 재해에 대해서는 법 제36조제1항에 따른 보험급여를 지급하지 않는다. 다만, 체납한 보험료를 보험료 납부기일이 속하는 달의 다음다음 달 10일까지 납부한 경우에는 해당 보험급여를 지급한다.

〈개정 2012. 11. 12., 2021. 6. 8.〉

[제목개정 2021. 6. 8.]

제125조(특수형태근로종사자의 범위 등)

법 제125조제1항 각 호 외의 부분에서 "대통령령으로 정하는 직종에 종사하는 사람"이란 다음 각 호에 해당하는 사람을 말한다.

〈개정 2011. 12. 30., 2015. 4. 14., 2016. 3. 22., 2018. 12. 11., 2020. 1. 7., 2021. 1. 12., 2021. 6. 8., 2022. 3. 15.〉

1. 보험을 모집하는 사람으로서 다음 각 목의 어느 하나에 해당하는 자

   가. 「보험업법」 제83조제1항제1호에 따른 보험설계사

   나. 삭제 〈2011. 1. 24.〉

   다. 삭제 〈2015. 4. 14.〉

   라. 「우체국 예금·보험에 관한 법률」에 따른 우체국보험의 모집을 전업으로 하는 사람

2. 「건설기계관리법」 제3조제1항에 따라 등록된 건설기계를 직접 운전하는 사람

3. 한국표준직업분류표의 세세분류에 따른 학습지 방문강사, 교육 교구 방문강사 등 회원의 가정 등을 직접 방문하여 아동이나 학생 등을 가르치는 사람

4. 「체육시설의 설치·이용에 관한 법률」 제7조에 따라 직장체육시설로 설치된 골프장 또는 같은 법 제19조에 따라 체육시설업의 등록을 한 골프장에서 골프경기를 보조하는 골프장 캐디

5. 한국표준직업분류표의 세분류에 따른 택배원인 사람으로서 택배사업(소화물을 집화·수송 과정을 거쳐 배송하는 사업을 말한다. 이하 같다)에서 집화 또는 배송 업무를 하는 사람

5의2. 택배사업에서 고용노동부장관이 정하는 기준에 따라 주로 하나의 택배사업자나 「화물자동차 운수사업법」에 따른 운수사업자(이하 이 조에서 "운수사업자"라 한다)로부터 업무를 위탁받아 「자동차관리법」 제3조제1항제3호의 일반형 화물자동차 또는 특수용도형 화물자동차로 물류센터 간 화물 운송 업무를 하는 「화물자동차 운수사업법」에 따른 화물차주(이하 이 조에서 "화물차주"라 한다)

6. 한국표준직업분류표의 세분류에 따른 택배원인 사람으로서 고용노동부장관이 정하는 기준에 따라 주로 하나의 퀵서비스업자로부터 업무를 의뢰받아 배송 업무를 하는 사람

7. 「대부업 등의 등록 및 금융이용자 보호에 관한 법률」 제3조제1항 단서에 따른 대출모집인

8. 「여신전문금융업법」 제14조의2제1항제2호에 따른 신용카드회원 모집인

9. 고용노동부장관이 정하는 기준에 따라 주로 하나의 대리운전업자(자동차 이용자의 요청

에 따라 목적지까지 유상으로 그 자동차를 운전하는 사업의 사업주를 말한다)로부터 업무를 의뢰받아 대리운전 업무를 하는 사람

10. 「방문판매 등에 관한 법률」 제2조제2호에 따른 방문판매원 또는 같은 조 제8호에 따른 후원방문판매원으로서 고용노동부장관이 정하는 기준에 따라 상시적으로 방문판매업무를 하는 사람. 다만, 제3호 및 제11호에 해당하는 사람은 제외한다.

11. 한국표준직업분류표의 세세분류에 따른 대여 제품 방문점검원

12. 한국표준직업분류표의 세분류에 따른 가전제품 설치 및 수리원으로서 가전제품을 배송, 설치 및 시운전하여 작동상태를 확인하는 사람

13. 화물차주로서 다음 각 목의 어느 하나에 해당하는 사람

    가. 「자동차관리법」 제3조에 따른 특수자동차로 「화물자동차 운수사업법」 제5조의4 제2항에 따른 안전운임이 적용되는 수출입 컨테이너를 운송하는 사람

    나. 「자동차관리법」 제3조에 따른 특수자동차로 「화물자동차 운수사업법」 제5조의4 제2항에 따른 안전운임이 적용되는 시멘트를 운송하는 사람

    다. 「자동차관리법」 제2조제1호 본문에 따른 피견인자동차 또는 「자동차관리법」 제3조에 따른 일반형 화물자동차로 「화물자동차 운수사업법 시행령」 제4조의7제1항에 따른 안전운송원가가 적용되는 철강재를 운송하는 사람

    라. 「자동차관리법」 제3조에 따른 일반형 화물자동차 또는 특수용도형 화물자동차로 「물류정책기본법」 제29조제1항에 따른 위험물질을 운송하는 사람

    마. 「자동차관리법」 제3조제1항제3호의 일반형 화물자동차 또는 특수용도형 화물자동차로 같은 법에 따른 자동차를 운송하는 사람

    바. 「자동차관리법」 제3조제1항제3호의 특수용도형 화물자동차로 밀가루 등 곡물 가루, 곡물 또는 사료를 운송하는 사람

14. 「소프트웨어 진흥법」 제2조제3호의 소프트웨어사업에서 노무를 제공하는 같은 조 제10호에 따른 소프트웨어기술자

15. 화물차주로서 고용노동부장관이 정하는 기준에 따라 주로 하나의 운수사업자나 다음 각 목의 어느 하나에 해당하는 사업의 사업주와 「화물자동차 운수사업법」 제40조에 따른 위·수탁계약을 체결하여 「자동차관리법」 제3조제1항제3호의 일반형 화물자동차 또는 특수용도형 화물자동차로 상품 등을 운송 또는 배송하는 업무를 하는 다음 각 목의 사람

    가. 「유통산업발전법」 에 따른 대규모점포나 준대규모점포를 운영하는 사업 또는 체인사업에서 상품을 물류센터로 운송하거나 점포 또는 소비자에게 배송하는 업무를 하는 사람

    나. 「유통산업발전법」 에 따른 무점포판매업을 운영하는 사업에서 상품을 물류센터로 운

송하거나 소비자에게 배송하는 업무를 하는 사람

다. 한국표준산업분류표의 중분류에 따른 음식점 및 주점업을 운영하는 사업(여러 점포를 직영하는 사업과 「가맹사업거래의 공정화에 관한 법률」에 따른 가맹사업으로 한정한다)에서 식자재나 식품 등을 물류센터로 운송하거나 점포로 배송하는 업무를 하는 사람

라. 한국표준산업분류표의 세분류에 따른 기관 구내식당업을 운영하는 사업에서 식자재나 식품 등을 물류센터로 운송하거나 기관 구내식당으로 배송하는 업무를 하는 사람

제126조(특수형태근로종사자의 노무 제공 신고 등)

① 법 제125조제3항에 따라 사업주는 특수형태근로종사자로부터 최초로 노무를 제공받거나 제공받지 않게 된 경우에는 그 사유가 발생한 날이 속하는 달의 다음 달 15일까지 다음 각 호의 사항을 공단에 신고하여야 한다.

1. 특수형태근로종사자의 이름·주민등록번호 및 주소
2. 특수형태근로종사자에게 최초로 노무를 제공받은 날 및 특수형태근로종사자의 업무 내용
3. 특수형태근로종사자에게 노무를 제공받지 않게 된 날 및 그 사유

② 공단은 제1항에 따른 신고를 받으면 그 내용을 해당 특수형태근로종사자에게 알려야 한다.

③ 사업주가 다음 각 호의 어느 하나에 해당하는 경우에는 해당 서류 및 정보를 교부받거나 입력 또는 제출한 날에 제1항제1호 및 제2호의 사항을 신고한 것으로 본다. 〈신설 2020. 1. 7.〉

1. 「관세법」제222조제1항 및 같은 법 시행령 제231조에 따라 세관장에게 보세운송업자 등 록신청 서류를 제출하여 등록증을 교부받은 경우
2. 「물류정책기본법」제29조의2제5항에 따라 위험물질운송차량의 소유자 정보 및 운전자 정보 등을 위험물질운송안전관리시스템에 입력한 경우
3. 「화학물질관리법」제15조제3항에 따라 환경부장관에게 유해화학물질 운반계획서를 제출한 경우

제126조의2(법의 적용 제외 사유)

법 제125조제4항제3호에서 "대통령령으로 정하는 경우"란 사업주가 천재지변, 전쟁 또는 이에 준하는 재난이나 「감염병의 예방 및 관리에 관한 법률」에 따른 감염병의 확산으로 불가피하게 1개월 이상 휴업하는 경우를 말한다.

[본조신설 2021. 6. 8.]

제127조(특수형태근로종사자에 대한 업무상의 재해의 인정 기준)

특수형태근로종사자에 대한 업무상의 재해의 인정 기준에 관하여는 제27조, 제28조, 제30조부터 제36조까지의 규정을 준용한다. 이 경우 "근로자"는 "특수형태근로종사자"로 본다.

〈개정 2021. 6. 8.〉

제127조의2(민감정보 및 고유식별정보의 처리)

고용노동부장관 또는 공단(제19조에 따라 공단의 업무를 위탁받은 자를 포함한다)은 다음 각 호의 사무를 수행하기 위하여 불가피한 경우 「개인정보 보호법」 제23조에 따른 건강에 관한 정보와 같은 법 시행령 제18조제2호에 따른 범죄경력자료, 같은 영 제19조제1호 및 제4호에 따른 주민등록번호 및 외국인등록번호가 포함된 자료를 처리할 수 있다.

〈개정 2012. 11. 12., 2014. 8. 6., 2015. 4. 14.〉

1. 법 제31조에 따른 자료 제공의 요청

2. 법 제36조에 따른 보험급여 지급에 관한 사무

3. 법 제39조제2항에 따른 보험급여액의 징수에 관한 사무

4. 법 제77조에 따른 합병증 등 예방관리에 관한 사무

5. 법 제78조에 따른 장해특별급여 지급에 관한 사무

6. 법 제79조에 따른 유족특별급여 지급에 관한 사무

7. 법 제84조에 따른 부당이득의 징수에 관한 사무

8. 법 제87조에 따른 제3자에 대한 구상권에 관한 사무

8의2. 법 제90조의2에 따른 국민건강보험 요양급여 비용의 정산에 관한 사무

9. 법 제92조에 따른 보험시설의 설치·운영, 장학사업 등 근로복지 사업에 관한 사무

10. 법 제103조에 따른 심사 청구에 관한 사무

11. 법 제106조에 따른 재심사 청구에 관한 사무

12. 법 제119조의2에 따른 포상금의 지급에 관한 사무

[본조신설 2011. 12. 30.]

제127조의3(규제의 재검토)

① 고용노동부장관은 제34조 및 별표 3에 따른 업무상 질병의 인정기준에 대하여 2014년 1월 1일을 기준으로 3년마다(매 3년이 되는 해의 1월 1일 전까지를 말한다) 그 타당성을 검토하여 개선 등의 조치를 하여야 한다. 〈개정 2014. 12. 9.〉

② 고용노동부장관은 제125조에 따른 특수형태근로종사자의 범위 등에 대하여 2017년 1월 1일을 기준으로 3년마다(매 3년이 되는 해의 1월 1일 전까지를 말한다) 그 타당성을 검토하여 개

선 등의 조치를 하여야 한다.   〈신설 2014. 12. 9., 2016. 12. 30.〉

[본조신설 2013. 12. 30.]

제8장 벌칙

제128조(과태료의 부과)

위반행위의 종류별 과태료 부과기준은 별표 12와 같다. 다만, 고용노동부장관은 위반행위의 정도, 위반 횟수, 위반행위의 동기와 그 결과 등을 고려하여 해당 금액의 2분의 1의 범위에서 가중하거나 감경할 수 있되, 가중하는 경우에는 법 제129조제1항 및 제2항에 따른 과태료의 상한을 초과할 수 없다.   〈개정 2010. 7. 12.〉

부칙 〈제32539호, 2022. 3. 15.〉

이 영은 2022년 7월 1일부터 시행한다.

산업재해보상보험법 시행규칙

[시행 2022. 7. 5.]
[고용노동부령 제355호, 2022. 7. 5., 일부개정]

제1장 총칙

제1조(목적)

이 규칙은 「산업재해보상보험법」 및 같은 법 시행령에서 위임한 사항과 그 시행에 필요한 사항을 규정함을 목적으로 한다.

제2조(정보통신망을 이용한 신청 또는 청구)

① 「산업재해보상보험법」 (이하 "법"이라 한다) 및 같은 법 시행령(이하 "영"이라 한다) 또는 이 규칙에 따른 신청 · 청구 · 신고 또는 보고 등(이하 "신청등"이라 한다)은 「고용보험 및 산업재해보상보험의 보험료징수 등에 관한 법률」 (이하 "보험료징수법"이라 한다) 제4조의2제1항에 따른 고용 · 산재정보통신망(이하 "고용 · 산재정보통신망"이라 한다)을 이용하여 할 수 있다. 이 경우 신청등에 관한 내용이 고용 · 산재정보통신망에 입력된 때에 그 신청등을 한 것으로 본다.

② 고용 · 산재정보통신망을 이용한 신청등의 방법 · 절차 등에 관하여는 「고용보험 및 산업재해보상보험의 보험료징수 등에 관한 법률 시행규칙」 (이하 "보험료징수법 시행규칙"이라 한다) 제2조의2를 준용한다. 이 경우 "신고 또는 신청"이나 "신고 · 신청"은 "신청등"으로 본다.

③ 법 제10조에 따른 근로복지공단(이하 "공단"이라 한다)은 법, 영 또는 이 규칙에 따른 신청등에 대한 결정 내용이나 그 밖의 사항을 신청등을 한 사람에게 알릴 때에는 그 신청등을 한 사람이 지정한 정보통신망(「정보통신망 이용촉진 및 정보보호 등에 관한 법률」 제2조제1항제1호에 따른 정보통신망을 말한다. 이하 같다)을 이용하여 전자문서(「정보통신망 이용촉진 및 정보보호 등에 관한 법률」 제2조제1항제5호에 따른 전자문서를 말한다. 이하 같다)로 알릴 수 있다.

④ 제3항에 따른 전자문서는 신청등을 한 사람이 지정한 정보통신망에 입력된 때에 도달된 것으로 본다.

제2장 보험가입자

제3조 삭제 〈2010. 3. 29.〉

제4조(생산제품의 설치공사에 대한 적용 특례)

사업주가 상시적으로 고유제품을 생산하여 그 제품 구매자와의 계약에 따라 직접 설치하는 경우 그 설치공사는 그 제품의 제조업에 포함되는 것으로 본다. 다만, 도급단위별로 고유 생산제품의 설치공사 외에 다른 공사가 포함된 경우에는 그 제품의 제조업에 포함되는 것으로 보지 않는다.

제3장 보험급여

제1절 평균임금 산정의 특례

제5조(특례 적용 여부 통지)

공단은 영 제25조제6항에 따라 평균임금 산정특례신청을 받으면 신청을 받은 날부터 10일 이내에 평균임금 산정 방법의 특례를 적용할지를 결정하여 신청인에게 알려야 한다.

제2절 업무상 질병의 판정

제6조(업무상질병판정위원회의 구성)

① 법 제38조제1항에 따른 업무상질병판정위원회(이하 "판정위원회"라 한다)는 위원장 1명을 포함하여 180명 이내의 위원으로 구성한다. 이 경우 판정위원회의 위원장은 상임으로 하고, 위원장을 제외한 위원은 비상임으로 한다.

〈개정 2010. 3. 29., 2012. 4. 25., 2015. 3. 24., 2018. 12. 13.〉

② 판정위원회의 위원장 및 위원은 다음 각 호의 어느 하나에 해당하는 사람 중에서 공단 이사장이 위촉하거나 임명한다. 〈개정 2012. 4. 25.〉

1. 변호사 또는 공인노무사
2. 「고등교육법」 제2조에 따른 학교에서 조교수 이상으로 재직하고 있거나 재직하였던 사람
3. 의사, 치과의사 또는 한의사
4. 산업재해보상보험 관련 업무에 5년 이상 종사한 사람
5. 「국가기술자격법」에 따른 산업위생관리 또는 인간공학 분야 기사 이상의 자격을 취득하고 관련 업무에 5년 이상 종사한 사람

③ 판정위원회의 위원 중 3분의 2에 해당하는 위원은 제2항 각 호의 어느 하나에 해당하는 사람으로서 근로자 단체와 사용자 단체가 각각 추천하는 사람 중에서 위촉한다. 이 경우 근로자 단체와 사용자 단체가 추천하는 위원은 같은 수로 한다. 〈개정 2012. 4. 25.〉

④ 제3항에도 불구하고 근로자 단체나 사용자 단체가 각각 추천하는 사람이 위촉하려는 전체 위원 수의 3분의 1보다 적은 경우에는 제3항 후단을 적용하지 않고 근로자 단체와 사용자 단체가 추천하는 위원 수를 전체 위원 수의 3분의 2 미만으로 할 수 있다.   〈개정 2012. 4. 25.〉

⑤ 판정위원회의 위원장과 위원의 임기는 2년으로 하되, 연임할 수 있다.

제7조(판정위원회의 심의에서 제외되는 질병)

법 제38조제2항에 따른 판정위원회의 심의에서 제외되는 질병은 다음 각 호의 어느 하나에 해당하는 질병으로 한다.   〈개정 2010. 11. 24., 2015. 3. 24., 2021. 2. 1.〉

1. 진폐
2. 이황화탄소 중독증
3. 유해·위험요인에 일시적으로 다량 노출되어 나타나는 급성 중독 증상 또는 소견 등의 질병
4. 영 제117조제1항제3호에 따른 진찰을 한 결과 업무와의 관련성이 매우 높다는 소견이 있는 질병
5. 제22조 각 호의 기관에 자문한 결과 업무와의 관련성이 높다고 인정된 질병
6. 그 밖에 업무와 그 질병 사이에 상당인과관계가 있는지를 명백히 알 수 있는 경우로서 공단이 정하는 질병

제8조(판정위원회의 심의 절차)

① 공단의 분사무소(이하 "소속 기관"이라 한다)의 장은 판정위원회의 심의가 필요한 질병에 대하여 보험급여의 신청 또는 청구를 받으면 판정위원회에 업무상 질병으로 인정할지에 대한 심의를 의뢰하여야 한다.

② 판정위원회는 제1항에 따라 심의를 의뢰받은 날부터 20일 이내에 업무상 질병으로 인정되는지를 심의하여 그 결과를 심의를 의뢰한 소속 기관의 장에게 알려야 한다. 다만, 부득이한 사유로 그 기간 내에 심의를 마칠 수 없으면 10일을 넘지 않는 범위에서 한 차례만 그 기간을 연장할 수 있다.

제9조(판정위원회의 운영)

① 판정위원회의 위원장은 회의를 소집하고, 그 의장이 된다. 다만, 판정위원회의 원활한 운영을 위하여 필요하면 위원장이 지명하는 위원이 회의를 주재할 수 있다.

② 판정위원회의 회의는 위원장(제1항 단서에 따라 위원장이 지명하는 위원이 회의를 주재하는 경우에는 그 위원) 및 회의를 개최할 때마다 위원장이 지정하는 위원 6명으로 구성한다. 이

경우 위원장은 제6조제2항제3호에 해당하는 위원 2명 이상을 지정하여야 한다.

③ 판정위원회의 위원장이 회의를 소집하려면 회의 개최 5일 전까지 일시 · 장소 및 안건을 제2항에 따라 위원장이 지정하는 위원에게 서면으로 알려야 한다. 다만, 긴급한 경우에는 회의 개최 전날까지 구두(口頭), 전화, 그 밖의 방법으로 알릴 수 있다.

④ 판정위원회 위원의 제척 · 기피 · 회피에 관하여는 법 제108조를 준용한다. 이 경우 "재심사위원회"는 "판정위원회"로 본다.

⑤ 판정위원회의 회의는 제2항에 따른 구성원 과반수의 출석과 출석위원 과반수의 찬성으로 의결한다.

⑥ 공단은 판정위원회의 심의 안건 및 심의 결과 등에 관한 사항을 기록 · 유지하여야 한다.

⑦ 그 밖에 판정위원회의 운영에 필요한 사항은 공단이 정한다.

제9조의2(소위원회의 구성 · 운영)

① 판정위원회의 업무를 효율적으로 수행하기 위하여 필요하면 소위원회를 둘 수 있다.

② 소위원회는 질병명 등 판정위원회가 정하는 경미한 사항에 대하여 심의한다.

③ 소위원회는 판정위원회의 위원장이 지명하는 판정위원회 위원 3명으로 구성하며, 소위원회의 위원장은 소위원회의 위원 중에서 호선한다.

④ 소위원회의 위원장은 소위원회의 심의 결과를 판정위원회에 보고해야 한다. 이 경우 소위원회에서 심의된 사항은 판정위원회에서 심의된 것으로 본다.

⑤ 소위원회의 회의는 구성위원 전원의 출석과 출석위원 전원의 찬성으로 의결한다.

⑥ 제1항부터 제5항까지에서 규정한 사항 외에 소위원회의 구성 · 운영에 필요한 사항은 판정위원회의 위원장이 정한다.

[본조신설 2021. 2. 1.]

제3절 요양급여의 범위 등

제10조(요양급여의 범위 및 비용)

① 법 제40조제5항에 따른 요양급여의 범위나 비용 등 요양급여의 산정 기준은 「국민건강보험법」 제41조제2항 및 「국민건강보험 요양급여의 기준에 관한 규칙」, 같은 법 제45조제4항, 같은 법 제49조 및 같은 법 시행규칙 제23조제4항에 따라 보건복지가족부장관이 고시하는 요양급여 비용의 기준, 같은 법 제51조제2항 및 같은 법 시행규칙 제26조에 따른 기준(이하 "건강보험 요양급여기준"이라 한다)에 따른다. 다만, 요양급여의 범위나 비용 중 건강보험 요

양급여기준에서 정한 사항이 근로자 보호를 위하여 적당하지 않다고 인정되거나 건강보험 요양급여기준에서 정한 사항이 없는 경우 등 고용노동부장관이 법 제8조에 따른 산업재해보상보험및예방심의위원회의 심의를 거쳐 기준을 따로 정하여 고시하는 경우에는 그 기준에 따른다. 〈개정 2010. 7. 12., 2010. 11. 24., 2015. 3. 24.〉

② 공단은 법 제11조제2항에 따라 공단에 두는 의료기관에서 하는 요양에 대한 요양급여의 범위·비용 등에 대하여는 고용노동부장관의 승인을 받아 제1항의 기준(이하 "산재보험 요양급여기준"이라 한다)을 조정하여 적용할 수 있다. 〈개정 2010. 3. 29., 2010. 7. 12.〉

③ 공단은 법 제75조의2제4항에 따라 지정하는 직장복귀지원 의료기관(이하 "직장복귀지원의료기관"이라 한다)에서 하는 요양에 대한 요양급여의 범위·비용 등에 대해서는 고용노동부장관의 승인을 받아 산재보험 요양급여기준을 조정하여 적용할 수 있다. 〈신설 2021. 12. 31.〉

제11조(간병의 범위)

① 법 제40조제4항제6호에 따른 간병은 요양 중인 근로자의 부상·질병 상태 및 간병이 필요한 정도에 따라 구분하여 제공한다. 다만, 요양 중인 근로자가 중환자실이나 회복실에서 요양 중인 경우 그 기간에는 별도의 간병을 제공하지 않는다.

② 간병은 요양 중인 근로자의 부상·질병 상태가 의학적으로 다른 사람의 간병이 필요하다고 인정되는 경우로서 다음 각 호의 어느 하나에 해당하는 사람에게 제공한다.

〈개정 2019. 10. 15.〉

1. 두 손의 손가락을 모두 잃거나 사용하지 못하게 되어 혼자 힘으로 식사를 할 수 없는 사람

2. 두 눈의 실명 등으로 일상생활에 필요한 동작을 혼자 힘으로 할 수 없는 사람

3. 뇌의 손상으로 정신이 혼미하거나 착란을 일으켜 일상생활에 필요한 동작을 혼자 힘으로 할 수 없는 사람

4. 신경계통 또는 정신의 장해로 의사소통을 할 수 없는 등 치료에 뚜렷한 지장이 있는 사람

5. 신체 표면 면적의 35퍼센트 이상에 걸친 화상을 입어 수시로 적절한 조치를 할 필요가 있는 사람

6. 골절로 인한 견인장치 또는 석고붕대 등을 하여 일상생활에 필요한 동작을 혼자 힘으로 할 수 없는 사람

7. 하반신 마비 등으로 배뇨·배변을 제대로 하지 못하거나 욕창 방지를 위하여 수시로 체위를 변경시킬 필요가 있는 사람

8. 업무상 질병으로 신체가 몹시 허약하여 일상생활에 필요한 동작을 혼자 힘으로 할 수 없는 사람

9. 수술 등으로 일정 기간 거동이 제한되어 일상생활에 필요한 동작을 혼자 힘으로 할 수 없는 사람

10. 그 밖에 부상·질병 상태가 제1호부터 제9호까지의 규정에 준하는 사람

제12조(간병을 할 수 있는 사람의 범위)

① 간병을 할 수 있는 사람은 다음 각 호의 어느 하나에 해당하는 사람으로 한다.

1. 「의료법」에 따른 간호사 또는 간호조무사

2. 「노인복지법」 제39조의2에 따른 요양보호사 등 공단이 인정하는 간병 교육을 받은 사람

3. 해당 근로자의 배우자(사실상 혼인관계에 있는 사람을 포함한다), 부모, 13세 이상의 자녀 또는 형제자매

4. 그 밖에 간병에 필요한 지식이나 자격을 갖춘 사람 중에서 간병을 받을 근로자가 지정하는 사람

② 제1항에도 불구하고 간병의 대상이 되는 근로자의 부상·질병 상태 등이 전문적인 간병을 필요로 하는 경우에는 제1항제1호 또는 제2호에 따른 사람만 간병을 하도록 할 수 있다.

제13조(간병료)

① 간병료는 간병이 필요한 정도 등을 고려하여 고용노동부장관이 고시하는 금액으로 한다.

〈개정 2010. 7. 12.〉

② 고용노동부장관은 제1항에 따른 간병료를 고시할 때 법 제43조제1항에 따른 산재보험 의료기관(이하 "산재보험 의료기관"이라 한다)이 간병을 제공하는 경우에는 간호 인력의 수 등을 고려하여 제1항에 따른 간병료에 일정한 금액 또는 비율에 따른 금액을 가산하여 지급하도록 할 수 있다. 〈개정 2010. 7. 12.〉

③ 고용노동부장관은 제1항에 따른 간병료를 고시할 때 제12조제1항제3호 또는 같은 항 제4호에 따른 사람이 간병을 하는 경우에 대하여 간병료를 따로 정할 수 있다. 〈개정 2010. 7. 12.〉

제14조(간병료의 청구 방법)

① 산재보험 의료기관이 제11조에 따른 간병을 제공하고 그에 따른 간병료를 받으려면 제27조에 따른 진료비 청구를 하여야 한다. 다만, 산재보험 의료기관에서 간병을 제공하지 않아 근로자가 제12조제1항제3호 또는 같은 항 제4호에 따른 사람을 지정하여 간병을 받은 경우에는 그 근로자가 영 제38조에 따라 요양비 청구를 할 수 있다.

② 공단은 제1항 단서에 따른 요양비 청구를 받으면 그 청구일부터 10일 이내에 지급 여부를 결

정하여 근로자에게 그 결과를 알려야 한다.

제15조(이송의 범위)

법 제40조제4항제7호에 따른 이송의 범위는 다음 각 호와 같다.

〈개정 2015. 3. 24., 2017. 12. 27., 2021. 6. 9.〉

1. 재해가 발생한 장소에서 의료기관까지의 이송
2. 법 제48조에 따른 의료기관 변경, 법 제119조에 따른 진찰 또는 제62조제2항에 따른 신체 감정을 위한 이송
3. 요양 또는 재요양을 위한 통원이나 퇴원의 경우로서 산재보험 의료기관과 그 근로자의 거주지(근무처를 포함한다)까지 그 통원이나 퇴원을 위한 이송
4. 장해등급 판정 및 재판정을 위한 이송
5. 의학적 판단을 위하여 영 제43조에 따른 자문의사회의에 참석하거나 그 밖에 공단이 요청하는 이송

제16조(이송비)

① 이송비는 해당 근로자 및 그와 동행하는 간호인의 이송에 드는 비용으로 한다.
② 제1항에 따른 이송비의 지급 기준은 산재보험 요양급여기준에 따른다.

제17조(동행 간호인)

① 해당 근로자의 부상·질병 상태로 보아 이송 시 간호인의 동행이 필요하다고 인정되는 경우에는 간호인 1명이 동행할 수 있다. 다만, 의학적으로 특별히 필요하다고 인정되는 경우에는 2명까지 동행할 수 있다.
② 동행 간호인의 간병료에 관하여는 제13조를 준용한다.

제18조(이송비의 청구 방법)

① 산재보험 의료기관이 제16조에 따른 이송비를 받으려면 그 명세를 첨부하여 공단에 제27조에 따른 진료비 청구를 하여야 한다. 다만, 해당 근로자가 직접 이송에 드는 비용을 지급한 경우에는 영 제38조에 따라 요양비 청구를 할 수 있다.
② 제1항 단서에 따른 요양비의 결정 및 통지에 관하여는 제14조제2항을 준용한다.

제19조(국외에서 발생한 재해에 대한 보험급여의 청구 절차 등)

① 근로자가 국외에서 업무상의 재해를 입어 법 제36조에 따른 보험급여를 청구하거나 신청하는 경우에는 진단서 등 재해발생 경위를 확인할 수 있는 자료를 첨부하여야 한다.

〈개정 2014. 12. 31.〉

② 제1항에 따른 업무상의 재해를 입은 근로자가 재해일부터 30일까지의 기간 동안 해당 외국 의료기관에서 받은 요양에 대한 요양비는 해당 외국 의료기관에 지급한 금액으로 한다.

〈개정 2015. 3. 24.〉

③ 제1항에 따른 업무상의 재해를 입은 근로자가 제2항에 따른 재해일부터 30일까지의 기간을 초과하여 해당 외국에서 요양한 경우 그 초과한 기간에 대한 요양비는 해당 근로자의 부상·질병 상태와 비슷한 부상·질병 상태에 대하여 직전 보험연도에 지급된 평균진료비에 준하여 산정한다. 다만, 외국 의료기관에 요양을 위하여 지급한 비용이 해당 평균진료비보다 적은 경우에는 그 외국 의료기관에 지급한 비용으로 한다.　　　　〈개정 2015. 3. 24.〉

④ 제3항 본문에도 불구하고 다음 각 호의 어느 하나에 해당하는 기간의 요양비는 해당 외국 의료기관에 요양을 위하여 지급한 비용으로 한다.　　　　〈개정 2015. 3. 24., 2021. 6. 9.〉

1. 천재·지변 등으로 교통수단의 이용이 불가능하여 국내 의료기관으로 변경이 불가능한 기간

2. 상병상태가 위중하거나 그 밖의 부득이한 사유로 국내 의료기관으로 변경할 수 없는 기간

⑤ 제2항, 제3항 단서 및 제4항에 따라 요양비를 지급하는 경우에 적용할 환율은 다음 각 호와 같다.　　　　〈개정 2015. 3. 24., 2021. 7. 13.〉

1. 국내에서 외국 의료기관으로 진료비를 송금한 경우에는 국내 금융기관을 통하여 국외로 외환이 송금된 시점의 기준환율

2. 해외지점·출장소·영업소 등에서 해당 외국 의료기관에 직접 진료비를 지급한 경우에는 그 외국 의료기관이 진료비 수납영수증을 발급한 시점의 기준환율

⑥ 국외에서 업무상의 재해를 입은 근로자가 국외 요양 및 국내 요양을 받는 기간 중의 간병료 및 이송료에 관하여는 제11조부터 제18조까지의 규정을 준용한다.

제4절 요양급여의 신청 절차 등

제20조(요양급여의 신청 등)

① 법 제41조제2항에 따라 산재보험 의료기관이 근로자의 요양급여(진폐에 따른 요양급여는 제외한다. 이하 이 조에서 같다) 신청을 대행하는 경우에는 해당 근로자가 요양급여의 신청 대

행에 동의하였음을 확인할 수 있는 서류를 첨부하여야 한다.

② 법 제41조에 따라 요양급여의 신청을 받은 공단은 그 사실을 해당 근로자가 소속된 보험가입자에게 알리고 근로자의 요양급여 신청에 대한 보험가입자의 의견을 들어야 한다.

〈개정 2021. 12. 31.〉

③ 삭제 〈2021. 12. 31.〉

[전문개정 2017. 12. 27.]

제21조(요양급여의 결정 등)

① 공단은 법 제41조에 따른 요양급여의 신청을 받으면 그 신청을 받은 날부터 7일 이내에 요양급여를 지급할지를 결정하여 신청인(법 제41조제2항에 따라 산재보험 의료기관이 요양급여의 신청을 대행한 경우에는 산재보험 의료기관을 포함한다) 및 보험가입자에게 알려야 한다.

② 제1항에 따른 처리기간 7일에는 다음 각 호의 기간은 산입하지 않는다. 〈개정 2022. 7. 5.〉

   1. 판정위원회의 심의에 걸리는 기간

   2. 법 제117조 및 법 제118조에 따른 조사에 걸리는 기간

   3. 법 제119조에 따른 진찰에 걸리는 기간

   4. 제20조에 따른 요양급여 신청과 관련된 서류의 보완에 걸리는 기간

   5. 제20조제2항에 따른 보험가입자에 대한 통지 및 의견 청취에 걸리는 기간

   6. 업무상 재해의 인정 여부를 판단하기 위한 역학조사나 그 밖에 필요한 조사에 걸리는 기간

③ 공단은 제1항에 따른 요양급여에 관한 결정을 할 때 필요하면 영 제42조제1항에 따른 자문의사(이하 "자문의사"라 한다)에게 자문하거나 영 제43조에 따른 자문의사회의(이하 "자문의사회의"라 한다)의 심의를 거칠 수 있다.

제22조(업무상 질병에 관한 자문)

공단이나 판정위원회는 업무상 질병 여부를 결정할 때 그 질병과 유해ㆍ위험요인 사이의 인과관계 등에 대한 자문이 필요한 경우 다음 각 호의 기관에 자문할 수 있다. 〈개정 2020. 1. 10.〉

   1. 「한국산업안전공단법」에 따른 한국산업안전공단

   2. 그 밖에 업무상 질병 여부를 판단할 수 있는 기관

제5절 산재보험 의료기관

제23조(산재보험 의료기관의 지정 기준)

법 제43조제1항제3호에서 "고용노동부령으로 정하는 인력·시설 등의 기준"은 별표 1과 같다.

〈개정 2010. 7. 12.〉

제24조(산재보험 의료기관의 지정 절차)

① 법 제43조제1항제3호에 따른 산재보험 의료기관으로 지정받으려는 의료기관 또는 보건소는 다음 각 호의 서류를 첨부하여 공단에 신청하여야 한다. 〈개정 2019. 10. 15.〉

1. 의료기관 개요서

2. 의료기관 개설허가증 또는 신고증명서 사본

3. 진료과목의 전문의 자격증 사본

4. 사업자등록증 사본

② 공단은 제1항에 따른 지정 신청을 받은 경우에는 그 지정 신청을 받은 날부터 15일 이내에 지정 여부를 결정하여 지정 신청을 한 의료기관 또는 보건소에 알려야 한다. 이 경우 산재보험 의료기관으로 지정하기로 결정한 경우에는 공단이 정하는 지정 조건을 명시한 지정서를 내주어야 한다.

제25조(지정취소 및 진료제한등의 조치의 기준)

법 제43조제3항 및 같은 조 제5항에 따른 산재보험 의료기관에 대한 지정취소, 진료제한 조치 또는 개선명령(이하 "진료제한등의 조치"라 한다)의 기준은 별표 2와 같다. 〈개정 2010. 3. 29.〉

제26조(지정취소 및 진료제한등의 조치의 절차 등)

① 공단은 산재보험 의료기관에 대한 지정취소 또는 진료제한등의 조치를 하기로 결정하면 그 사유와 조치 내용을 해당 산재보험 의료기관에 알리고, 그 산재보험 의료기관에서 요양 중인 근로자를 다른 산재보험 의료기관으로 옮겨 요양하게 하는 등 필요한 조치를 하여야 한다.

② 제24조에 따라 지정된 산재보험 의료기관(이하 "지정 산재보험 의료기관"이라 한다)은 공단에 지정취소를 신청할 수 있다. 이 경우 공단은 그 산재보험 의료기관에 대한 지정을 취소하여야 한다.

③ 공단은 제2항에 따른 지정취소 신청을 한 지정 산재보험 의료기관이 별표 2에 따른 지정취소, 진료제한등의 조치의 기준에 해당하는 사유가 있으면 그 지정취소 신청에도 불구하고 법

제43조제3항 및 같은 조 제5항에 따른 지정취소 또는 진료제한등의 조치를 할 수 있다.

〈개정 2010. 3. 29.〉

④ 공단은 지정 산재보험 의료기관에 대하여 지정취소를 한 후에도 그 지정기간 중의 진료비나 그 밖에 업무상의 재해를 입은 근로자의 진료에 관하여 법 제118조에 따른 조사 등을 할 수 있다.

제26조의2(지정취소 재지정 금지기간)

법 제43조제3항에 따라 지정이 취소된 산재보험 의료기관은 다음 각 호의 구분에 따른 기간 동안 산재보험 의료기관으로 다시 지정받을 수 없다.

1. 법 제43조제3항제1호에 해당하는 사유로 지정이 취소된 경우: 지정취소일부터 1년
2. 법 제43조제3항제2호부터 제6호까지의 규정에 해당하는 사유로 지정이 취소된 경우: 지정 취소일부터 6개월

[본조신설 2010. 3. 29.]

제27조(진료비의 청구)

산재보험 의료기관이 법 제45조제1항에 따른 진료비(이하 "진료비"라 한다)를 청구하는 경우에는 다음 각 호의 서류를 첨부하여야 한다.

1. 개인별 진료비 명세서
2. 「의료법 시행규칙」 제12조에 따른 처방전(고용·산재정보통신망 또는 정보통신망으로 청구하는 경우에는 처방전의 내용을 입력한 것으로 갈음할 수 있다)

제28조(약제비의 청구)

약국이 법 제46조제2항에 따라 약제비를 청구하는 경우에는 다음 각 호의 서류를 첨부하여야 한다.

1. 약국개설등록증 사본 및 사업자등록증 사본(최초로 청구하는 경우만 해당된다)
2. 개인별 약제비 명세서
3. 산재보험 의료기관에서 발급한 제27조제2호에 따른 처방전(고용·산재정보통신망 또는 정보통신망으로 청구하는 경우에는 처방전의 내용을 입력한 것으로 갈음할 수 있다)

제29조(진료비·약제비의 심사 및 지급결정)

① 공단은 진료비나 약제비의 청구를 받은 경우에는 다음 각 호의 사항을 심사하여 지급 여부

및 지급 금액을 결정하여야 한다.

1. 청구 명세 중 산재보험 요양급여기준을 위반한 사항이 있는지 여부

2. 진찰 · 약제 · 처치 · 수술이나 그 밖의 치료가 업무상의 재해를 입은 근로자의 요양에 필요하고 적정한 것이었는지 여부

② 제1항에 따른 지급결정은 진료비나 약제비의 청구를 받은 날부터 40일 이내에 하여야 한다. 다만, 고용 · 산재정보통신망이나 정보통신망으로 청구한 경우에는 10일 이내에 지급결정을 하여야 한다.

③ 공단은 제2항 단서에 따라 10일 이내에 지급결정을 할 수 없는 경우에는 산재보험 의료기관 또는 약국이 청구한 진료비나 약제비의 100분의 85에 해당하는 금액을 미리 지급한 후 제1항에 따른 심사가 끝나면 그 결과에 따라 정산할 수 있다.

④ 공단은 진료비나 약제비의 지급결정을 한 경우에는 그 내용을 해당 산재보험 의료기관 또는 약국에 알려야 한다.

제30조(진료비의 현지조사)

① 공단은 법 제118조에 따라 산재보험 의료기관이 실시한 진료의 적정성, 해당 기관의 진료비 부정 또는 부당 청구 여부 등을 확인하기 위하여 해당 산재보험 의료기관을 방문하여 보고의 요구, 서류나 물건의 제출 요구, 질문 또는 서류나 물건의 조사(이하 "현지조사"라 한다)를 할 수 있다. 이 경우 「행정조사기본법」 제17조에 따라 해당 산재보험 의료기관에 현지조사의 일시, 조사 내용 및 조사 방법 등을 알려야 한다. 〈개정 2018. 12. 13.〉

② 현지조사 대상 산재보험 의료기관의 선정 기준, 현지조사의 절차 및 방법은 공단이 정한다.

제31조(재요양의 신청 절차 등)

① 영 제48조제2항에 따라 재요양을 신청하는 경우에는 다음 각 호의 서류를 첨부하여야 한다.

1. 재요양의 대상이 되는 부상 · 질병 상태와 재요양의 필요성에 관한 의사 · 치과의사 또는 한의사의 진단서 또는 소견서

2. 재요양을 신청하기 전에 보험가입자 또는 제3자 등으로부터 보험급여에 상당하는 금품을 받은 경우에는 그 금품의 명세 및 금액을 확인할 수 있는 판결문 · 합의서 등의 서류

3. 재요양을 신청하기 전에 보험가입자 또는 제3자 등으로부터 보험급여에 상당하는 금품을 받지 않은 경우에는 그 사실을 확인하는 본인의 확인서

② 재요양의 결정에 관하여는 제21조를 준용한다. 이 경우 "요양급여"는 "재요양"으로 본다.

제6절 진폐에 대한 요양급여 등의 청구절차 〈개정 2010. 11. 24.〉

제32조(분진작업의 범위)

법 제91조의2에서 "암석, 금속이나 유리섬유 등을 취급하는 작업 등 고용노동부령으로 정하는 분진작업"은 「산업안전보건기준에 관한 규칙」 제605조제2호에 따른 분진작업과 명백히 진폐에 걸릴 우려가 있다고 인정되는 장소에서의 작업을 말한다.

〈개정 2010. 7. 12., 2010. 9. 30., 2010. 11. 24., 2011. 7. 6.〉

제33조(진폐에 대한 요양급여 등의 청구 시 필요서류)

법 제91조의5제1항에서 "고용노동부령으로 정하는 서류"란 다음 각 호의 서류를 말한다.

1. 다음 각 목의 어느 하나에 해당하는 서류(최초로 요양급여 신청을 하는 경우만 해당한다)

　가. 사업주가 증명하는 분진작업 종사경력 확인서

　나. 사업의 휴업이나 폐업 등으로 사업주의 증명을 받을 수 없는 경우에는 공단이 정하는 서류

2. 진폐에 관한 의학적 소견서 또는 진단서(요양급여 신청을 하는 경우만 해당한다)

[전문개정 2010. 11. 24.]

제34조(진폐진단의 실시 등)

① 공단은 법 제91조의5제1항에 따라 요양급여 등의 청구를 받으면 요양급여 등을 청구한 사람에게 진단일자, 건강진단기관 등을 정하여 알려주어야 한다.

② 건강진단기관은 법 제91조의6제1항에 따라 진폐에 대한 진단을 의뢰받으면 「진폐의 예방과 진폐근로자의 보호 등에 관한 법률 시행규칙」 제11조제4호 및 제13조제1항제2호에 따른 검사항목에 대하여 검사를 실시하여야 한다.

③ 건강진단기관은 제2항에 따라 검사를 실시한 결과 심폐기능의 정도 등을 정확히 판정하기 곤란하다고 판단될 경우 6개월의 범위에서 진단을 연기할 수 있다.

④ 이 규칙에서 규정한 사항 외에 진폐진단에 필요한 사항은 공단이 정한다.

[전문개정 2010. 11. 24.]

제35조(진폐진단 결과 제출)

① 건강진단기관은 제34조에 따른 진폐진단이 끝난 날부터 5일 이내에 다음 각 호의 서류를 첨부하여 그 진단결과를 공단에 제출하여야 한다.

1. 진폐건강진단 소견서

2. 흉부 방사선영상 및 심폐기능검사 결과지

3. 그 밖에 공단에서 법 제91조의8제1항에 따른 진폐판정에 필요한 것으로 요구한 자료

② 공단은 법 제91조의8제1항에 따른 진폐판정 등을 위하여 필요한 경우 진폐진단을 담당한 의사에게 의견 제시를 요구할 수 있고, 진폐진단을 담당한 의사는 공단의 요구가 있으면 진폐진단 결과에 대하여 의견을 제시하여야 한다.

[전문개정 2010. 11. 24.]

제36조(진단수당의 지급)

① 법 제91조의6제5항에 따른 진단수당을 받으려는 사람은 공단에 청구하여야 한다.

② 이 규칙에서 규정한 사항 외에 진단수당의 지급에 관하여 필요한 사항은 공단이 정한다.

[전문개정 2010. 11. 24.]

제37조 삭제 〈2010. 11. 24.〉

제38조(진폐심사회의)

① 법 제91조의7에 따른 진폐심사회의는 위원장 1명을 포함하여 45명 이내의 위원으로 구성한다. 〈개정 2022. 7. 5.〉

② 진폐심사회의의 위원장 및 위원은 다음 각 호의 어느 하나에 해당하는 사람 중 공단 이사장이 위촉한다. 〈개정 2015. 3. 24.〉

1. 직업환경의학과 전문의로서 3년 이상 근무한 경력이 있는 사람

2. 영상의학과 전문의로서 3년 이상 근무한 경력이 있는 사람

3. 내과 전문의로서 호흡기 분야에 3년 이상 근무한 경력이 있는 사람

③ 진폐심사회의 위원의 임기는 3년으로 한다.

④ 진폐심사회의는 다음 각 호의 사항을 심사한다.

1. 근로자의 상태가 진폐에 해당하는지 여부에 관한 사항

2. 진폐가 요양대상에 해당하는지 여부에 관한 사항

3. 진폐의 장해정도에 관한 사항

4. 그 밖에 진폐의 요양 및 장해 심사 등에 관한 사항

⑤ 이 규칙에서 규정한 사항 외에 진폐심사회의의 운영에 관한 구체적인 사항은 공단이 정한다.

[전문개정 2010. 11. 24.]

제39조(진폐요양 의료기관의 범위 및 등급기준 등)

① 법 제91조의9제1항에 따른 진폐요양 의료기관(이하 "진폐요양 의료기관"이라 한다)은 종사하는 인력과 운영하는 시설·장비에 따라 진폐일반 의료기관과 진폐전문 의료기관으로 등급을 구분하며, 구체적인 등급 기준요건은 별표 2의2와 같다.

② 다음 각 호의 자는 제1항에 따른 진폐일반 의료기관이 된다. 〈개정 2021. 6. 9.〉

　1. 「의료법」 제3조제2항제3호가목에 따른 병원 중 별표 2의2 제1호에 따른 요건을 갖추어 공단으로부터 진폐일반 의료기관으로 지정받은 자

　2. 「의료법」 제3조제2항제3호바목에 따른 종합병원(같은 법 제3조의4에 따른 상급종합병원을 포함한다)

③ 「의료법」 제3조제2항제3호가목에 따른 병원 또는 같은 법 제3조제2항제3호바목에 따른 종합병원(같은 법 제3조의4에 따른 상급종합병원을 포함한다)으로서 별표 2의2 제2호에 따른 요건을 갖추어 공단으로부터 진폐전문 의료기관의 지정을 받은 병원은 진폐전문 의료기관이 된다. 〈개정 2021. 6. 9.〉

④ 제2항제1호 및 제3항에 따른 지정을 받으려는 자는 공단에 지정을 신청하여야 한다.

⑤ 진폐요양 의료기관에 대한 진료비의 지급범위나 방법 등에 관하여는 제10조를 준용한다. 이 경우 제1항에 따른 진폐요양 의료기관의 등급에 따라 진료비의 산정 기준을 다르게 적용할 수 있다.

⑥ 진폐요양 의료기관별 요양대상 환자의 범위는 별표 2의3과 같다.

[전문개정 2010. 11. 24.]

제40조(진폐요양의료기관평가위원회)

① 법 제91조의9제4항에 따라 공단에 두는 진폐요양의료기관평가위원회(이하 이 조에서 "평가위원회"라 한다)는 위원장 1명을 포함하여 15명 이내의 위원으로 구성한다.

② 평가위원회의 위원장 및 위원은 공단이 정하는 자격을 갖춘 사람 중에서 공단 이사장이 위촉한다.

③ 평가위원회의 위원의 임기는 3년으로 한다.

④ 이 규칙에서 규정한 사항 외에 평가위원회의 운영에 관한 구체적인 사항은 공단이 정한다.

[전문개정 2010. 11. 24.]

제41조(전신해부에 따른 비용지원 등)

① 법 제91조의11제2항에 따라 전신해부를 실시한 의료기관 또는 유족에게 지급하는 비용은 다

음 각 호와 같다.

1. 해부와 관련된 검사비용

2. 해부행위에 따른 비용

3. 해부관련 소견서 발급에 따른 비용

4. 해부를 위한 이송비용

5. 그 밖에 해부에 필요한 비용으로 공단이 인정하는 비용

② 법 제91조의11제2항에 따라 비용을 청구하려는 의료기관 또는 유족은 다음 각 호의 서류를 첨부하여 공단에 청구하여야 한다.

1. 해부관련 검사 내역

2. 전신해부 결과지

3. 이송비용 영수증

4. 공단이 인정하는 해부에 필요한 비용에 관한 영수증

③ 제1항 각 호에 해당하는 비용의 지급범위나 방법 등에 관하여는 제10조를 준용한다.

④ 이 규칙에서 규정한 사항 외에 전신해부와 관련한 비용지원 절차 등에 관하여 필요한 사항은 공단이 정한다.

[전문개정 2010. 11. 24.]

제42조 삭제 〈2010. 11. 24.〉

제43조(이황화탄소 중독증의 판정 절차)

① 공단은 이황화탄소 중독증으로 요양을 받으려는 사람이 요양급여의 신청을 하면 그 판정에 필요한 검사를 할 수 있는 산재보험 의료기관에 정밀진단을 의뢰할 수 있다.

② 제1항에 따른 정밀진단을 의뢰받은 산재보험 의료기관은 지체 없이 정밀진단을 한 후 그 결과를 공단에 보내야 한다.

③ 공단은 제2항에 따라 정밀진단 결과를 받으면 이황화탄소 중독증에 관한 전문지식을 갖춘 자문의사 3명 이상의 의견을 들어 이황화탄소 중독증에 해당하는지를 판정하고 그 결과를 신청인에게 알려야 한다.

제7절 휴업급여의 청구 절차

제44조(부분휴업급여의 청구)

영 제50조제1항에서 "고용노동부령으로 정하는 서류"란 다음 각 호의 서류를 말한다.

〈개정 2010. 7. 12.〉

1. 취업 사업장의 명칭, 취업기간, 종사 업무의 내용, 근로시간 및 임금 등을 적은 서류
2. 취업 가능 여부 및 취업에 따른 부상 · 질병 상태의 악화 여부 등에 대한 의학적 소견서

제45조(재요양에 따른 평균임금 산정사유 발생일)

영 제52조제2호에서 "고용노동부령으로 정하는 절차"란 제33조부터 제43조까지의 규정에 따른 절차를 말한다.

〈개정 2010. 7. 12.〉

제8절 장해등급의 판정 기준

제46조(기본원칙)

① 장해등급은 신체를 해부학적으로 구분한 부위(이하 "장해부위"라 한다) 및 장해부위를 생리학적으로 장해군으로 구분한 부위(이하 "장해계열"이라 한다)별로 판정한다.

② 장해부위는 다음 각 호와 같이 구분하되, 좌우 양쪽의 기관이 있는 부위는 각각 다른 장해부위로 본다. 다만, 안구와 속귀는 좌우를 같은 장해부위로 본다. 〈개정 2019. 10. 15.〉

1. 눈은 안구와 눈꺼풀의 좌 또는 우
2. 귀는 속귀 등과 귓바퀴의 좌 또는 우
3. 코
4. 입
5. 신경계통의 기능 또는 정신기능
6. 머리 · 얼굴 · 목
7. 흉복부장기(외부 생식기를 포함한다)
8. 체간은 척주(脊柱)와 그 밖의 체간골(體幹骨)
9. 팔은 팔의 좌 또는 우, 손가락은 손의 좌 또는 우
10. 다리는 다리의 좌 또는 우, 발가락은 발의 좌 또는 우

③ 장해계열은 별표 3의 구분에 따른다.

④ 영 제53조제2항에 따른 장해등급의 조정은 장해계열이 다른 장해가 둘 이상 있는 경우에 실

시한다. 다만, 다음 각 호의 어느 하나에 해당하는 경우에는 장해등급을 조정하지 않고 장해 계열이 같은 것으로 보아 같은 조 제3항에 따라 장해등급을 결정한다. 〈개정 2019. 10. 15.〉

1. 양쪽 안구에 시력장해 · 조절기능장해 · 운동장해 또는 시야장해가 각각 남은 경우

2. 팔에 기능장해가 남고 같은 쪽 손가락의 상실 또는 기능장해가 남은 경우

3. 다리에 기능장해가 남고 같은 쪽 발가락에 상실 또는 기능장해가 남은 경우

⑤ 장해계열이 다른 장해가 둘 이상 있더라도 다음 각 호의 어느 하나에 해당하면 장해등급을 조정하지 않고 영 별표 6에 따른 장해등급의 기준(이하 "장해등급기준"이라 한다)에 따라 장해등급을 결정한다. 〈개정 2019. 10. 15.〉

1. 장해계열이 다른 둘 이상의 장해의 조합에 대하여 장해등급기준에 하나의 장해등급(이하 "조합등급"이라 한다)으로 정하여진 다음 각 목의 어느 하나에 해당하는 장해가 남은 경우

　가. 두 팔의 상실 또는 기능장해로서 장해등급기준에 따른 제1급제5호 · 제6호 및 제2급제3호 중 어느 하나에 해당하는 장해

　나. 두 손의 손가락의 상실 또는 기능장해로서 장해등급기준에 따른 제3급제5호 및 제4급제6호 중 어느 하나에 해당하는 장해

　다. 두 다리의 상실 또는 기능장해로서 장해등급기준에 따른 제1급제7호 · 제8호, 제2급제4호 및 제4급제7호 중 어느 하나에 해당하는 장해

　라. 두 발의 발가락의 상실 또는 기능장해로서 장해등급기준에 따른 제5급제6호 및 제7급제11호 중 어느 하나에 해당하는 장해

　마. 두 눈의 눈꺼풀의 상실 또는 운동기능장해로서 장해등급기준에 따른 제9급제4호, 제11급제2호 및 제11급제3호 중 어느 하나에 해당하는 장해

　바. 두 귀의 귓바퀴의 상실장해로서 장해등급기준에 따른 제11급제6호, 제12급제5호 및 제13급제3호 중 어느 하나에 해당하는 장해

2. 하나의 장해가 장해등급기준에 정하여진 장해 중 둘 이상의 장해에 해당하더라도 하나의 장해를 각각 다른 관점에서 평가하는데 지나지 않는 경우. 이 경우에는 그 중 높은 장해등급을 그 근로자의 장해등급으로 한다.

3. 하나의 장해에 다른 장해가 파생되는 관계에 있는 경우. 이 경우의 장해등급의 결정에 관하여는 제2호 후단을 준용한다.

⑥ 영 제53조제4항에 따라 장해의 정도가 심해진 경우에 지급할 장해급여의 금액을 산정할 때 기존의 장해에 대하여 장해급여를 지급한 경우에는 그 장해의 정도가 변경된 경우에도 이미 장해급여를 지급한 장해등급을 기존의 장해등급으로 본다.

⑦ 같은 장해계열의 장해의 정도가 심해지고 다른 장해계열에도 새로 장해가 남은 경우에는 같

은 장해계열의 심해진 장해에 대한 장해등급과 다른 장해계열의 장해에 대한 장해등급을 각
각 정한 후 영 제53조제2항에 따라 조정하여 장해등급을 결정한다. 이 경우 장해급여의 금액
은 영 제53조제4항에 따라 산정한 장해급여의 금액이 새로 발생한 다른 장해계열의 장해만
남은 것으로 하는 경우에 지급할 장해급여의 금액보다 적은 경우에는 그 다른 장해계열의 장
해만 남은 것으로 인정하여 산정한다.

⑧ 조합등급으로 정해져 있는 장해부위의 어느 한쪽에 장해가 있던 사람이 다른 한쪽에 새로 장
해가 발생하여 제5항제1호 각 목의 장해 중 어느 하나에 해당하게 된 경우에는 그 새로 발생
한 장해에 대하여 따로 장해등급을 결정하지 않고, 기존의 장해가 심해진 것으로 보아 장해
등급을 결정한다. 이 경우 장해급여의 금액은 제7항 후단을 준용하여 산정한다.

〈개정 2020. 1. 10.〉

⑨ 손가락 · 발가락 · 안구 또는 속귀의 장해 정도가 심해진 경우에 그 심해진 장해에 대한 장해
급여의 금액은 영 제53조제4항에 따라 산정한 장해급여의 금액이 새로 발생한 장해만 남은
것으로 하는 경우에 지급할 장해급여의 금액보다 적은 경우에는 그 새로 발생한 장해만 남은
것으로 인정하여 산정한다.

〈개정 2019. 10. 15.〉

⑩ 장해등급의 판정은 요양이 끝난 때에 증상이 고정된 상태에서 한다. 다만, 요양이 끝난 때에
증상이 고정되지 않은 경우에는 다음 각 호의 구분에 따라 판정한다.

1. 의학적으로 6개월 이내에 증상이 고정될 수 있다고 인정되는 경우에는 그 증상이 고정된
때에 판정한다. 다만, 6개월 이내에 증상이 고정되지 않은 경우에는 6개월이 되는 날에 고
정될 것으로 인정하는 증상에 대하여 판정한다.

2. 의학적으로 6개월 이내에 증상이 고정될 수 없다고 인정되는 경우에는 요양이 끝난 때에
장차 고정될 것으로 인정하는 증상에 대하여 판정한다.

제47조(운동기능장해의 측정)

① 비장해인의 신체 각 관절에 대한 평균 운동가능영역은 별표 4와 같다.　　〈개정 2020. 1. 10.〉

② 운동기능장해의 정도는 미국의학협회(AMA, American Medical Association)식 측정 방법 중
공단이 정하는 방법으로 측정한 해당 근로자의 신체 각 관절의 운동가능영역과 별표 4의 평
균 운동가능영역을 비교하여 판정한다. 다만, 척주의 운동가능영역은 그러하지 아니하다.

〈개정 2019. 10. 15.〉

③ 제2항에 따라 해당 근로자의 신체 각 관절의 운동가능영역을 측정할 때에는 다음 각 호의 구
분에 따른 방법으로 한다.　　　　　　　　　　　　　　〈신설 2016. 3. 28., 2019. 10. 15.〉

1. 강직, 오그라듦, 신경손상 등 운동기능장해의 원인이 명확한 경우: 근로자의 능동적 운동

에 의한 측정방법

2. 운동기능장해의 원인이 명확하지 아니한 경우: 근로자의 수동적 운동에 의한 측정방법

제48조(신체부위별 장해등급 판정 기준)

영 제53조제1항 후단에 따른 신체부위별 장해등급 판정에 관한 세부기준은 별표 5와 같다.

제49조(장해등급등의 재판정 신청)

영 제56조제4항에 따라 장해등급등의 재판정을 받으려는 사람은 같은 조 제1항 및 제2항에 정한 기간 내에 신청하여야 한다. 〈개정 2010. 11. 24.〉

[제목개정 2010. 11. 24.]

제9절 간병급여의 청구 방법

제50조(간병급여의 청구 방법)

영 제59조에 따른 간병급여는 다음 각 호의 사항을 적은 서류를 첨부하여 공단에 청구하여야 한다.

1. 간병시설이나 간병을 받은 장소의 명칭 및 주소
2. 간병을 한 사람의 이름·주민등록번호 및 수급권자와의 관계(간병시설에서 간병을 받지 않은 경우만 해당한다)
3. 실제 간병을 받은 기간
4. 간병에 든 비용 및 그 명세

제10절 유족보상연금 수급자격자

제51조(유족보상연금 수급자격자의 범위)

법 제63조제1항제4호에서 "고용노동부령으로 정한 장애 정도에 해당하는 자"란 「장애인복지법 시행규칙」 별표 1에 따른 장애의 정도가 심한 장애인을 말한다.

[전문개정 2019. 6. 25.]

제11절 상병보상연금의 산정 방법

제52조(중증요양상태등급의 적용시기)

영 별표 8에 따른 중증요양상태등급은 영 제64조제1항 및 같은 조 제3항에 따라 첨부한 의사의 진단서가 발급된 날부터 적용한다. 다만, 중증요양상태가 발생하거나 변동된 날을 명백히 알 수 있는 경우에는 중증요양상태가 발생하거나 변동된 날부터 적용한다. 〈개정 2018. 12. 13.〉

[제목개정 2018. 12. 13.]

제53조(중증요양상태등급 판정 기준)

영 제65조제1항에 따른 중증요양상태등급 기준에 대한 세부기준은 별표 5에 따른 신체부위별 장해등급 판정에 관한 세부기준을 준용한다. 이 경우 요양을 시작한 지 2년이 지났으나 중증요양 상태의 변동이 심하여 제52조에 따른 시기에 중증요양상태등급을 판정하기 곤란한 경우에는 과 거 6개월간의 중증요양상태를 종합하여 판정한다. 〈개정 2018. 12. 13.〉

[제목개정 2018. 12. 13.]

제12절 직업재활급여 등 〈개정 2021. 12. 31.〉

제54조(취업의 범위)

영 제68조제1항제3호 후단에 따른 취업의 범위는 다음 각 호와 같다. 〈개정 2022. 7. 5.〉

1. 「고용보험법」 제13조에 따른 피보험자격을 취득한 경우. 다만, 다음 각 목의 경우는 제 외한다.

   가. 「고용보험법」 제2조제6호에 따른 일용근로자의 경우에는 1개월 동안의 피보험자격 취득일수가 10일 미만인 경우

   나. 1주 동안의 근로시간이 15시간 미만인 단시간근로자의 경우

2. 「국가공무원법」 또는 「지방공무원법」에 따른 공무원, 「사립학교교직원 연금법」의 적용을 받는 사람 또는 「별정우체국법」에 따른 별정우체국 직원으로 취업한 경우

3. 「부가가치세법」에 따라 사업자등록을 한 경우. 다만, 부동산임대업 등록을 한 사람이 근로자를 고용하지 않고 사무소를 개설하지 않은 경우 등 실제 사업을 하지 않는 경우는 제외한다.

4. 「고용보험법」 제10조에 따라 같은 법의 적용을 받지 않는 사람이 제1호 각 목의 기준 이 상에 해당하는 일수 또는 시간 동안 취업한 경우 등 사회통념상 취업을 하였다고 인정할

수 있는 경우

제55조(직업훈련의 신청 등)

① 법 제72조제1항제1호에 따른 훈련대상자(이하 "훈련대상자"라 한다)가 직업훈련을 받으려면 제46조제10항에 따라 장해등급 또는 법 제91조의8에 따라 진폐장해등급이 판정된 날부터 3년 이내에 직업훈련을 신청해야 한다. 〈개정 2010. 11. 24., 2021. 2. 1., 2022. 7. 5.〉

② 법 제72조제1항제1호에 따른 직업훈련은 제1항에 따른 기간 동안 2회 신청할 수 있다.

③ 공단은 제1항 및 제2항에 따라 훈련대상자가 신청한 직업훈련의 직업훈련기관, 훈련직종 및 훈련기간이 그 훈련대상자의 장해 상태, 직업재활 욕구, 직업재활 계획 및 재취업에 적합한지에 대한 평가(이하 "직업평가"라 한다) 결과 등을 고려하여 직업훈련을 실시할지를 결정하여야 한다.

④ 공단은 직업평가 결과 직업훈련기관 및 훈련직종 등이 그 훈련대상자의 재취업에 적합하지 않다고 인정하면 다른 직업훈련기관이나 훈련 직종을 추천하거나 권고할 수 있다.

⑤ 직업훈련 신청의 절차, 직업훈련기관·훈련직종 또는 훈련과정 등 직업훈련 내용의 변경, 직업평가의 방법·절차나 그 밖에 필요한 사항은 공단이 정한다.

제56조(직업훈련의 중단)

① 공단은 직업훈련을 받고 있는 사람이 다음 각 호의 어느 하나에 해당하는 경우에는 직업훈련을 중단할 수 있다.

1. 직업훈련기간이 끝나기 전에 직업훈련을 포기한 경우

2. 정당한 사유 없이 직업훈련에 출석한 비율(이하 "출석률"이라 한다)이 100분의 50 미만인 경우. 이 경우 출석률은 직업훈련을 시작한 날부터 1개월(직업훈련기간이 1개월 미만이거나 직업훈련이 끝나는 달의 남은 기간이 1개월 미만인 경우에는 그 기간)을 단위로 하여 직업훈련기관이 그 직업훈련을 실시한 일수에 대한 훈련대상자가 직업훈련에 출석한 일수의 비율로 한다.

3. 정당한 사유 없이 직업훈련 실시일에 계속하여 5회 이상 출석하지 않은 경우

4. 출석률의 조작 등 거짓이나 그 밖에 부정한 방법으로 직업훈련비용이나 직업훈련수당을 받는 경우

5. 직업훈련에 관한 공단의 지시를 정당한 사유 없이 위반한 경우

② 제1항에 따라 훈련대상자의 직업훈련이 중단된 경우에는 제55조제2항을 적용할 때 그 중단된 직업훈련을 받은 것으로 본다.

제57조(직업훈련비용의 지급 범위 등)

① 법 제73조제4항에 따른 직업훈련비용의 범위는 수강료·재료비 또는 교재비 등 그 직업훈련을 위하여 필요한 항목으로 한다.

② 직업훈련비용은 법 제73조제3항에 따라 고용노동부장관이 고시하는 금액의 범위에서 훈련시간, 훈련내용, 훈련에 필요한 시설·인력, 같은 훈련직종 또는 훈련과정에 대한 시장 가격 등을 고려하여 정하여야 한다. 〈개정 2010. 7. 12.〉

③ 제1항 및 제2항에 따른 직업훈련비용의 범위 및 직업훈련비용의 세부기준은 고용노동부장관의 승인을 받아 공단이 정한다. 〈개정 2010. 7. 12.〉

④ 직업훈련비용을 받으려는 직업훈련기관은 다음 각 호의 구분에 따라 공단에 청구하여야 한다.

1. 해당 훈련대상자의 직업훈련기간이 1개월 이상인 경우에는 직업훈련을 시작한 날부터 1개월 이상이 지난 후에 출석률을 확인할 수 있는 서류를 첨부하여 월 단위로 청구할 것

2. 해당 훈련대상자의 직업훈련기간이 1개월 미만인 경우에는 그 직업훈련이 끝난 후에 출석률을 확인할 수 있는 서류를 첨부하여 청구할 것

3. 정보통신망을 이용한 직업훈련을 실시한 경우에는 그 직업훈련기간이 끝난 후에 청구할 것

제58조(훈련직종 및 훈련과정)

① 훈련대상자는 다음 각 호의 어느 하나에 해당하는 훈련직종 또는 훈련과정에 대하여 직업훈련 신청을 할 수 있다. 다만, 별표 6에 따른 직업훈련에서 제외되는 훈련직종 또는 훈련과정은 신청할 수 없다. 〈개정 2010. 8. 30., 2022. 2. 17.〉

1. 「자격기본법」 또는 「국가기술자격법」에 따른 자격과 연계되는 훈련직종 또는 훈련과정

2. 「국민 평생 직업능력 개발법」에 따른 국가기간·전략산업직종이나 직업능력개발훈련과정으로 인정받은 훈련직종 또는 훈련과정

② 제1항에도 불구하고 정보통신망을 이용한 직업훈련은 제1항에 따른 훈련직종 또는 훈련과정 중 공단이 인정하는 훈련직종 또는 훈련과정만 신청할 수 있다.

제59조(직업훈련기관의 범위 등)

① 공단이 법 제73조제1항에 따라 직업훈련에 관한 계약을 체결할 수 있는 직업훈련기관은 다음 각 호의 기관으로 한다. 〈개정 2010. 8. 30., 2022. 2. 17., 2022. 7. 5.〉

1. 「국민 평생 직업능력 개발법」에 따라 설립·운영되는 직업능력개발훈련시설 및 직업능력개발훈련법인

2. 「장애인고용촉진 및 직업재활법」에 따른 한국장애인고용공단

3. 「국민 평생 직업능력 개발법」에 따라 설립된 기능대학

4. 「학원의 설립·운영 및 과외교습에 관한 법률」에 따라 설립·운영되는 학원

5. 「평생교육법」에 따른 평생교육기관이나 그 밖에 다른 법령에 따라 직업훈련을 실시하는 기관

② 공단은 법 제73조제1항에 따라 직업훈련기관과 계약을 체결하는 경우에는 훈련직종 또는 훈련과정을 명시하여 체결하여야 한다.

③ 공단은 계약을 체결한 직업훈련기관이 계약을 위반하거나 인력·시설 등이 직업훈련을 담당할 수 없다고 인정되면 그 계약을 해지할 수 있다. 이 경우 계약의 해지 사유는 계약에 명시하여야 한다.

제60조(직업훈련수당의 지급 기준 등)

① 법 제74조제1항에 따른 직업훈련수당(이하 "직업훈련수당"이라 한다)은 해당 훈련직종 또는 훈련과정에서 훈련대상자의 출석률이 100분의 80 이상인 경우에 다음 각 호의 기준에 따라 지급한다.

1. 해당 훈련직종 또는 훈련과정의 직업훈련기간 또는 시간이 다음 각 목의 요건 모두에 해당하는 경우에 그 훈련기간의 일수에 대하여 지급

가. 1일 4시간 이상일 것

나. 1주 동안 20시간 이상이면서 4일 이상일 것

다. 1개월 동안 80시간 이상일 것

2. 해당 훈련직종 또는 훈련과정의 직업훈련기간 또는 시간이 제1호의 기준에 미치지 못하는 경우에는 다음 각 목의 구분에 따라 지급

가. 4시간 이상의 직업훈련을 받은 일수에 대하여 직업훈련수당 지급

나. 2시간 이상 4시간 미만의 직업훈련을 받은 날에 대하여는 직업훈련수당의 2분의 1에 해당하는 금액 지급

② 제1항에도 불구하고 정보통신망을 이용한 훈련직종 또는 훈련 과정을 수료한 경우에는 직업훈련을 받은 총시간을 8로 나누어 나온 값을 직업훈련을 받은 일수로 보고 그 일수에 해당하는 직업훈련수당을 지급한다. 이 경우 8로 나누어 남은 시간이 4시간 이상이면 1일로 본다.

③ 제2항을 적용할 때 특정일에 정보통신망을 이용하여 직업훈련을 받은 시간이 8시간을 넘는 경우에는 그 직업훈련을 받은 시간 전부에 대하여 1일분의 직업훈련수당을 지급한다.

④ 훈련대상자가 직업훈련수당을 받으려면 직업훈련을 시작한 날부터 1개월(직업훈련 기간이

1개월 미만인 경우에는 그 기간)이 지난 후에 월 단위로 공단에 청구하여야 한다. 다만, 정보통신망을 이용하여 직업훈련을 받은 경우에는 해당 훈련직종 또는 훈련과정을 수료한 후에 청구하여야 한다.

제61조(직장복귀지원금등의 청구 시기)

법 제72조제1항제2호에 따른 직장복귀지원금, 직장적응훈련비 또는 재활운동비(이하 "직장복귀지원금등"이라 한다)를 받으려는 사업주는 다음 각 호의 어느 하나에 해당하는 날부터 1개월이 지난 후에 청구하여야 한다.

1. 직장복귀지원금: 법 제72조제1항제2호에 따른 장해급여자(이하 "장해급여자"라 한다)가 업무상의 재해가 발생할 당시의 사업장에 복귀한 날
2. 직장적응훈련비 및 재활운동비: 장해급여자가 직장적응훈련 또는 재활운동을 시작한 날₩

제61조의2(직장복귀계획서의 기재사항 등)

① 법 제75조의2제1항 전단에 따른 근로자의 직장복귀에 관한 계획서(이하 "직장복귀계획서"라 한다)에는 다음 각 호의 사항이 포함되어야 한다.

1. 업무상 재해가 발생한 사업장과 업무상 재해를 입은 근로자에 대한 정보
2. 해당 근로자의 직장복귀 가능 여부 및 직장복귀 시 수행 예정 직무
3. 해당 근로자의 직장복귀 시 사업주에 대한 지원 필요 사항
4. 그 밖에 업무상 재해를 입은 근로자의 직장복귀를 위해 필요한 사항

② 제1항에서 규정한 사항 외에 직장복귀계획서의 작성·제출 등에 필요한 사항은 공단이 정한다.

[본조신설 2021. 12. 31.]

제61조의3(직장복귀지원 의료기관의 지정 기준)

① 직장복귀지원의료기관의 지정 기준은 다음 각 호와 같다.

1. 산재보험 의료기관에 공단이 정하는 산업재해보상보험 관련 교육을 이수한 직업환경의학과 또는 재활의학과 전문의가 2명 이상 재직할 것
2. 산재보험 의료기관에 직업능력 평가실, 물리치료실, 운동치료실 및 작업치료실을 각각 갖추고 재활치료 및 직업능력평가를 위한 장비를 구비할 것

② 공단은 제1항에 따른 지정 기준을 갖춘 산재보험 의료기관 중에서 지역적 분포, 직업능력 평

가 등을 위한 전문성 및 직장복귀 지원 수요 등을 고려하여 직장복귀지원의료기관을 지정한다.

③ 제1항 및 제2항에서 규정한 사항 외에 직장복귀지원의료기관의 지정 기준에 관한 세부적인 사항은 공단이 정한다.

[본조신설 2021. 12. 31.]

제61조의4(직장복귀지원 의료기관의 지정 절차 등)

① 직장복귀지원의료기관으로 지정받으려는 산재보험 의료기관은 다음 각 호의 서류를 첨부하여 공단에 신청해야 한다.

1. 제24조제2항 후단에 따른 산재보험 의료기관 지정서 또는 「상급종합병원의 지정 및 평가에 관한 규칙」 제3조제7항에 따른 상급종합병원 지정서. 다만, 법 제43조제1항제1호의 의료기관이 신청하는 경우는 제외한다.

2. 제61조의3제1항제1호에 해당하는 전문의의 자격증 사본과 산업재해보상보험 관련 교육의 이수를 증명할 수 있는 서류

3. 제61조의3제1항제2호의 기준에 해당하는 시설 및 장비의 보유를 증명할 수 있는 서류

② 공단은 직장복귀지원의료기관이 다음 각 호의 어느 하나에 해당하는 경우에는 그 지정을 취소할 수 있다.

1. 법 제43조제3항에 따라 산재보험 의료기관의 지정이 취소된 경우

2. 직장복귀지원의료기관의 인력·시설 등이 제61조의3제1항부터 제3항까지의 규정에 따른 지정 기준을 갖추지 못하게 되거나 지정 필요성이 없어지게 된 경우

③ 제1항 및 제2항에서 규정한 사항 외에 직장복귀지원 의료기관의 지정 및 지정 취소 절차 관한 세부적인 사항은 공단이 정한다.

[본조신설 2021. 12. 31.]

제13절 보험급여의 일시지급

제62조(보험급여 일시지급의 신청 및 지급 절차)

① 법 제76조에 따라 보험급여를 한꺼번에 받으려는 사람이 출국을 하려는 경우에는 업무상 부상 또는 질병의 치료에 지장이 있는지에 관한 소견서를 첨부하여 공단에 신청하여야 한다. 이 경우 공단은 출국하는 시기를 미루어야 한다는 의학적 소견이 있는 경우에는 보험급여를 한꺼번에 지급하지 않을 수 있다.

② 공단은 제1항에 따른 신청을 받으면 한꺼번에 지급할 보험급여 금액의 산정을 위하여 필요하면 해당 근로자에게 법 제43조제1항제1호·제2호에 따른 산재보험 의료기관에서 다음 각 호의 사항에 관한 신체감정을 받도록 할 수 있다. 이 경우 신체감정에 드는 비용은 실비로 지급할 수 있다. 〈개정 2018. 12. 13., 2021. 2. 1.〉

1. 업무상 부상 또는 질병이 치유될 것으로 예상되는 시기

2. 업무상 부상 또는 질병이 치유될 때까지 발생할 것으로 예상되는 치료비나 그 밖의 요양급여에 해당하는 비용

3. 업무상 부상 또는 질병이 치유된 후에 남을 것으로 예상되는 장해상태. 다만, 요양 개시일부터 2년이 지나 치유될 것으로 예상되는 경우에는 그 2년이 지났을 때에 남을 것으로 예상되는 중증요양상태

③ 공단은 제2항에 따른 신체감정의 결과 등을 고려하여 한꺼번에 지급할 보험급여의 금액을 산정하여야 한다. 이 경우 신체감정의 결과의 인용 방법 및 범위 등에 대하여는 자문의사회의의 심의를 거쳐 결정할 수 있다.

제14절 보험급여 지급의 제한 및 충당 등 〈개정 2015. 4. 21.〉

제63조(보험급여 지급 제한의 절차)

① 공단 또는 산재보험 의료기관은 요양 중인 근로자가 다음 각 호의 어느 하나에 해당하는 행위로 부상·질병 또는 장해 상태를 악화시키거나 치유를 방해할 우려가 있다고 인정하여 법 제83조제1항제1호에 따른 보험급여의 지급제한을 하기 전에 서면으로 해당 근로자에게 그 행위의 시정을 요구하여야 한다.

1. 입원 요양 중의 정당한 사유 없는 외출·외박

2. 공단 또는 산재보험 의료기관에서 정한 주의사항의 불이행

3. 그 밖에 공단이나 산재보험 의료기관의 요양에 관한 지시 위반

② 공단은 요양 중인 근로자가 정당한 이유 없이 제1항에 따른 시정 요구를 따르지 않는 경우에 영 제78조제1항에 따른 범위에서 보험급여의 지급을 제한할 수 있다.

③ 산재보험 의료기관은 요양 중인 근로자가 제1항에 따른 시정 요구를 정당한 이유 없이 따르지 않는 경우에는 지체 없이 그 사실을 공단에 알려야 한다.

제63조의2(부정수급자 명단 공개 등)

① 공단은 법 제84조의2에 따라 같은 조 제1항 각 호 외의 부분 전단에 따른 부정수급자(이하

"부정수급자"라 한다) 또는 같은 항 각 호 외의 부분 후단에 따른 연대책임자(이하 "연대책임자"라 한다)의 명단을 공개하려는 경우에는 제63조의3제1항에 따른 부정수급자 등 명단공개심의위원회의 심의를 거쳐야 한다.

② 공단은 제1항에 따라 명단을 공개하는 경우에는 부정수급자 및 연대책임자의 성명과 생년월일(부정수급자 또는 연대책임자가 법인인 경우에는 법인의 명칭, 법인 대표자의 성명 및 생년월일을 말한다)을 공개한다.

③ 공단은 법 제84조의2제4항에 따라 공개대상자에게 명단공개 대상자임을 통보하는 경우에는 부정수급액을 납부하도록 촉구하여야 한다. 이 경우 법 제84조의2제2항에 따른 명단 공개 제외 사유에 해당하면 그 소명자료를 제출할 수 있다는 안내를 하여야 한다.

④ 법 제84조의2에 따른 명단 공개는 관보에 게재하거나 고용·산재정보통신망 또는 공단 게시판에 게시하는 방법으로 하되, 고용·산재정보통신망 또는 공단 게시판에 공개하는 기간은 공개일부터 3년 이내로 한다.

[본조신설 2018. 12. 13.]

제63조의3(부정수급자 등 명단공개심의위원회)

① 법 제84조의2에 따른 명단 공개 여부를 심의하기 위하여 공단에 부정수급자 등 명단공개심의위원회(이하 이 조에서 '위원회'라 한다)를 둔다.

② 위원회는 위원장 1명을 포함하여 7명의 위원으로 구성한다.

③ 위원회의 위원장은 공단 임원 중 산업재해보상보험 업무를 담당하는 상임이사가 되고, 위원은 다음 각 호의 사람 중에서 공단 이사장이 임명하거나 위촉한다.

1. 산업재해보상보험 업무를 담당하는 공단 직원

2. 산업재해보상보험 업무를 담당하는 5급 이상 고용노동부 공무원

3. 법률, 회계 또는 사회보험에 관한 학식과 경험이 풍부한 사람

④ 제3항제1호 및 제2호에 따른 위원의 임기는 그 재직기간으로 하고, 같은 항 제3호에 따른 위원의 임기는 2년으로 하되 1회에 한하여 연임할 수 있다.

⑤ 위원회의 회의는 재적위원 과반수의 출석으로 개의하고, 출석위원 과반수의 찬성으로 의결한다.

⑥ 그 밖의 위원회의 구성 및 운영에 필요한 사항은 공단이 정한다.

[본조신설 2018. 12. 13.]

제64조(충당 동의서의 기재사항)

영 제80조제1항제1호 단서에 따라 보험급여 수급권자가 충당에 동의하는 경우에는 다음 각 호의 사항을 서면으로 적어야 한다.

1. 지급받을 보험급여의 종류, 지급 기간 및 금액

2. 부당이득의 전제가 되는 보험급여의 종류 및 금액

3. 충당에 동의하는 금액 또는 비율

제64조의2(국민건강보험 요양급여 비용의 지급 절차 등)

① 「국민건강보험법」 제13조에 따른 국민건강보험공단(이하 "국민건강보험공단"이라 한다)은 법 제90조의2제1항에 따라 국민건강보험공단이 부담한 요양급여 비용을 지급받으려는 경우에는 부담한 금액 및 내역 등을 증명할 수 있는 서류를 첨부하여 공단에 그 지급을 청구하여야 한다.

② 공단은 제1항에 따른 청구를 받은 경우에는 다음 각 호의 사항을 확인하여 지급 여부 및 금액을 결정하여야 한다.

1. 청구된 요양급여 비용이 법 제40조에 따른 요양급여 또는 법 제51조에 따른 재요양의 대상이 되었던 업무상의 부상 또는 질병(이하 이 조에서 "업무상 부상·질병"이라 한다)의 증상에 대한 것인지 여부

2. 청구된 요양급여 비용이 업무상 부상·질병에 대한 법에 따른 요양이 종결된 후 2년 이내에 「국민건강보험법」에 따라 실시된 요양급여에 대한 것인지 여부

3. 청구된 요양급여 비용이 「국민건강보험법」 제41조에 따른 요양급여 기준에 맞게 지급되었는지 여부

③ 공단은 제2항에 따른 확인결과 지급하지 아니하기로 결정하였거나 청구한 비용을 감액하여 지급하기로 결정한 경우에는 국민건강보험공단에 그 사유를 알려야 한다. 이 경우 국민건강보험공단은 요양급여 비용의 청구 취지 및 근거 등을 보완하여 공단에 다시 청구할 수 있다.

④ 공단은 제1항 및 제3항 후단의 청구에 따라 국민건강보험공단이 부담한 요양급여 비용을 지급한 후 다음 각 호의 어느 하나에 해당하는 사유가 있는 경우에는 국민건강보험공단에 지급한 요양급여 비용의 반환을 청구할 수 있다.

1. 「국민건강보험법」에 따른 요양급여를 받은 사람이 업무상 부상·질병에 대한 요양급여를 받은 사람이 아닌 것으로 확인된 경우

2. 제1항 및 제3항 후단의 청구에 따라 지급한 요양급여 비용이 계산 착오 등의 사유로 잘못 지급된 경우

[본조신설 2015. 4. 21.]

제4장 근로복지사업

제65조(지정법인의 지정 기준)

법 제92조제2항에 따른 지정법인(이하 "지정법인"이라 한다)의 지정 기준은 다음 각 호와 같다.

〈개정 2015. 3. 24.〉

1. 의료 · 요양 · 직업재활 또는 근로자의 복지증진 사업을 주된 목적으로 할 것
2. 이사 중에 노동행정에 풍부한 경험이 있는 사람 및 직업환경의학에 관한 학식과 경험이 있는 사람이 각각 1명 이상 있을 것

제66조(지정법인의 지정 신청)

① 지정법인으로 지정을 받으려는 법인은 다음 각 호의 서류를 첨부하여 고용노동부장관에게 신청(전자문서에 의한 신청을 포함한다)하여야 한다. 〈개정 2010. 7. 12.〉

1. 정관
2. 임원의 명단
3. 재산의 종류 · 수량 및 금액을 적은 재산목록(재단법인은 기본재산 · 보통재산 및 운영재산으로 구분하여 적은 목록)
4. 해당 연도 수지예산서 및 사업계획서

② 고용노동부장관은 제1항에 따른 신청을 받으면 「전자정부법」 제36조제1항에 따른 행정정보의 공동이용을 통하여 법인등기부 등본을 확인하여야 한다. 〈개정 2010. 7. 12., 2010. 11. 24.〉

③ 고용노동부장관은 제1항에 따른 신청을 받으면 지체 없이 지정 여부를 결정하여 신청한 법인에 알려야 한다. 〈개정 2010. 7. 12.〉

제67조(사업계획서 등의 제출)

고용노동부장관은 법 제92조제4항에 따라 사업에 필요한 비용의 일부를 보조하는 지정법인에 대하여 회계연도마다 다음 각 호의 구분에 따라 사업계획 또는 사업실적에 관한 서류를 제출하게 할 수 있다. 〈개정 2010. 7. 12.〉

1. 사업계획서 및 수지예산서: 해당 회계연도 개시 전까지
2. 사업실적보고서 및 수지결산서: 다음 회계연도 3월 말까지

제68조(지정법인의 지도 감독 등)

고용노동부장관은 필요하다고 인정하면 지정법인에 대하여 그 업무 상황에 관한 보고서를 제출하게 하거나 그 업무를 지도 감독할 수 있다. 〈개정 2010. 7. 12.〉

제5장 보칙

제69조(기금관리요원)

고용노동부장관은 산업재해보상보험및예방기금(이하 "기금"이라 한다)을 효율적이고 전문적으로 관리하기 위하여 필요하면 영 제91조제1항에 따른 기금의 회계기관을 보조하는 기금관리요원을 둘 수 있다. 〈개정 2010. 7. 12., 2017. 12. 27.〉

[제목개정 2017. 12. 27.]

제70조 삭제 〈2010. 11. 24.〉

제71조(실비 지급)

① 법 105조제4항제1호에 따라 지정 장소에 출석한 관계인에게 지급할 실비의 지급 범위 및 기준에 관하여는 제15조부터 제17조까지의 규정을 준용한다.

② 법 105조제4항제3호에 따라 감정을 한 감정인에게 지급할 실비의 지급 기준은 감정 당시의 비용으로 한다. 다만, 감정 비용에 관한 기준이 없는 등 감정 비용을 산정하기 곤란한 경우에는 산재보험 요양급여기준 중에서 감정의 내용과 가장 비슷한 항목의 비용에 따른다.

제72조(조사연구원의 보수)

① 삭제 〈2015. 2. 13.〉

② 영 제112조제2항에 따른 조사연구원의 보수는 예산의 범위에서 지급하되, 「공무원보수규정」 별표 34에 따른 일반임기제공무원의 연봉등급 5호에 적용되는 기준을 준용한다.

〈개정 2013. 12. 30., 2015. 2. 13.〉

[제목개정 2015. 2. 13.]

제73조(외국거주자의 수급권 신고)

① 장해보상연금 수급권자, 유족보상연금 수급권자, 진폐보상연금 수급권자, 진폐유족연금 수

급권자가 법 제115조제2항에 따라 신고를 하는 경우에는 다음 각 호의 서류를 첨부하여야 한다. 〈개정 2010. 11. 24.〉

1. 「재외국민등록법」 제7조에 따른 재외국민등록부 등본
2. 「가족관계의 등록 등에 관한 법률」 제9조에 따른 가족관계 등록사항의 변경 내용(변경 사유가 발생한 경우만 해당된다)

② 법 제115조제2항에 따른 신고는 매년 5월 1일부터 6월 30일까지의 기간에 하여야 한다.

제73조의2(포상금의 지급기준)

① 법 제119조의2에 따른 포상금은 신고가 접수된 날까지 부당하게 지급된 보험급여, 진료비 또는 약제비(소멸시효가 완성된 금액은 제외한다. 이하 "보험급여등"이라 한다)를 합산한 금액에 대하여 다음 각 호의 구분에 따라 지급한다. 〈개정 2012. 12. 13.〉

1. 보험급여등 합산금액(이하 "합산금액"이라 한다)이 5천만원 이상일 경우: 550만원 + (5천만원 초과 합산금액 × 5/100)
2. 합산금액이 1천만원 이상 5천만원 미만인 경우: 150만원 + (1천만원 초과 합산금액 × 10/100)
3. 합산금액이 1천만원 미만인 경우: 합산금액 × 15/100

② 제1항에도 불구하고 보험급여등을 부당하게 지급받은(이하 "부정수급"이라 한다) 사람에 대한 장해보상연금, 유족보상연금, 진폐보상연금 또는 진폐유족연금의 지급이 중단되거나 지급액이 변경된 경우에는 제1항에서 정한 포상금에 별표 7의 기준에 따라 산정한 포상금을 더하여 지급한다.

③ 제1항 및 제2항에도 불구하고 동일한 부정수급 행위에 대하여 지급되는 포상금은 3천만원을 초과할 수 없으며, 산정된 포상금이 1만원 미만인 경우에는 1만원을 지급한다. 〈개정 2012. 12. 13.〉

④ 동일한 부정수급 행위에 대하여 2명 이상이 각각 신고한 경우에는 가장 먼저 신고한 사람에게 포상금을 지급하고, 공동으로 신고한 경우에는 포상금을 동일하게 나누어 신고자에게 지급한다.

⑤ 신고자 1명에 대한 포상금 연간 누적 지급액은 3천만원을 초과할 수 없다. 〈개정 2012. 12. 13.〉
[본조신설 2010. 11. 24.]

제73조의3(포상금의 지급 제한)

공단은 다음 각 호의 어느 하나에 해당하는 경우에는 포상금을 지급하지 아니할 수 있다.

1. 공무원, 공단의 임직원, 「공공기관의 운영에 관한 법률」에 따른 공공기관이나 그 밖에 공공단체의 임직원이 그 직무와 관련하여 알게 된 내용을 신고한 경우

2. 부정수급한 사람 또는 부정수급을 공모한 사람이 신고한 경우

3. 신고 내용이 언론매체 등을 통해 공개되었거나 이미 조사 또는 수사 중인 경우

4. 성명·주소 등이 분명하지 아니하여 신고자를 확인할 수 없는 경우

5. 제73조의4제3항에서 정한 기간 내에 포상금 지급을 신청하지 않은 경우

6. 포상금을 받을 목적으로 사전공모 또는 이와 유사한 방법으로 신고한 경우

[본조신설 2010. 11. 24.]

제73조의4(포상금의 지급방법 등)

① 공단은 신고내용에 대하여 사실관계를 조사하여야 한다. 다만, 신고내용이 명확하지 않아 부정수급 행위의 확인이 불가능할 것으로 예상되는 경우 조사를 하지 아니할 수 있다.

② 제1항에 따른 조사가 완료된 날(피신고자가 심사청구 등의 이의를 제기한 경우에는 이의 제기에 대한 처분이 확정된 날)부터 7일 이내에 처분 결과를 신고자에게 알려야 한다.

③ 신고자는 제2항에 따른 통지를 받은 날부터 1년 이내에 포상금지급신청서를 제출하여야 한다.

④ 공단은 제3항에 따른 포상금지급신청서를 접수한 날부터 7일 이내에 포상금을 지급하여야 한다.

⑤ 공단은 포상금 지급과 관련하여 알게 된 신고 내용과 신고자의 신상정보 등을 타인에게 제공하거나 누설하여서는 아니 된다.

⑥ 이 규칙에서 규정한 사항 외에 포상금의 신청과 지급방법 등에 관하여 필요한 사항은 공단이 정한다.

[본조신설 2010. 11. 24.]

제74조(해외파견자의 보험급여의 청구 등)

① 법 제122조제1항에 따라 근로자로 보는 해외파견자(이하 "해외파견자"라 한다)의 보험급여의 신청·청구 및 결정·통지 등에 관하여는 영 제21조부터 제26조까지·제37조·제38조·제44조·제45조·제48조부터 제53조까지·제55조부터 제66조까지·제66조의2·제67조부터 제71조까지·제71조의2·제72조·제72조의2·제73조부터 제77조까지·제77조의2·제78조·제79조·제79조의2·제80조·제81조·제81조의2·제82조·제83조 및 이 규

칙 제2조·제5조·제10조부터 제22조까지·제31조부터 제36조까지·제38조부터 제41조까지·제43조부터 제61조까지·제61조의2부터 제61조의4까지·제62조·제63조·제63조의2·제63조의3·제64조·제64조의2를 준용한다. 〈개정 2021. 6. 9., 2022. 7. 5.〉

② 해외파견자의 국민건강보험 요양급여 비용의 본인 일부 부담금의 대부 및 충당에 관하여는 영 제84조·제85조를 준용한다. 〈개정 2021. 6. 9.〉

제74조의2(학생연구자의 보험급여의 청구 등)

① 법 제123조의2제2항에 따른 학생 신분의 연구자(이하 "학생연구자"라 한다)의 보험급여의 신청·청구 및 결정·통지 등에 관하여는 이 규칙 제2조, 제5조, 제10조부터 제22조까지, 제31조부터 제36조까지, 제41조, 제43조부터 제60조까지, 제62조, 제63조, 제63조의2, 제64조, 제64조의2를 준용한다. 이 경우 "근로자"는 "학생연구자"로 본다.

② 학생연구자의 업무상의 재해에 따른 보험급여를 산정할 때 법 제123조의2제4항에 따른 평균임금이 변경된 경우에는 그 변경된 평균임금을 산정 기준으로 한다.

③ 학생연구자의 국민건강보험 요양급여 비용의 본인 일부 부담금의 대부 및 충당에 관하여는 영 제84조 및 제85조를 준용한다.

[본조신설 2021. 12. 31.]

제74조의3(학생연구자의 재요양에 따른 휴업급여 등의 지급 기준)

학생연구자의 재요양으로 법 제56조 및 제69조를 적용할 때에는 재요양 당시의 임금을 기준으로 산정한 평균임금을 적용하되, 그 평균임금이 법 제123조의2제4항에 따른 평균임금보다 적거나 재요양 당시 평균임금 산정의 대상이 되는 임금이 없는 경우에는 법 제123조의2제4항에 따른 평균임금을 적용하여 휴업급여 및 상병보상연금을 지급한다.

[본조신설 2021. 12. 31.]

제75조(중·소기업 사업주등의 보험급여의 청구 등)

① 법 제124조제3항에 따라 근로자로 보는 중·소기업 사업주 및 그 배우자 또는 4촌 이내의 친족(이하 "중·소기업 사업주등"이라 한다)의 보험급여의 신청·청구 및 결정·통지 등에 관하여는 영 제21조·제37조·제38조·제44조·제45조·제48조부터 제53조까지·제55조부터 제66조까지·제66조의2·제67조부터 제69조까지·제72조·제72조의2·제76조·제77조·제77조의2·제78조·제79조·제79조의2·제80조·제81조·제81조의2·제83조 및 이 규칙 제2조·제5조·제10조부터 제22조까지·제31조부터 제36조까지·제38조부터 제41조

까지 · 제43조부터 제60조까지 · 제62조 · 제63조 · 제63조의2 · 제63조의3 · 제64조 · 제64조의2를 준용한다. 〈개정 2021. 6. 9., 2022. 7. 5.〉

② 중 · 소기업 사업주등의 업무상의 재해에 따른 보험급여를 산정할 때 법 제124조제5항에 따른 평균임금이 변경된 경우에는 그 변경된 평균임금을 산정 기준으로 한다. 〈개정 2021. 6. 9.〉

③ 중 · 소기업 사업주등의 국민건강보험 요양급여 비용의 본인 일부 부담금의 대부 및 충당에 관하여는 영 제84조 · 제85조를 준용한다. 〈개정 2021. 6. 9.〉

[제목개정 2021. 6. 9.]

제76조(중 · 소기업 사업주등의 재요양에 따른 휴업급여 등의 지급 기준)

중 · 소기업 사업주등이 재요양 당시 중 · 소기업 사업주등이 아닌 경우에는 법 제56조 및 법 제69조를 적용할 때 평균임금 산정의 대상이 되는 임금이 없는 경우로 보아 휴업급여 및 상병보상연금을 지급한다. 〈개정 2021. 6. 9.〉

[제목개정 2021. 6. 9.]

제77조(특수형태근로종사자의 보험급여의 산정 기준 등)

① 특수형태근로종사자의 업무상 재해에 따른 보험급여를 산정할 때 법 제125조제8항에 따른 평균임금이 변경된 경우에는 그 변경된 평균임금을 산정 기준으로 한다.

〈개정 2010. 7. 12., 2021. 6. 9.〉

② 특수형태근로종사자의 국민건강보험 요양급여 비용의 본인 일부 부담금의 대부 및 충당에 관하여는 영 제84조 · 제85조를 준용한다. 〈개정 2021. 6. 9.〉

제78조(특수형태근로종사자의 재요양에 따른 휴업급여 등의 지급 기준)

특수형태근로종사자가 재요양 당시 업무상의 재해를 입을 당시의 직종에 종사하지 않는 경우에는 법 제56조 및 법 제69조를 적용할 때 평균임금 산정의 대상이 되는 임금이 없는 경우로 보아 휴업급여 및 상병보상연금을 지급한다.

제79조(서식)

① 법, 영 및 이 규칙의 시행에 필요한 신고서 · 신청서 · 청구서 · 통지서 및 납부서 등의 서식은 고용노동부장관의 승인을 받아 공단이 정한다. 〈개정 2010. 7. 12.〉

② 공단은 제1항에 따라 서식을 정할 때에는 법, 영 및 이 규칙에서 정하는 서류 외의 서류의 첨부를 요구할 수 없다. 다만, 제출된 서식만으로는 그 서식에 적힌 사항의 사실 확인이 곤란한 경우로서 그 확인을 위하여 필요하면 해당 서류의 보완을 요구할 수 있다.

제80조(규제의 재검토)

고용노동부장관은 제39조제1항·제2항 및 별표 2의2에 따른 진폐요양 의료기관의 범위 및 등급 기준요건에 대하여 2017년 1월 1일을 기준으로 3년마다(매 3년이 되는 해의 1월 1일 전까지를 말한다) 그 타당성을 검토하여 개선 등의 조치를 하여야 한다.   〈개정 2017. 2. 3.〉

[본조신설 2014. 12. 31.]

부칙 〈제355호, 2022. 7. 5.〉

이 규칙은 공포한 날부터 시행한다.

고용보험 및 산업재해보상보험의 보험료징수 등에 관한법률

제1장 총칙

제1조(목적)

이 법은 고용보험과 산업재해보상보험의 보험관계의 성립 · 소멸, 보험료의 납부 · 징수 등에 필요한 사항을 규정함으로써 보험사무의 효율성을 높이는 것을 목적으로 한다.

[전문개정 2009. 12. 30.]

제2조(정의)

이 법에서 사용하는 용어의 뜻은 다음과 같다. 〈개정 2010. 1. 27., 2011. 7. 21.〉

1. "보험"이란 「고용보험법」에 따른 고용보험 또는 「산업재해보상보험법」에 따른 산업재해보상보험을 말한다.

2. "근로자"란 「근로기준법」에 따른 근로자를 말한다.

3. "보수"란 「소득세법」 제20조에 따른 근로소득에서 대통령령으로 정하는 금품을 뺀 금액을 말한다. 다만, 제13조제1항제1호에 따른 고용보험료를 징수하는 경우에는 근로자가 휴직이나 그 밖에 이와 비슷한 상태에 있는 기간 중에 사업주 외의 자로부터 지급받는 금품 중 고용노동부장관이 정하여 고시하는 금품은 보수로 본다.

4. "원수급인"이란 사업이 여러 차례의 도급에 의하여 행하여지는 경우에 최초로 사업을 도급받아 행하는 자를 말한다. 다만, 발주자가 사업의 전부 또는 일부를 직접 하는 경우에는 발주자가 직접 하는 부분(발주자가 직접 하다가 사업의 진행경과에 따라 도급하는 경우에는 발주자가 직접 하는 것으로 본다)에 대하여 발주자를 원수급인으로 본다.

5. "하수급인"이란 원수급인으로부터 그 사업의 전부 또는 일부를 도급받아 하는 자와 그 자로부터 그 사업의 전부 또는 일부를 도급받아 하는 자를 말한다.

6. "정보통신망"이란 「정보통신망 이용촉진 및 정보보호 등에 관한 법률」에 따른 정보통신망을 말한다.

7. "보험료등"이란 보험료, 이 법에 따른 가산금 · 연체금 · 체납처분비 및 제26조에 따른 징수금을 말한다.

[전문개정 2009. 12. 30.]

제3조(기준보수)

① 사업의 폐업·도산 등으로 보수를 산정·확인하기 곤란한 경우 또는 대통령령으로 정하는 사유에 해당하는 경우에는 고용노동부장관이 정하여 고시하는 금액(이하 "기준보수"라 한다)을 보수로 할 수 있다. 〈개정 2010. 1. 27., 2010. 6. 4.〉

② 기준보수는 사업의 규모, 근로형태 및 보수수준 등을 고려하여 「고용보험법」 제7조에 따른 고용보험위원회의 심의를 거쳐 시간·일 또는 월 단위로 정하되, 사업의 종류별 또는 지역별로 구분하여 정할 수 있다.

③ 삭제 〈2010. 1. 27.〉

[전문개정 2009. 12. 30.]

제4조(보험사업의 수행주체)

「고용보험법」 및 「산업재해보상보험법」에 따른 보험사업에 관하여 이 법에서 정한 사항은 고용노동부장관으로부터 위탁을 받아 「산업재해보상보험법」 제10조에 따른 근로복지공단(이하 "공단"이라 한다)이 수행한다. 다만, 다음 각 호에 해당하는 징수업무는 「국민건강보험법」 제13조에 따른 국민건강보험공단(이하 "건강보험공단"이라 한다)이 고용노동부장관으로부터 위탁을 받아 수행한다. 〈개정 2010. 1. 27., 2010. 6. 4., 2011. 12. 31.〉

1. 보험료등(제17조 및 제19조에 따른 개산보험료 및 확정보험료, 제26조에 따른 징수금은 제외한다)의 고지 및 수납

2. 보험료등의 체납관리

[전문개정 2009. 12. 30.]

제4조의2(정보통신망을 이용한 신고 또는 신청

① 이 법에 따른 신고 또는 신청은 고용노동부장관이 정하여 고시하는 정보통신망(이하 "고용·산재정보통신망"이라 한다)을 이용하여 할 수 있다. 〈개정 2010. 6. 4.〉

② 제1항의 방법으로 신고 또는 신청하는 경우에는 고용·산재정보통신망에 입력된 때에 신고 또는 신청이 된 것으로 본다.

③ 제1항의 방법에 따른 신고 또는 신청의 방법·절차 등에 관하여 필요한 사항은 고용노동부령으로 정한다. 〈개정 2010. 6. 4.〉

[전문개정 2009. 12. 30.]

제2장 보험관계의 성립 및 소멸 〈개정 2009. 12. 30.〉

제5조(보험가입자)

① 「고용보험법」을 적용받는 사업의 사업주와 근로자(「고용보험법」 제10조 및 제10조의2에 따른 적용 제외 근로자는 제외한다. 이하 이 조에서 같다)는 당연히 「고용보험법」에 따른 고용보험(이하 "고용보험"이라 한다)의 보험가입자가 된다.　　　　　〈개정 2019. 1. 15.〉

② 「고용보험법」 제8조 단서에 따라 같은 법을 적용하지 아니하는 사업의 사업주가 근로자의 과반수의 동의를 받아 공단의 승인을 받으면 그 사업의 사업주와 근로자는 고용보험에 가입할 수 있다.　　　　　〈개정 2019. 1. 15.〉

③ 「산업재해보상보험법」을 적용받는 사업의 사업주는 당연히 「산업재해보상보험법」에 따른 산업재해보상보험(이하 "산재보험"이라 한다)의 보험가입자가 된다.

④ 「산업재해보상보험법」 제6조 단서에 따라 같은 법을 적용하지 아니하는 사업의 사업주는 공단의 승인을 받아 산재보험에 가입할 수 있다.

⑤ 제2항이나 제4항에 따라 고용보험 또는 산재보험에 가입한 사업주가 보험계약을 해지할 때에는 미리 공단의 승인을 받아야 한다. 이 경우 보험계약의 해지는 그 보험계약이 성립한 보험연도가 끝난 후에 하여야 한다.

⑥ 제5항에 따른 사업주가 고용보험계약을 해지할 때에는 근로자 과반수의 동의를 받아야 한다.　　　　　〈개정 2019. 1. 15.〉

⑦ 공단은 사업 실체가 없는 등의 사유로 계속하여 보험관계를 유지할 수 없다고 인정하는 경우에는 그 보험관계를 소멸시킬 수 있다.

[전문개정 2009. 12. 30.]

제6조(보험의 의제가입)

① 제5조제1항에 따라 사업주 및 근로자가 고용보험의 당연가입자가 되는 사업이 사업규모의 변동 등의 사유로 「고용보험법」 제8조 단서에 따른 적용 제외 사업에 해당하게 되었을 때에는 그 사업주 및 근로자는 그 날부터 제5조제2항에 따라 고용보험에 가입한 것으로 본다.

② 제5조제3항에 따라 그 사업주가 산재보험의 당연가입자가 되는 사업이 사업규모의 변동 등의 사유로 「산업재해보상보험법」 제6조 단서에 따른 적용 제외 사업에 해당하게 되었을 때에는 그 사업주는 그 날부터 제5조제4항에 따라 산재보험에 가입한 것으로 본다.

③ 제5조제1항부터 제4항까지의 규정에 따른 사업주가 그 사업을 운영하다가 근로자(고용보험의 경우에는 「고용보험법」 제10조 및 제10조의2에 따른 적용 제외 근로자는 제외한다. 이하 이 항에서 같다)를 고용하지 아니하게 되었을 때에는 그 날부터 1년의 범위에서 근로자를 사용하지 아니한 기간에도 보험에 가입한 것으로 본다.　　　　　　〈개정 2019. 1. 15.〉

④ 제1항 및 제2항의 사업주 및 근로자에 대한 보험계약의 해지에 관하여는 제5조제5항 및 제6항을 준용한다.

[전문개정 2009. 12. 30.]

제7조(보험관계의 성립일)

보험관계는 다음 각 호의 어느 하나에 해당하는 날에 성립한다.

　1. 제5조제1항에 따라 사업주 및 근로자가 고용보험의 당연가입자가 되는 사업의 경우에는 그 사업이 시작된 날(「고용보험법」 제8조 단서에 따른 사업이 제5조제1항에 따라 사업주 및 근로자가 고용보험의 당연가입자가 되는 사업에 해당하게 된 경우에는 그 해당하게 된 날)

　2. 제5조제3항에 따라 사업주가 산재보험의 당연가입자가 되는 사업의 경우에는 그 사업이 시작된 날(「산업재해보상보험법」 제6조 단서에 따른 사업이 제5조제3항에 따라 사업주가 산재보험의 당연가입자가 되는 사업에 해당하게 된 경우에는 그 해당하게 된 날)

　3. 제5조제2항 또는 제4항에 따라 보험에 가입한 사업의 경우에는 공단이 그 사업의 사업주로부터 보험가입승인신청서를 접수한 날의 다음 날

　4. 제8조제1항에 따라 일괄적용을 받는 사업의 경우에는 처음 하는 사업이 시작된 날

　5. 제9조제1항 단서 및 제2항에 따라 보험에 가입한 하수급인의 경우에는 그 하도급공사의 착공일

[전문개정 2009. 12. 30.]

제8조(사업의 일괄적용)

① 제5조제1항 또는 같은 조 제3항에 따른 보험의 당연가입자인 사업주가 하는 각각의 사업이 다음 각 호의 요건에 해당하는 경우에는 이 법을 적용할 때 그 사업의 전부를 하나의 사업으로 본다.

　1. 사업주가 동일인일 것

　2. 각각의 사업은 기간이 정하여져 있을 것

　3. 사업의 종류 등이 대통령령으로 정하는 요건에 해당할 것

② 제1항에 따른 일괄적용을 받는 사업주 외의 사업주가 제1항제1호의 요건에 해당하는 사업 (산재보험의 경우에는 고용노동부장관이 정하는 사업종류가 같은 경우로 한정한다)의 전부를 하나의 사업으로 보아 이 법을 적용받으려는 경우에는 공단의 승인을 받아야 하며, 승인을 받은 경우에는 공단이 그 사업의 사업주로부터 일괄적용관계 승인신청서를 접수한 날의 다음 날부터 일괄적용을 받는다. 이 경우 일괄적용관계가 제3항에 따라 해지되지 아니하면 그 사업주는 그 보험연도 이후의 보험연도에도 계속 그 사업 전부에 대하여 일괄적용을 받는다. 〈개정 2010. 6. 4., 2021. 1. 26.〉

③ 제2항에 따라 일괄적용을 받고 있는 사업주가 그 일괄적용관계를 해지하려는 경우에는 공단의 승인을 받아야 한다. 이 경우 일괄적용관계 해지의 효력은 다음 보험연도의 보험관계부터 발생한다.

④ 제1항에 따라 일괄적용을 받는 사업주가 제1항제3호의 요건에 해당하지 아니하게 된 경우에는 제2항에 따라 일괄적용승인을 받은 것으로 보아 이 법을 적용하며, 사업주가 그 일괄적용관계를 해지하려는 경우에는 제3항에 따른다.

[전문개정 2009. 12. 30.]

제9조(도급사업의 일괄적용)

① 건설업 등 대통령령으로 정하는 사업이 여러 차례의 도급에 의하여 시행되는 경우에는 그 원수급인을 이 법을 적용받는 사업주로 본다. 다만, 대통령령으로 정하는 바에 따라 공단의 승인을 받은 경우에는 하수급인을 이 법을 적용받는 사업주로 본다.

② 제1항에 따른 사업이 국내에 영업소를 두지 아니하는 외국의 사업주로부터 하도급을 받아 시행되는 경우에는 국내에 영업소를 둔 최초 하수급인을 이 법을 적용받는 사업주로 본다.

[전문개정 2009. 12. 30.]

제10조(보험관계의 소멸일)

보험관계는 다음 각 호의 어느 하나에 해당하는 날에 소멸한다.　　　　〈개정 2019. 1. 15.〉

1. 사업이 폐업되거나 끝난 날의 다음 날

2. 제5조제5항(제6조제4항에서 준용되는 경우를 포함한다)에 따라 보험계약을 해지하는 경우에는 그 해지에 관하여 공단의 승인을 받은 날의 다음 날

3. 제5조제7항에 따라 공단이 보험관계를 소멸시키는 경우에는 그 소멸을 결정·통지한 날의 다음 날

4. 제6조제3항에 따른 사업주의 경우에는 근로자(고용보험의 경우에는 「고용보험법」 제10

조 및 제10조의2에 따른 적용 제외 근로자는 제외한다)를 사용하지 아니한 첫날부터 1년
이 되는 날의 다음 날

[전문개정 2009. 12. 30.]

제11조(보험관계의 신고)

① 사업주는 제5조제1항 또는 제3항에 따라 당연히 보험가입자가 된 경우에는 그 보험관계가
성립한 날부터 14일 이내에, 사업의 폐업·종료 등으로 인하여 보험관계가 소멸한 경우에는
그 보험관계가 소멸한 날부터 14일 이내에 공단에 보험관계의 성립 또는 소멸 신고를 하여야
한다. 다만, 다음 각 호에 해당하는 사업의 경우에는 그 구분에 따라 보험관계 성립신고를 하
여야 한다.

1. 보험관계가 성립한 날부터 14일 이내에 종료되는 사업: 사업이 종료되는 날의 전날까지

2. 「산업재해보상보험법」 제6조 단서에 따른 대통령령으로 정하는 사업 중 사업을 시작할
때에 같은 법의 적용 대상 여부가 명확하지 아니하여 대통령령으로 정하는 바에 따라 해당
사업에서 일정 기간 사용한 상시근로자 수를 바탕으로 하여 같은 법의 적용 대상 여부가
정하여지는 사업: 그 일정 기간의 종료일부터 14일 이내

② 사업주는 제8조제1항에 따라 일괄적용을 받는 사업의 경우에는 처음 하는 사업을 시작하는
날부터 14일 이내에, 일괄적용을 받고 있는 사업이 사업의 폐업·종료 등으로 일괄적용관계
가 소멸한 경우에는 소멸한 날부터 14일 이내에 공단에 일괄적용관계의 성립 또는 소멸 신고
를 하여야 한다.

③ 제8조제1항 및 제2항에 따른 일괄적용사업의 사업주는 그 각각의 사업(제1항에 따라 신고된
사업은 제외한다)의 개시일 및 종료일(사업 종료의 신고는 고용보험의 경우만 한다)부터 각
각 14일 이내에 그 개시 및 종료 사실을 공단에 신고하여야 한다. 다만, 사업의 개시일부터
14일 이내에 끝나는 사업의 경우에는 그 끝나는 날의 전날까지 신고하여야 한다.

[전문개정 2009. 12. 30.]

제12조(보험관계의 변경신고)

보험에 가입한 사업주는 그 이름, 사업의 소재지 등 대통령령으로 정하는 사항이 변경된 경우에
는 그 날부터 14일 이내에 그 변경사항을 공단에 신고하여야 한다.

[전문개정 2009. 12. 30.]

제3장 보험료

제13조(보험료)

① 보험사업에 드는 비용에 충당하기 위하여 보험가입자로부터 다음 각 호의 보험료를 징수한다. 〈개정 2010. 1. 27.〉

　1. 고용안정 · 직업능력개발사업 및 실업급여의 보험료(이하 "고용보험료"라 한다)

　2. 산재보험의 보험료(이하 "산재보험료"라 한다)

② 고용보험 가입자인 근로자가 부담하여야 하는 고용보험료는 자기의 보수총액에 제14조제1항에 따른 실업급여의 보험료율의 2분의 1을 곱한 금액으로 한다. 다만, 사업주로부터 제2조제3호 본문에 따른 보수를 지급받지 아니하는 근로자는 제2조제3호 단서에 따라 보수로 보는 금품의 총액에 제14조제1항에 따른 실업급여의 보험료율을 곱한 금액을 부담하여야 하고, 제2조제3호 단서에 따른 휴직이나 그 밖에 이와 비슷한 상태에 있는 기간 중에 사업주로부터 제2조제3호 본문에 따른 보수를 지급받는 근로자로서 고용노동부장관이 정하여 고시하는 사유에 해당하는 근로자는 그 기간에 지급받는 보수의 총액에 제14조제1항에 따른 실업급여의 보험료율을 곱한 금액을 부담하여야 한다. 〈개정 2010. 1. 27., 2011. 7. 21.〉

③ 제1항에도 불구하고 「고용보험법」 제10조제2항에 따라 65세 이후에 고용(65세 전부터 피보험자격을 유지하던 사람이 65세 이후에 계속하여 고용된 경우는 제외한다)되거나 자영업을 개시한 자에 대하여는 고용보험료 중 실업급여의 보험료를 징수하지 아니한다. 〈개정 2013. 6. 4., 2019. 1. 15.〉

④ 제1항에 따라 사업주가 부담하여야 하는 고용보험료는 그 사업에 종사하는 고용보험 가입자인 근로자의 개인별 보수총액(제2항 단서에 따른 보수로 보는 금품의 총액과 보수의 총액은 제외한다)에 다음 각 호를 각각 곱하여 산출한 각각의 금액을 합한 금액으로 한다. 〈개정 2011. 7. 21., 2013. 6. 4.〉

　1. 제14조제1항에 따른 고용안정 · 직업능력개발사업의 보험료율

　2. 실업급여의 보험료율의 2분의 1

⑤ 제1항에 따라 사업주가 부담하여야 하는 산재보험료는 그 사업주가 경영하는 사업에 종사하는 근로자의 개인별 보수총액에 다음 각 호에 따른 산재보험료율을 곱한 금액을 합한 금액으로 한다. 다만, 「산업재해보상보험법」 제37조제4항에 해당하는 경우에는 제1호에 따른 산재보험료율만을 곱하여 산정한다. 〈개정 2013. 6. 4., 2017. 10. 24.〉

1. 제14조제3항부터 제6항까지에 따라 같은 종류의 사업에 적용되는 산재보험료율

2. 제14조제7항에 따른 산재보험료율

⑥ 제17조제1항에 따른 보수총액의 추정액 또는 제19조제1항에 따른 보수총액을 결정하기 곤란한 경우에는 대통령령으로 정하는 바에 따라 고용노동부장관이 정하여 고시하는 노무비율을 사용하여 보수총액의 추정액 또는 보수총액을 결정할 수 있다. 〈개정 2010. 6. 4.〉

[전문개정 2009. 12. 30.]

제14조(보험료율의 결정)

① 고용보험료율은 보험수지의 동향과 경제상황 등을 고려하여 1000분의 30의 범위에서 고용안정·직업능력개발사업의 보험료율 및 실업급여의 보험료율로 구분하여 대통령령으로 정한다.

② 제1항의 고용보험료율을 결정하거나 변경하려면 「고용보험법」 제7조에 따른 고용보험위원회의 심의를 거쳐야 한다.

③ 「산업재해보상보험법」 제37조제1항제1호, 제2호 및 같은 항 제3호가목에 따른 업무상의 재해에 관한 산재보험료율(이하 제4항부터 제6항까지에서 "산재보험료율"이라 한다)은 매년 6월 30일 현재 과거 3년 동안의 보수총액에 대한 산재보험급여총액의 비율을 기초로 하여, 「산업재해보상보험법」에 따른 연금 등 산재보험급여에 드는 금액, 재해예방 및 재해근로자의 복지증진에 드는 비용 등을 고려하여 사업의 종류별로 구분하여 고용노동부령으로 정한다. 이 경우 「산업재해보상보험법」 제37조제1항제3호나목에 따른 업무상의 재해를 이유로 지급된 보험급여액은 산재보험급여총액에 포함시키지 아니한다.

〈개정 2010. 6. 4., 2017. 10. 24.〉

④ 산재보험의 보험관계가 성립한 후 3년이 지나지 아니한 사업에 대한 산재보험료율은 제3항에도 불구하고 고용노동부령으로 정하는 바에 따라 「산업재해보상보험법」 제8조에 따른 산업재해보상보험및예방심의위원회의 심의를 거쳐 고용노동부장관이 사업의 종류별로 따로 정한다. 〈개정 2010. 6. 4.〉

⑤ 고용노동부장관은 제3항에 따라 산재보험료율을 정하는 경우에는 특정 사업 종류의 산재보험료율이 전체 사업의 평균 산재보험료율의 20배를 초과하지 아니하도록 하여야 한다. 〈개정 2010. 6. 4.〉

⑥ 고용노동부장관은 제3항에 따라 정한 특정 사업 종류의 산재보험료율이 인상되거나 인하되는 경우에는 직전 보험연도 산재보험료율의 100분의 30의 범위에서 조정하여야 한다.

〈개정 2010. 6. 4.〉

⑦ 「산업재해보상보험법」 제37조제1항제3호나목에 따른 업무상의 재해에 관한 산재보험료율은 사업의 종류를 구분하지 아니하고 그 재해로 인하여 같은 법에 따른 연금 등 산재보험급여에 드는 금액, 재해예방 및 재해근로자의 복지증진에 드는 비용 등을 고려하여 고용노동부령으로 정한다. 〈신설 2017. 10. 24.〉

[전문개정 2009. 12. 30.]

제15조(보험료율의 특례)

① 대통령령으로 정하는 사업으로서 매년 9월 30일 현재 고용보험의 보험관계가 성립한 후 3년이 지난 사업의 경우에 그 해 9월 30일 이전 3년 동안의 그 실업급여 보험료에 대한 실업급여 금액의 비율이 대통령령으로 정하는 비율에 해당하는 경우에는 제14조제1항에도 불구하고 그 사업에 적용되는 실업급여 보험료율의 100분의 40의 범위에서 대통령령으로 정하는 기준에 따라 인상하거나 인하한 비율을 그 사업에 대한 다음 보험연도의 실업급여 보험료율로 할 수 있다.

② 대통령령으로 정하는 사업으로서 매년 6월 30일 현재 산재보험의 보험관계가 성립한 후 3년이 지난 사업의 경우에 그 해 6월 30일 이전 3년 동안의 산재보험료(제13조제5항제2호에 따른 산재보험료율을 곱한 금액은 제외한다)에 대한 산재보험급여 금액(「산업재해보상보험법」 제37조제1항제3호나목에 따른 업무상의 재해를 이유로 지급된 보험급여는 제외한다)의 비율이 대통령령으로 정하는 비율에 해당하는 경우에는 제14조제3항 및 제4항에도 불구하고 그 사업에 적용되는 제13조제5항제1호에 따른 산재보험료율의 100분의 50의 범위에서 사업 규모를 고려하여 대통령령으로 정하는 바에 따라 인상하거나 인하한 비율(이하 "개별실적요율"이라 한다)을 제13조제5항제2호에 따른 산재보험료율과 합하여 그 사업에 대한 다음 보험연도의 산재보험료율로 할 수 있다. 〈개정 2017. 10. 24., 2021. 4. 13.〉

③ 제2항에 따른 개별실적요율을 산정할 때 수급인·관계수급인(「산업안전보건법」 제2조제8호 및 제9호에 따른 수급인·관계수급인을 말한다. 이하 이 조에서 같다) 또는 파견사업주(「파견근로자보호 등에 관한 법률」 제2조제3호에 따른 파견사업주를 말한다. 이하 이 조에서 같다)의 근로자에게 발생한 업무상 재해가 다음 각 호의 어느 하나에 해당하는 재해인 경우에는 그로 인하여 지급된 산재보험급여 금액을 재해발생의 책임 등을 고려하여 대통령령으로 정하는 바에 따라 해당 근로자에 대한 도급인(「산업안전보건법」 제2조제7호에 따른 도급인을 말한다. 이하 이 조에서 같다), 수급인(제2호의 경우에 한정한다) 또는 사용사업주(「파견근로자보호 등에 관한 법률」 제2조제4호에 따른 사용사업주를 말한다. 이하 이 조에서 같다)의 산재보험급여 금액에 포함한다. 〈신설 2021. 4. 13.〉

1. 도급인이 「산업안전보건법」 제58조 또는 제59조에 따른 의무를 위반하여 도급한 기간 중 수급인의 근로자에게 발생한 업무상 재해

2. 「산업안전보건법」 제60조에 따른 의무를 위반하여 하도급한 기간 중 관계수급인의 근로자에게 발생한 업무상 재해

3. 도급인이 「산업안전보건법」 제62조부터 제65조까지의 의무를 위반하여 관계수급인의 근로자에게 발생한 업무상 재해

4. 파견근로자(「파견근로자보호 등에 관한 법률」 제2조제5호에 따른 파견근로자를 말한다. 이하 이 조에서 같다)에게 발생한 업무상 재해

④ 제2항 및 제3항에도 불구하고 개별실적요율 적용 사업 중 대통령령으로 정하는 규모 이상의 사업의 경우 매년 6월 30일 이전 3년 동안에 업무상 사고로 사망한 사람(해당 사업에서 직접 고용한 근로자, 수급인·관계수급인의 근로자 및 파견근로자가 해당 사업에서 업무수행 중 사고로 사망한 경우를 모두 포함한다)의 수가 대통령령으로 정하는 기준 이상인 경우에는 해당 사업주의 「산업안전보건법」 제57조제1항 또는 같은 조 제3항 위반 여부 등을 고려하여 대통령령으로 정하는 바에 따라 개별실적요율을 달리 적용할 수 있다.   〈신설 2021. 4. 13.〉

⑤ 대통령령으로 정하는 사업으로서 산재보험의 보험관계가 성립한 사업의 사업주가 해당 사업 근로자의 안전보건을 위하여 재해예방활동을 실시하고 이에 대하여 고용노동부장관의 인정을 받은 때에는 제14조제3항 및 제4항에도 불구하고 그 사업에 대하여 적용되는 제13조 제5항제1호에 따른 산재보험료율의 100분의 30의 범위에서 대통령령으로 정하는 바에 따라 인하한 비율을 제13조제5항제2호에 따른 산재보험료율과 합하여 그 사업에 대한 다음 보험연도의 산재보험료율(이하 "산재예방요율"이라 한다)로 할 수 있다.

〈신설 2013. 6. 4., 2017. 10. 24., 2021. 4. 13.〉

⑥ 산재예방요율을 적용할 때 재해예방활동의 내용·인정기간, 산재예방요율의 적용기간 등 그 밖에 필요한 사항은 사업주가 실시하는 재해예방활동별로 구분하여 대통령령으로 정한다.

〈신설 2013. 6. 4., 2021. 1. 26., 2021. 4. 13.〉

⑦ 제2항 및 제5항에 따른 산재보험료율을 모두 적용받을 수 있는 사업의 경우에는 제14조제3항 및 제4항에 따라 그 사업에 적용되는 산재보험료율에 제2항 및 제5항에 따라 각각 인상 또는 인하한 비율을 합하여(인상 및 인하한 비율이 동시에 발생한 경우에는 같은 값만큼 서로 상계하여 계산한다) 얻은 값만큼을 인상하거나 인하한 비율을 그 사업에 대한 다음 보험연도 산재보험료율로 한다.   〈신설 2013. 6. 4., 2021. 4. 13.〉

⑧ 고용노동부장관은 산재예방요율을 적용받는 사업이 다음 각 호의 어느 하나에 해당하는 경우에는 재해예방활동의 인정을 취소하여야 한다.

〈신설 2013. 6. 4., 2019. 1. 15., 2021. 4. 13.〉

1. 거짓이나 그 밖의 부정한 방법으로 재해예방활동의 인정을 받은 경우

2. 재해예방활동의 인정기간 중 「산업안전보건법」 제2조제2호에 따른 중대재해가 발생한 경우. 다만, 「산업안전보건법」 제5조에 따른 사업주의 의무와 직접적으로 관련이 없는 재해로서 대통령령으로 정하는 재해는 제외한다.

3. 그 밖에 재해예방활동의 목적을 달성한 것으로 인정하기 곤란한 경우 등 대통령령으로 정하는 사유에 해당하는 경우

⑨ 제8항제1호에 따라 재해예방활동의 인정이 취소된 사업의 경우에는 산재예방요율 적용을 취소하고, 산재예방요율을 적용받은 기간에 대한 산재보험료를 다시 산정하여 부과하여야 한다. 〈신설 2013. 6. 4., 2021. 4. 13.〉

⑩ 제8항제2호 및 제3호에 따라 재해예방활동의 인정이 취소된 사업에 대하여는 해당 보험연도 재해예방활동의 인정기간비율에 따라 산재예방요율을 적용하여 다음 보험연도의 산재보험요율을 산정한다. 〈신설 2013. 6. 4., 2021. 4. 13.〉

⑪ 고용노동부장관은 제5항에 따른 재해예방활동의 인정에 관한 업무를 산업안전보건에 관한 전문인력과 시설을 갖춘 기관 또는 단체로서 대통령령으로 정하는 기관에 위탁할 수 있다. 〈신설 2013. 6. 4., 2021. 4. 13.〉

⑫ 제5항 및 제8항에 따른 산재예방요율의 적용, 재해예방활동의 인정 및 취소의 절차 등에 필요한 사항은 고용노동부령으로 정한다. 〈신설 2013. 6. 4., 2021. 4. 13.〉

[전문개정 2009. 12. 30.]

제16조(고용보험료의 원천공제)

① 사업주는 제13조제2항에 따라 고용보험 가입자인 근로자가 부담하는 고용보험료에 상당하는 금액을 대통령령으로 정하는 바에 따라 그 근로자의 보수에서 원천공제할 수 있다.

② 사업주는 제1항에 따라 고용보험료에 상당하는 금액을 원천공제하였으면 공제계산서를 그 근로자에게 발급하여야 한다.

③ 제9조제1항 및 제2항에 따라 사업주가 되는 원수급인 또는 하수급인은 고용노동부령으로 정하는 바에 따라 자기가 고용하는 고용보험 가입자 외의 근로자를 고용하는 하수급인에게 위임하여 그 근로자가 부담하는 보험료에 상당하는 금액을 근로자의 보수에서 원천공제하게 할 수 있다. 〈개정 2010. 6. 4.〉

④ 제13조제2항 단서에 따라 근로자가 그 실업급여의 보험료를 부담하는 경우에는 사업주가 해당 보험료를 신고 · 납부하고, 근로자는 그 보험료 해당액을 사업주에게 지급한다.

[전문개정 2009. 12. 30.]

제16조의2(보험료의 부과 · 징수)

① 제13조제1항에 따른 보험료는 공단이 매월 부과하고, 건강보험공단이 이를 징수한다.

② 제1항에도 불구하고 건설업 등 대통령령으로 정하는 사업의 경우에는 제17조 및 제19조에 따른다.

[본조신설 2010. 1. 27.]

제16조의3(월별보험료의 산정)

① 공단이 제16조의2제1항에 따라 매월 부과하는 보험료(이하 "월별보험료"라 한다)는 근로자 또는 「고용보험법」 제77조의2제1항에 해당하는 예술인(이하 "예술인"이라 한다)의 개인별 월평균보수에 고용보험료율 및 산재보험료율을 각각 곱한 금액을 합산하여 산정한다. 다만, 월평균보수를 산정하기 곤란한 일용근로자 등 대통령령으로 정하는 사람에 대한 월별보험 료는 대통령령으로 정하는 바에 따라 산정한 금액을 개인별 월평균보수로 보아 산정한다.

〈개정 2020. 6. 9., 2021. 1. 5., 2022. 6. 10.〉

② 제1항의 월평균보수는 사업주가 지급한 보수 및 제2조제3호 단서에 따른 금품을 기준으로 산정한다. 이 경우 월평균보수의 산정방법, 적용기간, 하한액 기준 등은 대통령령으로 정하 는 바에 따른다. 〈개정 2020. 6. 9.〉

③ 삭제 〈2020. 6. 9.〉

④ 삭제 〈2020. 6. 9.〉

[본조신설 2010. 1. 27.]

제16조의4(일수에 비례한 월별보험료의 산정 등)

다음 각 호의 어느 하나에 해당하는 경우에는 그 근로자에 대한 그 월별보험료는 일수에 비례하 여 계산한다. 〈개정 2021. 1. 26.〉

　　1. 근로자가 월의 중간에 새로이 고용되거나 고용관계가 종료되는 경우

　　2. 근로자가 동일한 사업주의 하나의 사업장에서 다른 사업장으로 전근되는 경우

　　3. 근로자의 휴직 등 대통령령으로 정하는 사유에 해당하는 기간이 월의 중간에 걸쳐있는 경우

[본조신설 2010. 1. 27.]

[제목개정 2021. 1. 26.]

제16조의5(보험료 산정의 특례)

근로자가 「근로기준법」 제46조제1항에 따른 휴업수당을 받는 등 대통령령으로 정하는 사유에 해당하는 경우에는 대통령령으로 정하는 바에 따라 해당 근로자의 월평균보수(제16조의2제2항에 따른 건설업 등의 사업은 보수총액)의 전부 또는 일부를 제외하고 보험료를 산정한다.

[본조신설 2010. 1. 27.]

제16조의6(조사 등에 따른 월별보험료 산정)

① 공단은 사업주가 제16조의10제1항부터 제5항까지의 규정에 따른 신고를 하지 아니하거나, 신고한 내용이 사실과 다른 때에는 사업주에게 미리 알리고 그 사실을 조사하여 다음 각 호의 어느 하나에 해당하는 금액을 기준으로 월평균보수를 결정하여 월별보험료를 산정할 수 있다. 〈개정 2013. 6. 4.〉

1. 공단이 조사하여 산정한 금액

2. 사업주가 공단 또는 국세청 등 유관기관에 근로자의 보수 등을 신고한 사실이 있는 경우에는 그 금액

3. 근로자의 보수 등에 관한 자료를 확인하기 곤란한 경우에는 기준보수

② 공단은 제1항에 따라 보험료를 산정한 이후에 사업주가 월평균보수 등을 정정하여 신고하는 경우에는 사실 여부를 조사하여 월별보험료를 재산정할 수 있다.

[본조신설 2010. 1. 27.]

제16조의7(월별보험료의 납부기한)

① 사업주는 그 달의 월별보험료를 다음 달 10일까지 납부하여야 한다.

② 제1항에도 불구하고 제16조의6 및 제16조의9제2항에 따라 산정된 보험료는 건강보험공단이 정하여 고지한 기한까지 납부하여야 한다.

[본조신설 2010. 1. 27.]

제16조의8(월별보험료의 고지)

① 건강보험공단은 사업주에게 다음 각 호의 사항을 적은 문서로써 납부기한 10일 전까지 월별보험료의 납입을 고지하여야 한다.

1. 징수하고자 하는 보험료 등의 종류

2. 납부하여야 할 보험료 등의 금액

3. 납부기한 및 장소

② 건강보험공단은 제1항에 따른 납입의 고지를 하는 경우에는 사업주가 신청한 때에는 전자문서교환방식 등에 의하여 전자문서로 고지할 수 있다.

③ 제2항에 따라 전자문서로 고지한 경우 고용노동부령으로 정하는 정보통신망에 저장하거나 납부의무자가 지정한 전자우편주소에 입력된 때에 그 사업주에게 도달된 것으로 본다.

〈개정 2010. 6. 4.〉

④ 제28조의4에 따른 연대납부의무자 중 1명에게 한 고지는 다른 연대납부의무자에게도 효력이 있는 것으로 본다.

⑤ 제2항에 따른 전자문서 고지에 대한 신청방법·절차, 그 밖에 필요한 사항은 고용노동부령으로 정한다.

〈개정 2010. 6. 4.〉

[본조신설 2010. 1. 27.]

제16조의9(보험료의 정산)

① 공단은 제16조의10제1항·제2항 또는 제4항에 따라 사업주가 신고한 근로자의 개인별 보수총액에 보험료율을 곱한 금액을 합산하여 사업주가 실제로 납부하여야 할 보험료를 산정한다. 이 경우 제48조의2제6항 또는 제48조의4제3항에 따른 보험료납부자가 사업주, 예술인 또는 「고용보험법」 제77조의6제1항에 해당하는 노무제공자(이하 "노무제공자"라 한다)의 보험료를 원천공제하여 납부한 경우는 제외한다.

〈개정 2013. 6. 4., 2019. 1. 15., 2020. 6. 9., 2021. 1. 5., 2022. 6. 10.〉

② 공단은 사업주가 제16조의10제1항·제2항 또는 제4항에 따른 보수총액을 신고하지 아니하거나 사실과 다르게 신고한 경우에는 제16조의6제1항을 준용하여 제1항에 따른 보험료를 산정한다.

〈개정 2019. 1. 15.〉

③ 건강보험공단은 사업주가 이미 납부한 보험료가 제1항 및 제2항에 따라 산정한 보험료보다 더 많은 경우에는 그 초과액을 사업주에게 반환하고, 부족한 경우에는 그 부족액을 사업주로부터 징수하여야 한다.

④ 건강보험공단이 제3항에 따라 사업주로부터 부족액을 징수하는 경우에는 정산을 실시한 달의 보험료에 합산하여 징수한다. 다만, 그 부족액이 정산을 실시한 달의 보험료를 초과하는 경우에는 그 부족액을 2등분하여 정산을 실시한 달의 보험료와 그 다음 달의 보험료에 각각 합산하여 징수한다.

[본조신설 2010. 1. 27.]

제16조의10(보수총액 등의 신고)

① 사업주는 전년도에 근로자, 예술인 또는 노무제공자에게 지급한 보수총액 등을 매년 3월 15일까지 공단에 신고하여야 한다. 이 경우 제48조의2제6항 또는 제48조의4제3항에 따른 보험료납부자가 사업주, 예술인 또는 노무제공자의 보험료를 원천공제하여 납부한 경우는 제외한다. 〈개정 2012. 2. 1., 2020. 6. 9., 2021. 1. 5.〉

② 사업주는 사업의 폐지·종료 등으로 보험관계가 소멸한 때에는 그 보험관계가 소멸한 날부터 14일 이내에 근로자, 예술인 또는 노무제공자에게 지급한 보수총액 등을 공단에 신고하여야 한다. 〈개정 2020. 6. 9., 2021. 1. 5.〉

③ 사업주는 다음 각 호의 어느 하나에 해당하는 때에는 그 근로자·예술인·노무제공자의 성명 및 주소지 등을 해당 근로자를 고용한 날 또는 해당 예술인·노무제공자의 노무제공 개시일이 속하는 달의 다음 달 15일까지 공단에 신고하여야 한다. 다만, 1개월 동안 소정근로시간이 60시간 미만인 사람 등 대통령령으로 정하는 근로자에 대해서는 신고하지 아니할 수 있다. 〈개정 2021. 1. 5.〉

1. 근로자를 새로 고용한 때

2. 「고용보험법」 제77조의2제1항에 따른 문화예술용역 관련 계약(이하 "문화예술용역 관련 계약"이라 한다)을 체결한 때

3. 「고용보험법」 제77조의6제1항에 따른 노무제공계약(이하 "노무제공계약"이라 한다)을 체결한 때

④ 사업주는 다음 각 호의 어느 하나에 해당하는 때에는 그 근로자·예술인·노무제공자에게 지급한 보수총액, 고용관계 또는 문화예술용역 관련 계약·노무제공계약의 종료일 등을 해당 고용관계 또는 계약이 종료된 날이 속하는 달의 다음 달 15일까지 공단에 신고하여야 한다. 〈개정 2021. 1. 5.〉

1. 근로자와 고용관계를 종료한 때

2. 예술인과 문화예술용역 관련 계약을 종료한 때

3. 노무제공자와 노무제공계약을 종료한 때

⑤ 사업주는 근로자, 예술인 또는 노무제공자가 휴직하거나 다른 사업장으로 전보되는 등 대통령령으로 정하는 사유가 발생한 때에는 그 사유 발생일부터 14일 이내에 그 사실을 공단에 신고하여야 한다. 〈개정 2020. 6. 9., 2021. 1. 5.〉

⑥ 제1항부터 제5항까지에 따른 신고사항, 신고방법·절차, 그 밖에 필요한 사항은 대통령령으로 정한다.

⑦ 사업주 또는 발주자·원수급인이 「고용보험법」 제15조, 제77조의2제3항, 제77조의5제1

항, 제77조의10제1항에 따라 제3항부터 제5항까지의 사항을 고용노동부장관에게 신고한 경우에는 제3항부터 제5항까지의 규정에 따른 신고를 생략할 수 있다. 〈개정 2021. 1. 5.〉

⑧ 제1항부터 제5항까지의 사항을 신고하여야 하는 사업주는 해당 신고를 정보통신망을 이용하거나 콤팩트디스크(Compact Disc) 등 전자적 기록매체로 제출하는 방식으로 하여야 한다. 다만, 대통령령으로 정하는 규모에 해당하는 사업주는 해당 신고를 문서로 할 수 있다.

〈개정 2020. 6. 9.〉

[본조신설 2010. 1. 27.]

제16조의11(수정신고)

제16조의10제1항 또는 제2항에 따른 보수총액신고서를 그 신고기한 내에 제출한 사업주는 보수총액신고서에 적은 보수총액이 실제로 신고하여야 하는 보수총액과 다른 경우에는 제16조의6제1항 및 제16조의9제2항에 따라 공단이 사업주에 대하여 사실을 조사하겠다는 뜻을 미리 알리기 전까지 보수총액을 수정하여 신고할 수 있다. 이 경우 보수의 수정신고 사항 및 신고절차에 관하여 필요한 사항은 고용노동부령으로 정한다. 〈개정 2010. 6. 4., 2013. 6. 4.〉

[본조신설 2010. 1. 27.]

제16조의12(신용카드 등으로 하는 보험료등의 납부)

① 납부의무자는 보험료등을 대통령령으로 정하는 보험료납부대행기관을 통하여 신용카드, 직불카드 등(이하 이 조에서 "신용카드등"이라 한다)으로 납부할 수 있다. 〈개정 2016. 12. 27.〉

② 제1항에 따라 신용카드등으로 보험료등을 납부하는 경우에는 보험료납부대행기관의 승인일을 납부일로 본다.

③ 보험료납부대행기관은 납부의무자로부터 신용카드등에 의한 보험료등 납부대행 용역의 대가로 납부대행 수수료를 받을 수 있다.

④ 보험료납부대행기관의 지정 및 운영, 납부대행 수수료 등에 필요한 사항은 대통령령으로 정한다.

[본조신설 2014. 3. 24.]

제17조(건설업 등의 개산보험료의 신고와 납부)

① 제16조의2제2항에 따른 사업주(이하 이 조부터 제19조까지에서 같다)는 보험연도마다 그 1년 동안(보험연도 중에 보험관계가 성립한 경우에는 그 성립일부터 그 보험연도 말일까지의 기간)에 사용할 근로자(고용보험료를 산정하는 경우에는 「고용보험법」 제10조 및 제10조

의2에 따른 적용 제외 근로자는 제외한다. 이하 이 조에서 같다)에게 지급할 보수총액의 추정액(대통령령으로 정하는 경우에는 전년도에 사용한 근로자에게 지급한 보수총액)에 고용보험료율 및 산재보험료율을 각각 곱하여 산정한 금액(이하 "개산보험료"라 한다)을 대통령령으로 정하는 바에 따라 그 보험연도의 3월 31일(보험연도 중에 보험관계가 성립한 경우에는 그 보험관계의 성립일부터 70일, 건설공사 등 기간이 정하여져 있는 사업으로서 70일 이내에 끝나는 사업의 경우에는 그 사업이 끝나는 날의 전날)까지 공단에 신고 · 납부하여야 한다. 다만, 그 보험연도의 개산보험료 신고 · 납부 기한이 제19조에 따른 확정보험료 신고 · 납부 기한보다 늦은 경우에는 그 보험연도의 확정보험료 신고 · 납부 기한을 그 보험연도의 개산보험료 신고 · 납부 기한으로 한다.　　　　　　　　　　〈개정 2010. 1. 27., 2019. 1. 15.〉

② 공단은 사업주가 제1항에 따른 신고를 하지 아니하거나 그 신고가 사실과 다른 경우에는 그 사실을 조사하여 개산보험료를 산정 · 징수하되, 이미 낸 금액이 있을 때에는 그 부족액을 징수하여야 한다.

③ 사업주는 제1항의 개산보험료를 대통령령으로 정하는 바에 따라 분할 납부할 수 있다.

④ 사업주가 제3항에 따라 분할 납부할 수 있는 개산보험료를 제1항에 따른 납부기한까지 전액 납부하는 경우에는 그 개산보험료 금액의 100분의 5의 범위에서 고용노동부령으로 정하는 금액을 경감한다.　　　　　　　　　　　　　　　〈개정 2010. 1. 27., 2010. 6. 4.〉

⑤ 제1항에 따른 기한에 개산보험료를 신고한 사업주는 이미 신고한 개산보험료가 이 법에 따라 신고하여야 할 개산보험료를 초과할 때(제18조제2항의 경우는 제외한다)에는 제1항에 따른 기한이 지난 후 1년 이내에 최초에 신고한 개산보험료의 경정(更正)을 공단에 청구할 수 있다.

⑥ 제5항에 따른 개산보험료의 경정청구 및 경정청구 결과의 통지에 필요한 사항은 대통령령으로 정한다.

[전문개정 2009. 12. 30.]

[제목개정 2010. 1. 27.]

제18조(보험료율의 인상 또는 인하 등에 따른 조치)

① 공단은 보험료율이 인상 또는 인하된 때에는 월별보험료 및 개산보험료를 증액 또는 감액 조정하고, 월별보험료가 증액된 때에는 건강보험공단이, 개산보험료가 증액된 때에는 공단이 각각 징수한다. 이 경우 사업주에 대한 통지, 납부기한 등 필요한 사항은 대통령령으로 정한다.　　　　　　　　　　　　　　　　　　　　　　〈개정 2010. 1. 27.〉

② 공단은 사업주가 보험연도 중에 사업의 규모를 축소하여 실제의 개산보험료 총액이 이미 신

고한 개산보험료 총액보다 대통령령으로 정하는 기준 이상으로 감소하게 된 경우에는 사업주의 신청을 받아 그 초과액을 감액할 수 있다. 〈개정 2010. 1. 27.〉

[전문개정 2009. 12. 30.]

제19조(건설업 등의 확정보험료의 신고·납부 및 정산)

① 사업주는 매 보험연도의 말일(보험연도 중에 보험관계가 소멸한 경우에는 그 소멸한 날의 전날)까지 사용한 근로자(고용보험료를 산정하는 경우에는 「고용보험법」 제10조 및 제10조의2에 따른 적용 제외 근로자는 제외한다)에게 지급한 보수총액(지급하기로 결정된 금액을 포함한다)에 고용보험료율 및 산재보험료율을 각각 곱하여 산정한 금액(이하 "확정보험료"라 한다)을 대통령령으로 정하는 바에 따라 다음 보험연도의 3월 31일(보험연도 중에 보험관계가 소멸한 사업의 경우에는 그 소멸한 날부터 30일)까지 공단에 신고하여야 한다. 다만, 사업주가 국가 또는 지방자치단체인 경우에는 그 보험연도의 말일(보험연도 중에 보험관계가 소멸한 사업의 경우에는 그 소멸한 날부터 30일)까지 신고할 수 있다.

〈개정 2010. 1. 27., 2019. 1. 15.〉

② 제17조 및 제18조제1항에 따라 납부하거나 추가징수한 개산보험료의 금액이 제1항의 확정보험료의 금액을 초과하는 경우에 공단은 그 초과액을 사업주에게 반환하여야 하며, 부족한 경우에 사업주는 그 부족액을 다음 보험연도의 3월 31일(보험연도 중에 보험관계가 소멸한 사업의 경우에는 그 소멸한 날부터 30일)까지 납부하여야 한다. 다만, 사업주가 국가 또는 지방자치단체인 경우에는 그 보험연도의 말일(보험연도 중에 보험관계가 소멸한 사업의 경우에는 그 소멸한 날부터 30일)까지 납부할 수 있다.

③ 제1항 및 제2항에도 불구하고 그 보험연도의 확정보험료 신고·납부 기한이 다음 보험연도의 확정보험료 신고·납부 기한보다 늦은 경우에는 다음 보험연도의 확정보험료 신고·납부 기한을 그 보험연도의 확정보험료 신고·납부 기한으로 한다.

④ 공단은 사업주가 제1항에 따른 신고를 하지 아니하거나 그 신고가 사실과 다른 경우에는 사실을 조사하여 확정보험료의 금액을 산정한 후 개산보험료를 내지 아니한 사업주에게는 그 확정보험료 전액을 징수하고, 개산보험료를 낸 사업주에 대하여는 이미 낸 개산보험료와 확정보험료의 차액이 있을 때 그 초과액을 반환하거나 부족액을 징수하여야 한다. 이 경우 사실조사를 할 때에는 미리 조사계획을 사업주에게 알려야 한다.

⑤ 제1항에 따른 기한까지 확정보험료를 신고한 사업주는 이미 신고한 확정보험료가 이 법에 따라 신고하여야 할 확정보험료보다 적은 경우에는 제4항 후단에 따른 조사계획의 통지 전까지 확정보험료 수정신고서를 제출할 수 있다.

⑥ 확정보험료 수정신고서의 기재사항 및 신고절차에 관하여 필요한 사항은 고용노동부령으로 정한다.　　　　　　　　　　　　　　　　　　　　　　　　　　　　〈개정 2010. 6. 4.〉

⑦ 제1항에 따른 확정보험료의 신고에 관하여는 제17조제5항 및 제6항을 준용한다. 이 경우 제17조제5항 및 제6항 중 "개산보험료"는 "확정보험료"로 본다.

[전문개정 2009. 12. 30.]

[제목개정 2010. 1. 27.]

제19조의2(보험료 납부방법의 변경시기)

사업종류의 변경으로 보험료 납부방법이 변경되는 경우에는 사업종류의 변경일 전일을 변경 전 사업 폐지일로, 사업종류의 변경일을 새로운 사업성립일로 본다.

[본조신설 2010. 1. 27.]

제20조(보험료징수의 특례)

공단은 제17조제2항 및 제19조제4항에 따라 보험료를 징수할 때에는 결산서 등 보험료 산정을 위한 기초자료를 확보하기 어려운 경우 등 대통령령으로 정하는 사유에 해당하는 경우에는 그 사업주의 적용대상 사업과 규모, 보수수준 및 매출액 등이 비슷한 같은 종류의 사업을 기준으로 고용노동부령으로 정하는 바에 따라 그 사업의 보험료를 산정·부과하여 징수할 수 있다.

　　　　　　　　　　　　　　　　　　　　　　　　　〈개정 2010. 1. 27., 2010. 6. 4.〉

[전문개정 2009. 12. 30.]

제21조(고용보험료의 지원)

① 국가는 근로자가 다음 각 호의 요건을 모두 충족하는 경우 그 사업주와 근로자가 제13조제2항 및 제4항에 따라 각각 부담하는 고용보험료의 일부를 예산의 범위에서 지원할 수 있다.

　　　　　　　　　　　　　　　　　　　　　　　　　　　　〈개정 2016. 12. 27.〉

1. 대통령령으로 정하는 규모 미만의 사업에 고용되어 대통령령으로 정하는 금액 미만의 보수를 받을 것

2. 대통령령으로 정하는 재산이 대통령령으로 정하는 기준 미만일 것

3. 「소득세법」 제4조제1항제1호의 종합소득이 대통령령으로 정하는 기준 미만일 것

② 제1항에 따른 고용보험료의 지원 수준, 지원 방법 및 절차 등 필요한 사항은 대통령령으로 정한다.　　　　　　　　　　　　　　　　　　　　　　　〈개정 2016. 12. 27.〉

[본조신설 2012. 2. 1.]

제21조의2(지원금의 환수)

① 국가는 제21조에 따른 고용보험료의 지원을 받은 자가 다음 각 호의 어느 하나에 해당하는 경우에는 그 지원금액의 전부 또는 일부를 환수할 수 있다. 다만, 환수할 금액이 대통령령으로 정하는 금액 미만인 경우에는 환수하지 아니한다. 〈개정 2014. 3. 24.〉

   1. 거짓 또는 부정한 방법으로 지원받은 경우

   2. 지원대상이 아닌 자가 지원받은 경우

② 제1항에 따라 환수대상이 되는 지원금은 공단이 국세 체납처분의 예에 따라 징수한다.

③ 제1항에 따른 환수에 관하여는 제27조, 제27조의2, 제27조의3, 제28조, 제28조의2부터 제28조의7까지, 제29조, 제29조의2, 제29조의3 및 제30조를 준용한다. 이 경우 "건강보험공단"은 "공단"으로 본다. 〈개정 2014. 3. 24., 2021. 1. 5.〉

④ 제1항에 따른 환수의 구체적인 기준 및 환수절차 등 필요한 사항은 대통령령으로 정한다.

[본조신설 2012. 2. 1.]

제22조 삭제 〈2006. 12. 28.〉

제22조의2(보험료 등의 경감)

① 고용노동부장관은 천재지변이나 그 밖에 대통령령으로 정하는 특수한 사유가 있어 보험료를 경감할 필요가 있다고 인정하는 보험가입자에 대하여 「고용보험법」 제7조에 따른 고용보험위원회 또는 「산업재해보상보험법」 제8조에 따른 산업재해보상보험및예방심의위원회의 심의를 거쳐 보험료와 이 법에 따른 그 밖의 징수금을 경감할 수 있다. 이 경우 경감비율은 100분의 50의 범위에서 대통령령으로 정하며, 그 밖의 경감 신청절차 및 경감 여부의 통지 등에 필요한 사항은 고용노동부령으로 정한다. 〈개정 2010. 6. 4.〉

② 공단은 제16조의10제1항에 따른 보수총액 또는 제17조제1항에 따른 개산보험료를 기한까지 고용·산재정보통신망을 통하여 신고하는 사업주에 대하여는 그 월별보험료 또는 개산보험료에서 대통령령으로 정하는 금액을 경감할 수 있다. 다만, 월별보험료 또는 개산보험료가 10만원 미만인 경우에는 그러하지 아니하다. 〈개정 2010. 1. 27.〉

③ 공단은 월별보험료 또는 개산보험료를 자동계좌이체의 방법으로 내는 사업주에게는 대통령령으로 정하는 바에 따라 월별보험료 또는 개산보험료를 경감하거나 추첨에 따라 경품을 제공하는 등 재산상의 이익을 제공할 수 있다. 〈개정 2010. 1. 27.〉

[전문개정 2009. 12. 30.]

제22조의3(산재보험료등의 면제에 관한 특례)

① 「산업재해보상보험법」 제91조의15제1호에 따른 노무제공자(이하 "산재보험 노무제공자"라 한다)로부터 노무를 제공받는 사업주가 다음 각 호의 어느 하나에 해당하는 신고를 한 때에는 산재보험 노무제공자 노무 제공 신고일(산재보험 노무제공자로부터 최초로 노무를 제공받은 날 및 산재보험 노무제공자의 업무내용 등에 대한 신고를 말한다. 이하 같다) 이전의 산재보험료 및 이에 대한 가산금·연체금(이하 "산재보험료등"이라 한다)의 전부 또는 일부를 면제할 수 있다. 〈개정 2021. 1. 5., 2022. 6. 10.〉

1. 제7조에 따라 성립한 보험관계의 신고 및 제48조의6제8항에 따른 해당 산재보험 노무제공자에 대한 노무제공 신고

2. 사업주가 이미 제7조에 따라 성립한 보험관계의 신고를 한 경우에는 제48조의6제8항에 따른 해당 산재보험 노무제공자에 대한 노무제공 신고

② 제1항에 따른 산재보험료등의 면제 비율은 다음 각 호의 구분에 따른다. 〈신설 2021. 1. 5.〉

1. 사업주가 2021년 12월 31일까지 제1항 각 호의 어느 하나에 해당하는 신고를 한 경우: 산재보험료등의 전부

2. 사업주가 2022년 1월 1일부터 2022년 12월 31일까지 제1항 각 호의 어느 하나에 해당하는 신고를 한 경우: 산재보험료등의 100분의 50

[전문개정 2012. 2. 1.]

[제목개정 2021. 1. 5.]

[법률 제17858호(2021. 1. 5.) 부칙 제2조의 규정에 의하여 이 조는 2022년 12월 31일까지 유효함]

제22조의4(산재보험료등의 면제에 따른 지원의 제한 등에 관한 특례)

제22조의3제1항에 따라 산재보험료등을 면제받은 기간에 대하여는 해당 사업주에게 「산업재해보상보험법」 제75조에 따른 직장복귀지원금, 직장적응훈련비 및 재활운동비를 지급하지 아니한다. 〈개정 2021. 1. 5.〉

[본조신설 2012. 2. 1.]

[제목개정 2021. 1. 5.]

[법률 제17858호(2021. 1. 5.) 부칙 제2조의 규정에 의하여 이 조는 2022년 12월 31일까지 유효함]

제23조(보험료등 과납액의 충당 및 반환)

① 공단은 사업주가 잘못 낸 금액을 반환하고자 하는 때에는 다음 각 호의 순위에 따라 보험료 등과 제21조의2에 따른 환수금(이하 "환수금"이라 한다)에 우선 충당하고 나머지 금액이 있으면 그 사업주에게 반환결정하고, 건강보험공단이 그 금액을 지급한다. 다만, 제17조, 제19 조 및 제26조의 개산보험료, 확정보험료 및 징수금에 따른 나머지 금액은 공단이 지급한다.〈개정 2010. 1. 27., 2013. 6. 4., 2019. 1. 15.〉

1. 제28조제1항에 따른 체납처분비

2. 월별보험료, 개산보험료 또는 확정보험료

3. 제25조제1항 및 제3항에 따른 연체금

4. 제24조에 따른 가산금

5. 제26조제1항에 따른 보험급여액의 징수금

6. 환수금

② 제1항의 경우 잘못 낸 금액이 고용보험과 관련될 때에는 고용보험료, 관련 징수금, 환수금 및 체납처분비에 충당하고, 산재보험과 관련되는 경우에는 산재보험료, 관련 징수금 및 체납처 분비에 충당하여야 하며, 같은 순위의 보험료, 환수금, 이 법에 따른 그 밖의 징수금과 체납처 분비가 둘 이상 있을 때에는 납부기한이 빠른 보험료, 환수금, 이 법에 따른 그 밖의 징수금과 체납처분비를 선순위로 한다.〈개정 2019. 1. 15.〉

③ 「산업재해보상보험법」 제89조에 따라 보험가입자에게 산재보험급여를 지급할 때에는 제1항 각 호의 순위에 따라 산재보험료, 이 법에 따른 그 밖의 징수금과 체납처분비(산재보험 관련 징수금과 체납처분비로 한정한다)에 우선 충당하고 그 잔액을 사업주에게 지급하여야 한다.

④ 공단은 제1항 또는 제2항에 따라 잘못 낸 금액을 보험료, 환수금, 이 법에 따른 그 밖의 징수 금과 체납처분비에 충당하거나 반환할 때에는 다음 각 호의 어느 하나에 규정된 날의 다음 날부터 충당하거나 반환하는 날까지의 기간에 대하여 대통령령으로 정하는 이자율에 따라 계산한 금액을 그 잘못 낸 금액에 가산하여야 한다.〈개정 2010. 1. 27., 2019. 1. 15.〉

1. 착오납부, 이중납부, 납부 후 그 부과의 취소 또는 경정결정으로 인한 초과액은 그 납부일

2. 제16조의9제3항에 따라 반환하는 경우에는 다음 각 목의 구분에 따른 날

　가. 사업주가 제16조의10제1항·제2항 또는 제4항에 따른 신고기한 내에 신고한 경우에는 그 신고기한부터 7일

　나. 사업주가 제16조의10제1항·제2항 또는 제4항에 따른 신고기한을 지나 신고한 경우에 는 그 신고한 날부터 7일

　다. 사업주가 제16조의10제1항·제2항 또는 제4항에 따른 신고를 하지 아니한 경우에는

공단이 제16조의9제2항에 따라 보험료를 산정한 날이 속하는 달의 말일

  3. 제18조제2항에 따라 보험료를 감액한 경우의 초과액은 개산보험료 감액신청서 접수일부터 7일

  4. 제19조제2항 또는 제4항에 따라 반환하는 경우에는 확정보험료신고서 접수일부터 7일

⑤ 공단은 제1항에 따라 반환결정한 금액을 반환하려는 경우로서 사업주의 사망, 행방불명, 그 밖에 대통령령으로 정하는 사유로 사업주에게 반환할 수 없는 경우에는 그 반환할 금액 중 제13조제2항에 따라 근로자(제16조의2제2항에 따른 사업의 근로자는 제외한다. 이하 이 항 및 제6항에서 같다)가 부담한 고용보험료에 대해서는 해당 근로자의 신청에 따라 그 근로자에게 직접 반환할 것을 결정하고, 건강보험공단이 그 금액을 지급한다. 〈신설 2019. 1. 15.〉

⑥ 공단은 근로자가 거짓이나 그 밖의 부정한 방법으로 제5항에 따른 반환금을 수령한 경우에는 그 금액을 환수한다. 다만, 환수할 금액이 대통령령으로 정하는 금액 미만인 경우에는 환수하지 아니한다. 〈신설 2019. 1. 15.〉

⑦ 제5항에 따른 반환의 절차·방법 및 그 밖에 필요한 사항은 고용노동부령으로 정한다.

〈신설 2019. 1. 15.〉

⑧ 제6항에 따른 환수에 관하여는 제27조, 제28조 및 제29조를 준용한다. 이 경우 "건강보험공단"은 "공단"으로 본다. 〈신설 2019. 1. 15.〉

[전문개정 2009. 12. 30.]

제23조의2(산재보험 진료비 등의 충당)

공단은 「산업재해보상보험법」 제40조제2항에 따라 근로자가 요양한 산재보험 의료기관에 진료비를 지급하거나 같은 조 제4항제2호에 따라 약제를 지급하는 약국에 약제비를 지급할 때에는 그 의료기관 또는 약국이 산재보험가입자로서 내야 하는 산재보험료, 이 법에 따른 그 밖의 징수금과 체납처분비에 우선 충당하고 그 잔액을 지급할 수 있다. 이 경우 충당의 순위는 제23조제1항 각 호의 순위에 따른다.

[전문개정 2009. 12. 30.]

제24조(가산금의 징수)

① 공단은 사업주가 제19조제1항에서 정하고 있는 기한까지 확정보험료를 신고하지 아니하거나 신고한 확정보험료가 사실과 달라 제19조제4항에 따라 보험료를 징수하는 경우에는 그 징수하여야 할 보험료의 100분의 10에 상당하는 가산금을 부과하여 징수한다. 다만, 가산금이 소액이거나 그 밖에 가산금을 징수하는 것이 적절하지 아니하다고 인정되어 대통령령으

로 정하는 경우 또는 대통령령으로 정하는 금액을 초과하는 부분에 대하여는 그러하지 아니하다. 〈개정 2010. 1. 27., 2012. 2. 1.〉

② 삭제 〈2012. 2. 1.〉

③ 제1항에도 불구하고 공단은 제19조제5항에 따라 확정보험료 수정신고서를 제출한 사업주에게는 제1항에 따른 가산금의 100분의 50을 경감한다. 〈신설 2010. 1. 27., 2012. 2. 1.〉

[전문개정 2009. 12. 30.]

제25조(연체금의 징수)

① 건강보험공단은 사업주가 제16조의7, 제17조 및 제19조에 따른 납부기한까지 보험료 또는 이 법에 따른 그 밖의 징수금을 내지 아니한 경우에는 그 납부기한이 지난 날부터 매 1일이 지날 때마다 체납된 보험료, 그 밖의 징수금의 1천500분의 1에 해당하는 금액을 가산한 연체금을 징수한다. 이 경우 연체금은 체납된 보험료등의 1천분의 20을 초과하지 못한다. 〈개정 2010. 1. 27., 2011. 7. 21., 2014. 3. 24., 2016. 12. 27., 2021. 1. 26.〉

② 제1항에 따른 연체금은 다음 각 호의 어느 하나에 규정된 날부터 산정한다. 〈개정 2010. 1. 27., 2022. 6. 10.〉

1. 제16조의3, 제16조의6제1항, 제16조의9제1항 및 제2항, 제48조의3제2항, 제48조의6제2항에 따라 산정된 보험료에 대하여는 제16조의7에 따른 납부기한의 다음 날

2. 제17조제1항 및 제19조제2항에 따른 보험료에 대하여는 제17조제1항, 제19조제2항 및 제3항에 따른 납부기한의 다음 날

3. 제16조의9제3항, 제17조제2항 및 제19조제4항에 따른 징수금에 대하여는 제16조의7, 제17조제1항, 제19조제2항 및 제3항에 따른 납부기한의 다음 날

4. 제18조에 따른 보험료에 대하여는 공단이 제27조제1항에 따라 통지한 납부기한의 다음 날

③ 건강보험공단은 사업주가 보험료 또는 이 법에 따른 그 밖의 징수금을 내지 아니하면 납부기한 후 30일이 지난 날부터 매 1일이 지날 때마다 체납된 보험료, 그 밖의 징수금의 6천분의 1에 해당하는 연체금을 제1항에 따른 연체금에 더하여 징수한다. 이 경우 연체금은 체납된 보험료, 그 밖의 징수금의 1천분의 50을 넘지 못한다. 〈신설 2014. 3. 24., 2016. 12. 27., 2021. 1. 26.〉

④ 건강보험공단은 제1항 및 제3항에도 불구하고 「채무자 회생 및 파산에 관한 법률」 제140조에 따른 징수의 유예가 있거나 그 밖에 연체금을 징수하는 것이 적절하지 아니하다고 인정되어 대통령령으로 정하는 경우에는 제1항 및 제3항에 따른 연체금을 징수하지 아니할 수 있다. 〈신설 2016. 12. 27.〉

[전문개정 2009. 12. 30.]

[시행일: 2023. 1. 1.] 제25조제2항제1호의 개정규정 중 제48조의3제2항 부분

제26조(산재보험가입자로부터의 보험급여액 징수 등)

① 공단은 다음 각 호의 어느 하나에 해당하는 재해에 대하여 산재보험급여를 지급하는 경우에는 대통령령으로 정하는 바에 따라 그 급여에 해당하는 금액의 전부 또는 일부를 사업주로부터 징수할 수 있다.

1. 사업주가 제11조에 따른 보험관계 성립신고를 게을리한 기간 중에 발생한 재해

2. 사업주가 산재보험료의 납부를 게을리한 기간 중에 발생한 재해

② 공단은 제1항에 따라 산재보험급여액의 전부 또는 일부를 징수하기로 결정하였으면 지체 없이 그 사실을 사업주에게 알려야 한다.

[전문개정 2009. 12. 30.]

제26조의2(징수금의 징수우선순위)

납부기한이 지난 보험료, 환수금 또는 이 법에 따른 그 밖의 징수금과 체납처분비를 징수(고용보험 관련 징수금과 산재보험 관련 징수금을 모두 징수하는 경우에는 각 보험별 총징수금액의 비율에 따라 징수한다)하는 경우 그 징수순위는 제23조제1항 각 호의 순위에 따른다. 이 경우 같은 순위에 해당하는 징수금이 둘 이상 있을 때에는 납부기한이 빠른 징수금을 선순위로 한다.

[전문개정 2019. 1. 15.]

제27조(징수금의 통지 및 독촉)

① 공단 또는 건강보험공단은 보험료(제17조제1항 및 제19조제2항에 따른 보험료는 제외한다) 또는 이 법에 따른 그 밖의 징수금을 징수하는 경우에는 납부의무자에게 그 금액과 납부기한을 문서로 알려야 한다. 다만, 제22조의2제3항에 따라 자동계좌이체의 방법으로 보험료를 내는 사업주가 동의하는 경우에는 고용노동부령으로 정하는 바에 따라 정보통신망을 이용한 전자문서로 알릴 수 있으며, 이 경우 그 전자문서는 그 사업주가 지정한 컴퓨터 등에 입력된 때에 도달된 것으로 본다. 〈개정 2010. 1. 27., 2010. 6. 4.〉

② 건강보험공단은 보험가입자가 보험료 또는 이 법에 따른 그 밖의 징수금을 납부기한까지 내지 아니하면 기한을 정하여 그 납부의무자에게 징수금을 낼 것을 독촉하여야 한다.

〈개정 2010. 1. 27.〉

③ 건강보험공단은 제2항에 따라 독촉을 하는 경우에는 독촉장을 발급하여야 한다. 이 경우의 납부기한은 독촉장 발급일부터 10일 이상의 여유가 있도록 하여야 한다. 〈개정 2010. 1. 27.〉

④ 건강보험공단은 납부의무자의 신청이 있으면 제2항에 따른 독촉을 전자문서교환방식 등에 의하여 전자문서로 할 수 있다. 이 경우 전자문서 독촉에 대한 신청방법·절차 등에 필요한 사항은 고용노동부령으로 정한다. 〈신설 2022. 6. 10.〉

⑤ 제4항에 따른 전자문서 독촉의 도달시기에 관하여는 제16조의8제3항을 준용한다. 이 경우 "고지"는 "독촉"으로 본다. 〈신설 2022. 6. 10.〉

⑥ 제28조의4에 따른 연대납부의무자 중 1명에게 한 독촉은 다른 연대납부의무자에게도 효력이 있는 것으로 본다. 〈신설 2010. 1. 27., 2022. 6. 10.〉

[전문개정 2009. 12. 30.]

제27조의2(납부기한 전 징수)

① 공단 또는 건강보험공단은 사업주에게 다음 각 호의 어느 하나에 해당하는 사유가 있는 경우에는 납부기한 전이라도 이미 납부의무가 확정된 보험료, 이 법에 따른 그 밖의 징수금을 징수할 수 있다. 다만, 보험료와 이 법에 따른 그 밖의 징수금의 총액이 500만원 미만인 경우에는 그러하지 아니하다. 〈개정 2010. 1. 27.〉

1. 국세를 체납하여 체납처분을 받은 경우
2. 지방세 또는 공과금을 체납하여 체납처분을 받은 경우
3. 강제집행을 받은 경우
4. 「어음법」 및 「수표법」에 따른 어음교환소에서 거래정지처분을 받은 경우
5. 경매가 개시된 경우
6. 법인이 해산한 경우

② 공단 또는 건강보험공단은 제1항에 따라 납부기한 전에 보험료와 이 법에 따른 그 밖의 징수금을 징수할 때에는 새로운 납부기한 및 납부기한의 변경사유를 적어 사업주에게 알려야 한다. 이 경우 이미 납부 통지를 하였을 때에는 납부기한의 변경을 알려야 한다.

〈개정 2010. 1. 27.〉

[전문개정 2009. 12. 30.]

제27조의3(보험료 등의 분할 납부)

① 사업주는 다음 각 호의 어느 하나에 해당하는 경우에는 납부기한이 지난 보험료와 이 법에 따른 그 밖의 징수금에 대하여 분할 납부를 승인하여 줄 것을 건강보험공단에 신청할 수 있다. 〈개정 2021. 8. 17.〉

1. 제5조제1항 또는 제3항에 따른 보험의 당연가입자인 사업주로서 제7조에 따른 보험관계

성립일부터 1년 이상이 지나서 제11조에 따른 보험관계 성립신고를 한 경우

2. 제39조에 따라 납부기한이 연장되었으나 연장된 납부기한이 지나 3회 이상 체납한 경우

② 삭제 〈2019. 1. 15.〉

③ 건강보험공단은 제1항에 따라 신청한 사업주에 대하여 납부능력을 확인하여 보험료와 이 법에 따른 그 밖의 징수금의 분할 납부를 승인할 수 있다.　　　　〈개정 2010. 1. 27., 2019. 1. 15.〉

④ 건강보험공단은 제3항에 따라 분할 납부 승인을 받은 사업주가 다음 각 호의 어느 하나에 해당하게 된 경우에는 분할 납부의 승인을 취소하고 분할 납부의 대상이 되는 보험료와 이 법에 따른 그 밖의 징수금을 한꺼번에 징수할 수 있다.　　　　　　　〈개정 2010. 1. 27.〉

1. 분할 납부하여야 하는 보험료와 이 법에 따른 그 밖의 징수금을 정당한 사유 없이 두 번 이상 내지 아니한 경우

2. 제27조의2제1항 각 호의 어느 하나에 해당하는 사유가 발생한 경우

⑤ 제1항·제3항 및 제4항에 따른 분할 납부의 승인과 취소에 관한 절차·방법, 분할 납부의 기간 및 납부능력 확인 등에 필요한 사항은 고용노동부령으로 정한다.

〈개정 2010. 6. 4., 2019. 1. 15.〉

[전문개정 2009. 12. 30.]

제28조(징수금의 체납처분 등)

① 건강보험공단은 제27조제2항 및 제3항에 따른 독촉을 받은 자가 그 기한까지 보험료나 이 법에 따른 그 밖의 징수금을 내지 아니한 경우에는 고용노동부장관의 승인을 받아 국세 체납처분의 예에 따라 이를 징수할 수 있다.　　　　　　　〈개정 2010. 1. 27., 2010. 6. 4.〉

② 건강보험공단은 제1항에 따른 국세 체납처분의 예에 따라 압류한 재산을 공매하는 경우에 전문지식이 필요하거나 그 밖의 특수한 사정이 있어 직접 공매하기에 적당하지 아니하다고 인정하면 대통령령으로 정하는 바에 따라 「한국자산관리공사 설립 등에 관한 법률」에 따라 설립된 한국자산관리공사(이하 "한국자산관리공사"라 한다)로 하여금 압류한 재산의 공매를 대행하게 할 수 있다. 이 경우 공매는 공단이 한 것으로 본다.　〈개정 2010. 1. 27., 2011. 5. 19., 2019. 11. 26.〉

③ 건강보험공단은 제2항에 따라 한국자산관리공사로 하여금 공매를 대행하게 하는 경우에는 고용노동부령으로 정하는 바에 따라 수수료를 지급할 수 있다.　〈개정 2010. 1. 27., 2010. 6. 4.〉

④ 제2항에 따라 한국자산관리공사가 공매를 대행하는 경우에 한국자산관리공사의 임직원은 「형법」 제129조부터 제132조까지의 규정을 적용할 때 공무원으로 본다.

[전문개정 2009. 12. 30.]

제28조의2(법인의 합병으로 인한 납부의무의 승계)

법인이 합병한 경우에 합병 후 존속하는 법인 또는 합병으로 설립되는 법인은 합병으로 소멸된 법인에 부과되거나 그 법인이 내야 하는 보험료와 이 법에 따른 그 밖의 징수금과 체납처분비를 낼 의무를 진다.

[전문개정 2009. 12. 30.]

제28조의3(상속으로 인한 납부의무의 승계)

① 상속이 개시된 때에 그 상속인(「민법」 제1078조에 따라 포괄적 유증을 받은 자를 포함한다. 이하 같다) 또는 「민법」 제1053조에 따른 상속재산관리인(이하 "상속재산관리인"이라 한다)은 피상속인에게 부과되거나 그 피상속인이 내야 하는 보험료, 이 법에 따른 그 밖의 징수금과 체납처분비를 상속받은 재산의 한도에서 낼 의무를 진다.

② 제1항의 경우에 상속인이 2명 이상이면 각 상속인은 피상속인에게 부과되거나 그 피상속인이 내야 하는 보험료, 이 법에 따른 그 밖의 징수금과 체납처분비를 「민법」 제1009조 · 제1010조 · 제1012조 및 제1013조에 따른 상속분에 따라 나누어 계산한 후, 상속받은 재산의 한도에서 연대하여 낼 의무를 진다. 이 경우 각 상속인은 그 상속인 중에서 피상속인의 보험료, 이 법에 따른 그 밖의 징수금과 체납처분비를 낼 대표자를 정하여 대통령령으로 정하는 바에 따라 건강보험공단에 신고하여야 한다. 〈개정 2010. 1. 27.〉

③ 제1항의 경우에 상속인의 존재 여부가 분명하지 아니할 때에는 상속인에게 하여야 하는 보험료, 이 법에 따른 그 밖의 징수금과 체납처분비의 납부 고지 · 독촉 또는 그 밖에 필요한 조치는 상속재산관리인에게 하여야 한다.

④ 제1항의 경우에 상속인의 존재 여부가 분명하지 아니하고 상속재산관리인도 없으면 건강보험공단은 피상속인의 주소지를 관할하는 법원에 상속재산관리인의 선임(選任)을 청구할 수 있다. 〈개정 2010. 1. 27.〉

⑤ 제1항의 경우에 피상속인에 대한 처분 또는 절차는 상속인 또는 상속재산관리인에 대하여도 효력이 있다.

[전문개정 2009. 12. 30.]

제28조의4(연대납부의무)

① 공동사업에 관계되는 보험료, 이 법에 따른 그 밖의 징수금과 체납처분비는 공동사업자가 연대하여 낼 의무를 진다.

② 법인이 분할 또는 분할합병되는 경우 분할되는 법인에 대하여 분할일 또는 분할합병일 이전

에 부과되거나 납부의무가 성립한 보험료, 이 법에 따른 그 밖의 징수금과 체납처분비는 다음 각 호의 법인이 연대하여 낼 책임을 진다.

1. 분할되는 법인

2. 분할 또는 분할합병으로 설립되는 법인

3. 분할되는 법인의 일부가 다른 법인과 합병하여 그 다른 법인이 존속하는 경우 그 다른 법인

③ 법인이 분할 또는 분할합병으로 해산되는 경우 해산되는 법인에 대하여 부과되거나 그 법인이 내야 하는 보험료, 이 법에 따른 그 밖의 징수금과 체납처분비는 제2항제2호 및 제3호의 법인이 연대하여 낼 책임을 진다.

[전문개정 2009. 12. 30.]

제28조의5(연대납부의무에 관한 「민법」의 준용)

이 법에 따른 보험료, 그 밖의 징수금과 체납처분비의 연대납부의무에 관하여는 「민법」 제413조부터 제416조까지, 제419조, 제421조, 제423조 및 제425조부터 제427조까지의 규정을 준용한다.

[전문개정 2009. 12. 30.]

제28조의6(고액ㆍ상습 체납자의 인적사항 공개)

① 건강보험공단은 이 법에 따른 납부기한의 다음 날부터 2년이 지난 보험료와 이 법에 따른 그 밖의 징수금과 체납처분비(제29조에 따라 결손처분한 보험료, 이 법에 따른 그 밖의 징수금과 체납처분비로서 징수권 소멸시효가 완성되지 아니한 것을 포함한다)의 총액이 10억원 이상인 체납자에 대하여는 그 인적사항 및 체납액 등(이하 이 조에서 "인적사항등"이라 한다)을 공개할 수 있다. 다만, 체납된 보험료, 이 법에 따른 그 밖의 징수금과 체납처분비와 관련하여 행정심판 또는 행정소송이 계류 중인 경우, 그 밖에 체납된 금액의 일부납부 등 대통령령으로 정하는 사유가 있을 때에는 그러하지 아니하다. 〈개정 2010. 1. 27.〉

② 제1항에 따른 체납자의 인적사항등에 대한 공개 여부를 심의하기 위하여 건강보험공단에 보험료정보공개심의위원회(이하 이 조에서 "위원회"라 한다)를 둔다. 〈개정 2010. 1. 27.〉

③ 건강보험공단은 위원회의 심의를 거쳐 인적사항등의 공개가 결정된 자에 대하여 공개대상자임을 알림으로써 소명할 기회를 주어야 하며, 통지일부터 6개월이 지난 후 위원회로 하여금 체납액의 납부이행 등을 고려하여 체납자 인적사항등의 공개 여부를 재심의하게 한 후 공개대상자를 선정한다. 〈개정 2010. 1. 27.〉

④ 제1항에 따른 체납자 인적사항등의 공개는 관보에 게재하거나, 고용ㆍ산재정보통신망 또는

건강보험공단 게시판에 게시하는 방법에 따른다. 〈개정 2010. 1. 27.〉

⑤ 제1항부터 제4항까지의 규정에 따른 체납자 인적사항등의 공개와 관련한 절차 및 위원회의 구성·운영 등에 필요한 사항은 대통령령으로 정한다.

[전문개정 2009. 12. 30.]

제28조의7(「국세기본법」의 준용)

보험료, 이 법에 따른 그 밖의 징수금의 체납처분 유예를 위한 납부담보의 제공에 관하여는 「국세징수법」 제18조부터 제23조까지의 규정을 준용한다. 이 경우 "세법"은 "이 법"으로, "납세담보"는 "납부담보"로, "세무서장"은 "건강보험공단"으로, "납세보증보험증권"은 "납부보증보험증권"으로, "납세보증서"는 "납부보증서"로, "납세담보물"은 "납부담보물"로, "국세·가산금과 체납처분비"는 "보험료, 이 법에 따른 그 밖의 징수금과 체납처분비"로 본다. 〈개정 2010. 1. 27., 2020. 12. 29.〉

[전문개정 2009. 12. 30.]

제29조(징수금의 결손처분)

① 건강보험공단은 다음 각 호의 어느 하나에 해당하는 사유가 있을 때에는 고용노동부장관의 승인을 받아 보험료와 이 법에 따른 그 밖의 징수금을 결손처분할 수 있다.

〈개정 2010. 1. 27., 2010. 6. 4.〉

1. 체납처분이 끝나고 체납액에 충당된 배분금액이 그 체납액보다 적은 경우

2. 소멸시효가 완성된 경우

3. 징수할 가능성이 없다고 인정하여 대통령령으로 정하는 경우

② 건강보험공단은 제1항제3호에 따라 결손처분을 한 후 압류할 수 있는 다른 재산을 발견한 경우에는 지체 없이 그 처분을 취소하고 다시 체납처분을 하여야 한다. 〈개정 2010. 1. 27.〉

[전문개정 2009. 12. 30.]

제29조의2(체납 또는 결손처분 자료의 제공)

① 건강보험공단은 보험료징수 또는 공익목적을 위하여 필요한 경우에 「신용정보의 이용 및 보호에 관한 법률」 제25조제2항제1호에 따른 종합신용정보집중기관이 다음 각 호의 어느 하나에 해당하는 체납자 또는 결손처분자의 인적사항·체납액 또는 결손처분액에 관한 자료(이하 "체납등 자료"라 한다)를 요구할 때에는 그 자료를 제공할 수 있다. 다만, 체납된 보험료, 이 법에 따른 그 밖의 징수금과 관련하여 행정심판 또는 행정소송이 계류 중인 경우, 그 밖에 체납처분의 유예 등 대통령령으로 정하는 사유가 있을 때에는 그러하지 아니하다.

1. 이 법에 따른 납부기한의 다음 날부터 1년이 지난 보험료, 이 법에 따른 그 밖의 징수금과 체납처분비의 총액이 500만원 이상인 자

2. 1년에 세 번 이상 체납하고 이 법에 따른 납부기한이 지난 보험료, 이 법에 따른 그 밖의 징수금과 체납처분비의 총액이 500만원 이상인 자

3. 제29조에 따라 결손처분한 금액의 총액이 500만원 이상인 자

② 제1항에 따른 체납등 자료의 제공절차에 관하여 필요한 사항은 대통령령으로 정한다.

③ 제1항에 따라 체납등 자료를 제공받은 자는 이를 업무 외의 목적으로 누설하거나 이용하여서는 아니 된다.

[전문개정 2009. 12. 30.]

제29조의3(금융거래정보의 제공 요청 등)

① 건강보험공단은 다음 각 호의 어느 하나에 해당하는 체납자의 재산조회를 위하여 필요한 경우에는 「금융실명거래 및 비밀보장에 관한 법률」 제4조에도 불구하고 같은 법 제2조제1호에 따른 금융회사등의 특정점포에 금융거래 관련 정보 또는 자료(이하 "금융거래정보"라 한다)의 제공을 요청할 수 있으며, 해당 금융회사등의 특정점포는 이를 제공하여야 한다.

〈개정 2011. 7. 14., 2013. 6. 4., 2021. 1. 5.〉

1. 이 법에 따른 납부기한의 다음 날부터 1년이 지난 보험료, 이 법에 따른 그 밖의 징수금 및 체납처분비의 총액이 500만원 이상인 자

2. 1년에 세 번 이상 체납하고 이 법에 따른 납부기한이 지난 보험료, 이 법에 따른 그 밖의 징수금 및 체납처분비의 총액이 500만원 이상인 자

② 건강보험공단이 제1항에 따라 금융거래정보의 제공을 요청할 때에는 「금융실명거래 및 비밀보장에 관한 법률」 제4조제2항에 따른 금융위원회가 정하는 표준양식으로 하여야 한다.

〈개정 2013. 6. 4., 2021. 1. 5.〉

③ 제1항에 따른 금융거래정보의 제공 요청은 체납자의 재산조회를 위하여 필요한 최소한도에 그쳐야 한다.

④ 제1항에 따라 금융회사등이 건강보험공단에 금융거래정보를 제공하는 경우에는 그 금융회사등은 금융거래정보를 제공한 날부터 10일 이내에 제공한 금융거래정보의 주요내용 · 사용목적 · 제공받은 자 및 제공일자 등을 거래자에게 서면으로 알려야 한다. 이 경우 통지에 드는 비용에 관하여는 「금융실명거래 및 비밀보장에 관한 법률」 제4조의2제4항을 준용한다.

〈개정 2011. 7. 14., 2013. 6. 4.〉

⑤ 건강보험공단은 제1항에 따라 금융회사등에 대하여 금융거래정보를 요청하는 경우에는 그 사실을 기록하여야 하며, 금융거래정보를 요청한 날부터 5년간 그 기록을 보관하여야 한다.

〈개정 2011. 7. 14., 2013. 6. 4., 2021. 1. 5.〉

⑥ 제1항에 따라 금융거래정보를 알게 된 자는 그 알게 된 금융거래정보를 타인에게 제공 또는 누설하거나 그 목적 외의 용도로 이용하여서는 아니 된다.

[본조신설 2009. 12. 30.]

제30조(보험료 징수의 우선순위)

보험료와 이 법에 따른 그 밖의 징수금은 국세 및 지방세를 제외한 다른 채권보다 우선하여 징수한다. 다만, 보험료 등의 납부기한 전에 전세권·질권·저당권 또는 「동산·채권 등의 담보에 관한 법률」에 따른 담보권의 설정을 등기하거나 등록한 사실이 증명되는 재산을 매각하여 그 매각대금 중에서 보험료 등을 징수하는 경우에 그 전세권·질권·저당권 또는 「동산·채권 등의 담보에 관한 법률」에 따른 담보권에 의하여 담보된 채권에 대하여는 그러하지 아니하다.

〈개정 2010. 6. 10.〉

[전문개정 2009. 12. 30.]

제31조(산재보험료 및 부담금 징수 등에 관한 특례)

① 공단 또는 건강보험공단은 이 법에 따른 산재보험료 및 산재보험과 관련된 그 밖의 징수금, 「임금채권보장법」 제9조·제16조에 따른 부담금 및 그 밖의 징수금과 「석면피해구제법」 제31조제1항제1호의 자에 대한 분담금 및 그 밖의 징수금을 통합하여 징수하여야 한다.

〈개정 2010. 1. 27., 2010. 3. 22.〉

② 사업주는 이 법에 따른 산재보험료, 「임금채권보장법」 제9조에 따른 부담금 및 「석면피해구제법」 제31조제1항제1호의 자에 대한 분담금(이하 "부담금"이라 한다)을 통합하여 신고하고 내야 한다.

〈개정 2010. 3. 22.〉

③ 제1항 및 제2항에 따라 사업주가 산재보험료 및 부담금(각각에 대한 연체금 및 가산금을 포함한다. 이하 이 조에서 같다)을 낸 경우에는 그 총액 중에서 사업주가 내야 할 산재보험료와 부담금의 비율만큼 산재보험료와 부담금을 낸 것으로 본다.

④ 공단 또는 건강보험공단은 제1항 및 제2항에 따라 징수하거나 납부된 산재보험료 및 부담금을 「산업재해보상보험법」 제95조에 따라 설치된 기금, 「임금채권보장법」 제17조에 따라 설치된 기금 및 「석면피해구제법」 제24조에 따라 설치된 기금에 각각 납입하여야 한다.

〈개정 2010. 1. 27., 2010. 3. 22.〉

⑤ 제4항에 따라 산재보험료 및 부담금을 각각의 기금에 납입하는 경우 그 정산기준 및 정산방법 등에 관하여 필요한 사항은 대통령령으로 정한다.

[전문개정 2009. 12. 30.]

제32조(서류의 송달)

① 「국세징수법」 제17조 및 「국세기본법」 제8조부터 제12조까지의 규정(같은 법 제8조제2항 단서는 제외한다)은 보험료, 이 법에 따른 그 밖의 징수금에 관한 서류의 송달에 관하여 준용한다. 〈개정 2010. 1. 27., 2020. 12. 29., 2021. 1. 5.〉

② 제1항에도 불구하고 보험료, 이 법에 따른 그 밖의 징수금의 고지 · 독촉 또는 체납처분에 관계되는 서류를 우편에 따라 송달하는 경우 그 방법은 대통령령으로 정하는 바에 따른다.

〈신설 2010. 1. 27.〉

[전문개정 2009. 12. 30.]

제4장 보험사무대행기관 〈개정 2009. 12. 30.〉

제33조(보험사무대행기관)

① 사업주 등을 구성원으로 하는 단체로서 특별법에 따라 설립된 단체, 「민법」 제32조에 따라 고용노동부장관의 허가를 받아 설립된 법인 및 그 밖에 대통령령으로 정하는 기준에 해당하는 법인, 공인노무사 또는 세무사(이하 "법인등"이라 한다)는 사업주로부터 위임을 받아 보험료 신고, 고용보험 피보험자에 관한 신고 등 사업주가 지방고용노동관서 또는 공단에 대하여 하여야 할 보험에 관한 사무(이하 "보험사무"라 한다)를 대행할 수 있다. 이 경우 보험사무를 위임할 수 있는 사업주의 범위 및 법인등에 위임할 수 있는 업무의 범위는 대통령령으로 정한다. 〈개정 2010. 6. 4., 2014. 3. 24.〉

② 법인등이 제1항에 따라 보험사무를 대행하려는 경우에는 대통령령으로 정하는 바에 따라 공단의 인가를 받아야 한다.

③ 제2항에 따라 인가를 받은 법인등(이하 "보험사무대행기관"이라 한다)이 인가받은 사항을 변경하려고 하는 경우 수탁대상지역 등 대통령령으로 정하는 사항에 관하여는 공단의 인가를 받아야 하며, 소재지 등 고용노동부령으로 정하는 사항은 공단에 신고하여야 한다.

④ 보험사무대행기관이 제1항에 따른 업무의 전부 또는 일부를 폐지하려면 공단에 신고하여야한다.

⑤ 공단은 보험사무대행기관이 다음 각 호의 어느 하나에 해당하는 경우에는 그 인가를 취소할수 있다. 다만, 제1호에 해당하는 경우에는 인가를 취소하여야 한다. 〈개정 2022. 6. 10.〉

1. 거짓이나 그 밖의 부정한 방법으로 인가를 받은 경우

2. 정당한 사유 없이 계속하여 2개월 이상 보험사무를 중단한 경우

3. 보험사무를 거짓이나 그 밖의 부정한 방법으로 운영한 경우

4. 그 밖에 이 법 또는 이 법에 따른 명령을 위반한 경우

⑥ 제4항에 따라 업무가 전부 폐지되거나 제5항에 따라 인가가 취소된 보험사무대행기관은 폐지신고일 또는 인가취소일부터 1년의 범위에서 대통령령으로 정하는 기간 동안은 보험사무대행기관으로 다시 인가받을 수 없다. 〈신설 2022. 6. 10.〉

⑦ 그 밖에 보험사무대행기관의 인가 취소 등에 필요한 사항은 대통령령으로 정한다.

〈신설 2022. 6. 10.〉

[전문개정 2009. 12. 30.]

제34조(보험사무대행기관에 대한 통지)

공단은 보험료, 이 법에 따른 그 밖의 징수금의 납입의 통지 등을 보험사무대행기관에 함으로써그 사업주에 대한 통지를 갈음한다.

[전문개정 2009. 12. 30.]

제35조(보험사무대행기관의 의무)

공단이 제24조에 따른 가산금, 제25조에 따른 연체금 및 제26조에 따른 산재보험급여에 해당하는 금액을 징수하는 경우에 그 징수사유가 보험사무대행기관의 귀책사유로 인한 것일 때에는 그한도 안에서 보험사무대행기관이 해당 금액을 내야 한다.

[전문개정 2009. 12. 30.]

제36조(보험사무대행기관의 장부비치 등)

보험사무대행기관은 대통령령으로 정하는 바에 따라 보험사무에 관한 사항을 적은 장부나 그밖의 서류를 사무소에 갖추어 두어야 한다.

[전문개정 2009. 12. 30.]

제37조(보험사무대행기관에 대한 지원 등)

공단은 보험사무대행기관이 제33조제1항에 따라 보험사무를 대행한 경우에는 대통령령으로 정하는 바에 따라 징수비용과 그 밖의 지원금을 교부할 수 있다.

[전문개정 2009. 12. 30.]

제5장 보칙 〈개정 2009. 12. 30.〉

제38조(보험료의 수납절차)

이 법에 따른 보험료와 그 밖의 징수금의 수납방법 및 그 절차 등에 관하여 필요한 사항은 고용노동부령으로 정한다. 〈개정 2010. 6. 4.〉

[전문개정 2009. 12. 30.]

제39조(납부기한의 연장)

공단 또는 건강보험공단은 천재지변 등 고용노동부령으로 정하는 사유로 이 법에 규정된 신고 · 신청 · 청구나 그 밖의 서류의 제출 · 통지 또는 납부 · 징수를 정하여진 기한까지 할 수 없다고 인정될 때에는 그 기한을 연장할 수 있다. 〈개정 2010. 1. 27., 2010. 6. 4.〉

[전문개정 2009. 12. 30.]

제40조(자료제공의 요청)

① 공단 또는 건강보험공단은 보험관계의 성립 및 소멸, 고용보험료의 지원, 보험료의 부과 · 징수, 보험료의 정산, 그 밖에 이 법에 따른 연체금 또는 징수금의 징수 등을 위하여 근로소득자료 · 국세 · 지방세 · 토지 · 건물 · 건강보험 · 국민연금 등 대통령령으로 정하는 자료를 제공받거나 관련 전산망을 이용하려는 경우에는 관계 기관의 장에게 사용목적 등을 적은 문서로 협조를 요청할 수 있다. 이 경우 관계 기관의 장은 정당한 사유가 없으면 그 요청에 따라야 한다. 〈개정 2013. 6. 4.〉

② 공단은 산재보험 노무제공자에 대한 보험료의 부과 · 징수 등을 위하여 산재보험 노무제공자의 노무를 제공받는 사업의 도급인(「산업안전보건법」 제2조제7호에 따른 도급인을 말한다), 「보험업법」에 따른 보험회사 등 대통령령으로 정하는 기관 · 단체에 산재보험 노무

제공자의 월 보수액 등 보험료 부과 · 징수 등에 필요한 내용으로서 대통령령으로 정하는 자료 또는 정보의 제공을 요청할 수 있다. 이 경우 요청을 받은 기관 · 단체는 특별한 사유가 없으면 그 요청에 따라야 한다. 〈신설 2022. 6. 10.〉

③ 제1항 또는 제2항에 따라 공단 또는 건강보험공단에 제공되는 자료에 대하여는 수수료 및 사용료 등을 면제한다. 〈개정 2010. 1. 27., 2022. 6. 10.〉

[전문개정 2009. 12. 30.]

제41조(시효)

① 보험료, 이 법에 따른 그 밖의 징수금을 징수하거나 그 반환받을 수 있는 권리는 3년간 행사하지 아니하면 시효로 인하여 소멸한다.

② 제1항에 따른 소멸시효에 관하여는 이 법에 규정된 것을 제외하고는 「민법」에 따른다.

[전문개정 2009. 12. 30.]

제42조(시효의 중단)

① 제41조에 따른 소멸시효는 다음 각 호의 사유로 중단된다.

〈개정 2010. 1. 27.〉

1. 제16조의8에 따른 월별보험료의 고지
2. 제23조제1항 또는 제2항에 따른 반환의 청구
3. 제27조에 따른 통지 또는 독촉
4. 제28조에 따른 체납처분 절차에 따라 하는 교부청구 또는 압류

② 제1항에 따라 중단된 소멸시효는 다음 각 호의 기한 또는 기간이 지난 때부터 새로 진행한다. 〈개정 2010. 1. 27.〉

1. 제16조의8에 따라 고지한 월별보험료의 납부기한
2. 독촉에 의한 납부기한
3. 제27조제1항에 따라 알린 납부기한
4. 교부청구 중의 기간
5. 압류기간

[전문개정 2009. 12. 30.]

제43조(보험료 정산에 따른 권리의 소멸시효)

① 제16조의9제3항에 따라 사업주가 반환받을 권리 및 건강보험공단이 징수할 권리의 소멸시

효는 다음 보험연도의 첫날(보험연도 중에 보험관계가 소멸한 사업의 경우에는 보험관계가 소멸한 날)부터 진행한다.

② 제19조제2항 및 제4항에 따라 사업주가 반환받을 권리 및 공단이 징수할 권리의 소멸시효는 다음 보험연도의 첫날(보험연도 중에 보험관계가 소멸한 사업의 경우에는 보험관계가 소멸한 날)부터 진행한다.

[전문개정 2019. 1. 15.]

제44조(보고)

공단 또는 건강보험공단은 보험료의 성실신고 및 보험사무대행기관의 지도 등을 위하여 필요하다고 인정되어 대통령령으로 정하는 경우에는 이 법을 적용받는 사업의 사업주, 그 사업에 종사하는 근로자, 보험사무대행기관 및 보험사무대행기관이었던 자에 대하여 이 법 시행에 필요한 보고 및 관계 서류의 제출을 요구할 수 있다. 〈개정 2010. 1. 27.〉

[전문개정 2009. 12. 30.]

제45조(조사)

① 공단은 보험료의 성실신고 및 보험사무대행기관의 지도 등을 위하여 필요하다고 인정되어 대통령령으로 정하는 경우에는 소속 직원으로 하여금 근로자를 고용하고 있거나 고용하였던 사업주의 사업장 또는 보험사무대행기관, 보험사무대행기관이었던 자의 사무소에 출입하여 관계인에 대하여 질문을 하거나 관계 서류를 조사하게 할 수 있다.

② 공단은 제1항에 따라 조사를 하는 경우 해당 사업주 등에게 조사의 일시 및 내용 등 조사에 필요한 사항을 미리 알려야 한다. 다만, 긴급한 경우나 사전 통지 시 그 목적을 달성할 수 없다고 인정되는 경우에는 그러하지 아니하다.

③ 제1항의 경우에 공단직원은 그 권한을 표시하는 증표를 지니고 이를 관계인에게 내보여야 한다.

④ 공단은 제1항부터 제3항까지의 규정에 따라 조사를 마치면 해당 사업주 등에게 조사 결과를 서면으로 알려야 한다.

[전문개정 2009. 12. 30.]

제46조(업무의 위임 및 위탁)

① 이 법에 따른 고용노동부장관의 권한은 대통령령으로 정하는 바에 따라 그 일부를 지방고용노동관서의 장에게 위임할 수 있다. 〈신설 2013. 6. 4.〉

② 공단 또는 건강보험공단은 대통령령으로 정하는 바에 따라 보험료, 이 법에 따른 그 밖의 징수금의 수납업무 중 일부를 체신관서 또는 금융기관에 위탁할 수 있다.

〈개정 2010. 1. 27., 2013. 6. 4.〉

[전문개정 2009. 12. 30.]

[제목개정 2013. 6. 4.]

제46조의2(업무의 지도 · 감독)

① 제4조에 따라 징수업무를 위탁받은 건강보험공단은 대통령령으로 정하는 바에 따라 회계연도마다 보험료 등의 고지, 수납 및 체납관리에 관한 사업운영계획과 예산에 관하여 고용노동부장관의 승인을 받아야 한다.   〈개정 2010. 6. 4.〉

② 건강보험공단은 매 회계연도가 끝난 후 2개월 이내에 그 회계연도의 사업실적과 결산을 고용노동부장관에게 보고하여야 한다.   〈개정 2010. 6. 4.〉

③ 고용노동부장관은 건강보험공단에 대하여 제1항에 따른 사업에 관한 보고를 명하거나 사업 또는 재산상황을 검사할 수 있고, 필요하다고 인정하면 정관의 관련 규정을 변경하도록 명하는 등 감독상 필요한 조치를 할 수 있다.   〈개정 2010. 6. 4.〉

[본조신설 2010. 1. 27.]

제47조(해외파견자에 대한 특례)

① 「산업재해보상보험법」 제122조제1항에 따라 산재보험의 적용을 받는 해외파견자(이하 "해외파견자"라 한다)의 산재보험료 산정의 기초가 되는 보수액은 그 사업에 사용되는 같은 직종 근로자의 보수나 그 밖의 사정을 고려하여 고용노동부장관이 정하는 금액으로 하고, 산재보험료율은 해외파견자의 재해율 및 재해보상에 필요한 금액 등을 고려하여 고용노동부장관이 정하여 고시한다.   〈개정 2010. 6. 4.〉

② 산재보험 가입자의 해외파견자에 대한 보험가입 신청 및 승인, 보험료의 신고 및 납부 등에 필요한 사항은 고용노동부령으로 정한다.   〈개정 2010. 6. 4.〉

③ 해외파견자에 대한 산재보험관계의 성립 및 소멸에 관하여는 제5조제4항 · 제5항 · 제7항, 제7조제3호 및 제10조를 준용한다.

[전문개정 2009. 12. 30.]

제48조(현장실습생에 대한 특례)

① 「산업재해보상보험법」 제123조제1항에 따라 산재보험의 적용을 받는 현장실습생(이하

"현장실습생"이라 한다)의 산재보험료 산정의 기초가 되는 보수액은 현장실습생이 받은 모든 금품으로 하되, 산재보험료 산정이 어려운 경우에는 고용노동부장관이 정하여 고시하는 금액으로 할 수 있다. 〈개정 2010. 6. 4.〉

② 현장실습생의 산재보험료의 신고 및 납부 등에 필요한 사항은 고용노동부령으로 정한다.

〈개정 2010. 6. 4.〉

[전문개정 2009. 12. 30.]

제48조의2(예술인 고용보험 특례)

① 「고용보험법」 제77조의2에 따라 고용보험의 적용을 받는 예술인과 이들을 상대방으로 하여 문화예술용역 관련 계약을 체결한 사업의 사업주는 당연히 고용보험의 보험가입자가 된다. 〈개정 2021. 1. 5.〉

② 예술인의 보수액은 「소득세법」 제19조에 따른 사업소득 및 같은 법 제21조에 따른 기타소득에서 대통령령으로 정하는 금품을 뺀 금액으로 한다. 〈개정 2021. 1. 5.〉

③ 제14조에도 불구하고 예술인과 이들을 상대방으로 하여 문화예술용역 관련 계약을 체결한 사업의 사업주에 대한 고용보험료율은 종사형태 등을 반영하여 「고용보험법」 제7조에 따른 고용보험위원회의 심의를 거쳐 대통령령으로 달리 정할 수 있다. 이 경우 보험가입자의 고용보험료 평균액의 일정비율에 해당하는 금액을 고려하여 대통령령으로 고용보험료의 상한을 정할 수 있다. 〈개정 2021. 1. 5.〉

④ 「고용보험법」 제77조의2에 따라 고용보험의 적용을 받는 사업의 사업주는 예술인이 부담하여야 하는 고용보험료와 사업주가 부담하여야 하는 고용보험료를 납부하여야 한다. 이 경우 사업주는 예술인이 부담하여야 하는 고용보험료를 대통령령으로 정하는 바에 따라 그 예술인의 보수에서 원천공제하여 납부할 수 있다.

⑤ 사업주는 제4항에 따라 고용보험료에 해당하는 금액을 원천공제하였으면 공제계산서를 예술인에게 발급하여야 한다. 〈개정 2021. 1. 5.〉

⑥ 제4항에도 불구하고 「고용보험법」 제77조의2제3항에 따라 피보험자격의 취득을 신고한 예술인이 부담하여야 하는 고용보험료는 대통령령으로 정하는 바에 따라 발주자 또는 원수급인이 납부하여야 한다.

⑦ 제6항에 따라 고용보험료를 납부하여야 하는 자는 대통령령으로 정하는 바에 따라 해당 고용보험료를 부담하여야 하는 보험가입자로부터 고용보험료를 원천공제하여 납부하여야 한다. 이 경우 해당 사업주 등에게 원천공제내역을 알려야 한다.

⑧ 예술인의 고용보험관계 등에 관하여는 다음 각 호에서 정하는 바에 따라 각 해당 규정을 준

용한다. 〈개정 2021. 1. 5.〉

1. 예술인에 대한 고용보험관계의 성립ㆍ소멸에 관하여는 제5조제7항, 제6조제3항, 제7조제1호, 제10조(제2호는 제외한다), 제11조제1항(제2호는 제외한다) 및 제12조를 준용한다. 이 경우 "근로자"는 "근로자, 예술인 또는 노무제공자"로, "고용하지 아니하게 되었을 때"는 "고용하지 아니하게 되었거나 관련 계약이 종료되었을 때"로, "제5조제1항"은 "제1항"으로 본다.

2. 예술인에 대한 고용보험료의 산정ㆍ부과에 관하여는 제3조, 제13조제1항제1호ㆍ제2항(같은 항 단서는 제외한다)ㆍ제4항제2호, 제15조제1항, 제16조의2제1항, 제16조의4, 제16조의6부터 제16조의8까지, 제16조의9(제1항 후단은 제외한다), 제16조의11, 제16조의12 및 제18조제1항을 준용한다. 이 경우 "근로자"는 "예술인"으로, "고용보험료율"은 "제48조의2제3항에 따른 보험료율"로 본다.

3. 예술인에 대한 고용보험료의 지원, 경감, 과납액의 충당과 반환, 고용보험료와 연체금의 징수ㆍ독촉 등에 관하여는 제21조, 제21조의2, 제22조의2(개산보험료에 관한 사항은 제외한다), 제23조(제1항제2호 중 개산보험료에 관한 사항 및 같은 항 제4호는 제외한다), 제25조(제16조의3, 제16조의6, 제16조의7, 제16조의9 및 제18조제1항에 관한 사항으로 한정한다), 제26조의2, 제27조, 제27조의2, 제27조의3, 제28조, 제28조의2부터 제28조의7까지, 제29조, 제29조의2, 제29조의3, 제30조, 제38조 및 제39조를 준용한다. 이 경우 "근로자"는 "예술인"으로 본다.

4. 예술인에 대한 고용보험료 및 이 법에 따른 그 밖의 징수금에 관한 서류의 송달, 자료제공의 요청, 보고, 조사 등에 관하여는 제32조 및 제40조부터 제45조까지(제43조제2항은 제외한다)의 규정을 준용한다. 이 경우 "근로자"는 "예술인"으로 본다.

[본조신설 2020. 6. 9.]

제48조의3(노무제공자의 고용보험 특례)

① 「고용보험법」 제77조의6에 따라 고용보험의 적용을 받는 노무제공자와 이들을 상대방으로 하여 노무제공계약을 체결한 사업의 사업주(이하 "노무제공사업의 사업주"라 한다)는 당연히 고용보험의 보험가입자가 된다.

② 공단이 제16조의2제1항에 따라 매월 부과하는 노무제공자의 월별 보험료(고용보험료에 한정한다)는 월 보수액에 고용보험료율을 곱한 금액으로 한다. 이 경우 월 보수액의 산정방법, 적용기간, 하한액 기준 등은 대통령령으로 정하는 바에 따른다. 〈신설 2022. 6. 10.〉

③ 노무제공자의 보수액은 「소득세법」 제19조에 따른 사업소득 및 같은 법 제21조에 따른 기

타소득에서 대통령령으로 정하는 금품을 뺀 금액으로 한다. 다만, 노무제공특성에 따라 소득확인이 어렵다고 대통령령으로 정하는 직종의 고용보험료 산정기초가 되는 보수액은 고용노동부장관이 고시하는 금액으로 한다. 〈개정 2022. 6. 10.〉

④ 제13조 및 제14조에도 불구하고 노무제공자와 노무제공사업의 사업주가 부담하여야 하는 고용보험료 및 고용보험료율은 종사형태 등을 반영하여 「고용보험법」 제7조에 따른 고용보험위원회의 심의를 거쳐 대통령령으로 달리 정할 수 있다. 이 경우 보험가입자의 고용보험료 평균액의 일정비율에 해당하는 금액을 고려하여 대통령령으로 고용보험료의 상한을 정할 수 있다. 〈개정 2022. 6. 10.〉

⑤ 사업주는 대통령령으로 정하는 바에 따라 노무제공자의 노무제공 내용, 월 보수액 등을 공단에 신고하여야 한다. 〈신설 2022. 6. 10.〉

⑥ 노무제공사업의 사업주는 노무제공자가 부담하여야 하는 고용보험료와 사업주가 부담하여야 하는 고용보험료를 납부하여야 한다. 이 경우 노무제공사업의 사업주는 노무제공자가 부담하여야 하는 고용보험료를 대통령령으로 정하는 바에 따라 그 노무제공자의 보수에서 원천공제하여 납부할 수 있다. 〈개정 2022. 6. 10.〉

⑦ 노무제공사업의 사업주는 제6항 후단에 따라 고용보험료에 해당하는 금액을 원천공제한 때에는 공제계산서를 노무제공자에게 발급하여야 한다. 〈개정 2022. 6. 10.〉

⑧ 노무제공자의 고용보험관계 등에 관하여는 다음 각 호에서 정하는 바에 따라 각 해당 규정을 준용한다. 〈개정 2022. 6. 10.〉

1. 노무제공자에 대한 고용보험관계의 성립·소멸에 관하여는 제5조제7항, 제6조제3항, 제7조제1호, 제10조(제2호는 제외한다), 제11조제1항(제2호는 제외한다) 및 제12조를 준용한다. 이 경우 "근로자"는 "근로자, 노무제공자 또는 예술인"으로, "고용하지 아니하게 되었을 때"는 "고용하지 아니하게 되었거나 관련 계약이 종료되었을 때"로, "제5조제1항"은 "제1항"으로 본다.

2. 노무제공자에 대한 고용보험료의 산정·부과에 관하여는 제3조, 제13조제1항제1호·제2항(같은 항 단서와 보험료의 분담비율은 제외한다)·제4항제2호(보험료의 분담비율은 제외한다), 제15조제1항, 제16조의2제1항, 제16조의4, 제16조의6부터 제16조의8까지, 제16조의9(제1항 후단은 제외한다), 제16조의11, 제16조의12 및 제18조제1항을 준용한다. 이 경우 "근로자"는 "노무제공자"로, "고용보험료율"은 "제48조의3제4항에 따른 보험료율"로 본다.

3. 노무제공자에 대한 고용보험료의 지원, 경감, 과납액의 충당과 반환, 고용보험료와 연체금의 징수·독촉 등에 관하여는 제21조, 제21조의2, 제22조의2(개산보험료에 관한 사항은

제외한다), 제23조(제1항제2호 중 개산보험료에 관한 사항 및 같은 항 제4호는 제외한다), 제25조(제16조의3, 제16조의6, 제16조의7, 제16조의9 및 제18조제1항에 관한 사항으로 한정한다), 제26조의2, 제27조, 제27조의2, 제27조의3, 제28조, 제28조의2부터 제28조의7까지, 제29조, 제29조의2, 제29조의3, 제30조, 제38조 및 제39조를 준용한다. 이 경우 "근로자"는 "노무제공자"로 본다.

4. 노무제공자에 대한 고용보험료 및 이 법에 따른 그 밖의 징수금에 관한 서류의 송달, 자료제공의 요청, 보고, 조사 등에 관하여는 제32조 및 제40조부터 제45조까지(제43조제2항은 제외한다)의 규정을 준용한다. 이 경우 "근로자"는 "노무제공자"로 본다.

[본조신설 2021. 1. 5.]

제48조의4(노무제공플랫폼사업자에 대한 특례)

① 「고용보험법」 제77조의7제1항에 따른 노무제공플랫폼사업자(이하 "노무제공플랫폼사업자"라 한다)는 노무제공사업의 사업주와 같은 항에 따른 노무제공플랫폼 이용에 대한 계약(이하 "노무제공플랫폼이용계약"이라 한다)을 체결하는 경우 해당 이용 계약의 개시일 또는 종료일이 속하는 달의 다음 달 15일까지 다음 각 호에 해당하는 사항을 공단에 신고하여야 한다.

1. 노무제공플랫폼사업자의 성명과 주소(법인의 경우에는 법인의 명칭과 주된 사무소의 소재지)

2. 노무제공사업의 사업주가 해당 사업에 「고용보험법」 제77조의7제1항에 따른 노무제공플랫폼을 이용하기 시작한 날 또는 종료한 날

3. 노무제공사업의 사업주의 성명과 주소(법인의 경우에는 법인의 명칭과 주된 사무소의 소재지)

4. 그 밖에 고용노동부령으로 정하는 사항

② 공단은 노무제공플랫폼사업자와 노무제공사업의 사업주가 노무제공플랫폼이용계약을 체결하는 경우 노무제공플랫폼사업자에게 노무제공 횟수 및 그 대가 등 대통령령으로 정하는 자료 또는 정보의 제공을 요청할 수 있다. 이 경우 요청을 받은 노무제공플랫폼사업자는 특별한 사유가 없으면 그 요청에 따라야 한다.

③ 제48조의3제6항에도 불구하고 「고용보험법」 제77조의7제1항에 따라 노무제공플랫폼사업자가 피보험자격의 취득 등을 신고한 경우 그 노무제공자 및 노무제공사업의 사업주가 부담하는 고용보험료 부담분은 노무제공플랫폼사업자가 원천공제하여 대통령령으로 정하는 바에 따라 납부하여야 한다. 〈개정 2022. 6. 10.〉

④ 노무제공플랫폼사업자는 제3항에 따라 고용보험료를 원천공제한 경우에는 해당 노무제공자와 노무제공사업의 사업주에게 그 원천공제 내역을 알려야 한다.

⑤ 공단 또는 건강보험공단은 제3항에 따른 노무제공플랫폼사업자의 원천공제에 관한 지도 등을 위하여 필요하다고 인정되는 경우에는 노무제공플랫폼사업자 및 노무제공플랫폼사업자이었던 자에 대하여 다음 각 호의 구분에 따라 보고 또는 관계 서류의 제출을 요구하거나 조사 등을 할 수 있다. 이 경우 보고·관계 서류의 제출 요구 및 조사 등에 관하여는 제44조 및 제45조를 준용한다.

　　1. 공단 또는 건강보험공단의 경우: 제3항의 업무와 관련된 보고 또는 관계 서류의 제출 요구

　　2. 공단의 경우: 소속 직원으로 하여금 해당 사업자의 사무소에 출입하여 관계인에 대한 질문과 관계 서류의 조사

⑥ 제1항, 제2항 및 제5항에 따른 노무제공플랫폼사업자 등의 신고 및 통보, 공단의 자료 또는 정보의 제공 요청 및 통보, 보고 등의 요구 및 조사 등에 필요한 사항은 고용노동부령으로 정한다.

⑦ 공단은 대통령령으로 정하는 바에 따라 노무제공플랫폼사업자가 이 법에 따른 보험사무에 관한 의무를 이행하는데 필요한 비용의 일부를 지원할 수 있다.　　〈신설 2022. 6. 10.〉

[본조신설 2021. 1. 5.]

제48조의5(학생연구자에 대한 특례)

① 「산업재해보상보험법」 제123조의2제2항에 따라 산재보험의 적용을 받는 학생연구자(이하 이 조에서 "학생연구자"라 한다)에 대한 산재보험료 산정의 기초가 되는 보수액은 고용노동부장관이 정하여 고시하는 금액으로 하고, 산재보험료율은 그 사업이 적용받는 사업의 산재보험료율로 한다.

② 학생연구자의 산재보험료 신고 및 납부 등에 필요한 사항은 고용노동부령으로 정한다.

[본조신설 2021. 4. 13.]

제48조의6(산재보험 노무제공자의 산재보험 특례)

① 산재보험 노무제공자의 노무를 제공받는 사업의 사업주는 당연히 산재보험의 보험가입자가 된다.

② 공단이 제16조의2제1항에 따라 매월 부과하는 산재보험 노무제공자의 월별보험료(산재보험료에 한정한다)는 사업주가 매월 지급하는 보수액에 산재보험료율을 곱한 금액으로 한다.

③ 제2항에 따른 산재보험 노무제공자의 월 보수액은 「소득세법」 제19조에 따른 사업소득 및

같은 법 제21조에 따른 기타소득에서 대통령령으로 정하는 금품을 뺀 금액으로 한다. 다만, 노무제공특성에 따라 소득확인이 어렵다고 대통령령으로 정하는 직종의 월 보수액은 고용노동부장관이 고시하는 금액으로 한다.

④ 사업주는 제3항 단서에 따른 직종의 산재보험 노무제공자가 부상·질병 등 대통령령으로 정하는 휴업의 사유가 발생하여 노무를 제공할 수 없을 때에는 그 사유가 발생한 날부터 14일 이내에 그 사실을 공단에 신고하여야 하며, 사업주가 해당 기한 내에 신고하지 아니한 경우에는 산재보험 노무제공자가 신고할 수 있다. 이 경우 해당 사유가 발생한 기간은 보험료를 부과하지 아니할 수 있다.

⑤ 제13조부터 제15조까지의 규정에도 불구하고 산재보험 노무제공자의 산재보험료율은 재해율 등을 고려하여 「산업재해보상보험법」 제8조에 따른 산업재해보상보험및예방심의위원회의 심의를 거쳐 고용노동부장관이 달리 정할 수 있다.

⑥ 제2항에 따른 산재보험료는 사업주와 산재보험 노무제공자가 각각 2분의 1씩 부담한다. 다만, 사용종속관계(使用從屬關係)의 정도 등을 고려하여 대통령령으로 정하는 직종에 종사하는 산재보험 노무제공자의 경우에는 사업주가 부담한다.

⑦ 산재보험 노무제공자의 재해율, 월 보수액, 산재보험료율 및 노무제공 형태 등을 고려하여 대통령령으로 정하는 산재보험 노무제공자와 해당 사업주에 대해서는 제2항에 따른 산재보험료를 대통령령으로 정하는 바에 따라 감면할 수 있다.

⑧ 사업주는 대통령령으로 정하는 바에 따라 산재보험 노무제공자의 월 보수액 등을 공단에 신고하여야 한다. 다만, 사업주가 신고하지 아니하면 대통령령으로 정하는 바에 따라 산재보험 노무제공자가 신고할 수 있다.

⑨ 산재보험 노무제공자의 월 보수액 정정 신고 및 산재보험료 정산 등은 대통령령으로 정하는 바에 따른다.

⑩ 사업주는 산재보험 노무제공자가 부담하여야 하는 산재보험료와 사업주가 부담하여야 하는 산재보험료를 납부하여야 한다.

⑪ 사업주는 산재보험 노무제공자가 부담하여야 하는 산재보험료를 대통령령으로 정하는 바에 따라 그 산재보험 노무제공자의 보수에서 원천공제하여 납부할 수 있다. 이 경우 사업주는 공제계산서를 산재보험 노무제공자에게 발급하여야 한다.

⑫ 산재보험 노무제공자의 보험관계의 변경신고 등에 필요한 사항은 고용노동부령으로 정한다.

⑬ 산재보험 노무제공자의 산재보험관계 등에 관하여는 다음 각 호에서 정하는 바에 따라 각 해당 규정을 준용한다.

1. 산재보험 노무제공자에 대한 산재보험관계의 성립·소멸에 관하여는 제5조제7항, 제6조제3항, 제7조제2호, 제10조(제2호는 제외한다), 제11조제1항 및 제12조를 준용한다. 이 경우 "근로자"는 "근로자 또는 산재보험 노무제공자"로, "고용하지 아니하게 되었을 때"는 "고용하지 아니하게 되었거나 노무를 제공받지 아니하게 되었을 때"로 본다.

2. 산재보험 노무제공자에 대한 산재보험료의 산정·부과에 관하여는 제3조, 제13조제1항제2호, 제16조의2, 제16조의4, 제16조의7, 제16조의8, 제16조의12, 제17조, 제18조제1항, 제19조 및 제19조의2를 준용한다. 이 경우 "근로자"는 "산재보험 노무제공자"로, "산재보험료율"은 "제48조의6제5항에 따른 산재보험료율"로 본다.

3. 산재보험 노무제공자에 대한 산재보험료의 경감, 과납액의 충당과 반환, 산재보험료와 연체금의 징수·독촉 등에 관하여는 제22조의2, 제23조, 제24조, 제25조, 제26조, 제26조의2, 제27조, 제27조의2, 제27조의3, 제28조, 제28조의2부터 제28조의7까지, 제29조, 제29조의2, 제29조의3, 제30조, 제38조 및 제39조를 준용한다. 이 경우 "근로자"는 "산재보험 노무제공자"로 본다.

4. 산재보험 노무제공자에 대한 산재보험료 및 이 법에 따른 그 밖의 징수금에 관한 서류의 송달, 자료제공의 요청, 보고, 조사 등에 관하여는 제32조 및 제40조제1항·제3항, 제41조부터 제45조까지의 규정을 준용한다. 이 경우 "근로자"는 "산재보험 노무제공자"로 본다.

[본조신설 2022. 6. 10.]

제48조의7(플랫폼 운영자의 산재보험 특례)

① 「산업재해보상보험법」 제91조의15제3호에 따른 플랫폼 운영자(같은 법 같은 조 제4호 단서에 해당하는 플랫폼 운영자는 제외한다. 이하 "플랫폼 운영자"라 한다)는 같은 법 같은 조 제4호에 따른 플랫폼 이용 사업자(이하 "플랫폼 이용 사업자"라 한다)의 같은 법 같은 조 제1호나목에 따른 온라인 플랫폼(이하 "온라인 플랫폼"이라 한다) 이용 개시일 또는 종료일이 속하는 달의 다음 달 15일까지 다음 각 호에 해당하는 사항을 공단에 신고하여야 한다.
1. 플랫폼 운영자의 성명과 주소(법인의 경우에는 법인의 명칭과 주된 사무소의 소재지)
2. 플랫폼 이용 사업자가 해당 사업에 온라인 플랫폼을 이용하기 시작한 날 또는 종료한 날
3. 플랫폼 이용 사업자의 성명과 주소(법인의 경우에는 법인의 명칭과 주된 사무소의 소재지)
4. 그 밖에 「산업재해보상보험법」 제91조의15제2호에 따른 플랫폼 종사자(이하 "플랫폼 종사자"라 한다)의 보험관계에 관한 정보 등 고용노동부령으로 정하는 사항
② 플랫폼 운영자는 제1항에 따른 신고를 하기 위하여 필요한 경우 해당 플랫폼 이용 사업자와 플랫폼 종사자에게 필요한 자료 또는 정보의 제공을 요청할 수 있다. 이 경우 요청을 받은 플

랫폼 이용 사업자와 플랫폼 종사자는 정당한 사유가 없으면 그 요청에 따라야 한다.

③ 제48조의6제8항 본문에도 불구하고 플랫폼 종사자의 월 보수액 등 신고는 대통령령으로 정하는 바에 따라 플랫폼 운영자가 하여야 한다.

④ 제48조의6제10항 및 제11항에도 불구하고 플랫폼 종사자 및 플랫폼 이용 사업자가 부담하는 산재보험료는 플랫폼 운영자가 원천공제하여 대통령령으로 정하는 바에 따라 납부하여야 한다. 다만, 대통령령으로 정하는 온라인 플랫폼을 통하여 노무를 제공하는 플랫폼 종사자의 산재보험료 원천공제·납부 등에 대해서는 대통령령으로 정하는 바에 따른다.

⑤ 플랫폼 운영자는 제4항에 따라 산재보험료를 원천공제한 경우에는 해당 플랫폼 종사자와 플랫폼 이용 사업자에게 그 원천공제 내역을 알려야 한다.

⑥ 플랫폼 운영자는 제4항에 따라 산재보험료를 납부하기 위하여 산재보험료 원천공제 및 납부를 위한 전용 계좌를 개설하여야 한다.

⑦ 공단 또는 건강보험공단은 보험료의 성실납부 등을 위하여 필요하다고 인정되는 경우에는 플랫폼 운영자 및 플랫폼 운영자였던 자에 대하여 다음 각 호의 구분에 따라 보고 또는 관계 서류의 제출을 요구하거나 조사 등을 할 수 있다. 이 경우 보고·관계 서류의 제출 요구 및 조사 등에 관하여는 제44조 및 제45조를 준용한다.

1. 공단 또는 건강보험공단의 경우: 제4항의 업무와 관련된 보고 또는 관계 서류의 제출 요구

2. 공단의 경우: 소속 직원으로 하여금 해당 플랫폼 운영자의 사무소에 출입하여 관계인에 대한 질문과 관계 서류의 조사

⑧ 플랫폼 운영자는 제3항에 따른 월 보수액 등 신고와 관련된 정보를 플랫폼 종사자의 해당 온라인 플랫폼을 통한 노무제공이 종료된 날부터 5년 동안 보관하여야 한다.

⑨ 공단은 대통령령으로 정하는 바에 따라 플랫폼 운영자가 이 법에 따른 보험사무에 관한 의무를 이행하는 데 필요한 비용의 일부를 지원할 수 있다.

⑩ 제1항 및 제7항에 따른 플랫폼 운영자 등의 신고, 공단의 보고 등의 요구 및 조사 등에 필요한 사항은 고용노동부령으로 정한다.

[본조신설 2022. 6. 10.]

제49조(중소기업 사업주에 대한 특례)

① 「산업재해보상보험법」 제124조제3항에 따른 중소기업 사업주 등에 대한 산재보험료 산정의 기초가 되는 보수액은 고용노동부장관이 정하는 금액으로 하고, 산재보험료율은 그 사업이 적용받는 산재보험료율로 한다. 〈개정 2010. 6. 4., 2020. 12. 8.〉

② 중소기업 사업주 등의 산재보험 가입신청 및 승인, 보험료의 신고 및 납부 등에 필요한 사항

은 고용노동부령으로 정한다. 〈개정 2010. 6. 4., 2020. 12. 8.〉

③ 중소기업 사업주 등에 대한 보험관계의 성립 및 소멸에 관하여는 제5조제4항·제5항·제7
항, 제6조제3항, 제7조제3호 및 제10조를 준용한다. 〈개정 2020. 12. 8.〉

[전문개정 2009. 12. 30.]

제49조의2(자영업자에 대한 특례)

① 근로자를 사용하지 아니하거나 50명 미만의 근로자를 사용하는 사업주로서 대통령령으로
정하는 요건을 갖춘 자영업자(이하 "자영업자"라 한다)는 공단의 승인을 받아 자기를 이 법에
따른 근로자로 보아 고용보험에 가입할 수 있다.

② 제1항에 따라 보험에 가입한 자영업자가 50명 이상의 근로자를 사용하게 된 경우에도 본인
이 피보험자격을 유지하려는 경우에는 계속하여 보험에 가입된 것으로 본다.

③ 자영업자에 대한 고용보험료 산정의 기초가 되는 보수액은 자영업자의 소득, 보수수준 등을
고려하여 고용노동부장관이 정하여 고시한다.

④ 자영업자는 제1항에 따라 보험가입 승인을 신청하려는 경우에는 본인이 원하는 혜택수준을
고려하여 제3항에 따라 고시된 보수액 중 어느 하나를 선택하여야 한다.

⑤ 자영업자는 제4항에 따라 선택한 보수액을 다음 보험연도에 변경하려는 경우에는 직전 연도
의 12월 20일까지 제3항에 따라 고시된 보수액 중 어느 하나를 다시 선택하여 공단에 보수액
의 변경을 신청할 수 있다.

⑥ 제13조제2항 및 제4항에도 불구하고 자영업자가 부담하여야 하는 고용안정·직업능력개발
사업 및 실업급여에 대한 고용보험료는 제4항 또는 제5항에 따라 선택한 보수액에 제7항에
따른 고용보험료율을 곱한 금액으로 한다. 이 경우 월(月)의 중간에 보험관계가 성립하거나
소멸하는 경우에는 그 고용보험료는 일수에 비례하여 계산한다. 〈개정 2021. 1. 26.〉

⑦ 자영업자에게 적용하는 고용보험료율은 보험수지의 동향과 경제상황 등을 고려하여 1000분
의 30의 범위에서 고용안정·직업능력개발사업의 보험료율 및 실업급여의 보험료율로 구분
하여 대통령령으로 정한다. 이 경우 고용보험료율의 결정 및 변경은 「고용보험법」 제7조
에 따른 고용보험위원회의 심의를 거쳐야 한다.

⑧ 제6항에 따른 고용보험료는 공단이 매월 부과하고, 건강보험공단이 이를 징수한다.

⑨ 고용보험에 가입한 자영업자는 매월 부과된 보험료를 다음 달 10일까지 납부하여야 한다.

⑩ 고용보험에 가입한 자영업자가 자신에게 부과된 월(月)의 고용보험료를 계속하여 6개월간
납부하지 아니한 경우에는 마지막으로 납부한 고용보험료에 해당되는 피보험기간의 다음날
에 보험관계가 소멸된다. 다만, 천재지변이나 그 밖에 부득이한 사유로 고용보험료를 낼 수

없었음을 증명하면 그러하지 아니하다. 〈개정 2019. 1. 15.〉

⑪ 자영업자의 고용보험 가입 신청·승인 및 보험료의 부과·납부 등 필요한 사항은 고용노동부령으로 정한다.

⑫ 자영업자의 고용보험관계 등에 관하여는 다음 각 호에서 정하는 바에 따라 준용한다. 이 경우 "사업주"는 "자영업자"로 본다. 〈개정 2019. 1. 15.〉

1. 자영업자에 대한 고용보험관계의 성립·소멸에 관하여는 제5조제5항(같은 항 후단은 제외한다)·제7항, 제7조제3호 및 제10조제1호부터 제3호까지를 준용한다.

2. 자영업자에 대한 고용보험료 과납액의 충당과 반환, 고용보험료와 연체금의 징수·독촉에 관하여는 제23조제1항·제2항·제4항, 제25조, 제26조의2 및 제27조를 준용한다.

3. 자영업자에 대한 고용보험료, 이 법에 따른 그 밖의 징수금에 관한 서류의 송달에 관하여는 제32조를 준용한다.

[전문개정 2011. 7. 21.]

제49조의3 삭제 〈2022. 6. 10.〉

제49조의4(「국민기초생활 보장법」의 수급자에 대한 특례)

① 「고용보험법」 제113조의2에 따라 고용보험의 적용을 받는 사업에 참가하여 유급으로 근로하는 「국민기초생활 보장법」 제2조제2호에 따른 수급자는 이 법의 적용을 받는 근로자로 보고, 「국민기초생활 보장법」 제2조제4호에 따른 보장기관(같은 법 제15조제2항에 따라 사업을 위탁하여 행하는 경우는 그 위탁받은 기관으로 한다)은 이 법의 적용을 받는 사업주로 본다. 〈개정 2021. 1. 5.〉

② 제1항에 따른 사업의 보험가입자에 대한 고용보험료 산정의 기초가 되는 보수액은 같은 항에 따른 사업에 참가하고 받은 금전으로 한다.

③ 제13조제2항 및 제4항에도 불구하고 제1항에 따른 수급자가 「국민기초생활 보장법」 제8조제2항에 따른 수급권자인 경우에는 해당 수급자의 고용보험료는 제2항에 따른 보수액에 제14조제1항에 따른 고용안정·직업능력개발사업의 보험료율을 곱한 금액으로 한다.
〈개정 2016. 12. 27.〉

[본조신설 2011. 7. 21.]
[종전 제49조의4는 제49조의6으로 이동 〈2011. 7. 21.〉]

제49조의5(산재보험관리기구의 산재보험 가입에 대한 특례)

① 「직업안정법」 제33조에 따라 국내 근로자공급사업을 하는 자(이하 "근로자공급사업자"라 한다), 근로자공급사업자로부터 근로자를 공급받는 사업주·화주(貨主) 및 그 사업주·화주 단체, 그 밖에 근로자공급사업과 관련 있는 법인 또는 단체가 산재보험의 가입자가 되는 기구(이하 "산재보험관리기구"라 한다)를 구성하려는 경우에는 공단의 승인을 받아야 한다.

② 산재보험관리기구는 공단에 승인을 신청한 날의 다음 날부터 제5조제3항에 따른 보험가입자의 지위를 가지며, 산재보험의 보험관계가 성립한다.

③ 산재보험관리기구의 산재보험관계는 다음 각 호의 어느 하나에 해당하는 경우에 소멸하며, 보험관계 소멸일은 다음 각 호의 구분과 같다.

  1. 산재보험관리기구가 보험가입자로서의 지위를 해지하기 위하여 공단의 승인을 받은 경우: 공단의 승인을 받은 날의 다음 날

  2. 공단이 산재보험관리기구가 실제로 운영되지 아니하는 등의 사유로 계속하여 산재보험의 보험관계를 유지할 수 없다고 인정하여 보험관계를 소멸시킨 경우: 소멸 사실을 결정하여 통지한 날의 다음 날

④ 산재보험관리기구는 제1항에 따라 승인받은 사항을 변경한 경우에는 변경 사항을 공단에 신고하여야 한다.

⑤ 산재보험관리기구가 납부하여야 하는 산재보험료는 산재보험관리기구를 구성하는 근로자공급사업자 등이 근로자에게 지급한 보수를 합산한 금액을 기초로 산정한다.

⑥ 산재보험관리기구가 납부하여야 하는 산재보험료, 이 법에 따른 가산금·연체금·체납처분비 및 징수금은 산재보험관리기구를 구성하고 있는 근로자공급사업자 등이 연대하여 낼 의무를 진다.

⑦ 공단은 산재보험관리기구를 보험사무대행기관으로 보아 대통령령으로 정하는 바에 따라 징수비용과 그 밖의 지원금을 교부할 수 있다.

⑧ 제1항 및 제4항에 따른 승인의 요건 및 절차, 신고에 필요한 사항은 고용노동부령으로 정한다.

[본조신설 2011. 7. 21.]

[종전 제49조의5는 제49조의7로 이동 〈2011. 7. 21.〉]

제6장 벌칙 〈개정 2009. 12. 30.〉

제49조의6(벌칙)

제29조의3제6항(제48조의2제8항제3호, 제48조의3제8항제3호 및 제48조의6제13항제3호에 따라 준용되는 경우를 포함한다)을 위반한 자는 5년 이하의 징역 또는 3천만원 이하의 벌금에 처한다. 이 경우 징역형과 벌금형은 병과할 수 있다. 〈개정 2020. 6. 9., 2021. 1. 5., 2022. 6. 10.〉

[본조신설 2009. 12. 30.]

[제49조의4에서 이동 〈2011. 7. 21.〉]

제49조의7(양벌규정)

법인의 대표자나 법인 또는 개인의 대리인, 사용인, 그 밖의 종업원이 그 법인 또는 개인의 업무에 관하여 제49조의6의 위반행위를 하면 그 행위자를 벌하는 외에 그 법인 또는 개인에게도 해당 조문의 벌금형을 과(科)한다. 다만, 법인 또는 개인이 그 위반행위를 방지하기 위하여 해당 업무에 관하여 상당한 주의와 감독을 게을리하지 아니한 경우에는 그러하지 아니하다. 〈개정 2011. 7. 21.〉

[본조신설 2009. 12. 30.]

[제49조의5에서 이동 〈2011. 7. 21.〉]

제50조(과태료)

① 다음 각 호의 어느 하나에 해당하는 자에게는 300만원 이하의 과태료를 부과한다.

〈개정 2010. 1. 27., 2020. 6. 9., 2021. 1. 5., 2022. 6. 10.〉

1. 제11조(제48조의2제8항제1호, 제48조의3제8항제1호 및 제48조의6제13항제1호에 따라 준용되는 경우를 포함한다)에 따른 보험관계의 신고, 제12조(제48조의2제8항제1호, 제48조의3제8항제1호 및 제48조의6제13항제1호에 따라 준용되는 경우를 포함한다)에 따른 보험관계의 변경신고, 제16조의10에 따른 보수총액 등의 신고, 제17조에 따른 개산보험료의 신고 및 제19조에 따른 확정보험료의 신고를 하지 아니하거나 거짓 신고를 한 자

2. 제29조의3제1항(제48조의2제8항제3호, 제48조의3제8항제3호 및 제48조의6제13항제3호에 따라 준용되는 경우를 포함한다)에 따른 금융거래정보의 제공을 요청받고 정당한 사유 없이 금융거래정보의 제공을 거부한 자

3. 제40조제2항을 위반하여 자료 또는 정보의 제공 요청에 따르지 아니한 자

4. 제44조(제48조의2제8항제4호, 제48조의3제8항제4호 및 제48조의6제13항제4호에 따라 준용되는 경우를 포함한다), 제48조의4제5항제1호 및 제48조의7제7항제1호에 따른 요구에 불응하여 보고를 하지 아니하거나 거짓으로 보고한 자 또는 관계 서류를 제출하지 아니하거나 거짓으로 적은 관계 서류를 제출한 자

5. 제45조제1항(제48조의2제8항제4호에 따라 준용되는 경우를 포함한다), 제48조의4제5항제2호 및 제48조의7제7항제2호에 따른 질문에 거짓으로 답변한 자 또는 같은 항에 따른 조사를 거부·방해 또는 기피한 자

6. 제48조의6제8항 및 제48조의7제3항에 따른 월 보수액 등 신고를 하지 아니하거나 거짓 신고를 한 자

7. 제48조의7제6항을 위반하여 산재보험료 원천공제 및 납부를 위한 전용 계좌를 개설하지 아니한 자

8. 제48조의7제8항을 위반하여 플랫폼 종사자의 월 보수액 등 신고와 관련된 정보를 보관하지 아니한 자

② 제36조에 따른 장부 또는 그 밖의 서류를 갖추어 두지 아니하거나 거짓으로 적은 자에게는 50만원 이하의 과태료를 부과한다.

③ 제1항 또는 제2항에 따른 과태료는 대통령령으로 정하는 바에 따라 고용노동부장관이 부과·징수한다. 〈개정 2010. 6. 4.〉

[전문개정 2009. 12. 30.]

부칙 〈제18919호, 2022. 6. 10.〉

제1조(시행일)

이 법은 2023년 7월 1일부터 시행한다. 다만, 제16조의3제1항, 제16조의9제1항, 제25조제2항제1호 중 제48조의3제2항 부분, 제27조제4항부터 제6항까지, 제33조제5항부터 제7항까지, 제48조의3제2항·제5항·제7항·제8항 및 제48조의4제3항·제7항의 개정규정은 2023년 1월 1일부터 시행한다.

제2조(보험사무대행기관의 재인가 제한에 관한 적용례)

제33조제6항의 개정규정은 이 법 시행 후 업무가 전부 폐지신고되거나 인가가 취소된 보험사무대행기관부터 적용한다.

제3조(다른 법률의 개정)

고용보험법 일부를 다음과 같이 개정한다.

제77조의8제4항 중 "고용산재보험료징수법 제48조의3제2항"을 "고용산재보험료징수법 제48조의3제3항"으로 한다.

고용보험 및 산업재해보상보험의 보험료징수 등에 관한 법률 시행령

[시행 2022. 7. 1.]
[대통령령 제32731호, 2022. 6. 28., 일부개정]

제1장 총칙 〈개정 2010. 9. 29.〉

제1조(목적)

이 영은 「고용보험 및 산업재해보상보험의 보험료징수 등에 관한 법률」에서 위임된 사항과 그 시행에 필요한 사항을 규정함을 목적으로 한다.

[전문개정 2010. 9. 29.]

제2조(정의)

① 이 영에서 사용하는 용어의 뜻은 다음과 같다.

〈개정 2011. 11. 1., 2013. 12. 30., 2016. 3. 22., 2020. 2. 18.〉

1. "총공사"란 다음 각 목의 공사가 상호 관련하여 행해지는 작업 일체를 말한다.

   가. 건설공사에서 최종 목적물을 완성하기 위하여 하는 토목공사, 건축공사, 그 밖에 공작물의 건설공사와 건설물의 개조·보수·변경 및 해체 등의 공사

   나. 가목에 따른 각각의 공사를 하기 위한 준비공사 및 마무리공사 등

2. "총공사금액"이란 총공사를 할 때 계약상의 도급금액(발주자가 재료를 제공하는 경우에는 그 재료의 시가환산액을 포함한다)을 말한다. 다만, 「건설산업기본법」 제41조에 따라 건축물 시공자의 제한을 받지 않는 건설공사 중 같은 법 제2조제7호에 따른 건설사업자가 아닌 자가 시공하는 건설공사는 고용노동부장관이 정하여 고시하는 방법에 따라 산정한 금액을 총공사금액으로 한다.

3. "상시근로자수"는 다음 각 목과 같다. 다만, 제15조제1항제2호 전단의 사업은 같은 호 후단에 따라 산정한 근로자의 수를 말한다.

   가. 해당 보험연도 전에 사업이 시작된 경우: 전년도 매월 말일 현재 사용하는 근로자 수의 합계를 전년도 조업 개월수로 나눈 수. 다만, 건설업의 경우 근로자 수를 확인하기 곤란하면 다음의 계산식에 따라 산출한 수를 말하며, 이 경우 "공사실적액"이란 총공사 실적액(해당 보험연도 건설공사의 총 기성 공사금액을 말한다)에서 「건설산업기본법」, 그 밖의 관계 법령에 따라 적법하게 하도급된 부분의 공사금액을 제외한 금액을, "건설업 월평균보수"란 「통계법」 제3조에 따른 지정통계 중 고용노동부장관이 작성하는 사업체노동력조사에 따른 상용근로자 수 5명 이상인 건설업 임금을 기준으로 하여 고용노동부장관이 산정·고시하는 평균보수를 말한다.

   나. 해당 보험연도 중에 사업이 시작된 경우: 보험관계 성립일 현재 사용하는 근로자 수

② 제1항제2호 본문에 따른 총공사금액을 산정할 때 위탁 또는 그 밖의 명칭에 상관없이 최종 목적물의 완성을 위하여 하는 동일한 건설공사를 둘 이상으로 분할하여 도급(발주자가 공사의 일부를 직접 하는 경우를 포함한다)하는 경우에는 각각의 도급금액을 합산한다. 다만, 도급단위별 공사가 시간적 또는 장소적으로 분리되고 독립적으로 행해지는 경우에는 그러하지 아니하다.

[전문개정 2010. 9. 29.]

제2조의2(보수에서 제외되는 금품)

「고용보험 및 산업재해보상보험의 보험료징수 등에 관한 법률」(이하 "법"이라 한다) 제2조제3호 본문에서 "대통령령으로 정하는 금품"이란 「소득세법」 제12조제3호에 따른 비과세 근로소득을 말한다. ⟨개정 2021. 6. 8.⟩

[본조신설 2010. 9. 29.]

제3조(기준보수의 적용)

① 법 제3조제1항에서 "대통령령으로 정하는 사유에 해당하는 경우"란 다음 각 호의 어느 하나에 해당하는 경우를 말한다.

1. 보수 관련 자료가 없거나 명확하지 않은 경우

2. 사업 또는 사업장(이하 "사업"이라 한다)의 이전 등으로 사업의 소재지를 파악하기 곤란한 경우

② 법 제3조제2항(법 제48조의2제8항제2호 및 제48조의3제6항제2호에서 준용하는 경우를 포함한다)에 따른 기준보수는 다음 각 호의 구분에 따라 적용한다. ⟨개정 2020. 12. 8., 2021. 6. 8.⟩

1. 통상근로자로서 월정액으로 보수를 지급받는 근로자에게는 월단위 기준보수를 적용한다.

2. 단시간근로자, 근로시간에 따라 보수를 지급받는 근로자(이하 이 조에서 "시간급근로자"라 한다), 근로일에 따라 일당 형식의 보수를 지급받는 근로자(이하 이 조에서 "일급근로자"라 한다)에게는 주당 소정근로시간을 실제 근로한 시간으로 보아 시간단위 기준보수를 적용한다. 다만, 시간급근로자 또는 일급근로자임이 명확하지 아니하거나 주당 소정근로시간을 확정할 수 없는 경우에는 월단위 기준보수를 적용한다.

3. 「고용보험법」 제77조의2제1항에 따른 예술인(이하 "예술인"이라 한다)에게는 월단위 기준보수를 적용한다.

4. 「고용보험법」 제77조의6제1항에 따른 노무제공자(이하 "노무제공자"라 한다)에게는 월단위 기준보수를 적용한다.

③ 예술인이 다음 각 호의 어느 하나에 해당하는 경우 법 제48조의2제8항제2호에서 준용하는 법 제3조제1항에 따라 제2항제3호에 따른 월단위 기준보수를 예술인의 보수액으로 한다. 〈신설 2020. 12. 8., 2021. 6. 8., 2021. 12. 31.〉

1. 제1항 각 호에 해당하는 경우
2. 예술인[「고용보험법」 제77조의2제2항제2호 단서에 따른 단기예술인(이하 "단기예술인"이라 한다)과 같은 법 시행령 제104조의5제2항제2호에 따른 소득 기준을 충족하는 예술인은 제외한다]의 개인별 월평균보수가 제2항제3호에 따른 월단위 기준보수보다 적은 경우
④ 노무제공자가 다음 각 호의 어느 하나에 해당하는 경우 법 제48조의3제6항제2호에서 준용하는 법 제3조제1항에 따라 제2항제4호에 따른 월단위 기준보수를 노무제공자의 보수액으로 한다. 〈신설 2021. 6. 8., 2021. 12. 31.〉

1. 제1항 각 호에 해당하는 경우
2. 노무제공자[「고용보험법」 제77조의6제2항제2호 단서에 따른 단기노무제공자(이하 "단기노무제공자"라 한다)와 같은 법 시행령 제104조의11제2항제2호에 따른 소득 기준을 충족하는 노무제공자는 제외한다]의 개인별 월평균보수가 제2항제4호에 따른 월단위 기준보수보다 적은 경우

[전문개정 2010. 9. 29.]

제4조(건설업 등의 범위)

이 영에서 규정된 사업의 범위에 관하여 이 영에 특별한 규정이 없으면 「통계법」 제22조에 따라 통계청장이 고시하는 산업에 관한 표준분류(이하 "한국표준산업분류표"라 한다)에 따른다.

〈개정 2011. 12. 30.〉

[전문개정 2010. 9. 29.]

제5조(대리인)

① 사업주는 법과 이 영에 따라 하여야 할 사항을 대리인을 선임하여 하게 할 수 있다.
② 사업주는 대리인을 선임하거나 해임하면 「산업재해보상보험법」 제10조에 따른 근로복지공단(이하 "공단"이라 한다)에 신고하여야 한다.

[전문개정 2010. 9. 29.]

제2장 보험관계의 성립 및 소멸

제6조(사업의 일괄적용의 요건)

① 법 제8조제1항제3호에서 "대통령령으로 정하는 요건"이란 한국표준산업분류표의 대분류에 따른 건설업을 말한다. 〈개정 2018. 12. 31.〉

② 법 제8조제2항 전단에 따라 일괄적용의 승인을 받으려는 사업주는 공단에 신청하여야 한다.

③ 법 제8조제3항 전단에 따라 일괄적용관계의 해지승인을 받으려는 사업주는 다음 보험연도가 시작되기 7일 전까지 공단에 이를 신청하여야 한다.

[전문개정 2010. 9. 29.]

제7조(도급사업의 일괄적용)

① 법 제9조제1항 본문에서 "건설업 등 대통령령으로 정하는 사업"이란 건설업을 말한다.

② 법 제9조제1항 단서에 따라 하수급인이 사업주로 인정받는 것은 하수급인이 다음 각 호의 어느 하나에 해당하는 경우로 한정한다. 〈개정 2018. 12. 31., 2020. 2. 18.〉

1. 「건설산업기본법」 제2조제7호에 따른 건설사업자

2. 「주택법」 제4조에 따른 주택건설사업자

3. 「전기공사업법」 제2조제3호에 따른 공사업자

4. 「정보통신공사업법」 제2조제4호에 따른 정보통신공사업자

5. 「소방시설공사업법」 제2조제1항제2호에 따른 소방시설업자

6. 「문화재수리 등에 관한 법률」 제2조제5호에 따른 문화재수리업자

③ 법 제9조제1항 단서에 따라 하수급인을 사업주로 인정받으려는 경우 원수급인은 하수급인과 보험료 납부의 인계·인수에 관한 서면계약(전자문서로 된 계약서를 포함한다)을 체결하고 하도급공사의 착공일부터 30일 이내에 하수급인의 사업주 인정 승인을 공단에 신청해야 한다. 〈개정 2021. 6. 8.〉

④ 공단은 원수급인이 제3항에 따라 하수급인의 사업주 인정 승인을 신청한 해당 하도급공사에서 다음 각 호의 어느 하나에 해당하는 사유가 발생한 경우에는 하수급인의 사업주 인정 승인을 하지 아니한다. 〈개정 2012. 6. 29.〉

1. 하도급공사의 착공 후 15일부터 승인신청 전까지 「산업재해보상보험법」 제5조제1호에 따른 업무상의 재해가 발생한 경우

2. 하도급공사의 착공 후 승인신청 전까지 「산업재해보상보험법」 제5조제1호에 따른 업무상의 재해가 발생한 경우로서 해당 재해와 관련하여 법 제26조제1항제1호에 따라 원수급

인으로부터 보험급여액을 징수해야 하는 경우

[전문개정 2010. 9. 29.]

제8조(보험관계 성립 및 소멸 통지)

공단은 보험관계가 성립되거나 소멸된 경우에는 지체 없이 각각 해당 사업주에게 그 사실을 알려야 한다.

[전문개정 2010. 9. 29.]

제9조(보험관계의 변경신고)

법 제12조에 따라 사업주는 보험에 가입된 사업에 다음 각 호의 사항이 변경되면 그 변경된 날부터 14일 이내에 공단에 신고하여야 한다. 다만, 제6호는 다음 보험연도 첫날부터 14일 이내에 신고하여야 한다.

1. 사업주(법인인 경우에는 대표자)의 이름 및 주민등록번호
2. 사업의 명칭 및 소재지
3. 사업의 종류
4. 사업자등록번호(법인인 경우에는 법인등록번호를 포함한다)
5. 건설공사 또는 벌목업 등 기간의 정함이 있는 사업의 경우 사업의 기간
6. 「고용보험법 시행령」 제12조에 따른 우선지원 대상기업의 해당 여부에 변경이 있는 경우 상시근로자수

[전문개정 2010. 9. 29.]

제3장 보험료

제10조(공사발주자에 대한 보험료의 대행납부)

① 국가, 지방자치단체, 「공공기관의 운영에 관한 법률」에 따른 공공기관, 그 밖에 국가 또는 지방자치단체가 출연한 기관은 건설공사를 발주할 때 그 공사금액에 보험료가 명시되어 있고 원수급인(原受給人)이 동의하면 공단의 승인을 받아 원수급인의 보험료를 대행하여 낼 수 있다.

② 제1항에 따라 보험료를 대행하여 내는 자는 다음 각 호의 사항이 변경되면 지체 없이 공단에 신고하여야 한다.

1. 보험료 대행납부자의 명칭, 소재지 및 대표자의 이름
2. 공사금액, 공사기간 및 공사내용

③ 공단은 보험료 대행납부가 필요 없게 되거나 그 밖에 정당한 사유가 있는 경우에는 고용노동 부령으로 정하는 바에 따라 보험료 대행납부의 승인을 취소할 수 있다.

④ 공단은 제3항에 따라 보험료 대행납부의 승인을 취소하면 지체 없이 그 취소 사실을 보험료 대행납부자와 원수급인에게 알려야 한다.

[전문개정 2010. 9. 29.]

제11조(노무비율 등의 결정)

① 법 제13조제6항에 따른 노무비율(이하 "노무비율"이라 한다)의 결정방법은 다음 각 호와 같다.

1. 건설공사의 노무비율은 산정 시점이 속하는 연도(이하 "기준보험연도"라 한다)의 6월 30일 이전 3년 동안 건설업을 하는 각 사업주의 총공사금액을 합산한 전체 총공사금액에서 같은 사업주가 근로자에게 지급한 보수총액을 합산한 전체 보수총액이 차지하는 비율 등을 고려하여 고용노동부장관이 정하여 고시하되, 일반 건설공사와 하도급공사의 노무비율을 구분하여 정한다.

2. 벌목업의 노무비율은 기준보험연도의 6월 30일 이전 3년 동안 벌목업을 하는 각 사업주가 벌목공사에 지출한 비용을 합산한 전체 비용에서 같은 사업주가 근로자에게 지급한 보수총액을 합산한 전체 보수총액이 차지하는 비율 등을 고려하여 고용노동부장관이 정하여 고시하되, 단위 벌목재적량(伐木材積量)당 지급하는 보수액으로 정한다.

② 건설공사의 노무비율에 따른 보수총액의 추정액 또는 보수총액의 결정방법은 다음 각 호와 같다.

1. 보수총액의 추정액은 총공사금액에 노무비율을 곱한 금액으로 한다. 다만, 노무비율에 따라 산정된 보수총액의 추정액이 도급금액의 100분의 90을 넘으면 도급금액의 100분의 90을 보수총액의 추정액으로 한다.

2. 보수총액은 해당 건설공사에 직접 고용된 근로자에게 지급된 보수총액과 하도급공사금액의 합계액(법 제9조제1항 단서에 따라 공단의 승인을 받은 하수급인의 하도급공사금액은 제외한다)에 하도급공사의 노무비율을 곱한 금액을 합한 금액으로 한다. 이를 계산식으로 나타내면 다음과 같다.

보수총액= 해당 건설공사에 직접 고용된 근로자에게 지급된 보수총액 + {하도급공사금액의 합계액(법 제9조제1항 단서에 따라 공단의 승인을 받은 하수급인의 하도급공사금액은

제외한다) × 하도급공사의 노무비율}

③ 벌목업의 보수총액 추정액 또는 보수총액은 벌목재적량에 노무비율을 곱한 금액으로 한다.

[전문개정 2010. 9. 29.]

제12조(고용보험료율)

① 법 제14조제1항에 따른 고용보험료율은 다음 각 호와 같다.

〈개정 2011. 3. 30., 2013. 6. 28., 2019. 9. 17., 2021. 12. 31.〉

　　1. 고용안정·직업능력개발사업의 보험료율: 다음 각 목의 구분에 따른 보험료율

　　　　가. 상시근로자수가 150명 미만인 사업주의 사업: 1만분의 25

　　　　나. 상시근로자수가 150명 이상인 사업주의 사업으로서 「고용보험법 시행령」 제12조에 따른 우선지원 대상기업의 범위에 해당하는 사업: 1만분의 45

　　　　다. 상시근로자수가 150명 이상 1천명 미만인 사업주의 사업으로서 나목에 해당하지 않는 사업: 1만분의 65

　　　　라. 상시근로자수가 1천명 이상인 사업주의 사업으로서 나목에 해당하지 않는 사업 및 국가·지방자치단체가 직접 하는 사업: 1만분의 85

　　2. 실업급여의 보험료율: 1천분의 18

② 제1항제1호를 적용할 때 상시근로자수는 해당 사업주가 하는 국내의 모든 사업의 상시근로자수를 합산한 수로 한다. 다만, 「공동주택관리법」 제2조제1항제1호가목에 따른 공동주택을 관리하는 사업의 경우에는 각 사업별로 상시근로자수를 산정한다. 〈개정 2016. 8. 11.〉

③ 제1항제1호를 적용할 때 법 제9조제1항 단서에 따라 법의 적용을 받는 사업주가 되는 하수급인에게는 원수급인에게 적용하는 고용안정·직업능력개발사업의 보험료율을 적용한다. 다만, 법 제8조에 따라 일괄적용을 받게 되는 사업주의 개별 사업에 대해 법 제9조제1항 단서에 따라 하수급인을 법의 적용을 받는 사업주로 보는 경우에는 그 하수급인인 사업주에게 적용하는 고용안정·직업능력개발사업의 보험료율을 적용한다.

④ 제1항제1호 및 제2항에도 불구하고 보험연도 중에 사업이 양도되거나 사업주가 합병된 경우 그 양도 또는 합병된 사업에 대해서는 해당 보험연도에 한정하여 양도 또는 합병 전에 적용된 고용안정·직업능력개발사업의 보험료율을 적용한다.

[전문개정 2010. 9. 29.]

제13조(산재보험료율의 고시)

고용노동부장관은 법 제14조제3항에 따라 산업재해보상보험(이하 "산재보험"이라 한다)의 보

험료율(이하 "산재보험료율"이라 한다)을 결정하였을 때에는 그 적용대상 사업의 종류 및 내용을 관보 및 「신문 등의 진흥에 관한 법률」 제9조제1항에 따라 그 보급지역을 전국으로 하여 등록한 일반일간신문 등에 고시하여야 한다.

[전문개정 2010. 9. 29.]

제14조(산재보험료율의 적용)

① 동일한 사업주가 하나의 장소에서 법 제14조제3항에 따른 사업의 종류가 다른 사업을 둘 이상 하는 경우에는 그 중 근로자 수 및 보수총액 등의 비중이 큰 주된 사업(이하 이 조에서 "주된 사업"이라 한다)에 적용되는 산재보험료율을 그 장소의 모든 사업에 적용한다.

② 제1항에 따른 주된 사업의 결정은 다음 각 호의 순서에 따른다.

1. 근로자 수가 많은 사업

2. 근로자 수가 같거나 그 수를 파악할 수 없는 경우에는 보수총액이 많은 사업

3. 제1호 및 제2호에 따라 주된 사업을 결정할 수 없는 경우에는 매출액이 많은 제품을 제조하거나 서비스를 제공하는 사업

[전문개정 2010. 9. 29.]

제15조(산재보험료율의 특례적용사업)

① 법 제15조제2항에서 "대통령령으로 정하는 사업"이란 다음 각 호의 사업을 말한다.

〈개정 2014. 9. 3., 2016. 3. 22., 2017. 12. 26., 2022. 6. 28.〉

1. 건설업 중 법 제8조제1항 및 제2항에 따라 일괄적용을 받는 사업으로서 해당 보험연도의 2년 전 보험연도의 총공사금액이 60억원 이상인 사업. 이 경우 총공사금액은 법 제11조제1항 및 제3항에 따라 각각 신고한 공사금액에서 법 제9조제1항 단서에 따라 공단의 승인을 받은 하수급인이 시행하는 공사금액을 제외한 금액으로 한다.

2. 건설업 및 벌목업을 제외한 사업으로서 상시근로자수가 30명 이상인 사업. 이 경우 상시근로자수는 법 제16조의10제3항부터 제5항까지, 같은 조 제7항 및 법 제48조의5제2항에 따른 신고와 「산업재해보상보험법」 제125조제3항 및 제4항에 따른 신고 및 신청을 기준으로 하여 제2조제1항제3호가목에 따라 산정하되, 그 산정기간은 기준보험연도의 전년도 7월 1일부터 기준보험연도 6월 30일까지로 한다.

② 제1항에도 불구하고 공단은 사업주가 법 제11조제1항 및 제3항, 제16조의10제3항부터 제5항까지, 같은 조 제7항 및 법 제48조의5제2항과 「산업재해보상보험법」 제125조제3항에 따른 신고를 하지 않거나 그 신고한 내용이 사실과 다른 경우에는 사실을 기초로 하여 총공사금액

또는 상시근로자수를 산정할 수 있다. 〈개정 2016. 3. 22., 2022. 6. 28.〉

③ 기준보험연도 6월 30일 이전 3년의 기간 중에 제1항에 따른 산재보험료율 적용사업의 종류가 변경되면 그 사업에 대해서는 법 제15조제2항에 따른 개별실적요율(이하 "개별실적요율"이라 한다)을 적용하지 않는다. 다만, 사업종류가 변경된 경우라도 기계설비·작업공정 등 해당 사업의 주된 작업실태가 변경되지 않았다고 인정되는 경우에는 개별실적요율을 적용한다. 〈개정 2016. 3. 22., 2021. 12. 31.〉

④ 법 제15조제5항에서 "대통령령으로 정하는 사업"이란 상시근로자수가 50명 미만으로서 다음 각 호의 어느 하나에 해당하는 사업을 말한다. 〈신설 2013. 12. 30., 2018. 12. 31., 2021. 12. 31.〉

　1. 제조업

　2. 임업

　3. 법 제14조제3항 전단에 따라 정하는 산재보험료율의 사업의 종류 중 다음 각 목의 사업

　　가. 위생 및 유사서비스업

　　나. 하수도업

⑤ 제4항에 따른 상시근로자수 산정 시 적용하는 해당 보험연도는 제18조의2에 따른 산재예방 활동을 인정받은 보험연도로 한다. 〈신설 2013. 12. 30.〉

[전문개정 2010. 9. 29.]

제16조(개별실적요율의 적용을 위한 보험수지율)

법 제15조제2항에서 "대통령령으로 정하는 비율에 해당하는 경우"란 100분의 85를 넘거나 100분의 75 이하인 경우를 말한다.

[전문개정 2010. 9. 29.]

제17조(개별실적요율의 적용을 위한 보험수지율의 산정)

① 법 제15조제2항에 따라 산재보험의 보험료(이하 "산재보험료"라 한다)에 대한 산재보험급여 금액의 비율을 산정할 때 산재보험료의 금액은 기준보험연도 6월 30일 현재를 기준으로 하여 다음 각 호의 금액을 합산한 금액으로 한다.

　1. 기준보험연도의 경우: 법 제16조의3제1항에 따른 월별보험료(이하 "월별보험료"라 한다)의 1월부터 6월까지의 합계액[제19조의2에 해당하는 사업의 경우에는 법 제17조제1항에 따른 개산보험료(이하 "개산보험료"라 한다)액의 2분의 1에 해당하는 금액]

　2. 기준보험연도의 직전 2개 보험연도의 경우: 법 제16조의9제1항 및 제2항에 따라 산정한 보험료(이하 "정산보험료"라 한다)액의 합계액[제19조의2에 해당하는 사업의 경우에는 법

제19조제1항에 따른 확정보험료(이하 "확정보험료"라 한다)액의 합계액]

3. 기준보험연도의 3년 전 보험연도의 경우: 다음 계산식에 따라 산정한 금액

② 법 제15조제2항에 따라 산재보험료에 대한 산재보험급여 금액의 비율을 계산할 때 산재보험 급여의 금액은 기준보험연도의 3년 전 보험연도 7월 1일부터 기준보험연도 6월 30일까지의 사이에 지급 결정(지출원인행위를 말한다. 이하 같다)된 산재보험급여 금액의 합산액으로 한다. 이 경우 지급 결정된 산재보험급여가 장해보상연금 및 유족보상연금인 경우에는 해당 연금이 최초로 지급 결정된 때에 장해보상일시금 및 유족보상일시금이 지급 결정된 것으로 본다.

③ 제2항 전단에 따른 산재보험급여 금액의 합산액을 산정할 때 다음 각 호의 어느 하나에 해당 하는 보험급여 금액은 합산하지 아니한다. 〈개정 2012. 6. 29., 2016. 3. 22., 2018. 12. 31.〉

1. 「산업재해보상보험법」 제72조에 따른 직업재활급여액

2. 「산업재해보상보험법」 제87조제1항에 따른 제3자의 행위에 따른 재해로 지급이 결정된 보험급여액(법원의 확정판결 등으로 제3자의 과실이 인정되지 않는 비율에 해당하는 보험 급여액은 제외한다)

3. 「산업재해보상보험법」 제37조제1항제2호에 따른 업무상 질병에 대하여 지급이 결정된 보험급여액

4. 천재지변 또는 정전 등 불가항력적인 사유로 발생한 재해에 대하여 지급이 결정된 보험급 여액

5. 「산업재해보상보험법 시행령」 제23조제2호에 따른 단시간근로자에게 재해가 발생한 경우에는 같은 영 제24조제1항제2호에 따라 산정한 평균임금 중 재해가 발생하지 아니한 사업을 대상으로 산정한 평균임금이 차지하는 비율에 해당하는 산재보험급여 금액

④ 제3항제2호에 따른 법원의 확정판결 등으로 제3자의 과실이 인정되지 않는 비율에 해당하는 보험급여액에 대해서는 법원의 확정판결 등이 있는 날을 해당 보험급여의 지급결정일로 본 다. 〈개정 2016. 3. 22.〉

⑤ 제3항제5호에도 불구하고 재해가 발생한 사업만의 평균임금으로 보험급여를 산정할 경우 해당 평균임금이 낮아 「산업재해보상보험법」 제36조제7항 본문, 제54조 또는 제67조에 따 라 보험급여가 산정되는 경우에는 그 산정된 보험급여 금액을 제2항에 따라 합산한다. 〈신설 2016. 3. 22.〉

[전문개정 2010. 9. 29.]

제18조(개별실적요율의 산정)

① 법 제15조제2항에 따른 산재보험료율의 인상 또는 인하는 별표 1의 비율에 따른다.

② 법 제15조제2항에 따라 개별실적요율을 산정할 때 수급인·관계수급인(「산업안전보건법」에 따른 수급인·관계수급인을 말한다. 이하 이 조에서 같다) 또는 파견사업주(「파견근로자보호 등에 관한 법률」에 따른 파견사업주를 말한다. 이하 이 조에서 같다)의 근로자에게 발생한 재해가 법 제15조제3항 각 호의 어느 하나의 재해인 경우 그로 인하여 지급된 산재보험급여의 금액은 다음 각 호의 구분에 따라 도급인(「산업안전보건법」에 따른 도급인을 말한다. 이하 이 조에서 같다), 수급인 또는 사용사업주(「파견근로자보호 등에 관한 법률」에 따른 사용사업주를 말한다. 이하 이 조에서 같다)의 산재보험급여 금액에 포함한다. 〈신설 2021. 12. 31.〉

1. 법 제15조제3항제1호의 재해로 지급된 산재보험급여 금액: 도급인의 산재보험급여 금액에 전부 포함

2. 법 제15조제3항제2호의 재해로 지급된 산재보험급여 금액: 수급인의 산재보험급여 금액에 전부 포함

3. 법 제15조제3항제3호의 재해로 지급된 산재보험급여 금액: 도급인의 산재보험급여 금액에 전부 포함. 다만, 해당 업무상 재해의 발생과 관련하여 관계수급인이 「산업안전보건법」 제38조 또는 제39조의 의무를 위반한 사실이 있는 경우 그 재해로 지급된 산재보험급여 금액은 도급인 및 관계수급인의 산재보험급여 금액에 각각 2분의 1씩 포함한다.

4. 법 제15조제3항제4호의 재해로 지급된 산재보험급여 금액: 사용사업주의 산재보험급여 금액에 전부 포함

③ 법 제15조제4항에서 "대통령령으로 정하는 규모 이상의 사업"이란 다음 각 호의 사업을 말한다. 〈신설 2021. 12. 31.〉

1. 제15조제1항제1호의 사업

2. 건설업(건설장비운영업은 제외한다) 및 벌목업을 제외한 사업으로서 상시근로자수가 500명 이상인 사업. 이 경우 상시근로자수는 법 제16조의10제3항부터 제5항까지 및 제7항에 따른 신고와 「산업재해보상보험법」 제125조제3항 및 제4항에 따른 신고 및 신청을 기준으로 하여 제2조제1항제3호가목에 따라 산정하며, 그 산정기간은 기준보험연도의 전년도 7월 1일부터 기준보험연도 6월 30일까지로 한다.

④ 법 제15조제4항에서 "대통령령으로 정하는 기준"이란 3명을 말한다. 〈신설 2021. 12. 31.〉

⑤ 법 제15조제4항에 따른 업무상 사고로 사망한 사람 수 등을 고려한 개별실적요율의 적용 기준은 별표 1의2와 같다. 〈신설 2021. 12. 31.〉

⑥ 공단은 법 제15조제2항부터 제5항까지의 규정을 적용하여 개별실적요율을 산정한 경우에는 지체 없이 해당 사업주에게 그 개별실적요율을 알려야 한다. 〈개정 2021. 12. 31.〉

[전문개정 2010. 9. 29.]

[제목개정 2021. 12. 31.]

제18조의2(산재예방요율의 적용)

① 법 제15조제6항에 따른 재해예방활동은 다음 각 호의 활동으로 한다. 〈개정 2021. 12. 31.〉

1. 「산업안전보건법」 제36조제1항에 따른 건설물, 기계·기구·설비, 원재료, 가스, 증기, 분진, 근로자의 작업행동 또는 그 밖의 업무로 인한 유해·위험요인에 관한 위험성평가의 실시

2. 고용노동부장관이 정하여 고시하는 재해예방 관련 교육의 이수와 사업장에서의 재해를 예방하기 위한 산재예방계획의 수립

② 제1항에 따른 재해예방활동별 산재보험료율 인하율(이하 "인하율"이라 한다)은 다음 각 호의 구분에 따른 계산식에 따라 산출된 비율로 하되, 소수점 이하 넷째 자리에서 반올림한다.

1. 제1항제1호의 경우:

2. 제1항제2호의 경우:

③ 제1항제1호·제2호에 따른 재해예방활동을 중복 실시한 경우(같은 재해예방활동을 2회 이상 실시한 경우를 포함한다)에는 제2항제1호 및 제2호의 계산식에 따른 인하율 중에서 더 높은 것을 적용한다.

[전문개정 2021. 6. 8.]

제18조의3(재해예방활동의 인정기간 등)

① 법 제15조제6항에 따른 재해예방활동별 인정기간은 다음 각 호의 구분에 따른다.
〈개정 2018. 12. 31., 2021. 12. 31.〉

1. 제18조의2제1항제1호의 경우: 재해예방활동의 인정을 받은 날부터 3년

2. 제18조의2제1항제2호의 경우: 재해예방활동의 인정을 받은 날부터 1년

3. 삭제 〈2021. 6. 8.〉

② 재해예방활동의 인정을 받은 사업주가 제1항에 따른 재해예방활동의 인정기간 중 제15조제4항에 따른 상시근로자수를 초과하게 된 경우에도 산재예방요율을 적용한다.

[본조신설 2013. 12. 30.]

제18조의4(산재예방요율의 적용기간)

법 제15조제6항에 따른 산재예방요율의 적용기간은 재해예방활동의 인정을 받은 날이 속한 연도의 다음 보험연도부터 재해예방활동의 인정이 종료되거나 취소(법 제15조제8항제1호의 경우는 제외한다)된 날이 속한 연도의 다음 보험연도까지로 한다. 〈개정 2021. 12. 31.〉

[본조신설 2013. 12. 30.]

제18조의5(재해예방활동의 인정 취소 제외 사유 등)

① 법 제15조제8항제2호 단서에서 "대통령령으로 정하는 재해"란 다음 각 호의 재해를 말한다.
〈개정 2020. 12. 8., 2021. 12. 31.〉

1. 「산업재해보상보험법 시행령」 제30조에 따른 행사 중의 사고로 인한 재해

2. 「산업재해보상보험법 시행령」 제31조에 따른 특수한 장소에서의 사고로 인한 재해

3. 「산업재해보상보험법 시행령」 제32조에 따른 요양 중의 사고로 인한 재해

4. 「산업재해보상보험법 시행령」 제33조에 따른 제3자의 행위에 따른 사고로 인한 재해

5. 「산업재해보상보험법 시행령」 제35조에 따른 출퇴근 중의 사고로 인한 재해

6. 그 밖에 사업주의 의무와 직접적으로 관련이 없는 재해로서 고용노동부장관이 정하여 고시하는 재해

② 법 제15조제8항제3호에서 "대통령령으로 정하는 사유에 해당하는 경우"란 다음 각 호의 어느 하나에 해당하는 경우를 말한다. 〈개정 2018. 12. 31., 2019. 12. 24., 2021. 12. 31.〉

1. 재해예방활동의 인정기간 중 「산업안전보건법」 제10조에 따라 산업재해 발생건수, 재해율 또는 그 순위 등이 공표된 사업장으로서 같은 법 시행령 제10조에 해당하는 경우

2. 제18조의2제1항제1호에 따른 위험성평가에 따른 조치가 고용노동부장관이 정하여 고시하는 기준을 충족하지 못한 경우

3. 삭제 〈2021. 6. 8.〉

[본조신설 2013. 12. 30.]

제18조의6(산재예방요율의 한시적 적용)

① 다음 각 호에 해당하는 사업주의 활동은 해당 호에서 정한 기한까지는 법 제15조제6항에 따른 재해예방활동으로 본다. 〈개정 2021. 12. 31.〉

1. 고용노동부장관이 정하는 기준에 따라 1주간 근로시간을 52시간 이하로 단축하여 실시: 2021년 6월 30일까지

2. 고용노동부장관이 정하는 기준에 따라 「관공서의 공휴일에 관한 규정」 제2조 각 호(제1

호는 제외한다)의 공휴일 및 같은 영 제3조에 따른 대체공휴일 중 5일 이상을 유급휴일로 전환: 2021년 12월 31일까지

② 제1항에 따른 재해예방활동별 인하율은 제18조의2제2항제2호에 따른 계산식에 따라 산출된 비율로 하되, 소수점 이하 넷째 자리에서 반올림한다.

③ 제1항 또는 제18조의2제1항에 따른 재해예방활동을 중복 실시한 경우에는 다음 각 호의 구분에 따라 인하율을 적용한다.

1. 제1항제1호·제2호의 재해예방활동을 중복 실시한 경우(같은 재해예방활동을 2회 이상 실시한 경우를 포함한다): 제2항에 따른 재해예방활동별 인하율 중에서 더 높은 것(같은 재해예방활동을 2회 이상 실시한 경우에는 그에 해당하는 인하율을 적용한다)

2. 제1항제1호의 재해예방활동(중복 실시한 결과 제1항제1호의 인하율이 적용되는 경우를 포함한다)과 제18조의2제1항제1호 또는 제2호의 재해예방활동을 중복 실시한 경우: 제18조의2제2항제1호 또는 제2호의 계산식에 따른 인하율에 제2항에 따른 인하율을 더한 것

3. 제1항제2호의 재해예방활동(중복 실시한 결과 제1항제2호의 인하율이 적용되는 경우를 포함한다)과 제18조의2제1항제1호 또는 제2호의 재해예방활동을 중복 실시한 경우: 제18조의2제2항제1호 또는 제2호의 계산식에 따른 인하율에 제2항에 따른 인하율을 더한 것

④ 제1항에 따른 재해예방활동별 인정기간은 재해예방활동의 인정을 받은 날부터 제1항 각 호의 구분에 따른 기한까지로 한다.

⑤ 법 제15조제8항제3호에 따라 다음 각 호에 해당하는 경우에는 재해예방활동의 인정을 취소해야 한다.　〈개정 2021. 12. 31.〉

1. 제1항제1호에 따른 노동시간 단축 조치가 고용노동부장관이 정하는 기준을 충족하지 못한 경우

2. 제1항제2호에 따른 유급휴일 전환 조치가 고용노동부장관이 정하는 기준을 충족하지 못한 경우

[본조신설 2021. 6. 8.]

[종전 제18조의6은 제18조의7로 이동 〈2021. 6. 8.〉]

제18조의7(업무의 위탁기관)

법 제15조제11항에서 "대통령령으로 정하는 기관"이란 「한국산업안전보건공단법」에 따른 한국산업안전보건공단을 말한다.　〈개정 2021. 12. 31.〉

[본조신설 2013. 12. 30.]

[제18조의6에서 이동 〈2021. 6. 8.〉]

제19조(고용보험료의 원천공제)

사업주는 법 제16조제1항에 따라 고용보험의 보험료(이하 "고용보험료"라 한다)를 원천공제하려는 경우에는 피보험자인 근로자에게 보수를 지급할 때마다 그 지급금액에 직전의 정기 보수지급일 이후에 부정기적으로 지급한 보수를 합산한 금액을 기준으로 그 근로자가 부담할 고용보험료에 해당하는 금액을 그 지급금액에서 공제한다.

[전문개정 2010. 9. 29.]

제19조의2(월별 부과 · 징수 제외대상 사업)

법 제16조의2제2항에서 "건설업 등 대통령령으로 정하는 사업"이란 다음 각 호의 사업을 말한다.

1. 건설업(건설장비운영업은 제외한다)

2. 임업 중 벌목업

[본조신설 2010. 9. 29.]

제19조의3(월평균보수의 산정방법 등)

① 법 제16조의3제1항 본문에 따른 근로자 또는 예술인의 개인별 월평균보수는 다음 각 호의 구분에 따라 금액을 산정하여 사업주가 공단에 법 제16조의10에 따라 신고한 금액으로 한다.

1. 보험연도의 전년도에 근로 또는 노무제공이 개시된 경우: 전년도 보수총액을 전년도에 근로 또는 노무제공을 한 개월 수로 나눈 금액

2. 해당 보험연도에 근로 또는 노무제공이 개시된 경우: 근로 또는 노무제공이 개시된 날부터 1년 동안에 지급하기로 한 보수총액을 근로 또는 노무제공을 한 개월 수로 나눈 금액. 다만, 근로계약 기간 또는 「예술인 복지법」 제4조의4에 따른 문화예술용역 관련 계약(이하 "문화예술용역 관련 계약"이라 한다) 기간이 1년 이내인 경우에는 그 계약 기간에 지급하기로 한 보수총액을 근로 또는 노무제공을 한 개월 수로 나눈 금액으로 한다.

② 제1항에 따라 산정하여 신고한 월평균보수의 적용기간은 다음 각 호와 같다.

1. 제1항제1호에 따른 경우: 보험연도 4월부터 다음 연도 3월까지

2. 제1항제2호에 따른 경우: 근로자 또는 예술인이 근로 또는 노무제공을 개시한 날이 속하는 달부터 다음 연도 3월까지

③ 법 제16조의3제1항 단서에서 "일용근로자 등 대통령령으로 정하는 사람"이란 다음 각 호의 사람을 말한다. 〈개정 2021. 6. 8., 2021. 12. 31., 2022. 6. 28.〉

1. 「고용보험법」 제2조제6호에 따른 일용근로자(이하 "일용근로자"라 한다)

2. 단기예술인

3. 「고용보험법 시행령」 제104조의5제2항제2호에 따른 소득 기준을 충족하는 예술인

4. 단기노무제공자

5. 「고용보험법 시행령」 제104조의11제1항제1호부터 제9호까지, 같은 항 제11호사목부터 차목까지 및 같은 항 제12호부터 제16호까지의 노무제공자

6. 「고용보험법 시행령」 제104조의11제2항제2호에 따른 소득 기준을 충족하는 노무제공자

④ 법 제16조의3제1항 단서에 따른 월평균보수는 사업주 또는 노무제공플랫폼사업자(「고용보험법」 제77조의7제1항에 따른 노무제공플랫폼사업자를 말한다. 이하 같다)가 월별보험료를 산정하는 월의 전월(前月)에 지급된 보수 또는 보수액으로 한다. 다만, 사업주 또는 노무제공플랫폼사업자가 제5항에 따라 해당 월평균보수를 통보하지 않은 경우 그 월평균보수는 「고용보험법 시행령」 제104조의11제3항·제4항 및 제104조의13제1항에 따른 피보험자격 취득 신고, 이 영 제19조의7제3항에 따른 노무제공계약 체결 신고와 이 조 제5항에 따른 통보의 내용 중 가장 최근에 신고된 해당 노무제공자의 월보수액 또는 보수액으로 한다. ⟨개정 2021. 12. 31.⟩

⑤ 제3항제5호·제6호에 해당하는 노무제공자의 사업주 또는 노무제공플랫폼사업자는 제4항에 따른 월평균보수를 고용노동부령으로 정하는 바에 따라 노무제공일이 속한 달의 다음 달 말일까지 공단에 통보해야 한다. ⟨신설 2021. 6. 8., 2021. 12. 31.⟩

⑥ 삭제 ⟨2021. 12. 31.⟩

⑦ 사업주는 법 제16조의3에 따라 월평균보수가 산정된 후 보수 또는 보수액이 인상 또는 인하되었을 때에는 고용노동부령으로 정하는 바에 따라 변경된 월평균보수를 공단에 신고할 수 있다. 이 경우 공단은 월평균보수를 다시 결정하여 보수 또는 보수액이 인상 또는 인하된 날이 속하는 달부터 이를 적용한다. ⟨개정 2021. 6. 8.⟩

[본조신설 2020. 12. 8.]

[종전 제19조의3은 제19조의4로 이동 ⟨2020. 12. 8.⟩]

제19조의4(일수에 비례하여 월별보험료를 산정하는 사유)

법 제16조의4제3호에서 "근로자의 휴직 등 대통령령으로 정하는 사유"란 다음 각 호의 어느 하나에 해당하는 사유를 말한다. ⟨개정 2015. 12. 30.⟩

1. 근로자의 휴업·휴직

2. 「근로기준법」 제74조제1항부터 제3항까지의 규정에 따른 출산전후휴가 또는 유산·사산 휴가

3. 그 밖에 근로자가 근로를 제공하지 않은 상태로서 고용노동부장관이 인정하는 사유

[본조신설 2010. 9. 29.]

[제목개정 2021. 9. 24.]

[제19조의3에서 이동, 종전 제19조의4는 제19조의5로 이동 〈2020. 12. 8.〉]

제19조의5(보험료 산정 시 월평균보수 등에서 제외하는 보수)

① 법 제16조의5에서 "「근로기준법」 제46조제1항에 따른 휴업수당을 받는 등 대통령령으로 정하는 사유"란 제19조의4 각 호의 사유를 말한다. 〈개정 2020. 12. 8.〉

② 제1항에 따른 사유에 해당하는 기간 중의 보수는 산재보험료를 산정할 때 월평균보수 또는 보수총액에서 제외한다.

[본조신설 2010. 9. 29.]

[제19조의4에서 이동, 종전 제19조의5는 제19조의7로 이동 〈2020. 12. 8.〉]

제19조의6(예술인의 고용보험료의 산정)

법 제48조의2제8항제2호에서 준용하는 법 제16조의9제1항 및 제2항에 따라 고용보험료를 산정할 때에 월별보험료를 부과하는 기간 동안 예술인의 개인별 보수총액이 제3조제2항제3호에 따른 월단위 기준보수의 합계액보다 적은 경우에는 그 월단위 기준보수의 합계액을 예술인의 개인별 보수총액으로 한다. 〈개정 2021. 6. 8., 2021. 12. 31.〉

[본조신설 2020. 12. 8.]

[종전 제19조의6은 제19조의8로 이동 〈2020. 12. 8.〉]

제19조의7(보수총액 등의 신고)

① 사업주가 법 제16조의10제1항에 따라 매년 3월 15일까지 신고해야 할 사항은 다음 각 호와 같다. 〈개정 2021. 6. 8.〉

1. 근로자, 예술인 또는 노무제공자의 성명 및 주민등록번호

2. 근로자, 예술인 또는 노무제공자의 전년도 개인별 보수총액

3. 사업주가 보험연도의 전년도 중에 근로자를 새로 고용한 경우에는 그 고용한 날(「고용보험법」 제13조에 따른 피보험자격의 취득일을 말한다)

4. 사업주가 보험연도의 전년도 중에 예술인으로부터 노무제공을 새로 받은 경우에는 그 노무제공 개시일(「고용보험법」 제77조의5제1항에서 준용하는 같은 법 제13조제1항에 따른 피보험자격의 취득일을 말한다)

5. 사업주가 보험연도의 전년도 중에 노무제공자로부터 노무제공을 새로 받은 경우에는 그 노무제공 개시일(「고용보험법」 제77조의10제1항에서 준용하는 같은 법 제13조제1항에 따른 피보험자격의 취득일을 말한다)

6. 사업주가 근로자를 다른 사업장으로 전보시킨 경우에는 그 전보일(「고용보험법 시행령」 제9조에 따른 전보일을 말한다)

7. 그 밖에 보험료 산정에 필요한 사항으로서 고용노동부령으로 정하는 사항

② 사업주가 법 제16조의10제2항에 따라 보험관계가 소멸한 때에 신고해야 할 사항은 제1항제1호·제3호부터 제5호까지의 규정에 따른 사항 및 근로자, 예술인 또는 노무제공자의 해당 연도 개인별 보수총액으로 한다. 〈개정 2021. 6. 8.〉

③ 사업주가 법 제16조의10제3항 본문에 따라 근로자를 새로 고용하거나 예술인과 문화예술용역 관련 계약을 체결하거나 노무제공자와 노무제공계약을 체결한 경우 신고해야 할 사항은 다음 각 호와 같다. 〈개정 2021. 6. 8.〉

1. 근로자, 예술인 또는 노무제공자의 성명 및 주민등록번호

2. 제19조의3제1항제2호에 따른 근로자 또는 예술인의 월평균보수

2의2. 노무제공자의 노무제공이 개시된 날이 속하는 달에 지급된 보수액

3. 근로자를 고용한 날(「고용보험법」 제13조에 따른 피보험자격의 취득일을 말한다)

4. 예술인의 노무제공이 개시된 날(「고용보험법」 제77조의5제1항에 따른 피보험자격의 취득일을 말한다)

5. 노무제공자의 노무제공이 개시된 날(「고용보험법」 제77조의6제1항에 따른 피보험자격의 취득일을 말한다)

④ 법 제16조의10제3항 단서에서 "1개월간 소정근로시간이 60시간 미만인 사람 등 대통령령으로 정하는 근로자"란 「고용보험법 시행령」 제3조제1항에 따른 고용보험 적용 제외 근로자 및 같은 영 제3조의3제2호 각 목에 해당하는 사람으로서 고용보험 가입을 신청하지 않은 사람을 말한다.

⑤ 사업주는 제1항 및 제2항에도 불구하고 제4항에 해당하는 근로자에 대해서는 해당 근로자 전체의 보수총액만을 신고할 수 있다.

⑥ 사업주가 법 제16조의10제4항에 따라 근로자와의 고용관계를 종료하거나 예술인과의 문화예술용역 관련 계약을 종료하거나 노무제공자와의 노무제공계약을 종료한 때에 신고해야 할 사항은 다음 각 호와 같다. 〈개정 2021. 6. 8.〉

1. 근로자, 예술인 또는 노무제공자의 성명 및 주민등록번호

2. 근로자, 예술인 또는 노무제공자에게 지급한 보수총액

3. 근로자의 고용관계가 종료된 날(「고용보험법」 제14조에 따른 피보험자격의 상실일을 말한다)

4. 예술인의 노무제공이 종료된 날(「고용보험법」 제77조의5제1항에서 준용하는 같은 법 제14조제1항에 따른 피보험자격의 상실일을 말한다)

5. 노무제공자의 노무제공이 종료된 날(「고용보험법」 제77조의10제1항에서 준용하는 같은 법 제14조제1항에 따른 피보험자격의 상실일을 말한다)

⑦ 법 제16조의10제5항에서 "근로자, 예술인 또는 노무제공자가 휴직하거나 다른 사업장으로 전보되는 등 대통령령으로 정하는 사유"란 다음 각 호의 사유를 말한다. 〈개정 2021. 6. 8.〉

1. 근로자의 휴업 또는 휴직

2. 「근로기준법」 제74조제1항부터 제3항까지의 규정에 따른 출산전후휴가 또는 유산 · 사산 휴가

3. 「남녀고용평등과 일 · 가정 양립 지원에 관한 법률」 제19조 또는 제19조의2에 따른 육아휴직 또는 육아기 근로시간 단축

4. 사업주의 하나의 사업장에서 다른 사업장으로의 전보

5. 근로자, 예술인 또는 노무제공자의 성명이나 주민등록번호의 변경

6. 근로자의 휴직 종료일 또는 예술인 · 노무제공자의 휴업 등 종료일의 변경

7. 예술인 또는 노무제공자가 휴업, 출산 또는 유산 · 사산을 이유로 노무를 제공할 수 없어 사업주가 보수를 지급하지 않는 경우

⑧ 사업주가 법 제16조의10제5항에 따라 제7항 각 호에 따른 사유가 발생한 때에 신고해야 할 사항은 다음 각 호의 구분에 따른다. 〈개정 2021. 6. 8.〉

1. 근로자가 제7항제1호부터 제4호까지 또는 제6호에 해당하는 경우: 다음 각 목에 해당하는 사항

가. 근로자의 성명 및 주민등록번호

나. 발생 사유

다. 근로를 제공하지 않은 기간의 시작일 또는 종료일

라. 전근 사업장의 명칭 및 사업장 관리번호(제7항제4호의 사유가 있는 경우만 해당한다)

2. 근로자, 예술인 또는 노무제공자가 제7항제5호에 해당하는 경우: 그 변경 내용

3. 예술인 · 노무제공자가 제7항제6호 또는 제7호에 해당하는 경우: 다음 각 목에 해당하는 사항

가. 예술인 또는 노무제공자의 성명 및 주민등록번호

나. 발생 사유

다. 노무를 제공하지 않은 기간의 시작일 및 종료일

⑨ 제1항부터 제3항까지, 제5항, 제6항 및 제8항에 따른 신고를 하려는 사업주는 고용노동부령으로 정하는 신고서를 제출해야 한다.

[전문개정 2020. 12. 8.]

[제19조의5에서 이동, 종전 제19조의7은 제19조의9로 이동 〈2020. 12. 8.〉]

제19조의8(문서에 의한 보수총액 신고)

법 제16조의10제8항 단서에서 "대통령령으로 정하는 규모"란 전년도 말일 현재 근로자 수가 10명 미만인 사업을 말한다.

[본조신설 2010. 9. 29.]

[제19조의6에서 이동 〈2020. 12. 8.〉]

제19조의9(신용카드 등으로 하는 보험료등의 납부)

① 삭제 〈2017. 6. 27.〉

② 법 제16조의12제1항에서 "대통령령으로 정하는 보험료납부대행기관"이란 정보통신망을 이용하여 신용카드, 직불카드 등(이하 "신용카드등"이라 한다)에 의한 결제를 수행하는 기관으로서 다음 각 호의 어느 하나에 해당하는 기관을 말한다.

1. 「민법」 제32조에 따라 금융위원회의 허가를 받아 설립된 금융결제원

2. 시설, 업무수행능력, 자본금 규모 등을 고려하여 공단 또는 「국민건강보험법」 제13조에 따른 국민건강보험공단(이하 "건강보험공단"이라 한다)이 법 제4조에 따라 위탁받은 징수업무별로 각각 지정하는 기관

③ 법 제16조의12제3항에 따른 납부대행 수수료는 공단 또는 건강보험공단이 보험료납부대행기관의 운영경비 등을 종합적으로 고려하여 승인한다. 이 경우 납부대행 수수료는 납부금액의 1천분의 10을 초과할 수 없다.

④ 공단 또는 건강보험공단은 신용카드등에 의한 보험료등의 납부에 필요한 사항을 정할 수 있다.

[본조신설 2014. 9. 24.]

[제19조의7에서 이동 〈2020. 12. 8.〉]

제20조(개산보험료의 신고와 납부)

사업주가 개산보험료를 납부하려는 경우에는 공단에 개산보험료신고서를 제출하고 납부서에

따라 내야 한다.

[전문개정 2010. 9. 29.]

제21조(전년도 보수총액의 적용

법 제17조제1항 본문에서 "대통령령으로 정하는 경우"란 해당 보험연도 보수총액의 추정액이 전년도 보수총액의 100분의 70 이상 100분의 130 이하인 경우를 말한다.

[전문개정 2010. 9. 29.]

제22조(개산보험료의 분할 납부)

① 법 제17조제3항에 따른 개산보험료의 분할 납부는 연 4분기로 하되, 각 기의 구분은 다음 각 호와 같다.

  1. 제1기: 1월 1일부터 3월 31일까지

  2. 제2기: 4월 1일부터 6월 30일까지

  3. 제3기: 7월 1일부터 9월 30일까지

  4. 제4기: 10월 1일부터 12월 31일까지

② 제1항에도 불구하고 다음 각 호의 사업의 경우에는 개산보험료를 분할하여 납부할 수 없다.

  1. 해당 보험연도 7월 1일 이후에 보험관계가 성립된 사업

  2. 건설공사 등 기간의 정함이 있는 사업으로서 그 기간이 6개월 미만인 사업

③ 보험연도 중에 보험관계가 성립된 경우의 개산보험료 분할 납부의 최초의 기는 다음 각 호의 구분에 따른 기간으로 한다.

  1. 1월 2일부터 3월 31일 사이에 보험관계가 성립된 경우: 보험관계 성립일부터 6월 30일까지

  2. 4월 1일부터 6월 30일 사이에 보험관계가 성립된 경우: 보험관계 성립일부터 9월 30일까지

④ 각 기의 개산보험료는 다음 각 호와 같다.

  1. 제1항에 따른 각 기의 개산보험료: 해당 연도의 개산보험료를 4등분한 금액

  2. 제3항에 따른 각 기의 개산보험료: 해당 연도의 개산보험료에 보험관계성립일부터 해당 연도 말일까지의 총일수에서 각 기별 기간의 일수가 차지하는 비율을 각각 곱하여 산정한 금액

⑤ 개산보험료를 분할 납부하는 사업주는 최초의 기에 해당하는 개산보험료를 법 제17조제1항에 따른 납부기한까지 내고, 그 이후의 각 기에 해당하는 개산보험료는 각각 그 분기의 중간 월의 15일까지 내야 한다.

⑥ 제1항부터 제5항까지의 규정 따라 분할 납부를 하려는 사업주는 공단에 개산보험료의 분할

납부를 신청하여야 한다.

[전문개정 2010. 9. 29.]

제23조(개산보험료의 경정청구)

① 법 제17조제5항에 따라 개산보험료의 경정청구(更正請求)를 하려는 사업주는 다음 각 호의 사항을 적은 경정청구서를 제출하여야 한다.

1. 청구인의 성명과 주소 또는 거소

2. 경정 전의 개산보험료액

3. 경정 후의 개산보험료액

4. 경정청구를 하는 이유

5. 그 밖에 경정청구를 하는 이유 및 산출근거를 설명하는 데에 필요한 사항

② 공단은 제1항에 따른 경정청구를 받은 날부터 2개월 이내에 개산보험료의 경정청구에 대한 결과를 청구인에게 알려야 한다.

[전문개정 2010. 9. 29.]

제24조(보험료율의 변동에 따른 보험료의 조정)

① 공단은 법 제18조제1항에 따라 보험료를 감액 조정한 경우에는 보험료율의 인하를 결정한 날부터 20일 이내에 그 감액 조정 사실을 사업주에게 알려야 한다.

② 제1항에 따라 보험료를 감액 조정한 결과 사업주가 이미 납부한 금액이 납부하여야 할 금액보다 많은 경우 공단은 법 제23조에 따라 잘못 낸 금액의 충당 및 반환을 결정하고 제31조제3항에 따라 사업주에게 이를 알려야 한다.

③ 공단 또는 건강보험공단은 법 제18조제1항에 따라 보험료를 증액 조정한 경우에는 납부기한을 정하여 보험료를 추가로 낼 것을 사업주에게 알려야 한다. 〈개정 2012. 8. 31., 2014. 9. 24.〉

④ 제3항에 따라 보험료의 추가 납부를 통지받은 사업주는 납부기한까지 증액된 보험료를 내야 한다. 다만, 공단 또는 건강보험공단은 정당한 사유가 있다고 인정되는 경우에는 30일의 범위에서 그 납부기한을 한 번 연장할 수 있다.

[전문개정 2010. 9. 29.]

제25조(개산보험료의 감액조정의 기준)

법 제18조제2항에서 "대통령령으로 정하는 기준"이란 100분의 30을 말한다.

[전문개정 2010. 9. 29.]

제26조(확정보험료의 신고와 납부 등)

법 제19조제1항에 따른 확정보험료의 신고·납부 및 법 제19조제7항에 따른 확정보험료의 경정청구에 관하여는 제20조 및 제23조를 준용한다.

[전문개정 2010. 9. 29.]

제27조(보험료징수의 특례)

법 제20조에서 "결산서 등 보험료 산정을 위한 기초자료를 확보하기 어려운 경우 등 대통령령으로 정하는 사유"란 공단이 사업주에게 결산서 등 보험료 산정에 필요한 기초자료의 제출을 두 번 이상 요구하였으나 이에 응하지 아니하거나 제출된 자료가 현저히 믿기 어려워 보완을 요구하였으나 보완하지 아니한 경우를 말한다.

[전문개정 2010. 9. 29.]

제28조(고용보험료 지원대상)

① 법 제21조제1항제1호에서 "대통령령으로 정하는 규모 미만의 사업"이란 다음 각 호의 구분에 따른 사업을 말한다. 다만, 「부패방지 및 국민권익위원회의 설치와 운영에 관한 법률」 제2조제1호에 따른 공공기관은 제외한다. 〈개정 2015. 12. 30., 2017. 6. 27., 2021. 6. 8.〉

1. 법 제16조의2제1항에 따라 보험료를 납부하는 사업의 경우에는 다음 각 목의 요건에 모두 해당하는 사업

　가. 법 제21조에 따른 고용보험료의 지원을 신청하는 날(이하 "지원신청일"이라 한다)이 속한 보험연도의 전년도에 고용노동부장관이 정한 바에 따라 산정한 「고용보험법」 제2조제1호가목에 따른 피보험자 중 근로자(이하 "근로자인 피보험자"라 한다)의 수가 월평균 10명 미만일 것. 다만, 지원신청일이 속한 보험연도의 전년도 월평균 근로자인 피보험자 수가 10명 이상이거나 지원신청일이 속한 보험연도 중에 법 제7조에 따른 보험관계가 성립된 사업의 경우에는 지원신청일이 속한 달의 직전 3개월 동안(지원신청일이 속한 연도로 한정하며, 보험관계성립일 이후 3개월이 지나지 않은 경우에는 그 기간 동안을 말한다) 근로자인 피보험자 수가 연속하여 10명 미만일 것

　나. 지원신청일이 속한 달의 말일(법 제5조제2항에 따라 고용보험 가입신청을 하거나 법 제11조에 따른 기간 내에 보험관계 성립신고를 하면서 지원신청을 하는 경우에는 그 신청일 또는 신고일을 말한다)을 기준으로 근로자인 피보험자 수가 10명 미만일 것

　다. 고용보험료 지원이 시작된 이후 해당 보험연도의 매월 말일을 기준으로 한 근로자인 피보험자 수가 3개월 연속 10명 이상이 되지 않을 것

2. 법 제16조의2제2항에 따라 고용보험료를 신고·납부하는 사업의 경우에는 제1호가목의 요건을 갖춘 사업

② 제1항에 해당하는 사업의 사업주가 해당 사업의 근로자인 피보험자에 대하여 다음 각 호의 어느 하나에 해당하는 휴가 등(이하 "출산전후휴가등"이라 한다)을 실시한 경우 그 출산전후휴가등의 기간 동안에는 해당 사업의 총 근로자인 피보험자 수에서 출산전후휴가등을 실시한 근로자인 피보험자 수를 제외한 수를 해당 사업의 근로자인 피보험자 수로 본다.

〈신설 2015. 12. 30., 2017. 6. 27.〉

1. 「근로기준법」 제74조제1항부터 제3항까지의 규정에 따른 출산전후휴가 또는 유산·사산 휴가

2. 「남녀고용평등과 일·가정 양립 지원에 관한 법률」 제19조 또는 제19조의2에 따른 육아휴직 또는 육아기 근로시간 단축

③ 법 제21조제1항제1호에서 "대통령령으로 정하는 금액 미만의 보수"란 근로자인 피보험자, 예술인인 피보험자 또는 노무제공자인 피보험자에 대한 다음 각 호의 구분에 따른 금액이 유사 직종·분야 근로자, 예술인 및 노무제공자의 보수수준, 노동시장 여건 등을 고려하여 고용노동부장관이 보건복지부장관과 협의하여 고시한 금액 미만인 경우를 말한다.

〈개정 2015. 12. 30., 2017. 6. 27., 2020. 12. 8., 2021. 6. 8., 2021. 12. 31.〉

1. 제1항제1호에 해당하는 사업의 경우에는 법 제48조의3제2항 단서에 따른 보수액에 따라 산정한 월평균보수, 제19조의3에 따라 산정한 월평균보수, 「고용보험법 시행령」 제7조 제1항 후단에 따라 제출한 근로내용 확인신고서에 기재된 월별로 지급된 보수 또는 같은 영 제104조의6제2항·제104조의12제3항·제104조의13제3항에 따라 제출한 노무제공내용 확인신고서에 기재된 월별로 지급된 보수액

2. 제1항제2호에 해당하는 사업의 경우에는 제29조의3제1항에 따른 지원신청 당시 기재한 월평균보수(지원신청 당시 기재한 보수총액을 그 보험연도 중 해당 근로자의 근무일수로 나눈 후 30을 곱하여 산정한 금액을 말한다) 또는 「고용보험법 시행령」 제7조제1항 후단에 따라 제출한 근로내용 확인신고서에 기재된 월별로 지급된 보수

④ 법 제21조제1항제2호에서 "대통령령으로 정하는 재산"이란 「지방세법」 제105조에 따른 토지, 건축물, 주택, 항공기 및 선박을 말한다. 〈신설 2017. 6. 27.〉

⑤ 법 제21조제1항제2호 및 제3호에서 "대통령령으로 정하는 기준"이란 각각 물가상승률, 경제성장율 등 국내외 경제상황 및 근로자·예술인·노무제공자의 재산·소득분포 현황, 다른 법령과의 관계 등을 고려하여 고용노동부장관이 보건복지부장관과 협의하여 정하여 고시하는 기준을 말한다. 〈신설 2017. 6. 27., 2021. 6. 8.〉

[본조신설 2012. 6. 29.]

제29조(고용보험료의 지원 수준 등)

법 제21조에 따른 고용보험료의 지원 수준과 지원 기간은 사업주 및 근로자 · 예술인 · 노무제
공자가 부담하는 고용보험료의 범위에서 근로자 · 예술인 · 노무제공자의 보수 · 보수액의 수준,
피보험자격의 취득 상황 등을 고려하여 고용노동부장관이 보건복지부장관과 협의하여 고시한다.

〈개정 2021. 6. 8.〉

[전문개정 2020. 12. 8.]

제29조의2(월별보험료 납부 사업에 대한 지원 방법 및 절차)

① 제28조제1항제1호에 해당하는 사업에 종사하는 근로자인 피보험자, 예술인인 피보험자 또
는 노무제공자인 피보험자가 법 제21조에서 정한 요건에 해당하여 고용보험료를 지원받으
려는 경우 해당 사업의 사업주 또는 근로자 · 예술인 · 노무제공자는 고용노동부령으로 정하
는 바에 따라 공단에 고용보험료의 지원을 신청해야 한다.

〈개정 2015. 12. 30., 2017. 6. 27., 2018. 12. 31., 2020. 12. 8., 2021. 6. 8.〉

② 공단은 제1항에 따른 신청을 받은 경우 사업주 또는 노무제공플랫폼사업자가 월별보험료를
법 제16조의7에 따른 기한 내에 납부하였는지를 매월 확인한 후 지원한다. 이 경우 지원신청
일이 속한 달의 고용보험료부터 해당 보험연도 말까지 지원하되, 사업주 또는 노무제공플랫
폼사업자가 다음 각 호의 어느 하나에 해당하는 신고를 기한 내에 하지 않은 경우에는 그 신
고를 이행한 날이 속한 달의 고용보험료부터 지원하고, 지원대상이 되는 피보험자가 일용근
로자, 단기예술인 또는 단기노무제공자인 경우에는 사업주 또는 노무제공플랫폼사업자가
「고용보험법 시행령」 제7조제1항 후단에 따라 기한 내에 제출한 근로내용 확인신고서 또
는 같은 영 제104조의6제2항 · 제104조의12제3항 · 제104조의13제3항에 따라 기한 내에 제
출한 노무제공내용 확인신고서나 「소득세법」 제164조제1항 단서에 따라 기한 내에 제출
한 근로소득 지급명세서에 기재된 사람에 대한 월별보험료만을 지원한다.

〈개정 2017. 6. 27., 2020. 12. 8., 2021. 6. 8., 2021. 12. 31., 2022. 6. 28.〉

1. 법 제16조의10제1항에 따른 보수총액 신고

2. 지원대상이 되는 근로자인 피보험자에 대한 「고용보험법」 제15조에 따른 피보험자격
   취득신고

3. 지원대상이 되는 예술인인 피보험자에 대한 「고용보험법」 제77조의5제1항에서 준용하
   는 제15조에 따른 피보험자격 취득신고(같은 법 제77조의2제3항에 따라 발주자 또는 원수

급인이 하는 신고를 포함한다)

4. 지원대상이 되는 노무제공자인 피보험자에 대한 「고용보험법」 제77조의7제1항에 따른 피보험자격 취득신고 및 같은 법 제77조의10제1항에서 준용하는 제15조에 따른 피보험자격 취득신고

③ 공단은 제2항에도 불구하고 사업주 또는 노무제공플랫폼사업자가 고용보험료의 지원기간 중에 지원대상이 되는 노무제공자인 피보험자에 대한 제19조의3제5항에 따른 통보를 기한 내에 하지 않은 달에 대해서는 제2항에 따른 고용보험료를 지원하지 않는다.

〈신설 2021. 6. 8., 2021. 12. 31.〉

④ 사업이 보험연도 말 현재 고용보험료 지원을 받고 있고 그 보험연도 중 보험료 지원기간의 월평균 근로자인 피보험자 수가 10명 미만인 경우에는 다음 보험연도 1월 1일에 제1항에 따른 지원을 신청하여 지원받는 사업으로 본다. 〈개정 2017. 6. 27., 2021. 6. 8.〉

⑤ 사업이 제28조제1항제1호다목에 해당하지 아니하여 고용보험료 지원을 받지 못하게 된 경우에는 해당 보험연도 말까지는 제1항에 따른 지원신청을 하지 못한다.

〈개정 2017. 6. 27., 2021. 6. 8.〉

[본조신설 2012. 6. 29.]

[제목개정 2017. 6. 27.]

제29조의3(고용보험료 신고 · 납부 사업에 대한 지원 방법 및 절차)

① 제28조제1항제2호에 해당하는 사업에서 근로하는 근로자인 피보험자가 법 제21조에서 정한 요건에 해당하여 고용보험료를 지원받으려는 경우 해당 사업의 사업주 또는 근로자는 해당 사업의 사업주가 법 제19조에 따른 기한 내에 공단에 고용보험료를 신고 · 납부한 후 고용노동부령으로 정하는 바에 따라 고용보험료의 지원을 신청하여야 한다. 〈개정 2018. 12. 31.〉

② 제1항에 따른 지원을 신청받은 공단은 법 제19조에 따라 사업주가 신고 · 납부한 고용보험료에 대하여 지원액을 산정하여 지원한다. 다만, 사업주가 지원대상이 되는 근로자인 피보험자에 대하여 「고용보험법」 제15조에 따른 피보험자격 신고를 기한 내에 하지 않은 경우 그 사람에 대한 고용보험료는 신고를 이행한 날부터 지원하고, 지원대상이 되는 근로자인 피보험자가 일용근로자인 경우에는 사업주가 「고용보험법 시행령」 제7조제1항 후단에 따라 기한 내에 제출한 달의 근로내용 확인신고서 또는 「소득세법」 제164조제1항 단서에 따라 기한 내에 제출한 근로소득 지급명세서에 기재된 사람에 대한 고용보험료만을 지원한다.

〈개정 2020. 12. 8., 2021. 12. 31., 2022. 6. 28.〉

[전문개정 2017. 6. 27.]

제30조(고용보험료 지원금의 환수)

① 공단은 고용보험료의 지원을 받은 사업에 다음 각 호의 어느 하나에 해당하는 사유가 발생한 경우에는 법 제21조의2에 따라 다음 각 호의 구분에 따른 금액의 지원금을 환수한다.

〈개정 2015. 12. 30., 2017. 6. 27., 2020. 1. 7., 2020. 12. 8.〉

1. 지원신청 당시 지원요건을 갖추지 못하였음에도 거짓 또는 부정한 방법으로 신청하여 지원받은 경우: 지원받은 금액 전부

2. 고용보험료 지원이 시작된 이후 해당 보험연도 중에 매월 말일을 기준으로 하여 근로자인 피보험자 수가 3개월 연속 10명 이상이 되었음에도 계속 지원받았음이 확인된 경우: 3개월째 된 달의 다음 달 이후부터 지원받은 금액

3. 사업주가 지원대상 근로자 또는 예술인에 대하여 법 제16조의10제1항 및 제4항에 따라 신고한 해당 근로자 및 예술인의 보수총액으로 산정한 월평균보수가 제28조제3항에 따라 고용노동부장관이 고시한 금액의 100분의 110을 넘은 경우(지원대상 근로자 또는 예술인이 보험연도 중에 새로 고용되거나 노무제공을 개시한 경우만 해당한다): 해당 근로자 또는 예술인에 대하여 지원받은 금액 전부

4. 그 밖에 지원대상이 아닌 사람에게 잘못 지원되었음이 확인된 경우: 잘못 지원된 금액

② 공단은 제1항에 따른 지원금 환수사유가 발생한 경우 지원금을 지급받은 자에게 해당 사실을 통보한 후 환수금액을 고지·징수해야 한다.　　　　　　　　　　　〈개정 2021. 12. 31.〉

③ 법 제21조의2제1항 단서에서 "대통령령으로 정하는 금액"이란 3천원을 말한다.

〈신설 2014. 9. 24.〉

[본조신설 2012. 6. 29.]

제30조의2(천재지변 등에 따른 보험료 등의 경감 사유 등)

① 법 제22조의2제1항 전단에서 "대통령령으로 정하는 특수한 사유"란 화재, 폭발 및 전쟁의 피해, 그 밖에 이에 준하는 재난을 말한다.　　　　　　　　　　　〈개정 2019. 7. 2.〉

② 법 제22조의2제1항 후단에 따른 경감비율은 보험료와 그 밖의 징수금의 100분의 30으로 한다.

[전문개정 2010. 9. 29.]

제30조의3(정보통신망을 이용한 신고 시의 보험료 경감 금액)

공단은 사업주가 법 제22조의2제2항 본문에 따라 고용·산재정보통신망을 통하여 보수총액 또는 개산보험료를 신고하는 경우(제45조제1항에 따른 보험사무대행기관을 통하여 신고하는 경우

는 제외한다)에는 고용보험료 5천원 및 산재보험료 5천원을 경감할 수 있다.

[전문개정 2010. 9. 29.]

제30조의4(자동계좌이체 시의 보험료 경감 금액)

공단은 사업주가 법 제22조의2제3항에 따라 월별보험료 또는 개산보험료를 자동계좌이체(신용카드와 연계하여 자동계좌이체를 하는 경우를 포함한다)의 방법으로 내는 경우에는 고용보험 월별보험료 및 산재보험 월별보험료에서 각각 250원을 경감하거나 분기마다 고용보험 개산보험료 및 산재보험 개산보험료에서 각각 250원을 경감할 수 있다. 〈개정 2021. 6. 8.〉

[전문개정 2010. 9. 29.]

제30조의5 삭제 〈2020. 12. 8.〉

제31조(보험료 등 과납액의 충당 · 반환 및 이자)

① 삭제 〈2007. 3. 27.〉

② 사업주는 보험료, 그 밖의 징수금을 잘못 냈거나 「산업재해보상보험법」 제89조에 따라 보험급여를 지급받게 되는 경우에는 이를 다음 연도의 보험료, 그 밖의 징수금에 충당시켜 줄 것을 공단에 신청할 수 있다. 〈개정 2010. 9. 29.〉

③ 공단은 법 제23조제1항부터 제3항까지의 규정에 따라 보험료 등의 잘못 낸 금액 또는 보험급여를 보험료, 그 밖의 징수금에 우선 충당하거나 그 잔액을 반환하기로 결정한 경우에는 사업주에게 이를 알려야 한다. 〈개정 2010. 9. 29.〉

④ 법 제23조제4항 각 호 외의 부분에서 "대통령령으로 정하는 이자율"이란 「국세기본법 시행령」 제43조의3제2항에 따른 국세환급가산금의 이자율을 말한다.

〈개정 2010. 9. 29., 2012. 6. 29.〉

제31조의2(고용보험료 과납액의 근로자 반환)

① 법 제23조제5항에서 "대통령령으로 정하는 사유"란 다음 각 호의 어느 하나에 해당하는 경우를 말한다.

　1. 법인의 청산종결의 등기

　2. 폐업으로 사업주에게 반환할 수 없다고 공단이 인정하는 경우

② 법 제23조제6항 단서에서 "대통령령으로 정하는 금액"이란 3천원을 말한다.

[본조신설 2020. 1. 7.]

제32조(가산금 징수의 예외)

법 제24조제1항 단서에서 "대통령령으로 정하는 경우"란 다음 각 호의 경우를 말한다.

1. 가산금의 금액이 3천원 미만인 경우
2. 법 제16조의10제1항 및 제2항에 따른 보수총액 또는 확정보험료를 신고하지 아니한 사유가 천재지변이나 그 밖에 고용노동부장관이 인정하는 부득이한 사유에 해당하는 경우

[전문개정 2010. 9. 29.]

제33조(연체금의 징수 등)

법 제25조제4항에서 "대통령령으로 정하는 경우"란 다음 각 호의 경우를 말한다.

1. 연체금, 가산금 및 법 제26조에 따라 징수하는 보험급여의 금액이 체납된 경우
2. 보험료, 그 밖의 징수금의 체납이 천재지변이나 그 밖에 고용노동부장관이 인정하는 부득이한 사유에 해당하는 경우

[전문개정 2017. 6. 27.]

제34조(산재보험급여액의 징수기준)

① 법 제26조제1항제1호에 따른 보험급여액의 징수는 보험가입신고를 하여야 할 기한이 끝난 날의 다음 날부터 보험가입신고를 한 날까지의 기간 중에 발생한 재해에 대한 요양급여 · 휴업급여 · 장해급여 · 간병급여 · 유족급여 · 상병보상연금에 대하여 하며, 징수할 금액은 가입신고를 게을리한 기간 중에 발생한 재해에 대하여 지급 결정한 보험급여 금액의 100분의 50에 해당하는 금액(사업주가 가입신고를 게을리한 기간 중에 납부하여야 하였던 산재보험료의 5배를 초과할 수 없다)으로 한다. 다만, 요양을 시작한 날(재해 발생과 동시에 사망한 경우에는 그 재해발생일)부터 1년이 되는 날이 속하는 달의 말일까지의 기간 중에 급여청구사유가 발생한 보험급여로 한정한다. 〈개정 2017. 12. 26.〉

② 법 제26조제1항제2호에 따른 보험급여액의 징수는 월별보험료 또는 개산보험료의 납부기한(법 제17조제3항에 따른 분할 납부의 경우에는 각 분기의 납부기한)의 다음 날부터 해당 보험료를 낸 날의 전날까지의 기간 중에 발생한 재해에 대한 요양급여 · 휴업급여 · 장해급여 · 간병급여 · 유족급여 · 상병보상연금에 대하여 하며, 징수할 금액은 재해가 발생한 날부터 보험료를 낸 날의 전날까지의 기간 중에 급여청구사유가 발생한 보험급여 금액의 100분의 10에 해당하는 금액(사업주가 산재보험료의 납부를 게을리한 기간 중에 납부하여야 하였

던 산재보험료의 5배를 초과할 수 없다)으로 한다. 다만, 다음 각 호에 해당하는 경우는 징수하지 아니한다. 〈개정 2017. 12. 26.〉

1. 재해가 발생한 날까지 내야 할 해당 연도의 월별보험료에 대한 보험료 납부액의 비율이 100분의 50 이상인 경우

2. 해당 연도에 내야 할 개산보험료에 대한 보험료 납부액의 비율(분할 납부의 경우에는 재해가 발생한 분기까지 내야 할 개산보험료에 대한 보험료 납부액의 비율)이 100분의 50 이상인 경우

③ 제1항이나 제2항에 따라 보험급여액을 징수할 때 지급 결정된 보험급여가 장해보상연금 또는 유족보상연금인 경우에는 최초의 급여청구사유가 발생한 날에 장해보상일시금 또는 유족보상일시금이 지급 결정된 것으로 본다.

④ 법 제26조제1항제1호 및 제2호에 해당하는 사유가 경합된 경우에는 그 경합된 기간 동안에는 보험급여액의 징수비율이 가장 높은 징수금만을 징수한다.

⑤ 「산업재해보상보험법 시행령」 제23조제2호에 따른 단시간근로자에게 보험급여를 지급하는 경우에는 같은 영 제24조제1항제2호에 따라 산정한 평균임금 중 재해가 발생한 사업을 대상으로 산정한 평균임금이 차지하는 비율에 해당하는 보험급여액을 기준으로 하여 제1항부터 제4항까지의 규정에 따라 보험급여액을 징수한다. 다만, 재해가 발생한 사업만의 평균임금으로 보험급여를 산정할 경우 해당 평균임금이 낮아 「산업재해보상보험법」 제36조제7항 본문, 제54조 또는 제67조에 따라 보험급여가 산정되는 경우에는 그 산정된 보험급여액을 기준으로 한다. 〈신설 2016. 3. 22.〉

[전문개정 2010. 9. 29.]

제35조(산재보험가입자로부터의 보험급여액의 징수)

공단이 법 제26조제2항에 따라 보험급여액의 전부 또는 일부의 납부를 통지할 때에는 그 납부기한은 통지를 받은 날부터 30일 이상이 되도록 하여야 한다.

[전문개정 2010. 9. 29.]

제36조 삭제 〈2007. 3. 27.〉

제37조(공매대행의 의뢰 등)

① 건강보험공단은 법 제28조제2항 전단에 따라 압류재산의 공매를 「한국자산관리공사 설립 등에 관한 법률」 제6조에 따른 한국자산관리공사(이하 "한국자산관리공사"라 한다)로 하여

금 대행하게 하는 경우에는 다음 각 호의 사항을 적은 공매대행의뢰서를 한국자산관리공사에 보내야 한다. 〈개정 2014. 3. 24., 2021. 6. 8.〉

1. 체납자의 성명과 주소 또는 거소
2. 공매할 재산의 종류·수량·품질 및 소재지
3. 압류에 관계되는 보험료, 그 밖의 징수금의 명세와 납부기한
4. 그 밖에 압류재산의 공매대행에 필요한 사항

② 건강보험공단은 제1항에 따라 공매대행을 의뢰하면 지체 없이 그 사실을 체납자, 담보물 소유자, 그 재산상에 전세권·질권·저당권 또는 그 밖의 권리를 가진 자, 압류재산을 보관하고 있는 자에게 알려야 한다.

[전문개정 2010. 9. 29.]

제38조(압류재산의 인도)

① 건강보험공단은 제37조제1항에 따라 공매대행을 의뢰할 때 건강보험공단이 점유하고 있거나 제3자로 하여금 보관하게 한 재산을 한국자산관리공사에 인도할 수 있다. 다만, 제3자로 하여금 보관하게 한 재산에 대해서는 그 제3자가 발행하는 해당 재산의 보관증을 인도함으로써 이를 갈음할 수 있다.

② 한국자산관리공사는 제1항에 따라 압류재산을 인수하였을 때에는 인계·인수서를 작성하여야 한다.

[전문개정 2010. 9. 29.]

제39조(공매대행의 해제 요구)

① 한국자산관리공사는 공매대행의 의뢰를 받은 날부터 2년 이내에 공매되지 않은 재산이 있으면 건강보험공단에 그 재산에 대한 공매대행 의뢰의 해제를 요구할 수 있다.

② 건강보험공단은 제1항의 해제 요구를 받았을 때에는 특별한 사정이 없으면 이에 따라야 한다.

[전문개정 2010. 9. 29.]

제40조(공매대행에 관한 세부 사항)

법 제28조제2항 전단에 따라 한국자산관리공사가 대행하는 공매에 필요한 사항으로서 이 영에서 정하지 않은 것은 건강보험공단이 한국자산관리공사와 협의하여 정한다.

[전문개정 2010. 9. 29.]

제40조의2(상속재산의 가액)

① 법 제28조의3제1항 및 같은 조 제2항 전단에 따른 상속받은 재산은 상속받은 자산총액에서 부채총액과 그 상속 때문에 부과되거나 내야 할 상속세를 공제한 가액(價額)으로 한다.

② 제1항에 따른 자산총액과 부채총액의 가액은 「상속세 및 증여세법」 제60조부터 제66조까지의 평가방법에 따라 평가한다.

[전문개정 2010. 9. 29.]

제40조의3(상속인 대표자의 신고)

① 법 제28조의3제2항 후단에 따른 상속인 대표자의 신고는 상속 개시일부터 30일 이내에 대표자의 성명과 주소 · 거소, 그 밖에 필요한 사항을 적은 문서로 하여야 한다.

② 건강보험공단은 법 제28조의3제2항 후단에 따른 신고가 없는 경우에는 상속인 중 1명을 대표자로 지정할 수 있다. 이 경우 건강보험공단은 그 뜻을 적은 문서를 지체 없이 각 상속인에게 보내야 한다.

[전문개정 2010. 9. 29.]

제40조의4(고액 · 상습 체납자의 인적사항 공개 제외 사유 등)

① 건강보험공단은 법 제28조의6제1항 본문에 따라 체납자의 인적사항등을 공개할 때에는 체납자의 성명 · 상호(법인의 명칭을 포함한다), 나이, 주소, 체납액의 종류 · 납부기한 · 금액 및 체납요지 등을 공개하여야 하고, 체납자가 법인인 경우에는 법인의 대표자를 함께 공개한다.

② 법 제28조의6제1항 단서에서 "체납된 금액의 일부납부 등 대통령령으로 정하는 사유"란 다음 각 호의 어느 하나에 해당하는 경우를 말한다.

1. 체납된 보험료와 그 밖의 징수금 및 체납처분비(이하 "체납액"이라 한다)의 100분의 30 이상을 해당 보험연도에 납부한 경우

2. 「채무자 회생 및 파산에 관한 법률」 제243조에 따른 회생계획인가의 결정에 따라 체납액의 징수를 유예받고 그 유예기간 중에 있거나 체납액을 회생계획의 납부일정에 따라 내고 있는 경우

3. 재해 등으로 재산에 심한 손실을 입어 사업이 중대한 위기에 처한 경우 등으로서 법 제28조의6제2항에 따른 보험료정보공개심의위원회가 체납자의 인적사항등을 공개할 실익이 없다고 인정하는 경우

③ 건강보험공단은 법 제28조의6제3항에 따라 체납자 인적사항등의 공개대상자에게 공개대상자임을 알리는 경우에는 체납액의 납부를 촉구하고, 법 제28조의6제1항 단서에 따른 인적사

항등의 공개 제외 사유에 해당되는 경우 이에 관한 소명자료를 제출하도록 안내하여야 한다.

[전문개정 2010. 9. 29.]

제40조의5(보험료정보공개심의위원회의 구성 및 운영)

① 법 제28조의6제2항에 따른 보험료정보공개심의위원회(이하 "위원회"라 한다)는 위원장 1명을 포함한 11명의 위원으로 구성한다.

② 위원회의 위원장은 건강보험공단의 임원 중 해당 업무를 담당하는 상임이사가 되고, 위원은 다음 각 호의 사람 중에서 건강보험공단의 이사장이 임명하거나 위촉한다.

1. 공단의 소속 직원 1명

2. 건강보험공단의 소속 직원 3명

3. 고용노동부의 고용보험 및 산업재해보상보험의 징수업무를 담당하는 3급 또는 4급 공무원 1명

4. 국세청의 3급 또는 4급 공무원 1명

5. 법률, 회계 또는 사회보험에 관한 학식과 경험이 풍부한 사람 4명

③ 제2항제5호에 따른 위원의 임기는 2년으로 한다.

④ 위원회의 회의는 위원장을 포함한 재적위원 과반수의 출석으로 개의(開議)하고, 출석위원 과반수의 찬성으로 의결한다.

⑤ 제1항부터 제4항까지에서 규정한 사항 외에 위원회의 구성 및 운영에 필요한 사항은 건강보험공단이 정한다.

[전문개정 2010. 9. 29.]

제40조의6(「국세기본법 시행령」의 준용)

보험료, 그 밖의 징수금 체납처분 유예를 위한 납부담보의 제공에 관하여는 「국세징수법 시행령」 제18조부터 제23조까지의 규정을 준용한다. 이 경우 "납세담보"는 "납부담보"로, "국세"는 "보험료"로, "납세보증보험증권"은 "납부보증보험증권"으로, "국세청장"은 "고용노동부장관"으로, "세무서장" 및 "관할 세무서장"은 "건강보험공단"으로, "납세자"는 "사업주"로, "납세보증서"는 "납부보증서"로, "납세담보물"은 "납부담보물"로, "국세 및 강제징수비"는 "보험료와 그 밖의 징수금 및 체납처분비"로, "납세보증보험사업자"는 "납부보증보험사업자"로, "납세보증인"은 "납부보증인"으로 본다. 〈개정 2021. 2. 17., 2021. 6. 8.〉

[전문개정 2010. 9. 29.]

제41조(징수금의 결손처분)

① 법 제29조제1항제3호에서 "대통령령으로 정하는 경우"란 다음 각 호의 어느 하나에 해당하는 경우를 말한다.

1. 체납자의 행방이 분명하지 않은 경우

2. 체납자의 재산이 없거나 체납처분의 목적물인 총재산의 견적가격이 체납처분비에 충당하고 나면 나머지가 생길 여지가 없음이 확인된 경우

3. 체납처분의 목적물인 총재산이 보험료, 그 밖의 징수금보다 우선하는 국세 · 지방세 등의 채권 변제에 충당하고 나면 나머지가 생길 여지가 없음이 확인된 경우

4. 「채무자 회생 및 파산에 관한 법률」 제251조에 따라 체납회사가 보험료 등의 납부책임을 지지 않게 된 경우

② 건강보험공단이 제1항제1호에 따라 결손처분을 하려면 시 · 군 · 세무서, 그 밖의 기관에 체납자의 행방 또는 재산 유무를 조사 · 확인하여야 한다. 다만, 체납액이 10만원 미만이면 그러하지 아니하다.

[전문개정 2010. 9. 29.]

제41조의2(체납 또는 결손처분 자료의 요구 등)

① 법 제29조의2제1항에 따라 체납자 또는 결손처분자의 인적사항 · 체납액 또는 결손처분액에 관한 자료(이하 "체납등 자료"라 한다)를 요구하는 자(이하 "요구자"라 한다)는 다음 각 호의 사항을 적은 문서를 건강보험공단에 제출하여야 한다.

1. 요구자의 이름 및 주소

2. 요구하는 체납등 자료의 내용 및 이용 목적

② 제1항에 따라 체납등 자료를 요구받은 건강보험공단은 제41조의4제1항에 따라 작성된 전자적 파일형태로 제공하거나 문서로 제공할 수 있다.

③ 건강보험공단은 제2항에 따라 체납등 자료를 제공한 경우에 체납액의 납부, 결손처분의 취소 등의 사유가 발생하면 그 사실을 사유발생일부터 15일 이내에 요구자에게 알려야 한다.

④ 제1항부터 제3항까지의 규정에 따른 체납등 자료의 요구 및 제공에 필요한 사항은 건강보험공단이 정한다.

[전문개정 2010. 9. 29.]

제41조의3(체납 또는 결손처분 자료 제공의 제외 사유)

법 제29조의2제1항 각 호 외의 부분 단서에서 "체납처분의 유예 등 대통령령으로 정하는 사유"

란 다음 각 호의 어느 하나에 해당하는 경우를 말한다.

    1. 건강보험공단이 법 제29조의2제1항제1호 또는 제2호에 해당하는 체납자(이하 이 조에서 "체납자"라 한다)의 체납처분을 유예한 경우

    2. 체납자가 다음 각 목의 어느 하나에 해당하는 사유로 체납액을 낼 수 없다고 건강보험공단이 인정하는 경우

        가. 재해 또는 도난으로 재산이 심하게 손실된 때

        나. 사업이 현저하게 손실을 입거나 중대한 위기에 처한 때

[전문개정 2010. 9. 29.]

제41조의4(체납 또는 결손처분 자료파일의 작성)

① 건강보험공단은 체납등 자료를 전자적 파일형태로 작성할 수 있다.

② 제1항에 따라 전자적 파일형태로 작성된 체납등 자료의 정리 및 관리에 필요한 사항은 건강보험공단이 정한다.

[전문개정 2010. 9. 29.]

제42조(산재보험료 및 부담금의 정산·납입)

공단 또는 건강보험공단은 법 제31조제5항에 따라 징수 또는 납부된 산재보험료, 「임금채권보장법」 제9조에 따른 부담금 및 「석면피해구제법」 제31조제1항제1호의 자에 대한 분담금(각각에 대한 연체금·가산금을 포함한다)을 매월 정산하여 「산업재해보상보험법」 제95조에 따른 산업재해보상보험및예방기금(이하 "산업재해보상보험및예방기금"이라 한다), 「임금채권보장법」 제17조에 따른 임금채권보장기금(이하 "임금채권보장기금"이라 한다) 및 「석면피해구제법」 제24조에 따른 석면피해구제기금(이하 "석면피해구제기금"이라 한다)에 각각 납입하여야 한다.

[전문개정 2010. 9. 29.]

제43조(보험료 등의 회계기관)

공단 또는 건강보험공단의 이사장은 보험료, 그 밖의 징수금의 징수업무를 담당하게 하기 위하여 공단 또는 건강보험공단의 상임이사 중에서 산업재해보상보험및예방기금, 임금채권보장기금, 석면피해구제기금 및 「고용보험법」 제78조에 따른 고용보험기금(이하 "고용보험기금"이라 한다)의 수입징수관을 임명할 수 있고, 그 소속 직원 중에서 산업재해보상보험및예방기금, 임금채권보장기금, 석면피해구제기금 및 고용보험기금의 출납직원을 임명할 수 있다.

[전문개정 2010. 9. 29.]

제43조의2(서류의 송달)

법 제32조제2항에 따라 공단 및 건강보험공단은 보험료, 법에 따른 그 밖의 징수금에 관한 서류를 우편으로 송달하려는 경우에는 일반우편으로 보낼 수 있다.

[본조신설 2010. 9. 29.]

제4장 보험사무대행기관

제44조(보험사무대행기관)

법 제33조제1항 전단에서 "대통령령으로 정하는 기준에 해당하는 법인, 공인노무사 또는 세무사"란 다음 각 호의 어느 하나에 해당하는 자를 말한다. 〈개정 2014. 9. 24.〉

1. 관계 법률에 따라 주무관청의 인가 또는 허가를 받거나 등록 등을 한 법인

2. 「공인노무사법」 제5조에 따라 등록한 사람으로서 같은 법 제2조에 따른 직무를 2년 이상 하고 있는 사람

3. 「세무사법」 제6조에 따라 등록을 하고 같은 법 제2조에 따른 직무를 2년 이상 하고 있는 사람으로서 고용노동부장관이 정하는 교육을 이수한 사람

[전문개정 2010. 9. 29.]

제45조(보험사무를 위임할 수 있는 사업주의 범위)

① 법 제5조·제48조의2제1항·제48조의3제1항에 따른 보험가입자인 사업주는 법 제33조제1항에 따라 보험사무를 대행하기 위하여 공단의 인가를 받은 단체, 법인, 공인노무사 또는 세무사(이하 "보험사무대행기관"이라 한다)에게 보험사무를 위임할 수 있다.

〈개정 2014. 9. 24., 2018. 12. 31., 2020. 12. 8., 2021. 6. 8.〉

② 삭제 〈2018. 12. 31.〉

③ 보험사무대행기관은 제1항에 따른 사업주로부터 보험사무를 위임받거나 보험사무의 위임이 해지된 때에는 각각 14일 이내에 그 사실을 공단에 신고하여야 한다.

[전문개정 2010. 9. 29.]

제46조(위임대상 보험사무의 범위)

법 제33조제1항 후단에 따라 보험사무대행기관에 위임할 수 있는 업무의 범위는 다음 각 호와 같다.

    1. 법 제16조의10에 따른 보수총액 등의 신고

    2. 개산보험료 · 확정보험료의 신고

    3. 고용보험 피보험자의 자격 관리에 관한 사무

    4. 보험관계의 성립 · 변경 · 소멸의 신고

    5. 그 밖에 사업주가 지방노동관서 또는 공단에 대하여 하여야 할 보험에 관한 사무

[전문개정 2010. 9. 29.]

제47조(보험사무대행기관의 인가)

① 법 제33조제2항에 따라 보험사무를 대행하려면 대행사무의 내용, 수탁대상지역 등의 사항 등을 적은 인가신청서에 다음 각 호의 서류를 첨부하여 공단에 제출하여야 한다.

〈개정 2014. 9. 24.〉

    1. 제44조제1호에 해당하는 법인의 경우: 주무관청의 인가 또는 허가를 받거나 등록 등을 한 사실을 증명하는 서류 사본

    2. 제44조제2호 또는 제3호에 해당하는 개인의 경우: 제44조제2호 또는 제3호에 해당하는 사람임을 증명하는 서류 사본

    3. 법인 또는 단체의 경우: 정관 또는 규약 사본

    4. 사업주와의 보험사무위임계약을 할 때 사용할 규약(이하 "보험사무위임처리규약"이라 한다) 사본

② 보험사무위임처리규약에는 다음 각 호의 사항이 포함되어야 한다.

    1. 보험사무 처리의 위임 및 그 위임의 해지 절차

    2. 보험사무 처리의 방법 및 절차

    3. 보험사무대행기관의 회계처리 방법 및 절차

    4. 고용보험 피보험자의 자격 관리 및 산재보험 적용 근로자의 고용관계 관리에 관한 사항

    5. 보수총액 및 보험료의 신고 · 납부책임에 관한 사항

③ 법인 또는 단체가 법 제33조제2항에 따라 보험사무를 대행하기 위하여 인가를 받으려는 경우에는 정관, 규약 등에 보험사무를 대행할 수 있도록 명시되어 있어야 한다.

④ 법 제33조제3항에서 "수탁대상지역 등 대통령령으로 정하는 사항"이란 다음 각 호의 사항을 말한다.

1. 수탁대상지역

2. 보험사무위임처리규약

⑤ 보험사무대행기관은 법 제33조제3항에 따라 인가받은 내용을 변경하려는 경우에는 변경하려는 날의 7일 전까지 공단에 인가를 신청하여야 하고, 법 제33조제4항에 따라 위임받은 업무를 폐지하려는 경우에는 폐지하려는 날의 30일 전까지 공단에 신고를 하여야 한다.

[전문개정 2010. 9. 29.]

제48조(보험사무대행기관 인가의 취소)

① 법 제33조제5항에 따라 공단은 보험사무대행기관이 다음 각 호의 어느 하나에 해당하면 그 인가를 취소할 수 있다. 다만, 제1호에 해당하는 경우에는 인가를 취소하여야 한다.

1. 거짓이나 그 밖의 부정한 방법으로 인가를 받은 경우

2. 정당한 사유 없이 계속하여 2개월 이상 보험사무를 중단한 경우

3. 보험사무를 거짓이나 그 밖의 부정한 방법으로 운영한 경우

4. 그 밖에 법을 위반하거나 법에 따른 명령을 따르지 않은 경우

② 공단은 제1항에 따라 보험사무대행기관의 인가를 취소하면 지체 없이 그 사실을 해당 보험사무대행기관과 보험사무를 위임한 사업주에게 알려야 한다.

[전문개정 2010. 9. 29.]

제49조(청문)

공단은 법 제33조제5항에 따라 보험사무대행기관의 인가를 취소하려면 청문을 하여야 한다.

[전문개정 2010. 9. 29.]

제50조(보험사무대행기관의 통지)

보험사무대행기관은 법 제34조에 따라 보험료, 법에 따른 그 밖의 징수금의 납입의 통지 등을 받았을 때에는 지체 없이 그 사실을 사업주에게 알려야 한다.

[전문개정 2010. 9. 29.]

제51조(보험사무대행기관의 장부 비치 등)

① 법 제36조에 따라 보험사무대행기관은 다음 각 호의 서류를 작성하여 3년 이상 갖춰 두어야 한다. 〈개정 2014. 9. 24.〉

1. 보험사무 위임사업주별 징수업무 처리장부

2. 삭제 〈2014. 9. 24.〉

3. 사업별 피보험자의 신고 등 징수업무 외의 보험사무 처리장부 및 관계 서류

4. 보험사무대행기관과 사업주간의 보험사무위임 관계 서류

5. 삭제 〈2014. 9. 24.〉

6. 삭제 〈2014. 9. 24.〉

② 제1항에 따른 서류는 「전자문서 및 전자거래 기본법」 제2조제1호에 따른 전자문서로 작성하여 갖추어 둘 수 있다. 〈개정 2012. 8. 31.〉

[전문개정 2010. 9. 29.]

제52조(보험사무대행기관에 대한 지원)

① 공단은 법 제37조에 따라 보험사무대행기관에 다음 각 호의 지원금(이하 "보험사무대행지원금"이라 한다)을 지급할 수 있다. 다만, 보험사무대행기관에 보험사무를 위임한 사업주의 과세소득(「법인세법」 또는 「소득세법」에 따른 과세소득을 말한다)이 고용노동부장관이 정하여 고시하는 금액 이상인 경우에는 보험사무대행지원금을 지급하지 않는다.

〈개정 2021. 6. 8.〉

1. 상시근로자수가 30명 미만인 사업주로부터 보험사무를 위임받아 보험료, 그 밖의 징수금을 납부하도록 한 경우 그에 따른 지원금(이하 "징수사무대행지원금"이라 한다)

2. 상시근로자수가 30명 미만인 사업주로부터 보험사무를 위임받아 고용보험 및 산재보험의 피보험자 관리 및 보수총액 신고 등의 보험사무 처리업무를 한 경우 그에 따른 지원금(이하 "피보험자관리등대행지원금"이라 한다)

3. 상시근로자수가 30명 미만인 사업주로부터 보험사무를 위임받아 고용보험 및 산재보험의 보험관계 성립신고를 한 경우 그에 따른 지원금(이하 "적용촉진장려금"이라 한다)

② 보험사무대행지원금은 보험사무를 위임한 사업주의 보험료와 그 밖의 징수금의 납부 실적, 보험사무를 위임한 사업주의 규모, 피보험자격의 취득·상실 등 피보험자 관리 실적 또는 위임기간 등을 고려하여 고용노동부장관이 정하는 기준에 따라 지급하되, 징수사무대행지원금은 반기마다 지급하고, 피보험자관리등대행지원금 및 적용촉진장려금은 분기마다 지급한다. 〈개정 2011. 12. 30.〉

③ 제2항에 따른 보험료와 그 밖의 징수금의 납부 실적을 산정할 때 보험사무대행기관이 법 제33조제4항에 따라 보험연도 중에 업무의 폐지를 신고하면 해당 반기 첫 날부터 폐지일이 있는 분기 중간 월의 15일까지 납부기한이 끝나는 보험료와 그 밖의 징수금을 낸 실적을 기준으로 하되, 보험사무를 위임한 사업주가 법 제28조에 따른 체납처분에 따라 낸 금액은 제외

한다.

④ 제2항에 따른 위임기간은 보험사무대행기관이 제45조제3항에 따라 공단에 보험사무 위임신고를 한 날부터 산정한다.

⑤ 보험사무대행기관은 보험사무대행지원금을 지급받으려는 경우에는 징수사무대행지원금은 매 반기, 피보험자관리등대행지원금 및 적용촉진장려금은 매 분기가 끝나는 날(법 제33조제4항에 따라 업무의 폐지신고를 한 경우에는 폐지일을 말한다) 이후 고용노동부령으로 정하는 바에 따라 공단에 보험사무대행지원금 지급을 신청하여야 한다. 〈개정 2011. 12. 30.〉

[전문개정 2010. 9. 29.]

제53조(보험사무대행기관에 대한 지원 제한)

① 공단은 보험사무대행기관이 보험료, 그 밖의 징수금의 징수에 손실을 초래하면 그 손실에 해당하는 금액을 징수사무대행지원금과 피보험자관리등대행지원금에서 감액할 수 있다.

② 공단은 보험사무대행기관이 고용보험 피보험자격의 취득·상실신고 등을 게을리하여 관할 직업안정기관의 장으로부터 시정명령을 두 번 이상 받고도 응하지 아니한 경우에는 해당 보험사무대행기관에 대한 피보험자관리등대행지원금의 100분의 50을 감액하고, 시정명령을 세 번 이상 받고도 응하지 아니한 경우에는 피보험자관리등대행지원금을 지급하지 아니한다.

[전문개정 2010. 9. 29.]

제54조(보험사무대행지원금의 부담)

① 징수사무대행지원금은 보험사무를 위임한 사업주가 낸 금액 중 고용보험 및 산재보험이 차지하는 비율만큼 고용보험기금 및 산업재해보상보험및예방기금에서 각각 부담한다.

② 적용촉진장려금 및 피보험자관리등대행지원금은 고용보험기금 및 산업재해보상보험및예방기금에서 각각 2분의 1씩을 부담한다. 다만, 고용보험 또는 산재보험에 한정된 사무인 경우에는 고용보험기금 또는 산업재해보상보험및예방기금에서 각각 전부 부담한다.

[전문개정 2010. 9. 29.]

제54조의2(제공요청 대상 자료의 범위)

법 제40조제1항 전단에서 "대통령령으로 정하는 자료"란 다음 각 호의 자료를 말한다. 〈개정 2015. 6. 1., 2015. 12. 30., 2017. 6. 27., 2018. 12. 31., 2020. 1. 7., 2020. 12. 8., 2021. 6. 8., 2022. 6. 28.〉

1. 「국민건강보험법」에 따른 사업장 신고자료 및 직장가입자·지역가입자의 월별 보험료

액 자료

2. 「국민연금법」에 따른 사업장가입자 · 지역가입자의 신고자료 및 월별 연금보험료 부과 자료

3. 보수 · 보수액 · 월평균보수, 법에 따른 지원 대상 및 보험사무대행기관에 대한 지원 여부의 확인에 필요한 다음 각 목의 자료

   가. 「부가가치세법」에 따른 사업자등록 자료, 일반과세자 부가가치세신고서 중 과세표준명세 합계액 자료, 전자세금계산서 또는 세금계산서 합계표 자료

   나. 「소득세법」에 따른 원천징수이행상황신고서, 근로소득 지급명세서, 종합소득세 과세표준 예정 · 확정신고서의 종합소득자료, 거주자의 사업소득 · 기타소득 지급명세서 및 간이지급명세서 또는 사업장제공자 등의 과세자료 제출 명세서

   다. 「법인세법」에 따른 표준손익계산서 중 보수 · 보수액 자료 또는 보험사무대행기관에 보험사무를 위임한 법인의 당기순손익

4. 「사립학교교직원 연금법」에 따른 사립학교교직원 연금 가입자 자료

5. 「산림자원의 조성 및 관리에 관한 법률」에 따른 입목(立木)의 벌채(伐採), 임산물(林産物)의 굴취(掘取) · 채취 허가 및 신고 자료

6. 「소방시설공사업법」에 따른 소방시설공사업 등록 자료 및 소방시설공사 실적 자료

7. 「어선원 및 어선 재해보상보험법」에 따른 어선원재해보상보험 가입자 자료

8. 「전기공사업법」에 따른 전기공사업 등록 자료 및 전기공사 실적 자료

9. 「전자조달의 이용 및 촉진에 관한 법률」에 따른 계약 관련 정보 중 건설공사 관련 자료

10. 「국가를 당사자로 하는 계약에 관한 법률」에 따른 계약실적보고 자료 중 건설공사 관련 자료

11. 「정보통신공사업법」에 따른 정보통신공사업 등록 자료 및 정보통신공사 실적 자료

12. 「주민등록법」에 따른 주민등록자료

13. 「건설기계관리법」에 따른 건설기계등록원부 등본, 건설기계사업 등록 자료, 「건축법」에 따른 건축물대장 등본, 「자동차관리법」에 따른 자동차등록원부 등본, 「공간정보의 구축 및 관리 등에 관한 법률」에 따른 토지대장 및 임야대장 등본 등 보험료 또는 그 밖의 징수금의 징수를 위하여 필요한 자료

14. 「건설산업기본법」에 따른 건설업 등록 자료, 폐업 · 양도 신고 자료, 건설공사 실적 자료, 「건축법」에 따른 건축 허가 또는 신고 자료, 건축공사 착공신고 자료, 건축허가 취소 자료 및 건축물 사용승인 자료 등 보험관계의 성립 · 소멸 확인 및 보험료의 부과 · 징수 · 정산을 위하여 필요한 자료

15. 삭제 〈2021. 6. 8.〉

16. 「지방세법」에 따른 재산세 과세자료

17. 「공무원연금법」에 따른 공무원연금 가입자 자료

18. 「주택법」에 따른 주택건설사업자의 등록 자료 및 주택건설공사 실적 자료

19. 「문화재수리 등에 관한 법률」에 따른 문화재수리업자의 등록 자료 및 문화재수리 실적 자료

19의2. 「관세법」에 따른 보세운송업자등의 등록 자료

19의3. 「물류정책기본법」에 따른 위험물질 운송차량의 소유자 및 운전자, 운행정보 등에 관한 자료

19의4. 「위험물안전관리법」에 따른 위험물운송자에 관한 자료

19의5. 「자동차관리법」에 따른 화물자동차 및 특수자동차 등록 자료

19의6. 「폐기물관리법」에 따른 사업장폐기물의 수집·운반업 허가 자료

19의7. 「화물자동차 운수사업법」에 따른 화물자동차 운수사업의 허가 자료, 운수사업자의 운송 또는 주선 실적 자료

19의8. 「화학물질관리법」에 따른 유해화학물질의 운반업체, 운반자 및 운반정보 등에 관한 자료

19의9. 「예술인 복지법」 제2조제2호 및 같은 법 시행령 제2조에 따른 예술 활동 증명 자료

19의10. 다음 각 목에 해당하는 사람에 관한 등록 자료

가. 「보험업법」 또는 「우체국예금·보험에 관한 법률」에 따른 보험설계사

나. 「여신금융전문업법」에 따른 신용카드회원모집인

다. 「대부업 등의 등록 및 금융이용자 보호에 관한 법률」에 따른 대출모집인

19의11. 「건설근로자의 고용개선 등에 관한 법률」에 따른 피공제자의 근로일수 신고 관련 자료(같은 법 제13조제4항에 따른 전자카드를 사용한 신고 자료를 포함한다)

19의12. 「소프트웨어 진흥법」에 따른 소프트웨어 사업자 및 소프트웨어 기술자의 보험 가입 등에 관한 자료

19의13. 「관광진흥법」에 따른 관광통역안내사 자격 등록 자료

19의14. 「도로교통법」에 따른 어린이통학버스 신고 자료

20. 그 밖에 보험관계의 성립·소멸 및 보험료 부과를 위하여 필요한 다음 각 목의 자료

가. 「사회복지사업법」 제2조제3호 및 제4호에 따른 사회복지법인 및 사회복지시설과 그 종사자에 관한 자료

나. 「사회서비스 이용 및 이용권 관리에 관한 법률」 제2조제4호에 따른 사회서비스 제공

자 및 그 종사자에 관한 자료

　다. 「영유아보육법」 제2조제3호 및 제5호에 따른 어린이집 및 보육교직원에 관한 자료

　라. 「국민기초생활보장법」 제15조에 따른 자활근로참여자에 관한 자료

[본조신설 2013. 12. 30.]

제5장 보칙 〈개정 2010. 9. 29.〉

제55조(보고 · 제출 · 조사)

① 법 제44조 및 제45조제1항에서 "대통령령으로 정하는 경우"란 다음 각 호의 경우를 말한다.

　1. 보험관계의 성립 · 변경 또는 소멸 등 보험관계의 확인이 필요한 경우

　2. 근로자 수, 보수총액 및 사업종류 등 보험료의 산정 및 징수와 관련된 사항에 대한 확인이 필요한 경우

　3. 보험사무대행기관이 보험사무를 위법 또는 부당하게 처리하거나 그 처리를 게을리하는지 확인이 필요한 경우

　4. 보험사무대행지원금의 지급과 관련하여 사실관계의 확인이 필요한 경우

② 법 제44조에 따른 보고 및 관계 서류 제출의 요구는 문서로 하여야 한다.

[전문개정 2010. 9. 29.]

제56조(권한의 위임 및 위탁)

① 법 제46조제1항에 따라 고용노동부장관은 법 제15조제8항에 따른 재해예방활동 인정의 취소에 관한 권한을 지방고용노동관서의 장에게 위임한다.　　〈신설 2013. 12. 30., 2021. 12. 31.〉

② 공단 또는 건강보험공단이 법 제46조에 따라 위탁할 수 있는 업무의 범위는 다음 각 호와 같다.　　〈개정 2013. 12. 30.〉

　1. 보험료, 그 밖의 징수금의 수납에 관한 업무

　2. 보험료 등 잘못 낸 금액의 반환금 지급에 관한 업무

　3. 제1호 및 제2호의 업무에 부대되는 업무

③ 공단 또는 건강보험공단이 제2항에 따라 업무를 위탁한 경우에는 그 위탁을 받은 자에게 위탁에 따른 수수료를 지급할 수 있다.　　〈개정 2013. 12. 30.〉

[전문개정 2010. 9. 29.]

[제목개정 2013. 12. 30.]

제56조의2(예산 및 사업운영계획의 승인)

① 건강보험공단은 법 제46조의2제1항에 따라 다음 회계연도의 예산에 대하여 고용노동부장관의 승인을 받으려면 예산요구서와 예산에 따른 사업설명서를 매년 5월 31일까지 고용노동부장관에게 제출하여야 한다.

② 건강보험공단은 법 제46조의2제1항에 따라 사업운영계획에 대하여 고용노동부장관의 승인을 받으려면 제1항에 따라 승인받은 예산이 확정된 후 지체 없이 사업운영계획을 수립하여 고용노동부장관에게 제출하여야 한다.

③ 건강보험공단은 제1항 및 제2항에 따라 승인받은 예산과 사업운영계획을 변경하려면 그 변경 사유와 내용을 적은 서류를 고용노동부장관에게 제출하여 승인을 받아야 한다.

[본조신설 2010. 9. 29.]

제56조의3(실적 및 결산서의 제출)

건강보험공단은 법 제46조의2제2항에 따라 사업실적과 결산을 고용노동부장관에게 보고하려면 결산보고서에 다음 각 호의 서류를 첨부하여 고용노동부장관에게 제출해야 한다.

〈개정 2021. 6. 8.〉

1. 재무상태표(공인회계사나 「공인회계사법」 제23조에 따라 설립된 회계법인의 감사의 의견서를 포함한다)와 그 부속서류
2. 그 밖에 결산의 내용을 증명하는 데에 필요한 서류

[본조신설 2010. 9. 29.]

제56조의4(보험료 등 징수 현황 보고)

고용노동부장관은 법 제46조의2제3항에 따라 건강보험공단이 징수한 전월(前月)의 보험료와 그 밖의 징수금 등의 징수 현황에 대하여 건강보험공단에 매월 말일까지 문서로 보고할 것을 명할 수 있다.

[본조신설 2010. 9. 29.]

제56조의5(예술인 고용보험 특례)

① 법 제48조의2제2항에서 "대통령령으로 정하는 금품"이란 「소득세법」 제12조제2호 또는 제5호에 해당하는 비과세소득 및 고용노동부장관이 정하여 고시하는 방법에 따라 산정한 필요경비를 말한다.

② 법 제48조의2제3항 전단에 따른 고용보험료율은 1천분의 16으로 한다.

③ 법 제48조의2제3항 후단에 따른 예술인에 대한 고용보험료의 상한액은 보험료가 부과되는 연도의 전전년도 보험가입자의 고용보험료 평균액의 10배 이내에서 고용노동부장관이 고시하는 금액으로 한다. 〈신설 2021. 6. 8.〉

④ 사업주는 법 제48조의2제4항 후단에 따라 예술인에게 같은 조 제2항에 따른 보수액을 지급할 때마다 그 지급금액과 문화예술용역 관련 계약에서 정한 직전의 지급일 이후 따로 지급한 보수액을 더한 금액에서 예술인이 부담할 고용보험료에 해당하는 금액을 원천공제한다.

〈개정 2021. 6. 8.〉

⑤ 발주자 또는 원수급인은 법 제48조의2제7항에 따라 원수급인 또는 하수급인에게 지급하는 도급금액 또는 하도급금액에서 피보험자격의 취득을 신고한 예술인에 대한 고용보험료에 해당하는 금액을 원천공제하여 납부해야 한다. 이 경우 원천공제해야 하는 고용보험료는 예술인별로 산정한다. 〈개정 2021. 6. 8.〉

⑥ 제1항부터 제5항까지에서 규정한 사항 외에 예술인의 고용보험관계 등에 관하여는 다음 각 호의 구분에 따른 규정을 준용한다. 〈개정 2021. 6. 8.〉

1. 예술인에 대한 고용보험관계의 성립·소멸 등에 관하여는 제5조, 제8조 및 제9조

2. 예술인에 대한 고용보험료의 산정·부과 등에 관하여는 제19조의4, 제19조의9 및 제24조

3. 예술인에 대한 고용보험료의 경감, 과납액의 충당과 반환, 고용보험료와 연체금의 징수·독촉 등에 관하여는 제30조의2부터 제30조의4까지, 제31조, 제31조의2, 제33조, 제37조부터 제40조까지, 제40조의2부터 제40조의6까지, 제41조 및 제41조의2부터 제41조의4까지의 규정

4. 예술인에 대한 고용보험료 및 법에 따른 그 밖의 징수금에 관한 서류의 송달, 보고·조사 등에 관하여는 제43조의2 및 제55조

[본조신설 2020. 12. 8.]

[종전 제56조의5는 제56조의6으로 이동 〈2020. 12. 8.〉]

제56조의6(노무제공자 고용보험 특례)

① 법 제48조의3제2항 본문에서 "대통령령으로 정하는 금품"이란 「소득세법」 제12조제2호 또는 제5호에 해당하는 비과세소득 및 고용노동부장관이 정하여 고시하는 방법에 따라 산정한 필요경비를 말한다.

② 법 제48조의3제2항 단서에서 "대통령령으로 정하는 직종"이란 「고용보험법 시행령」 제104조의11제1항제10호, 같은 항 제11호가목부터 바목까지 또는 같은 항 제17호에 해당하는 노

무제공자가 종사하는 직종을 말한다. 〈개정 2022. 6. 28.〉

③ 법 제48조의3제3항 전단에 따른 고용보험료율은 1천분의 16으로 하고, 노무제공자와 사업주가 각각 분담해야 하는 고용보험료는 개인별 월평균보수에 고용보험료율의 2분의 1을 곱한 금액으로 한다. 〈개정 2021. 12. 31.〉

④ 법 제48조의3제3항 후단에 따른 노무제공자에 대한 고용보험료의 상한액은 고용보험료가 부과되는 연도의 전전년도 보험가입자의 고용보험료 평균액의 10배 이내에서 고용노동부장관이 고시하는 금액으로 한다.

⑤ 사업주는 법 제48조의3제4항 후단에 따라 노무제공자에게 같은 조 제2항에 따른 보수액을 지급할 때마다 그 지급금액과 노무제공계약에서 정한 직전의 지급일 이후 따로 지급한 보수액을 더한 금액에서 노무제공자가 부담할 고용보험료에 해당하는 금액을 원천공제한다.

⑥ 제1항부터 제5항까지에서 규정한 사항 외에 노무제공자의 고용보험관계 등에 관하여는 다음 각 호의 구분에 따른 규정을 준용한다.

1. 노무제공자에 대한 고용보험관계의 성립 · 소멸 등에 관하여는 제5조, 제8조 및 제9조

2. 노무제공자에 대한 고용보험료의 산정 · 부과 등에 관하여는 제19조의4, 제19조의9 및 제24조

3. 노무제공자에 대한 고용보험료의 경감, 과납액의 충당과 반환, 고용보험료와 연체금의 징수 · 독촉 등에 관하여는 제30조의2부터 제30조의4까지, 제31조, 제31조의2, 제33조, 제37조부터 제40조까지, 제40조의2부터 제40조의6까지, 제41조 및 제41조의2부터 제41조의4까지의 규정

4. 노무제공자에 대한 고용보험료 및 법에 따른 그 밖의 징수금에 관한 서류의 송달, 보고 · 조사 등에 관하여는 제43조의2 및 제55조

[본조신설 2021. 6. 8.]

[종전 제56조의6은 제56조의7로 이동 〈2021. 6. 8.〉]

제56조의7(노무제공플랫폼사업자에 대한 특례)

① 법 제48조의4제2항 전단에서 "노무제공 횟수 및 그 대가 등 대통령령으로 정하는 자료 또는 정보"란 다음 각 호의 자료 또는 정보를 말한다.

1. 노무제공계약에 관한 다음 각 목의 자료 또는 정보

   가. 노무제공계약의 시작일 또는 종료일

   나. 노무제공횟수 및 노무제공일수

   다. 월보수액(단기노무제공자의 경우에는 노무제공대가를 말한다)

2. 노무제공사업의 사업주에 관한 다음 각 목의 자료 또는 정보

　가. 사업주(법인인 경우 대표자를 말한다)의 이름

　나. 사업자등록번호(법인인 경우 법인등록번호를 포함한다)

　다. 사업장의 명칭 및 주소

　라. 법 제48조의4제1항에 따른 노무제공플랫폼이용계약의 시작일 및 종료일

3. 노무제공자에 관한 다음 각 목의 자료 또는 정보

　가. 노무제공자의 이름 및 직종

　나. 노무제공자의 주민등록번호(외국인인 경우에는 외국인등록번호를 말한다)

② 노무제공플랫폼사업자는 법 제48조의4제3항에 따라 노무제공자 및 노무제공사업의 사업주가 부담해야 하는 그 달의 월별보험료를 다음 달 10일까지 납부해야 한다.

[본조신설 2021. 12. 31.]

[종전 제56조의7은 제56조의8로 이동 〈2021. 12. 31.〉]

제56조의8(가입대상 자영업자)

법 제49조의2제1항에서 "대통령령으로 정하는 요건을 갖춘 자영업자"란 다음 각 호에 해당하는 요건을 모두 갖춘 자영업자를 말한다.

〈개정 2013. 6. 28., 2015. 12. 30., 2017. 12. 19., 2019. 6. 25., 2022. 6. 28.〉

1. 고용보험 가입 신청 당시 다음 각 목의 어느 하나의 경우에 해당할 것

　가. 「소득세법」 제168조제1항 또는 「부가가치세법」 제8조에 따라 사업자등록을 하고 실제 사업을 영위하고 있는 경우

　나. 「소득세법」 제168조제5항에 따라 고유번호를 부여받아 실제 사업을 영위하고 있는 경우로서 「영유아보육법」 제10조제5호의 가정어린이집을 운영하는 등 고용노동부장관이 정하여 고시하는 사업을 영위하는 경우

2. 고용보험 가입 신청일 전 2년 이내에 「고용보험법」 제69조의3에 따라 구직급여를 받은 사실이 없을 것

3. 다음 각 목의 어느 하나에 해당하는 업종에 종사하지 아니할 것

　가. 「고용보험법 시행령」 제2조제1항 각 호의 어느 하나에 해당하는 사업

　나. 부동산 임대업(한국표준산업분류표의 세분류를 기준으로 한다)

[본조신설 2011. 12. 30.]

[제56조의7에서 이동, 종전 제56조의8은 제56조의9로 이동 〈2021. 12. 31.〉]

제56조의9(자영업자 고용보험료율)

① 법 제49조의2제7항에 따른 고용보험료율은 다음 각 호와 같다.

　1. 고용안정 · 직업능력개발사업의 보험료율: 1만분의 25

　2. 실업급여의 보험료율: 1천분의 20

② 공단은 제1항에 따른 자영업자 보험료율이 인상되거나 인하된 경우에는 자영업자에 대한 고용보험료를 증액 또는 감액 조정하여야 한다.

[본조신설 2011. 12. 30.]

[제56조의8에서 이동, 종전 제56조의9는 제56조의10으로 이동 〈2021. 12. 31.〉]

제56조의10(준용)

　자영업자에 대한 보험료 등 과납액의 충당과 반환, 연체금의 징수 · 독촉 및 체납 · 결손처분에 관하여는 제31조, 제33조, 제37조부터 제40조까지, 제40조의6, 제41조 및 제43조의2를 준용한다. 이 경우 "사업주"는 각각 "자영업자"로 본다.

[본조신설 2011. 12. 30.]

[제56조의9에서 이동, 종전 제56조의10은 제56조의11로 이동 〈2021. 12. 31.〉]

제56조의11(특수형태근로종사자에 대한 산재보험료 경감)

① 법 제49조의3제5항에서 "대통령령으로 정하는 직종"이란 「산업재해보상보험법 시행령」 제125조 각 호에 해당하는 사람이 종사하는 직종으로서 그 직종의 재해율(공단이 산재보험급여의 신청 등을 고려하여 산정한 재해율을 말하며, 그 재해율을 산정하기 어려운 경우에는 해당 직종이 속한 업종의 재해율을 말한다)이 전체 업종의 평균재해율(고용노동부장관이 보험연도의 직전연도 말일을 기준으로 산정 · 공고한 것을 말한다)의 2분의 1 이상인 직종 중에서 산재보험료의 부담 수준, 특수형태근로종사자의 규모 등을 고려하여 고용노동부장관이 정하여 고시하는 직종을 말한다.

② 법 제49조의3제5항에 따라 제1항에 따른 직종에 종사하는 특수형태근로종사자와 해당 사업주에 대해서는 법 제49조의3제1항에 따른 산재보험료의 100분의 50 범위에서 고용노동부장관이 정하여 고시하는 바에 따라 산재보험료를 경감할 수 있다.

③ 제1항 및 제2항에서 규정한 사항 외에 경감 기간 등 산재보험료의 경감에 필요한 사항은 고용노동부장관이 정하여 고시한다.

[본조신설 2021. 6. 8.]

[제56조의10에서 이동, 종전 제56조의11은 제56조의12로 이동 〈2021. 12. 31.〉]

제56조의12(산재보험관리기구에 대한 지원)

① 법 제49조의5제7항에 따라 산재보험관리기구가 제46조 각 호에 따른 보험사무를 한 경우에는 그에 따른 지원금(이하 "산재보험관리기구지원금"이라 한다)을 지급할 수 있다.

② 산재보험관리기구지원금은 산재보험관리기구가 수행한 보험사무의 실적 등 고용노동부장관이 정하는 기준에 따라 금액을 산정하여 분기마다 지급한다.

③ 산재보험관리기구지원금을 지급받으려는 산재보험관리기구는 매 분기가 끝나는 날(법 제49조의5제3항에 따라 보험관계가 소멸된 경우에는 소멸일을 말한다) 이후 고용노동부령으로 정하는 바에 따라 공단에 산재보험관리기구지원금 지급을 신청하여야 한다.

④ 산재보험관리기구지원금은 산업재해보상보험및예방기금에서 부담한다.

[본조신설 2011. 12. 30.]

[제56조의11에서 이동, 종전 제56조의12는 제56조의13으로 이동 〈2021. 12. 31.〉]

제56조의13(고유식별정보의 처리)

고용노동부장관, 공단, 건강보험공단(제56조에 따라 공단 또는 건강보험공단의 업무를 위탁받은 자를 포함한다), 보험료납부대행기관, 보험사무대행기관 또는 노무제공플랫폼사업자는 다음 각 호의 사무를 수행하기 위하여 불가피한 경우 「개인정보 보호법 시행령」 제19조에 따른 주민등록번호 및 외국인등록번호가 포함된 자료를 처리할 수 있다.

〈개정 2012. 6. 29., 2014. 9. 24., 2020. 12. 8., 2021. 6. 8., 2021. 12. 31., 2022. 6. 28.〉

1. 법 제5조에 따른 보험의 가입 · 해지에 관한 사무

2. 법 제8조 및 제9조에 따른 일괄적용과 관련한 승인에 관한 사무

3. 법 제11조에 따른 보험관계의 성립 · 소멸신고에 관한 사무

4. 법 제12조에 따른 보험관계의 변경신고에 관한 사무

5. 삭제 〈2021. 12. 31.〉

6. 법 제16조의6에 따른 월별보험료의 산정에 관한 사무

7. 법 제16조의8제2항에 따른 월별보험료의 전자고지 서비스에 관한 사무

7의2. 법 제16조의9에 따른 보험료 정산에 관한 사무

8. 법 제16조의10에 따른 보수총액 등의 신고에 따른 사무

9. 법 제16조의11에 따른 보수총액 수정신고에 관한 사무

9의2. 법 제16조의12에 따른 보험료납부대행기관을 통하여 신용카드등으로 하는 보험료등의 납부대행에 관한 사무

9의3. 법 제21조에 따른 고용보험료의 지원에 관한 사무

9의4. 법 제21조의2에 따른 지원금의 환수에 관한 사무

10. 법 제22조의2에 따른 보험료 등의 경감에 관한 사무

10의2. 법 제22조의3에 따른 고용보험료등의 면제에 관한 사무

10의3. 법 제22조의4에 따른 고용보험료등의 면제에 따른 지원의 제한에 관한 사무

11. 법 제23조에 따른 보험료 등 과납액의 충당 및 반환에 관한 사무

12. 법 제27조의3에 따른 보험료 등의 분할납부에 관한 사무

13. 법 제28조의3제2항 후단에 따른 상속인 대표자의 신고에 관한 사무

13의2. 법 제29조의2에 따른 체납 또는 결손처분 자료의 제공에 관한 사무

14. 법 제33조에 따른 보험사무대행기관의 인가, 변경인가, 변경신고 또는 폐지신고에 관한 사무

15. 법 제37조에 따른 보험사무대행기관의 지원에 관한 사무

16. 법 제40조에 따른 자료제공의 요청에 관한 사무

17. 법 제47조제2항에 따른 해외파견자 산재보험가입 신청 및 승인, 보험료의 신고 및 납부 등에 관한 사무

17의2. 법 제48조의2에 따른 예술인의 고용보험 적용 등에 관한 사항

17의3. 법 제48조의3에 따른 노무제공자의 고용보험 적용 등에 관한 사무

17의4. 법 제48조의4제1항·제2항 및 제5항에 따른 노무제공자의 고용보험 적용 등에 관한 사무

17의5. 법 제48조의5에 따른 학생연구자의 산재보험 적용 등에 관한 사무

18. 법 제49조제2항에 따른 중소기업 사업주 등의 산재보험 가입 신청 및 승인, 보험료의 신고 및 납부 등에 관한 사무

19. 법 제49조의2에 따른 자영업자 고용보험가입 승인 등에 관한 사무

19의2. 법 제49조의3제5항에 따른 특수형태근로종사자의 산재보험료 경감에 관한 사무

20. 법 제49조의3제6항에 따른 특수형태근로종사자의 산재보험 적용 제외의 신청, 적용 제외 사유의 소멸 사실 통지 및 산재보험관계의 변경신고 등에 관한 사무

20의2. 법 제49조의5에 따른 산재보험관리기구의 승인 및 변경사항 신고에 관한 사무

21. 제5조제2항에 따른 대리인 선임·해임 신고에 관한 사무

21의2. 제19조의3제7항에 따른 월평균보수의 변경에 관한 사무

22. 제31조에 따른 보험료 등 과납액의 충당·반환 및 이자에 관한 사무

22의2. 제46조에 따른 보험사무 위임업무에 관한 사무

23. 대통령령 제22408호 고용보험 및 산업재해보상보험의 보험료징수 등에 관한 법률 시행

령 일부개정령 부칙 제2조에 따른 보험료등의 경감 특례에 관한 사무

[본조신설 2011. 12. 30.]

[제56조의12에서 이동, 종전 제56조의13은 제56조의14로 이동 〈2021. 12. 31.〉]

[대통령령 제23910호(2012. 6. 29.) 부칙 제2조의 규정에 의하여 이 조 제10호의2·제10호의3
은 2014년 6월 30일까지 유효함]

제56조의14(규제의 재검토)

① 고용노동부장관은 제44조제2호 및 제3호에 따른 보험에 관한 사무를 대행할 수 있는 공인노
무사 및 세무사의 기준에 대하여 2017년 1월 1일을 기준으로 2년마다(매 2년이 되는 해의 1
월 1일 전까지를 말한다) 그 타당성을 검토하여 개선 등의 조치를 하여야 한다.

② 고용노동부장관은 제51조에 따른 보험사무대행기관의 장부 비치 의무에 대하여 2017년 1월
1일을 기준으로 3년마다(매 3년이 되는 해의 1월 1일 전까지를 말한다) 그 타당성을 검토하
여 개선 등의 조치를 하여야 한다.

③ 고용노동부장관은 별표 1의2에 따른 업무상 사고로 사망한 사람 수 등을 고려한 개별실적요
율의 조정 기준에 대하여 2022년 1월 1일을 기준으로 3년마다(매 3년이 되는 해의 1월 1일 전
까지를 말한다) 그 타당성을 검토하여 개선 등의 조치를 해야 한다.　　　　　　〈신설 2021. 12. 31.〉

[전문개정 2016. 12. 30.]

[제56조의13에서 이동 〈2021. 12. 31.〉]

제6장 과태료

제57조(과태료의 부과기준) 법 제50조제1항 및 제2항에 따른 과태료의 부과기준은 별표 2와 같
다.

[전문개정 2011. 4. 4.]

부칙 〈제32731호, 2022. 6. 28.〉

제1조(시행일)

이 영은 2022년 7월 1일부터 시행한다.

제2조(개별실적요율에 관한 적용례)

제15조제1항제2호 후단 및 같은 조 제2항의 개정규정은 2023년도에 각 사업에 적용되는 산재보험료율을 결정하는 경우부터 적용한다.

고용보험 및 산업재해보상보험의 보험료징수 등에 관한 법률 시행규칙

[시행 2022. 7. 1.]
[고용노동부령 제356호, 2022. 6. 30., 일부개정]

제1장 총칙 〈개정 2010. 12. 22.〉

제1조(목적)

이 규칙은 「고용보험 및 산업재해보상보험의 보험료징수 등에 관한 법률」 및 같은 법 시행령에서 위임된 사항과 그 시행에 필요한 사항을 규정함을 목적으로 한다.

[전문개정 2010. 12. 22.]

제2조(대리인 선임 또는 해임신고)

「고용보험 및 산업재해보상보험의 보험료징수 등에 관한 법률 시행령」(이하 "영"이라 한다) 제5조제2항에 따른 대리인의 선임 또는 해임신고는 별지 제1호서식의 대리인 선임(해임)신고서에 따른다.

[전문개정 2010. 12. 22.]

제2조의2(정보통신망을 이용한 신고 또는 신청의 방법·절차 등)

① 「고용보험 및 산업재해보상보험의 보험료징수 등에 관한 법률」(이하 "법"이라 한다) 제4조의2에 따른 고용·산재정보통신망(이하 "고용·산재정보통신망"이라 한다)을 이용하여 신고 또는 신청을 하려는 사업주는 「산업재해보상보험법」 제10조에 따른 근로복지공단(이하 "공단"이라 한다)에 이용신청을 하고, 고용·산재정보통신망에 사용자번호와 비밀번호를 등록하여야 한다.

② 사업주가 고용·산재정보통신망을 이용하는 경우에는 사용자번호와 비밀번호를 입력하여 본인 확인 절차를 거쳐야 한다.

③ 사업주가 고용·산재정보통신망을 이용하여 신고 또는 신청하는 경우에는 고용·산재정보통신망에서 제공하는 신고·신청 서식 등에 따라 신고 또는 신청하여야 한다.

④ 제1항부터 제3항까지의 규정에서 정한 사항 외에 고용·산재정보통신망을 이용한 신고·신청의 방법 및 절차는 고용노동부장관이 정하여 고시하는 바에 따른다. 〈개정 2021. 7. 1.〉

[전문개정 2010. 12. 22.]

제2장 보험관계의 성립 및 소멸

제3조(보험의 가입·해지신청)

① 법 제5조제2항 또는 제4항에 따라 「고용보험법」에 따른 고용보험(이하 "고용보험"이라 한다) 또는 「산업재해보상보험법」에 따른 산업재해보상보험(이하 "산재보험"이라 한다)에 가입하려는 사업주는 별지 제2호서식의 보험가입신청서[건설업 및 벌목업(법 제8조에 따른 일괄적용 대상 사업인 경우는 제외한다. 이하 이 조 및 제7조에서 같다)의 경우에는 별지 제3호서식의 건설업 및 벌목업 보험가입신청서를 말한다]에 다음 각 호의 서류를 첨부하여 공단에 제출하여야 한다. 〈개정 2017. 6. 28., 2018. 5. 8.〉

1. 도급계약서(공사비명세서를 포함한다) 및 건축 또는 용도변경 등에 관한 허가서 또는 신고확인증 사본(건설업인 경우만 해당한다)

2. 근로자 과반수의 동의를 받은 사실을 증명하는 서류(고용보험에 임의로 가입하려는 경우만 해당한다)

3. 통장 사본(보험료의 자동이체를 신청하는 경우만 해당한다)

② 제1항에 따라 신청서를 제출받은 공단은 「전자정부법」 제36조제1항에 따른 행정정보의 공동이용을 통해 다음 각 호의 서류를 확인해야 한다. 다만, 신청인이 제1호 및 제2호의 서류 확인에 동의하지 않는 경우에는 해당 서류(사업자등록증의 경우에는 그 사본을 말한다)를 첨부하도록 해야 한다. 〈신설 2018. 5. 8., 2021. 7. 1.〉

1. 사업자등록증

2. 주민등록표 초본(신청인이 개인인 경우만 해당한다). 다만, 신청인이 직접 신청서를 제출하면서 신분증명서(주민등록증, 운전면허증, 여권을 말한다. 이하 같다)를 제시하는 경우에는 그 신분증명서의 확인으로 해당 서류의 확인을 갈음할 수 있다.

3. 법인 등기사항증명서(신청인이 법인인 경우만 해당한다)

③ 법 제5조제5항에 따라 보험계약을 해지하려는 사업주는 별지 제4호서식의 보험관계 해지신청서(건설업 및 벌목업의 경우에는 별지 제5호서식의 건설업 및 벌목업 보험관계 해지신청서)에 근로자 과반수의 동의를 받은 사실을 증명하는 서류를 첨부하여 공단에 제출해야 한다. 이 경우 공단은 「전자정부법」 제36조제1항에 따른 행정정보의 공동이용을 통해 휴업·폐업사실 증명원(휴업·폐업한 경우만 해당한다) 및 법인 등기사항증명서(신청인이 법인인 경우만 해당한다)를 확인해야 하며, 신청인이 휴업·폐업사실 증명원의 확인에 동의하지 않는 경우에는 해당 서류를 첨부하도록 해야 한다. 〈개정 2012. 1. 3., 2017. 6. 28., 2018. 5. 8., 2021. 7. 1.〉

[전문개정 2010. 12. 22.]

제4조(일괄적용 승인신청)

영 제6조제2항에 따라 일괄적용의 승인을 받으려는 사업주는 별지 제6호서식의 일괄적용 승인신청서를 공단에 제출하여야 한다.

[전문개정 2010. 12. 22.]

제5조(일괄적용 해지신청)

영 제6조제3항에 따라 일괄적용관계의 해지승인을 받으려는 사업주는 별지 제7호서식의 일괄적용 해지신청서를 공단에 제출하여야 한다.

[전문개정 2010. 12. 22.]

제6조(하수급인에 대한 사업주 인정 승인)

① 영 제7조제3항에 따라 하수급인에 대한 사업주 승인을 받으려는 원수급인은 별지 제8호서식의 하수급인 사업주 보험가입 승인신청서에 다음 각 호의 서류를 첨부하여 공단에 제출해야 한다. 〈개정 2017. 6. 28., 2021. 7. 1.〉

1. 도급계약서 사본

2. 보험료 납부 인수에 관한 서면계약서(전자문서로 된 계약서를 포함한다) 사본

② 공단은 제1항에 따른 신청서를 받은 경우에는 접수일부터 5일 이내에 그 승인 여부를 별지 제9호서식의 하수급인 사업주 보험가입 승인(불승인)통지서에 따라 원수급인과 하수급인에게 각각 알려야 한다. 〈개정 2017. 6. 28.〉

[전문개정 2010. 12. 22.]

제7조(보험관계의 성립ㆍ소멸신고)

① 법 제11조제1항(법 제48조의2제8항제1호 및 제48조의3제6항제1호에서 준용하는 경우를 포함한다)에 따라 보험관계의 성립을 신고하려는 사업주는 근로자 종사 사업장인 경우에는 별지 제2호서식의 보험관계 성립신고서(건설업 및 벌목업의 경우에는 별지 제3호서식의 보험관계 성립신고서), 「고용보험법」 제77조의2제1항에 따른 예술인(이하 "예술인"이라 한다)ㆍ같은 법 제77조의6제1항에 따른 노무제공자(이하 "노무제공자"라 한다) 또는 「산업재해보상보험법」 제125조에 따른 특수형태근로종사자(이하 "특수형태근로종사자"라 한다) 종사 사업장인 경우는 별지 제2호의2서식의 보험관계 성립신고서에 다음 각 호의 서류를 첨부

하여 공단에 각각 제출해야 한다. 〈개정 2017. 6. 28., 2018. 5. 8., 2020. 12. 10., 2021. 7. 1.〉

1. 도급계약서(공사비명세서를 포함한다) 및 건축 또는 용도변경 등에 관한 허가서 또는 신고확인증 사본(건설업인 경우만 해당한다)

2. 통장 사본(보험료의 자동이체를 신청하는 경우만 해당한다)

② 제1항에 따라 신고서를 제출받은 공단은 「전자정부법」 제36조제1항에 따른 행정정보의 공동이용을 통해 다음 각 호의 서류를 확인해야 한다. 다만, 신고인이 제1호 및 제2호의 서류 확인에 동의하지 않는 경우에는 해당 서류(사업자등록증의 경우에는 그 사본을 말한다)를 첨부하도록 해야 한다. 〈신설 2018. 5. 8., 2021. 7. 1.〉

1. 사업자등록증

2. 주민등록표 초본(신고인이 개인인 경우만 해당한다). 다만, 신고인이 직접 신고서를 제출하면서 신분증명서를 제시하는 경우에는 그 신분증명서의 확인으로 해당 서류의 확인을 갈음할 수 있다.

3. 법인 등기사항증명서(신고인이 법인인 경우만 해당한다)

③ 법 제11조제1항(법 제48조의2제8항제1호 및 제48조의3제6항제1호에서 준용하는 경우를 포함한다)에 따라 보험관계의 소멸을 신고하려는 사업주는 근로자 종사 사업장인 경우에는 별지 제4호서식의 보험관계 소멸신고서(건설업 및 벌목업의 경우에는 별지 제5호서식의 건설업 및 벌목업 보험관계 소멸신고서), 예술인·노무제공자 또는 특수형태종사근로자 종사 사업장인 경우에는 별지 제4호의2서식의 보험관계 소멸신고서를 공단에 제출해야 한다. 이 경우 공단은 「전자정부법」 제36조제1항에 따른 행정정보의 공동이용을 통해 휴업·폐업사실 증명원(휴업·폐업한 경우만 해당한다) 및 법인 등기사항증명서(신고인이 법인인 경우만 해당한다)를 확인해야 하며, 신고인이 휴업·폐업사실 증명원의 확인에 동의하지 않는 경우에는 해당 서류를 첨부하도록 해야 한다. 〈개정 2021. 7. 1.〉

④ 법 제11조제2항에 따라 일괄적용보험관계의 성립을 신고하려는 사업주는 별지 제6호서식의 일괄적용 성립신고서에 다음 각 호의 서류를 첨부하여 공단에 제출해야 한다. 이 경우 공단은 「전자정부법」 제36조제1항에 따른 행정정보의 공동이용을 통해 법인 등기사항증명서를 확인해야 한다. 〈개정 2018. 5. 8., 2021. 7. 1.〉

1. 도급계약서 사본

2. 건설업면허 사본

⑤ 제1항 또는 제4항에 따라 보험관계 성립신고를 하려는 사업주가 다음 각 호의 어느 하나에 해당하는 경우에는 해당 서류를 제출하거나 신고·신청한 날에 제1항 또는 제4항에 따른 보험관계 성립신고서 또는 일괄적용 성립신고서를 제출한 것으로 본다.

1. 「소득세법」 제164조에 따라 근로자의 보수 또는 특수형태근로종사자의 원천징수 대상 사업소득이 기재된 지급명세서를 원천징수 관할 세무서장·지방국세청장 또는 국세청장에게 제출한 경우

2. 「건축법」 제21조 및 「건축물관리법」 제30조에 따라 건축허가권자에게 착공신고, 건축물 해체허가 신청 또는 건축물 해체신고를 하여 수리되었거나 허가를 받은 경우

3. 「소득세법 시행령」 제185조에 따라 근로소득 또는 특수형태근로종사자의 원천징수 대상 사업소득에 대한 원천징수이행상황신고서를 원천징수 관할세무서장에게 제출한 경우

4. 「화물자동차 운수사업법」 제3조제1항에 따라 일반화물자동차 운송사업 허가를 신청하여 허가를 받은 경우

5. 「화물자동차 운수사업법」 제24조제1항에 따라 화물자동차 운송주선사업 허가를 신청하여 허가를 받은 경우

6. 「방문판매 등에 관한 법률」 제5조제1항에 따라 방문판매업 신고를 하여 수리된 경우

7. 「방문판매 등에 관한 법률」 제29조제3항에 따라 준용되는 같은 법 제13조제1항에 따라 후원방문판매업 등록신청을 하여 등록된 경우

⑥ 법 제48조의4제1항에 따라 노무제공플랫폼사업자(「고용보험법」 제77조의7제1항에 따른 노무제공플랫폼사업자를 말한다. 이하 같다)가 같은 항 제2호에 따른 노무제공플랫폼을 이용하기 시작한 날을 신고한 경우에는 노무제공사업의 사업주가 제1항 또는 제4항에 따른 보험관계 성립신고서 또는 일괄적용 성립신고서를 제출한 것으로 본다. 〈신설 2021. 12. 31.〉

[전문개정 2010. 12. 22.]

제8조(일괄적용사업의 사업 개시·종료 신고 등)

법 제11조제3항에 따라 일괄적용 사업주가 그 각각의 사업 개시 또는 종료를 신고하는 경우에는 별지 제10호서식의 일괄적용 사업 개시(종료)신고서에 도급계약서 사본(건설공사 개시신고의 경우만 해당한다) 또는 벌목작업 허가서 사본(벌목작업 개시신고의 경우만 해당한다)을 첨부하여 공단에 제출해야 한다. 이 경우 공단은 「전자정부법」 제36조제1항에 따른 행정정보의 공동이용을 통해 사업자등록증(산재보험에서 건설공사 및 벌목작업 외의 사업 개시신고의 경우만 해당한다)을 확인해야 하며, 신고인이 확인에 동의하지 않는 경우에는 그 사본을 첨부하도록 해야 한다.

〈개정 2017. 6. 28., 2021. 7. 1.〉

[전문개정 2010. 12. 22.]

제9조(보험관계 성립 · 소멸 등의 통지 등)

영 제8조(영 제56조의5제6항제1호 및 제56조의6제6항제1호에서 준용하는 경우를 포함한다)에 따라 보험관계의 성립 또는 소멸을 알리는 경우에는 별지 제11호서식의 보험관계 성립(보험가입 승인, 보험가입 불승인, 일괄적용사업 개시완료)통지서 또는 별지 제12호서식의 보험관계 소멸(보험계약 해지 승인, 보험계약 해지 불승인)통지서에 따른다. 〈개정 2020. 12. 10., 2021. 7. 1.〉

[전문개정 2010. 12. 22.]

제10조(보험관계의 변경신고

① 영 제9조제1호부터 제5호까지의 규정에 따른 사항을 변경신고하려는 사업주(영 제56조의5제6항제1호 및 제56조의6제6항제1호에서 준용하는 경우를 포함한다)는 근로자 종사 사업장인 경우에는 별지 제13호서식의 보험관계 변경신고서, 예술인 · 노무제공자 또는 특수형태근로종사자 종사 사업장인 경우에는 별지 제13호의2서식의 보험관계 변경신고서를 공단에 제출해야 한다. 이 경우 공단은 「전자정부법」 제36조제1항에 따른 행정정보의 공동이용을 통해 다음 각 호의 행정정보를 확인해야 하며, 신고인이 제1호 및 제2호의 확인에 동의하지 않는 경우에는 해당 서류(사업자등록증의 경우에는 그 사본)를 첨부하도록 해야 한다.

〈개정 2018. 5. 8., 2020. 12. 10., 2021. 7. 1.〉

1. 사업자등록증(사업장이 변경된 경우만 해당한다)
2. 주민등록표 초본(사업주가 변경된 경우로서, 신고인이 개인인 경우만 해당한다). 다만, 신고인이 직접 신고서를 제출하면서 신분증명서를 제시하는 경우에는 그 신분증명서의 확인으로 해당 서류의 확인을 갈음할 수 있다.
3. 법인 등기사항증명서(신고인이 법인인 경우만 해당한다)

② 영 제9조제3호 또는 제6호에 따른 사업의 종류 또는 상시근로자수가 변경되어 「고용보험법 시행령」 제12조에 따른 우선지원 대상기업에의 해당 여부가 변경되는 사업주는 별지 제14호서식의 우선지원 대상기업 신고서를 공단에 제출하여야 한다.

[전문개정 2010. 12. 22.]

제3장 보험료

제11조(보험료 대행납부)

① 영 제10조제1항에 따라 보험료의 대행납부를 승인받으려는 자는 별지 제15호서식의 보험료

대행납부 신청서에 원수급인의 동의서를 첨부하여 공단에 제출하여야 한다.

② 제1항에 따라 신청서를 접수한 경우 공단은 접수일부터 5일 이내에 그 승인 여부를 별지 제
16호서식의 보험료 대행납부 승인(불승인)통지서로 알려야 한다.

③ 영 제10조제2항에 따른 변경신고는 별지 제17호서식의 보험료 대행납부 변경신고서에 따른
다.

[전문개정 2010. 12. 22.]

제12조(사업 종류별 산재보험료율의 결정)

법 제14조제3항 및 제4항에 따른 산재보험료율은 재해 발생의 위험성과 경제활동의 동질성 등
을 기초로 분류한 사업 종류별로 구분하여 고용노동부장관이 정하여 고시하되, 사업 종류별 보험
료율의 구성과 산정방법은 별표 1과 같다.　　　　　　　　　　　　　　　　　　〈개정 2017. 12. 28.〉

[전문개정 2010. 12. 22.]

제12조의2(통상적인 경로와 방법으로 출퇴근하는 중 발생한 재해에 관한 산재보험료율의 결정)

법 제14조제7항에 따른 통상적인 경로와 방법으로 출퇴근하는 중 발생한 재해에 대한 산재보험
료율의 구성과 산정방법은 별표 2와 같다.

[본조신설 2017. 12. 28.]

제13조(개별실적요율의 결정)

① 공단은 법 제15조제2항부터 제4항까지의 규정에 따른 보험료율 결정의 특례(이하 "개별실적
요율"이라 한다)를 결정하는 경우에는 영 제13조에 따른 산재보험료율 고시일부터 10일 이
내에 결정해야 한다. 다만, 산재보험료율 고시일부터 보험연도 개시일까지 10일이 되지 않는
경우에는 보험연도 개시일 전날까지 결정해야 한다.　　　　　　　　　　　　　　〈개정 2021. 12. 31.〉

② 공단은 제1항의 경우 외에 사업주의 이의신청 또는 결정의 착오 등으로 제1항에 따른 개별실
적요율을 조정하거나 변경하려는 경우에는 그 사유가 발생한 때부터 5일 이내에 조정하거나
변경하여야 한다.

③ 공단은 제1항 또는 제2항에 따라 개별실적요율을 결정하거나 조정 또는 변경한 경우에는 별
지 제18호서식의 산재보험료율 결정통지서로 그 사실을 해당 사업주에게 알려야 한다.

[전문개정 2010. 12. 22.]

제13조의2(재해예방활동의 인정 신청 등)

① 법 제15조제5항에 따라 산재예방요율을 적용받으려는 사업주는 별지 제18호의2서식의 재해예방활동 인정 신청서에 상시근로자 수를 증명할 수 있는 서류를 첨부하여 「한국산업안전보건공단법」에 따른 한국산업안전보건공단(이하 "안전보건공단"이라 한다)에 제출해야 한다. 〈개정 2017. 4. 19., 2021. 12. 31.〉

② 제1항에 따라 재해예방활동의 인정 신청을 받은 안전보건공단은 해당 사업주가 영 제18조의2제1항제1호에 따른 위험성평가의 실시 또는 같은 항 제2호에 따른 교육 이수 및 산재예방계획의 수립을 완료한 사실을 확인한 경우에는 확인한 날부터 10일 이내에 별지 제18호의3서식의 재해예방활동 인정서를 해당 사업주에게 발급하고, 그 사실을 공단에 통보하여야 한다. 〈개정 2017. 4. 19.〉

③ 지방고용노동관서의 장이 법 제15조제8항에 따라 재해예방활동의 인정을 취소한 경우에는 별지 제18호의4서식의 재해예방활동 인정 취소 통지서에 따라 사업주에게 통지해야 하며, 공단 및 안전보건공단에도 그 사실을 통보해야 한다. 〈개정 2021. 12. 31.〉

[본조신설 2013. 12. 30.]

[제목개정 2017. 4. 19.]

제13조의3(산재예방요율의 결정)

① 공단은 법 제15조제5항에 따른 산재예방요율을 결정하는 경우에는 영 제13조에 따른 산재보험료율 고시일부터 10일 이내에 결정해야 한다. 다만, 산재보험료율 고시일부터 보험연도 개시일까지의 기간이 10일이 되지 않는 경우에는 보험연도 개시일 전날까지 결정해야 한다. 〈개정 2021. 12. 31.〉

② 공단은 제1항의 경우 외에 사업주의 이의신청 또는 결정의 착오 등으로 제1항에 따른 산재예방요율을 조정하거나 변경하려는 경우에는 그 사유가 발생한 때부터 5일 이내에 조정하거나 변경하여야 한다.

③ 공단은 제1항 또는 제2항에 따라 산재예방요율을 결정하거나 조정 또는 변경한 경우에는 별지 제18호의5서식의 산재보험료율 결정통지서에 따라 그 사실을 해당 사업주에게 알려야 한다.

④ 사업주가 법 제15조제7항에 따라 같은 조 제2항부터 제5항까지의 규정에 따른 산재보험료율을 모두 적용받는 경우의 산재보험료율 통지는 별지 제18호의6서식의 산재보험료율 결정통지서에 따른다. 〈개정 2021. 12. 31.〉

[본조신설 2013. 12. 30.]

제14조(공제계산서의 작성 · 발급 등)

① 법 제16조제2항에 따라 근로자에게 발급하는 공제계산서에는 다음 각 호의 사항을 적어야 한다. 〈개정 2020. 12. 10.〉

　1. 피보험자의 이름

　2. 보험료의 내역

　3. 공제 해당 월 및 공제 연월일

② 법 제48조의2제5항에 따라 예술인에게 발급하는 공제계산서에는 제1항 각 호에 규정된 사항 및 문화예술용역 관련 계약(「예술인 복지법」 제4조의4에 따른 문화예술용역 관련 계약을 말한다. 이하 같다)의 종사 업무 내용을 적어야 한다. 〈신설 2020. 12. 10.〉

③ 법 제48조의3제5항에 따라 노무제공자에게 발급하는 공제계산서에는 제1항 각 호에 규정된 사항 및 노무제공계약(「고용보험법」 제77조의6제1항에 따른 노무제공계약을 말한다. 이하 같다)의 종사 업무 내용을 적어야 한다. 〈신설 2021. 7. 1.〉

④ 노무제공플랫폼사업자는 법 제48조의4제4항에 따라 다음 각 호의 원천공제 내역을 노무제공자와 노무제공사업의 사업주에게 알려야 한다. 〈신설 2021. 12. 31.〉

　1. 노무제공사업의 사업주 이름과 사업장의 명칭

　2. 노무제공자의 이름과 직종

　3. 원천공제한 보험료

　4. 원천공제 연월일

　5. 원천공제 대상 기간

[전문개정 2010. 12. 22.]

[제목개정 2021. 12. 31.]

제15조(고용보험료의 원천공제)

① 사업주는 영 제19조에 따라 피보험자인 근로자가 부담할 고용보험료에 해당하는 금액을 보수에서 원천공제하는 경우에는 그 내역을 「근로기준법」 제48조에 따른 임금대장에 적고, 별지 제19호서식의 피보험자 원천공제 대장을 매월 작성해야 한다. 〈개정 2020. 12. 10.〉

② 사업주 또는 발주자 · 원수급인이 영 제56조의5제4항 또는 제5항에 따라 피보험자인 예술인에 대한 고용보험료에 해당하는 금액을 원천공제하는 경우에는 별지 제19호서식의 피보험자 원천공제 대장을 매월 작성해야 한다. 〈신설 2020. 12. 10., 2021. 7. 1.〉

③ 사업주가 영 제56조의6제5항에 따라 피보험자인 노무제공자에 대한 고용보험료에 해당하는 금액을 원천공제하는 경우에는 별지 제19호서식의 피보험자 원천공제 대장을 매월 작성해

야 한다. 〈신설 2021. 7. 1.〉

④ 노무제공플랫폼사업자가 법 제48조의4제3항에 따라 노무제공사업의 사업주 및 피보험자인 노무제공자가 부담하는 고용보험료 부담분을 원천공제하는 경우에는 별지 제19호의2서식의 노무제공사업의 사업주 및 피보험자 원천공제 대장을 매월 작성해야 한다.〈신설 2021. 12. 31.〉

[전문개정 2010. 12. 22.]

제16조(고용보험료 원천공제의 위임)

① 법 제16조제3항에 따른 고용보험료 원천공제의 위임은 서면으로 하여야 한다.

② 제1항에 따라 고용보험료 원천공제를 위임받은 하수급인은 별지 제20호서식의 하수급인 원천공제 대장을 매월 작성 · 보관해야 하며, 원천공제액을 원수급인에게 인도하는 경우에는 별지 제21호서식의 하수급인 원천공제액 인도서를 작성하여 발급해야 한다.

〈개정 2020. 12. 10.〉

③ 제2항에 따라 원천공제액을 인도받은 원수급인은 별지 제22호서식의 하수급인 원천공제액 수령대장을 매월 작성하여 보관하여야 한다.

[전문개정 2010. 12. 22.]

제16조의2(노무제공자의 월평균보수 통보)

영 제19조의3제5항에 따라 노무제공자의 월평균보수를 통보하려는 사업주는 별지 제22호의12 서식의 노무제공자 월평균보수 통보서를 공단에 제출해야 한다.

[본조신설 2021. 7. 1.]

[종전 제16조의2는 제16조의3으로 이동 〈2021. 7. 1.〉]

제16조의3(월평균보수의 변경신고)

영 제19조의3제7항에 따라 월평균보수의 인상 또는 인하를 신고하려는 사업주는 별지 제22호 의2서식 또는 별지 제22호의13서식의 월평균보수 변경신고서에 다음 각 호의 구분에 따른 서류를 첨부하여 공단에 제출해야 한다. 〈개정 2021. 7. 1.〉

1. 근로자의 경우: 변경된 근로계약서 사본(근로계약서를 변경한 경우만 해당한다) 및 월평균보수가 인상 또는 인하된 내역이 적힌 해당 근로자의 임금대장

2. 예술인의 경우: 변경된 문화예술용역 관련 계약의 계약서 사본(문화예술용역 관련 계약서를 변경한 경우만 해당한다) 및 해당 예술인의 보수액 지급 관련 자료

[전문개정 2020. 12. 10.]

[제16조의2에서 이동, 종전 제16조의3은 제16조의4로 이동 〈2021. 7. 1.〉]

제16조의4(조사 등에 따른 월별보험료의 산정 결과 통보)

공단은 법 제16조의6제1항·제2항(법 제48조의2제8항제2호 및 제48조의3제6항제2호에서 준용하는 경우를 포함한다)에 따라 월별보험료를 산정한 경우에는 그 산정 결과를 지체 없이 해당 사업주에게 알려야 한다.　　　　　　　　　　　　　　　〈개정 2020. 12. 10., 2021. 7. 1.〉

[본조신설 2010. 12. 22.]

[제16조의3에서 이동, 종전 제16조의4는 제16조의5로 이동 〈2021. 7. 1.〉]

제16조의5(월별보험료의 전자문서 고지 등)

① 법 제16조의8제2항(법 제48조의2제8항제2호 및 제48조의3제6항제2호에서 준용하는 경우를 포함한다)에 따라 월별보험료의 납입을 전자문서로 고지하여 줄 것을 신청하거나 그 신청을 변경 또는 철회하려는 사업주는 별지 제22호의3서식의 전자고지서비스 신규·변경·철회 신청서(전자문서로 된 신청서를 포함한다)를 「국민건강보험법」 제12조에 따른 국민건강보험공단(이하 "건강보험공단"이라 한다)에 제출해야 한다.　　〈개정 2020. 12. 10., 2021. 7. 1.〉

② 건강보험공단은 제1항에 따른 전자고지의 신청을 받은 경우에는 다음 각 호의 어느 하나에 해당하는 고지 방법 중 사업주가 신청한 방법으로 월별보험료의 납입을 고지해야 한다. 다만, 정보통신망의 장애 등으로 전자고지를 할 수 없는 경우에는 문서로 납입을 고지할 수 있다.　　　　　　　　　　　　　　　　　　　〈개정 2015. 12. 31.〉

1. 사업주가 지정한 전자우편주소로 납입 고지

2. 사업주가 지정한 휴대전화로 납입 고지

3. 제5항에 따른 정보통신망으로 납입 고지

③ 전자고지의 개시, 변경 및 철회는 제1항에 따른 신청서를 접수한 날의 다음 날부터 적용한다.

④ 전자고지의 신청을 철회한 사업주가 전자고지를 재신청하려면 철회를 신청한 날부터 30일이 지난 날 이후에 신청할 수 있다.

⑤ 법 제16조의8제3항(법 제48조의2제8항제2호 및 제48조의3제6항제2호에서 준용하는 경우를 포함한다)에서 "고용노동부령으로 정하는 정보통신망"이란 「정보통신망 이용촉진 및 정보보호 등에 관한 법률」 제2조제1항제1호에 따른 정보통신망으로서 건강보험공단이 관리·운영하는 정보통신망과 연계된 전자문서교환시스템 및 인터넷 홈페이지를 말한다.

　　　　　　　　　　　　　　　　〈개정 2015. 12. 31., 2020. 12. 10., 2021. 7. 1.〉

[본조신설 2010. 12. 22.]

[제16조의4에서 이동, 종전 제16조의5는 제16조의6으로 이동 〈2021. 7. 1.〉]

제16조의6(보수총액 등의 신고)

영 제19조의7제1항·제2항 및 제5항에 따른 보수총액 등의 신고는 별지 제22호의4서식 및 별지 제22호의19서식의 보수총액신고서에 따른다. 〈개정 2020. 12. 10., 2021. 12. 31.〉

[본조신설 2010. 12. 22.]

[제16조의5에서 이동, 종전 제16조의6은 제16조의7로 이동 〈2021. 7. 1.〉]

제16조의7(고용 · 노무 등의 개시 · 종료 신고)

① 영 제19조의7제3항·제6항에 따라 근로자의 고용이나 고용관계의 종료, 예술인의 문화예술 용역 관련 계약·노무제공자의 노무제공계약의 체결이나 종료를 신고하려는 사업주 또는 「산업재해보상보험법 시행령」 제126조제1항에 따라 특수형태근로종사자로부터 노무를 제공받거나 제공받지 않게 된 사실을 신고하려는 사업주는 다음 각 호의 구분에 따른 신고서를 공단에 각각 제출해야 한다.

1. 근로자의 경우: 별지 제22호의5서식의 피보험자격취득 신고서 또는 별지 제22호의6서식의 피보험자격상실 신고서

2. 예술인 · 노무제공자의 경우: 별지 제22호의14서식의 피보험자격취득 신고서 또는 별지 제22호의15서식의 피보험자격상실 신고서

3. 특수형태근로종사자의 경우: 별지 제22호의14서식의 산재보험 입직 신고서 또는 별지 제22호의15서식의 산재보험 이직 신고서

② 사업주는 제1항에도 불구하고 「고용보험법」 제2조제6호에 따른 일용근로자, 같은 법 제77조의2제2항제2호 단서에 따른 단기예술인(이하 "단기예술인"이라 한다), 같은 법 제77조의6제2항제2호 단서에 따른 단기노무제공자(이하 "단기노무제공자"라 한다)인 경우에는 다음 각 호의 구분에 따른 신고서를 공단에 각각 제출해야 한다.

1. 일용근로자의 경우: 별지 제22호의7서식의 근로내용 확인신고서

2. 단기예술인 · 단기노무제공자의 경우: 별지 제22호의16서식의 노무제공내용 확인신고서

[전문개정 2021. 7. 1.]

[제16조의6에서 이동, 종전 제16조의7은 제16조의8로 이동 〈2021. 7. 1.〉]

제16조의8(노무제공플랫폼사업자의 신고 등)

① 법 제48조의4제1항제4호에서 "고용노동부령으로 정하는 사항"이란 다음 각 호의 사항을 말한다.

　1. 노무제공플랫폼사업자의 주민등록번호(법인인 경우 법인등록번호를 포함한다) 및 사업자등록번호

　2. 노무제공사업 사업주의 주민등록번호(법인인 경우 법인등록번호를 포함한다) 및 사업자등록번호

　3. 노무제공자의 직종

② 노무제공플랫폼사업자는 법 제48조의4제1항에 따른 신고를 하는 경우 별지 제22호의20서식의 노무제공플랫폼사업 신고서와 별지 제22호의21서식의 노무제공플랫폼 이용 개시 신고서 또는 별지 제22호의22서식의 노무제공플랫폼 이용 종료 신고서를 공단에 제출해야 한다. 이 경우 공단은 「전자정부법」 제36조제1항에 따른 행정정보의 공동이용을 통하여 다음 각 호의 서류를 확인해야 하며, 신고인이 서류 확인에 동의하지 않는 경우에는 해당 서류를 첨부하도록 해야 한다.

　1. 사업자등록증

　2. 주민등록표 초본

　3. 법인 등기사항증명서(신고인이 법인인 경우만 해당한다)

③ 노무제공플랫폼사업자는 제2조의2에 따라 고용·산재정보통신망을 이용하여 제2항에 따른 신고를 할 수 있다.

[본조신설 2021. 12. 31.]

[종전 제16조의8은 제16조의9로 이동 〈2021. 12. 31.〉]

제16조의9(휴직·전보 등의 신고)

① 영 제19조의7제7항제1호부터 제3호까지의 규정에 따라 근로자가 휴업·휴직, 출산전후휴가, 유산·사산 휴가, 육아휴직 또는 육아기 근로시간 단축으로 근로를 제공하지 않게 된 경우에 사업주는 별지 제22호의8서식의 근로자 휴직 등 신고서를 공단에 제출해야 한다.

〈개정 2015. 12. 31., 2020. 12. 10.〉

② 영 제19조의7제7항제4호에 따라 근로자가 다른 사업장으로 전보된 경우에 사업주는 별지 제22호의9서식의 근로자 전보신고서를 공단에 제출해야 한다. 〈개정 2020. 12. 10.〉

③ 영 제19조의7제7항제5호에 따라 근로자·예술인·노무제공자의 성명이나 주민등록번호 또는 같은 항 제6호에 따라 휴직 종료일이나 휴업 등 종료일이 변경된 경우에 사업주는 별지 제

22호의10서식 또는 별지 제22호의17서식의 내용 변경 신고서를 공단에 제출해야 한다.

〈개정 2021. 7. 1.〉

④ 영 제19조의7제7항제7호에 따라 예술인 또는 노무제공자가 출산 또는 유산·사산 등을 이유로 노무를 제공할 수 없어 소득이 발생하지 않은 경우 사업주는 별지 제22호의18서식의 예술인·노무제공자 휴업 등 신고서를 공단에 제출해야 한다. 〈신설 2021. 7. 1.〉

[본조신설 2010. 12. 22.]

[제16조의8에서 이동, 종전 제16조의9는 제16조의10으로 이동 〈2021. 12. 31.〉]

제16조의10(보수총액의 수정신고)

법 제16조의11(법 제48조의2제8항제2호 및 제48조의3제6항제2호에서 준용하는 경우를 포함한다)에 따라 보수총액을 수정하여 신고하려는 사업주는 별지 제22호의11서식의 보수총액 수정신고서에 수정신고 사유를 확인할 수 있는 자료를 첨부하여 공단에 제출해야 한다. 〈개정 2021.7.1.〉

[본조신설 2010. 12. 22.]

[제16조의9에서 이동 〈2021. 12. 31.〉]

제17조(개산보험료의 신고와 납부)

영 제20조에 따른 개산보험료의 신고와 납부는 각각 별지 제23호서식의 고용·산재보험(임금채권부담금 등) 보험료신고서와 별지 제24호서식의 보험료납부서에 따른다.

[전문개정 2010. 12. 22.]

제18조(개산보험료의 분할 납부)

① 영 제22조제6항에 따라 개산보험료의 분할 납부를 신청하려는 사업주는 별지 제23호서식의 고용·산재보험(임금채권부담금 등) 보험료신고서 중 개산보험료 분할 납부 내역을 적어 공단에 제출하여야 한다.

② 개산보험료를 분할하여 납부하는 경우 최초의 납부는 별지 제24호서식의 납부서에 따르고, 그 후의 납부는 별지 제25호서식의 보험료납부서에 따른다.

[전문개정 2010. 12. 22.]

제18조의2(전액 납부에 따른 경감액)

법 제17조제4항에서 "고용노동부령으로 정하는 금액"이란 사업주가 전액 납부하는 개산보험료 금액의 100분의 3에 해당하는 금액을 말한다.

[본조신설 2010. 12. 22.]

제19조(개산보험료 및 확정보험료의 경정청구)

영 제23조제1항 또는 영 제26조에 따른 개산보험료 또는 확정보험료의 경정청구는 별지 제26호서식의 개산보험료(확정보험료) 경정청구서에 따른다.

[전문개정 2010. 12. 22.]

제20조(보험료의 추가 징수 등 통지)

영 제24조제1항·제3항(영 제56조의5제6항제2호 및 제56조의6제6항제2호에서 준용하는 경우를 포함한다)에 따른 보험료의 감액 조정 또는 증액 조정의 통지(건강보험공단이 통지하는 경우는 제외한다)는 각각 별지 제27호서식의 월별보험료·개산보험료 감액조정통지서 또는 별지 제28호서식의 개산보험료 추가징수통지서에 따른다.　〈개정 2020. 12. 10., 2021. 7. 1.〉

[전문개정 2010. 12. 22.]

제21조(개산보험료의 감액 조정신청)

법 제18조제2항에 따라 사업주가 개산보험료의 감액 조정을 신청하려는 경우에는 별지 제29호서식의 개산보험료 감액 조정신청서를 공단에 제출하여야 한다.

[전문개정 2010. 12. 22.]

제22조(확정보험료의 신고와 납부)

① 영 제26조에 따라 준용되는 확정보험료의 신고와 납부는 각각 별지 제23호서식의 고용·산재보험(임금채권부담금 등) 보험료신고서와 별지 제24호서식의 보험료납부서에 따른다.

② 제1항에 따라 확정보험료를 신고하는 사업주는 별지 제19호서식의 피보험자 원천공제 대장 사본을 첨부하여야 한다. 이 경우 여러 차례의 도급으로 하는 사업의 경우 원수급인은 별지 제22호서식의 하수급인 원천공제액 수령대장 사본을 함께 첨부하여야 한다.

[전문개정 2010. 12. 22.]

제23조(확정보험료의 수정신고)

법 제19조제5항 및 제6항에 따라 확정보험료의 수정신고를 하려는 사업주는 다음 각 호의 사항을 적은 별지 제30호서식의 확정보험료 수정신고서에 최초 보험료신고서 사본 및 수정신고 사유를 증명할 수 있는 자료를 첨부하여 공단에 제출하여야 한다.

1. 당초 신고한 확정보험료액

2. 수정신고하는 확정보험료액

3. 수정신고를 하는 이유

4. 그 밖에 필요한 사항

[전문개정 2010. 12. 22.]

제24조(보험료 징수의 특례 적용)

① 공단이 보험료 산정을 위한 기초자료를 확보하기 어려운 경우 등으로 법 제20조에 따라 보험료를 산정·부과하려는 경우에는 미리 그 사업주에게 알려야 한다.

② 제1항에 따라 사업주에게 알린 후에 그 사업주가 기초자료 등을 제출하고 보험료의 재산정을 요구하면 제출된 기초자료 등에 근거하여 보험료를 재산정하여야 한다.

[전문개정 2010. 12. 22.]

제25조(고용보험료의 지원신청 등)

① 영 제29조의2제1항에 따라 고용보험료 지원을 신청하려는 사업주 또는 근로자·예술인·노무제공자는 별지 제31호서식의 근로자 고용보험 보험료 지원신청서, 별지 제31호의2서식의 예술인·노무제공자 고용보험 보험료 지원신청서 또는 별지 제31호의3서식의 노무제공플랫폼 고용보험 보험료 지원신청서를 공단에 제출해야 한다. 다만, 사업주가 제출한 별지 제2호서식 또는 별지 제2호의2서식의 보험관계 성립신고서(보험가입신청서)에 고용보험료 지원신청을 표시하는 경우에는 고용보험료의 지원을 신청한 것으로 본다.

〈개정 2018. 12. 31., 2020. 12. 10., 2021. 7. 1., 2021. 12. 31.〉

② 영 제29조의3제1항에 따라 고용보험료 지원을 신청하려는 사업주 또는 근로자는 법 제19조에 따른 고용보험료 신고·납부기한으로부터 30일 이내에 별지 제31호서식의 고용보험 보험료 지원신청서를 공단에 제출해야 한다. 〈개정 2018. 12. 31., 2020. 1. 9.〉

③ 제1항 및 제2항에 따라 고용보험료 지원을 신청받은 공단은 지원을 신청한 사업 및 그 사업에 근무하는 근로자, 예술인 또는 노무제공자가 법 제21조(법 제48조의2제8항제3호 및 제48조의3제6항제3호에서 준용하는 경우를 포함한다)에 따른 고용보험료 지원 요건에 해당하는지를 확인하여 고용보험료 지원 여부를 신청인과 사업주(신청인이 근로자, 예술인 또는 노무제공자인 경우만 해당한다)에게 알려주어야 하며, 고용보험료 지원을 받고 있던 사업에 지원 대상 근로자, 예술인 또는 노무제공자가 없게 된 때에는 그 이후의 고용보험료 지원 대상에서 제외됨을 사업주에게 알려주어야 한다. 〈개정 2020. 12. 10., 2021. 7. 1.〉

[전문개정 2017. 6. 28.]

제26조 삭제 〈2010. 12. 22.〉

제27조 삭제 〈2010. 12. 22.〉

제28조 삭제 〈2007. 3. 29.〉

제28조의2(보험료등의 경감 신청 등)

① 법 제22조의2제1항(법 제48조의2제8항제3호 및 제48조의3제6항제3호에서 준용하는 경우를 포함한다)에 따라 보험료와 그 밖의 징수금(이하 "보험료등"이라 한다)의 경감을 받으려는 보험가입자는 그 사유가 발생한 날부터 30일 이내에 별지 제34호의2서식의 보험료등의 경감 신청서에 그 사유를 소명할 수 있는 서류를 첨부하여 공단에 제출해야 한다. 다만, 「재난 및 안전관리 기본법」 제60조에 따른 특별재난지역의 선포 등으로 보험료등의 경감 신청을 하기 어렵다고 고용노동부장관이 인정하는 경우에는 보험가입자의 신청이 없더라도 보험료등을 경감할 수 있다. 〈개정 2020. 12. 10., 2021. 7. 1.〉

② 제1항에 따른 신청에 대한 보험료등의 경감 여부의 통지는 별지 제34호의3서식의 보험료등의 경감통지서에 따른다.

[전문개정 2010. 12. 22.]

제29조(보험료의 충당·반환)

① 월별보험료를 내는 사업주가 영 제31조제2항(영 제56조의5제6항제3호 및 제56조의6제6항제3호에서 준용하는 경우를 포함한다)에 따라 보험료 등 과납액의 충당을 신청하려는 경우에는 별지 제22호의4서식의 보수총액신고서 뒤쪽 중 과납보험료 충당신청서에 그 충당내역을 적어 공단에 제출해야 한다. 〈개정 2020. 12. 10., 2021. 7. 1.〉

② 개산보험료를 내는 사업주가 영 제31조제2항(영 제56조의5제6항제3호 및 제56조의6제6항제3호에서 준용하는 경우를 포함한다)에 따라 보험료등 과납액의 충당을 신청하려는 경우에는 별지 제23호서식의 고용·산재보험(임금채권부담금 등) 보험료신고서 뒤쪽 중 과납보험료 충당신청서에 그 충당 내역을 적어 공단에 제출해야 한다. 〈개정 2020. 12. 10., 2021. 7. 1.〉

③ 영 제31조제3항(영 제56조의5제6항제3호 및 제56조의6제6항제3호에서 준용하는 경우를 포함한다)에 따른 충당 또는 반환 결정의 통지는 별지 제35호서식의 충당·반환 결정통지서에

따른다. 〈개정 2020. 12. 10., 2021. 7. 1.〉

④ 법 제23조제5항(법 제48조의2제8항제3호 및 제48조의3제6항제3호에서 준용하는 경우를 포함한다)에 따라 근로자, 예술인 또는 노무제공자는 본인이 부담한 고용보험료의 반환 신청을 하는 경우에는 별지 제35호의2서식의 고용보험료(근로자 · 예술인 · 노무제공자 부담분) 반환신청서를 공단에 제출해야 한다. 〈신설 2020. 1. 9., 2020. 12. 10., 2021. 7. 1.〉

⑤ 제4항에 따른 반환 결정의 통지는 별지 제35호의3서식의 고용보험료(근로자 · 예술인 · 노무제공자 부담분) 반환 결정통지서에 따른다. 〈신설 2020. 1. 9., 2020. 12. 10., 2021. 7. 1.〉

⑥ 법 제23조제5항에 따른 사업주의 사망 또는 행방불명의 확인은 사망신고 또는 주민등록 말소 등록 및 거주불명 등록 등 특별자치도지사 · 시장 · 군수 · 자치구의 구청장이 확인하는 바에 따른다. 〈신설 2020. 1. 9.〉

[전문개정 2010. 12. 22.]

제30조(보험급여액 징수의 통지)

법 제26조제2항에 따른 통지는 별지 제36호서식의 산재보험급여액 징수통지서에 따른다.

[전문개정 2010. 12. 22.]

제31조(징수금의 납입통지)

법 제27조제1항(법 제48조의2제8항제3호 및 제48조의3제6항제3호에서 준용하는 경우를 포함한다)에 따른 납입통지는 별지 제37호서식의 보험료 납입고지서에 따른다.

〈개정 2020. 12. 10., 2021. 7. 1.〉

[전문개정 2010. 12. 22.]

제31조의2(정보통신망을 이용한 전자문서에 의한 통지)

공단 또는 건강보험공단은 법 제27조제1항 단서(법 제48조의2제8항제3호 및 제48조의3제6항제3호에서 준용하는 경우를 포함한다)에 따라 자동계좌이체를 신청한 사업주 또는 노무제공플랫폼사업자에게 분기별(월별보험료의 경우 월별)로 자동계좌이체를 할 보험료의 금액 및 납부기한 등을 사업주 또는 노무제공플랫폼사업자가 신청한 정보통신망을 이용하여 전자문서로 통지할 수 있다. 〈개정 2020. 12. 10., 2021. 7. 1., 2021. 12. 31.〉

[전문개정 2010. 12. 22.]

제32조 삭제 〈2010. 12. 22.〉

제32조의2(보험료등의 납부기한 전 징수통지)

법 제27조의2제1항(법 제48조의2제8항제3호 및 제48조의3제6항제3호에서 준용하는 경우를 포함한다)에 따라 보험료등을 납부기한 전에 징수하는 경우의 통지는 별지 제38호의2서식의 납부기한 전 징수통지서에 따른다.　　　　　　　　　　　　　　　〈개정 2020. 12. 10., 2021. 7. 1.〉

[전문개정 2010. 12. 22.]

제32조의3(분할 납부의 신청 등)

① 법 제27조의3제1항(법 제48조의2제8항제3호 및 제48조의3제6항제3호에서 준용하는 경우를 포함한다)에 따라 체납된 보험료등의 분할 납부를 승인받으려는 사업주는 법 제27조제2항(법 제48조의2제8항제3호 및 제48조의3제6항제3호에서 준용하는 경우를 포함한다)에 따라 고지된 보험료등의 납부기한 만료일까지 다음 각 호의 사항을 적은 별지 제38호의3서식의 체납 보험료등의 분할 납부 승인신청서를 건강보험공단에 제출해야 한다.

〈개정 2019. 7. 16., 2020. 12. 10., 2021. 7. 1., 2021. 12. 31.〉

1. 사업주의 성명과 소재지

2. 분할 납부 승인을 받으려는 체납된 보험료등의 종류와 금액

3. 분할 납부의 총 기간 및 총 횟수

4. 각 횟수별 분할 납부 금액 및 납부기한

5. 분할 납부 승인을 받으려는 사유

② 법 제27조의3제1항(법 제48조의2제8항제3호 및 제48조의3제6항제3호에서 준용하는 경우를 포함한다)에 따른 분할 납부의 총 기간은 법 제27조의3제3항(법 제48조의2제8항제3호 및 제48조의3제6항제3호에서 준용하는 경우를 포함한다)에 따른 분할 납부의 승인을 받은 날의 다음 날부터 2년 이내로 한다.　　　　　　　　〈개정 2020. 12. 10., 2021. 7. 1., 2021. 12. 31.〉

③ 법 제39조(법 제48조의2제8항제3호 및 제48조의3제6항제3호에서 준용하는 경우를 포함한다)에 따라 2021년 12월 31일까지 보험료등의 납부기한을 연장받은 사업주로서 그 연장된 기간이 모두 합하여 3년을 초과한 경우에는 제2항에도 불구하고 분할 납부의 총 기간은 분할 납부의 승인을 받은 날의 다음 날부터 3년 이내로 한다.　　　　　　〈신설 2021. 12. 31.〉

④ 법 제27조의3제3항(법 제48조의2제8항제3호 및 제48조의3제6항제3호에서 준용하는 경우를 포함한다)에 따라 분할 승인을 받은 사업주가 매달 납부할 금액은 보험료 납입고지서에 따른 월별 보험료등의 금액 이상으로 한다.　　　　　　　　　　　　　〈신설 2021. 12. 31.〉

[전문개정 2010. 12. 22.]

제32조의4(분할 납부의 승인 통지)

건강보험공단은 법 제27조의3제3항(법 제48조의2제8항제3호 및 제48조의3제6항제3호에서 준용하는 경우를 포함한다)에 따라 분할 납부를 신청한 사업주의 납부 능력을 확인하여 분할 납부가 필요하다고 인정되는 경우에는 체납된 보험료등의 분할 납부를 승인하고, 다음 각 호의 사항을 적은 별지 제38호의5서식의 체납 보험료등의 분할납부 승인통지서를 사업주에게 보내야 한다.

〈개정 2019. 7. 16., 2020. 12. 10., 2021. 7. 1.〉

1. 분할 납부를 승인한 체납된 보험료등의 종류와 금액
2. 분할 납부 총 기간 및 총 횟수
3. 각 횟수별 분할 납부 금액 및 납부기한

[전문개정 2010. 12. 22.]

제32조의5(분할 납부의 승인취소 통지)

건강보험공단은 법 제27조의3제4항(법 제48조의2제8항제3호 및 제48조의3제6항제3호에서 준용하는 경우를 포함한다)에 따라 분할 납부의 승인을 취소한 경우에는 다음 각 호의 사항을 적은 별지 제38호의6서식의 체납 보험료등의 분할납부 승인취소통지서를 사업주에게 보내야 한다.

〈개정 2020. 12. 10., 2021. 7. 1.〉

1. 제32조의4 각 호의 사항
2. 분할 납부 승인취소의 사유
3. 분할 납부 승인취소 연월일

[전문개정 2010. 12. 22.]

제33조(공매대행 수수료)

법 제28조제3항(법 제48조의2제8항제3호 및 제48조의3제6항제3호에서 준용하는 경우를 포함한다)에 따른 수수료에 관하여는 「국세징수법 시행규칙」 제78조를 준용한다.

[전문개정 2021. 7. 1.]

제33조의2(상속인 대표자 신고)

① 영 제40조의3제1항(영 제56조의5제6항제3호 및 제56조의6제6항제3호에서 준용하는 경우를 포함한다)에 따른 상속인 대표자 신고는 별지 제38호의7서식의 상속인 대표자 신고서에 따

른다. 이 경우 건강보험공단은 「전자정부법」 제36조제1항에 따른 행정정보의 공동이용을 통해 상속인 대표자의 주민등록표 초본을 확인(신고인이 직접 신청서를 제출하면서 신분증명서를 제시하는 경우에는 그 신분증명서의 확인으로 해당 서류의 확인을 갈음할 수 있다)해야 하며, 신고인이 확인에 동의하지 않는 경우에는 해당 서류를 첨부하도록 해야 한다.

〈개정 2018. 5. 8., 2020. 12. 10., 2021. 7. 1.〉

② 영 제40조의3제2항(영 제56조의5제6항제3호 및 제56조의6제6항제3호에서 준용하는 경우를 포함한다)에 따른 상속인 대표자 지정통지는 별지 제38호의8서식의 상속인 대표자 지정통지서에 따른다. 〈개정 2020. 12. 10., 2021. 7. 1.〉

[전문개정 2010. 12. 22.]

제33조의3(「국세징수법 시행규칙」의 준용)

보험료등의 체납처분유예를 위한 납부담보의 제공에 관하여는 「국세징수법 시행규칙」 제18조부터 제20조까지의 규정을 준용한다. 이 경우 "납세"는 "납부"로, "세무서장"은 "건강보험공단"으로, "국세 및 강제징수비"는 "보험료등과 체납처분비"로, "납세자"는 "사업주"로 본다.

[전문개정 2021. 7. 1.]

제4장 보험사무대행기관

제34조(보험사무의 수임 또는 수임해지 신고)

법 제33조제3항에 따른 보험사무대행기관(이하 "보험사무대행기관"이라 한다)의 영 제45조제3항에 따른 보험사무의 수임 또는 수임해지의 신고는 별지 제39호서식의 보험사무 수임(수임해지) 신고서에 따른다.

[전문개정 2010. 12. 22.]

제35조(보험사무대행기관의 인가신청서 등)

① 영 제47조제1항에 따라 보험사무를 대행하려는 법인 또는 개인은 별지 제40호서식의 보험사무대행기관 인가신청서를 공단에 제출하여야 한다.

② 공단은 제1항에 따른 인가신청을 받은 날부터 10일 이내에 보험사무대행기관의 인가를 하는 경우에는 별지 제41호서식의 보험사무대행기관 인가서를 발급하고, 인가를 하지 아니하는 경우에는 별지 제42호서식의 보험사무대행기관 불인가통지서에 따라 알려야 한다.

〈개정 2013. 12. 30.〉

③ 법 제33조제3항에서 "소재지 등 고용노동부령으로 정하는 사항"이란 다음 각 호의 사항을 말한다.

　1. 보험사무대행기관의 명칭

　2. 보험사무대행기관의 소재지

　3. 보험사무대행기관인 법인의 대표자(법인만 해당한다)

　4. 그 밖에 보험사무대행기관의 관리를 위하여 고용노동부장관이 필요하다고 인정하는 사항

④ 제2항에 따라 인가를 받은 보험사무대행기관이 영 제47조제5항에 따라 인가받은 사항을 변경하려는 경우에는 별지 제43호서식의 보험사무대행기관 인가내용 변경인가신청서(변경신고서)를 제출하고, 그 업무를 폐지하려는 경우에는 별지 제44호서식의 보험사무대행기관 폐지신고서에 제2항에 따라 발급받은 보험사무대행기관 인가서와 별지 제45호서식의 체납사업장 보고서를 첨부하여 공단에 제출하여야 한다.

[전문개정 2010. 12. 22.]

제36조(보험사무대행기관 인가취소의 통지)

영 제48조제2항에 따른 통지는 별지 제46호서식의 보험사무대행기관 인가취소통지서에 따른다.

[전문개정 2010. 12. 22.]

제37조(보험사무대행기관의 비치장부 등)

영 제51조제1호 및 제3호에 따른 서류는 각각 별지 제48호서식의 보험사무 위임사업주별 징수업무 처리장부 및 별지 제49호서식의 사업별 피보험자사무 처리장부에 따른다.

[전문개정 2014. 9. 25.]

제38조(보험사무대행기관의 보험사무지원금 신청)

① 영 제52조제5항에 따른 보험사무대행지원금을 신청하려는 보험사무대행기관은 별지 제50호서식의 보험사무대행지원금 지급신청서에 별지 제49호서식의 사업별 피보험자사무 처리장부를 첨부하여 공단에 제출하여야 한다.

② 공단이 제1항에 따른 보험사무대행지원금의 지급을 결정한 경우에는 그 보험사무대행기관에 별지 제51호서식의 보험사무대행지원금 지급통지서를 발급하여야 한다.

[전문개정 2010. 12. 22.]

제5장 보칙 〈개정 2010. 12. 22.〉

제39조(보험료등의 기금에의 납입)

① 공단 또는 건강보험공단은 법에 따른 산재보험료와 그 밖의 징수금은 「산업재해보상보험법 시행령」 제87조에 따른 산업재해보상보험및예방기금계정에 납입하고, 법에 따른 고용보험료와 그 밖의 징수금은 「고용보험법」 제82조에 따른 고용보험기금계정에 납입하여야 한다.

② 공단의 수입징수관이 보험료 등을 징수하는 경우에는 납부의무자에게 한국은행의 기금계정에 납입하도록 고지하여야 한다. 다만, 사업주가 정해진 기한까지 자진납부하는 경우에는 그러하지 아니하다.

③ 한국은행은 보험료등을 수납한 경우에는 납입자에게 영수증을 발급하고, 수납내역을 지체 없이 공단의 수입징수관에게 알려야 한다.

④ 한국은행은 제3항에 따라 수납한 보험료등을 국고금 취급 절차에 따라 한국은행 본점에 설치되어 있는 기금계정에 집중시켜야 한다.

[전문개정 2010. 12. 22.]

제40조(납부기한의 연장)

법 제39조(법 제48조의2제8항제3호 및 제48조의3제6항제3호에서 준용하는 경우를 포함한다)에서 "천재지변 등 고용노동부령으로 정하는 사유"란 다음 각 호의 어느 하나에 해당하는 사유를 말한다. 〈개정 2020. 12. 10., 2021. 7. 1., 2021. 12. 31.〉

1. 천재지변 등으로 법에 규정된 신고·신청 등을 정해진 기한까지 할 수 없는 경우

2. 법에 따른 납부기한 또는 납부서·납입고지서에 적힌 납부기한의 말일이 금융회사 또는 체신관서의 휴무일인 경우

3. 정전, 프로그램의 오류, 그 밖의 부득이한 사유로 금융회사 또는 체신관서의 정보처리장치의 정상적인 가동이 불가능한 경우

4. 법 제22조의2제3항(법 제48조의2제8항제3호 및 제48조의3제6항제3호에서 준용하는 경우를 포함한다)에 따라 월별보험료 또는 개산보험료를 자동계좌이체의 방법으로 낸 경우로서 정보통신망의 장애 등 사업주의 책임 없는 사유로 납부기한까지 이체되지 않은 경우

5. 그 밖에 고용노동부장관이 인정하는 부득이한 사유가 있는 경우

[전문개정 2010. 12. 22.]

제41조(증표)

공단은 법 제45조제1항(법 제48조의2제8항제4호, 제48조의3제6항제4호 및 제48조의4제5항에서 준용하는 경우를 포함한다)에 따라 조사를 하는 직원에게 별지 제52호서식의 공단 소속 직원 증표를 발급한다. 〈개정 2020. 12. 10., 2021. 7. 1., 2021. 12. 31.〉

[전문개정 2010. 12. 22.]

제42조(해외파견자에 대한 산재보험 가입신청 및 승인)

① 법 제47조제2항에 따라 해외파견자에 대한 산재보험 가입을 신청하려는 사업주는 다음 각 호의 사항을 적은 별지 제53호서식의 해외파견자 산재보험가입신청서를 공단에 제출하여야 한다.

1. 해외파견자의 명단

2. 해외파견 사업장의 명칭 및 소재지

3. 해외파견기간

4. 해외파견자의 업무 내용

5. 해외파견자의 보수 지급 방법 및 지급액

② 법 제47조제2항에 따른 해외파견자에 대한 산재보험의 가입을 승인하려면 「직업안정법」 제33조제3항제2호에 따른 국외근로자 공급사업이 아니어야 한다.

③ 공단은 제1항에 따른 신청서에 대하여 접수일부터 5일 이내에 산재보험 가입승인 여부를 별지 제54호서식의 해외파견자 산재보험가입 승인(불승인)통지서로 신청인에게 알려야 한다.

④ 제3항에 따라 산재보험 가입의 승인을 받은 경우 해외파견자의 보험관계 성립일은 다음 각 호의 구분과 같다.

1. 파견예정자: 출국일

2. 파견된 사람: 산재보험가입신청서를 접수한 날의 다음 날

⑤ 제3항에 따라 산재보험 가입 승인을 받은 사업주는 승인통지를 받은 후 제1항 각 호에 따른 내용이 변경된 경우에는 별지 제55호서식의 해외파견자 산재보험관계 변경신고서를 지체 없이 공단에 제출하여야 한다.

⑥ 해외파견자에 대한 산재보험 가입자의 다음 각 호의 사항은 다음 각 호의 구분에 따른 규정의 예에 따른다. 〈개정 2021. 7. 1.〉

1. 영 제19조의2에 해당하는 사업의 해외파견자에 대한 보험료 신고 및 납부의 내용 및 절차: 법 제17조 및 제19조

2. 영 제19조의2에 해당하는 사업 외의 사업의 해외파견자에 대한 보험료 부과 및 징수의 내

용 및 절차: 법 제16조의2부터 제16조의11까지의 규정

3. 해외파견자에 대한 보험료 등 과납액의 충당과 반환, 가산금·연체금·보험급여액의 징수·독촉 및 체납·결손 처분, 보험료 및 징수금의 징수우선순위, 납부기한 전 징수, 납부의무의 승계 및 연대납부의무, 고액·상습 체납자의 인적사항 공개 및 금융거래정보의 제공요청, 「국세기본법」의 준용 및 서류의 송달: 법 제23조제1항·제3항·제4항, 제23조의2, 제24조부터 제26조까지, 제26조의2, 제27조, 제27조의2, 제28조, 제28조의2부터 제28조의7까지, 제29조, 제29조의2, 제29조의3, 제30조 및 제32조

[전문개정 2010. 12. 22.]

제42조의2(학생연구자의 산재보험료 신고·납부 등)

① 「연구실 안전환경 조성에 관한 법률」 제2조제1호에 따른 대학·연구기관등(이하 "대학·연구기관등"이라 한다)은 「산업재해보상보험법」 제123조의2제2항에 따라 산재보험의 적용을 받는 학생연구자(이하 "학생연구자"라 한다)의 명단을 적은 별지 제55호의2서식의 학생연구자 명단 신고서를 다음 각 호의 구분에 따른 기한까지 매년 두 차례 공단에 제출해야 한다.

1. 3월 31일 기준 학생연구자 명단: 4월 15일

2. 9월 30일 기준 학생연구자 명단: 10월 15일

② 대학·연구기관등은 제1항에 따라 제출한 학생연구자 명단이 변경된 경우에는 해당 사유가 발생한 날이 속하는 달의 다음 달 15일까지 별지 제55호의3서식의 학생연구자 명단 변경신고서에 학생연구자의 변경사항을 적어 공단에 제출해야 한다.

③ 학생연구자에 대한 산재보험료는 고용노동부장관이 고시한 월 단위 보수액에 해당 사업의 산재보험료율을 곱하여 산정한다. 이 경우 제2항에 따라 해당 월의 중간에 학생연구자에 해당하거나 해당하지 않게 된 경우 해당 학생연구자에 대한 그 달의 보험료는 일수에 비례하여 계산한 금액으로 한다.

④ 학생연구자에 대한 산재보험료의 부과·징수, 고지의 내용 및 절차는 법 제16조의2제1항, 제16조의7 및 제16조의8에서 정하는 바에 따른다.

[본조신설 2021. 12. 31.]

제43조(중소기업 사업주 등의 산재보험 가입신청 및 승인)

① 법 제49조제2항에 따라 산재보험에 가입하려는 「산업재해보상보험법」 제124조제1항에 따른 중·소기업 사업주(이하 "중소기업 사업주"라 한다)와 같은 조 제2항에 따른 중소기업

사업주의 배우자 및 4촌 이내의 친족(이하 "가족종사자"라 한다)은 별지 제56호서식의 중소기업 사업주 · 가족종사자 산재보험 가입신청서를 공단에 제출해야 한다. 이 경우 중소기업 사업주와 가족종사자가 분진 · 진동 · 납 및 유기용제 관련 업무(이하 "특정업무"라 한다) 종사자인 경우에는 건강진단서를 첨부해야 한다.　　　　　　　　　　　　〈개정 2021. 6. 9.〉

② 공단은 산재보험 가입을 신청한 중소기업 사업주와 가족종사자가 특정업무 종사자인 경우에는 「산업안전보건법」 제135조제1항에 따른 특수건강진단기관에서 특수건강진단을 받도록 하고 그 결과를 제출하도록 해야 하며, 진단 결과 그 사업주와 가족종사자의 건강 상태가 같은 법 제132조제4항에 따른 조치가 필요한 경우에는 승인하지 않을 수 있다.
〈개정 2019. 10. 15., 2019. 12. 26., 2020. 12. 10., 2021. 6. 9.〉

③ 공단은 제1항에 따른 신청서에 대하여 보험가입 승인 여부를 신청인에게 별지 제57호서식의 중소기업 사업주 · 가족종사자 산재보험가입 승인(불승인)통지서로 알려야 한다.
〈개정 2021. 6. 9.〉

④ 제2항에 따른 특수건강진단에 지출되는 진료비는 공단이 부담한다.

⑤ 제3항에 따라 산재보험 가입승인을 받은 중소기업 사업주와 가족종사자는 가입승인 후 제1항에 따른 내용이 변경된 경우에는 별지 제56호의3서식의 중소기업 사업주 · 가족종사자 산재보험관계 변경신고서에 건강진단서(제2항에 따른 특정업무가 변경된 경우만 해당한다)를 첨부하여 공단에 제출해야 한다.　　　　　　　〈개정 2013. 12. 30., 2021. 6. 9.〉

[전문개정 2010. 12. 22.]

[제목개정 2021. 6. 9.]

제44조(중소기업 사업주 등의 산재보험료 신고 · 납부 등)

① 산재보험에 가입하려는 중소기업 사업주와 가족종사자는 가입승인을 신청할 때 법 제49조제1항에 따라 고용노동부장관이 고시하는 월 단위 보수액의 등급 중 어느 하나의 등급을 선택하여 신고해야 한다.　　　　　　　　　　〈신설 2017. 12. 28., 2021. 6. 9.〉

② 산재보험 가입승인을 받은 중소기업 사업주와 가족종사자는 보험연도마다 법 제49조제1항에 따라 고용노동부장관이 고시하는 월 단위 보수액의 등급 중 어느 하나의 등급을 선택하여 해당 보험연도의 1월 말일까지 공단에 신고해야 하며, 선택하여 신고하지 않은 경우에는 종전에 적용하고 있는 월 단위 보수액의 등급을 선택한 것으로 본다. 이 경우 변경 신고한 다음 날부터 변경된 월 단위 보수액의 등급을 적용한다.　　〈개정 2017. 12. 28., 2021. 6. 9.〉

③ 산재보험 가입승인을 받은 중소기업 사업주와 가족종사자가 납부해야 하는 보험료는 제1항 및 제2항에 따라 선택한 등급의 월 단위 보수액에 해당 사업의 산재보험료율을 곱하여 산정

한다. 이 경우 다음 각 호에 해당하는 경우에는 그 달의 산재보험료는 일수에 비례하여 계산한 금액으로 한다.　〈개정 2017. 12. 28., 2021. 6. 9., 2021. 12. 31.〉

1. 월의 중간에 보험관계가 성립하는 경우

2. 월의 중간에 보험관계가 소멸하는 경우

3. 제2항에 따른 중소기업 사업주와 가족종사자의 신고로 월 단위 보수액의 등급이 변경된 경우

④ 공단은 제3항에 따른 사업의 산재보험료율이 인상되거나 인하되었을 때에는 중소기업 사업주와 가족종사자에 대한 산재보험료를 증액 또는 감액 조정하고, 증액되었을 때에는 건강보험공단이 징수한다.　〈개정 2017. 12. 28., 2021. 6. 9.〉

⑤ 중소기업 사업주와 가족종사자에 대한 보험료의 부과·징수 및 고지의 내용 및 절차는 법 제16조의2제1항, 제16조의7제1항 및 제16조의8의 예에 따른다.　〈개정 2017. 12. 28., 2021. 6. 9.〉

[전문개정 2010. 12. 22.]

[제목개정 2021. 6. 9.]

제44조의2(자영업자의 고용보험 가입신청 및 승인)

① 법 제49조의2에 따라 고용보험에 가입하려는 자영업자는 별지 제59호서식의 자영업자 고용보험가입신청서를 공단에 제출하여야 한다. 이 경우 공단은 「전자정부법」 제36조제1항에 따른 행정정보의 공동이용을 통해 다음 각 호의 서류를 확인해야 하며, 신청인이 제1호 및 제2호의 서류의 확인에 동의하지 않는 경우에는 해당 서류(사업자등록증의 경우에는 그 사본을 말한다)를 첨부하도록 해야 한다.　〈개정 2012. 1. 3., 2018. 5. 8., 2021. 7. 1.〉

1. 사업자등록증

2. 주민등록표 초본(신청인이 개인인 경우만 해당한다). 다만, 신청인이 직접 신청서를 제출하면서 신분증명서를 제시하는 경우에는 그 신분증명서의 확인으로 해당 서류의 확인을 갈음할 수 있다.

3. 법인 등기사항증명서(신청인이 법인인 경우만 해당한다)

② 공단은 제1항에 따른 신청서를 접수하였을 때에는 별지 제60호서식의 자영업자 고용보험가입 승인(불승인)통지서에 따라 보험가입 승인 여부를 신청인에게 알려야 한다.

③ 제2항에 따라 고용보험가입 승인통지서를 받은 자영업자는 가입승인 후 제1항에 따른 신청서의 기재내용이 변경된 경우에는 별지 제61호서식의 자영업자 고용보험관계 변경신고서를 공단에 제출하여야 한다.

④ 법 제49조의2제5항에 따라 보수액의 변경을 신청하려는 자영업자는 별지 제61호의2서식의

자영업자 고용보험 기준보수(등급) 변경신고서를 공단에 제출하여야 한다. 〈신설 2012. 1. 3.〉

[전문개정 2010. 12. 22.]

제44조의3 삭제 〈2012. 1. 3.〉

제44조의4(특수형태근로종사자의 산재보험료 신고 · 납부)

① 특수형태근로종사자에 대한 보험료는 고용노동부장관이 고시한 월 단위 보수액에 해당 사업의 산재보험료율을 곱하여 산정한다. 이 경우 월의 중간에 입직(入職)하거나 이직한 경우에는 그 달의 보험료는 일수에 비례하여 계산한 금액으로 한다.   〈개정 2021. 12. 31.〉

② 공단은 특수형태근로종사자가 노무를 제공하는 사업에 특수형태근로종사자 외의 산재보험 적용 근로자가 있는 경우에는 제1항에 따라 산정한 특수형태근로종사자에 대한 산재보험료를 해당 사업의 월별보험료에 합산하여야 한다.

③ 특수형태근로종사자에 대한 산재보험료의 부과 · 징수 및 고지의 내용 및 절차는 법 제16조의2제1항, 제16조의7 및 제16조의8의 예에 따른다.

[전문개정 2010. 12. 22.]

제44조의5(특수형태근로종사자의 산재보험 적용제외 신청 등)

① 특수형태근로종사자 또는 사업주는 법 제49조의3제6항에 따라 특수형태근로종사자가 「산업재해보상보험법」 제125조제4항 각 호의 어느 하나의 사유(이하 "적용제외사유"라 한다)에 해당하여 산재보험의 적용제외를 신청하려는 경우에는 별지 제62호서식의 특수형태근로종사자 산재보험 적용제외 신청서를 공단에 제출해야 한다.

② 특수형태근로종사자 또는 사업주가 제1항에 따라 산재보험 적용제외 신청을 하는 경우에는 적용제외사유를 증명할 수 있는 다음 각 호의 구분에 따른 서류를 첨부해야 한다. 다만, 「산업재해보상보험법」 제125조제4항제3호의 적용제외사유에 해당하는 경우에는 제외한다.

1. 부상 · 질병 또는 임신 · 출산으로 1개월 이상 휴업하는 경우: 의사, 치과의사 또는 한의사의 진단서 · 소견서 등

2. 육아로 1개월 이상 휴업하는 경우: 만 8세 또는 초등학교 2학년 이하 자녀가 등재된 가족관계증명서나 재학사실을 증명하는 서류 등

3. 사업주의 귀책사유로 특수형태근로종사자가 1개월 이상 휴업하는 경우: 휴업사실증명서 또는 사업주 확인서 등

③ 제1항 및 제2항에 따른 적용제외 신청을 받은 공단은 해당 특수형태근로종사자가 적용제외 사유에 해당되면 사업주 및 특수형태근로종사자에게 별지 제63호서식 또는 별지 제64호서식의 특수형태근로종사자 산재보험 적용제외 통지서를 각각 통보해야 한다.

④ 특수형태근로종사자 또는 사업주는 제3항에 따라 적용제외 승인을 받은 후 적용제외사유가 소멸된 경우에는 그 적용제외사유가 없어진 날부터 14일 이내에 별지 제62호의2서식에 따른 특수형태근로종사자 산재보험 적용제외사유 소멸 통지서를 공단에 제출해야 한다.

⑤ 공단은 제4항에 따른 통지를 받으면 해당 적용제외사유가 소멸되었는지를 확인한 후 그 결과를 지체 없이 서면 또는 휴대폰에 의한 문자전송의 방법으로 해당 사업주 및 특수형태근로종사자에게 알려야 한다.

[전문개정 2021. 7. 1.]

제44조의6(특수형태근로종사자의 이름 등 변경신고)

법 제49조의3제6항에 따라 사업주 또는 특수형태근로종사자는 특수형태근로종사자의 이름, 주민등록번호, 휴업 시작일 또는 휴업 종료일이 변경되거나 정정된 경우에는 변경 또는 정정된 날부터 14일 이내에 별지 제65호서식의 특수형태근로종사자 산재보험관계 명세 변경신고서를 공단에 제출해야 한다. 〈개정 2021. 7. 1.〉

[전문개정 2010. 12. 22.]

제45조(준용)

① 자영업자의 보험가입 해지에 관하여는 제3조제3항을 준용한다. 이 경우 "사업주"는 "자영업자"로 본다. 〈개정 2018. 5. 8.〉

② 자영업자에 대한 보험료 등 과납액의 충당과 반환, 연체금의 징수·독촉 및 체납·결손처분에 관하여는 제29조, 제31조, 제31조의2, 제33조, 제33조의3을 준용한다. 이 경우 "사업주"는 각각 "자영업자"로 본다.

[본조신설 2012. 1. 3.]

제46조(산재보험관리기구의 승인 등)

① 법 제49조의5제1항에 따라 산재보험관리기구를 구성하려는 자는 별지 제66호서식의 산재보험관리기구 승인신청서에 다음 각 호의 사항이 포함된 정관 또는 규약을 첨부하여 공단에 제출해야 한다. 이 경우 공단은 「전자정부법」 제36조제1항에 따른 행정정보의 공동이용을 통해 법인 등기사항증명서(산재보험관리기구가 법인인 경우만 해당한다)를 확인해야 한다.

〈개정 2021. 7. 1.〉

1. 산재보험관리기구의 구성에 관한 사항(「직업안정법」 제33조에 따른 국내 근로자공급사업을 하는 자가 구성원으로 포함되어야 한다)

2. 산재보험관리기구의 임원에 관한 사항

3. 산재보험관리기구의 업무에 관한 사항(산재보험사무에 관한 내용이 포함되어야 한다)

4. 산재보험료 부담에 관한 사항

5. 자산 및 회계에 관한 사항

6. 정관 또는 규약 변경에 관한 사항

7. 해산에 관한 사항

8. 그 밖에 산재보험관리기구의 운영에 관한 사항

② 산재보험관리기구가 제1항에 따라 승인받은 사항을 변경한 경우에는 변경한 날부터 20일 내에 별지 제67호서식의 산재보험관리기구 변경신고서에 산재보험관리기구의 정관 또는 규약을 첨부(정관 또는 규약이 변경된 경우만 해당한다) 하여 공단에 제출해야 한다. 이 경우 공단은 「전자정부법」 제36조제1항에 따른 행정정보의 공동이용을 통해 다음 각 호의 서류를 확인해야 하며, 신고인이 제1호 및 제2호의 서류의 확인에 동의하지 않는 경우에는 해당 서류(사업자등록증의 경우에는 그 사본을 말한다)를 첨부하도록 해야 한다.

〈개정 2018. 5. 8., 2021. 7. 1.〉

1. 사업자등록증(사업장이 변경되는 경우만 해당한다)

2. 대표자의 주민등록표 초본(대표자가 변경된 경우만 해당한다). 다만, 변경된 대표자가 직접 신고서를 제출하면서 신분증명서를 제시하는 경우에는 그 신분증명서의 확인으로 해당 서류의 확인을 갈음할 수 있다.

3. 법인 등기사항증명서(신고인이 법인인 경우만 해당한다)

③ 산재보험관리기구가 법 제49조의5제3항제1호에 따라 보험가입자로서의 지위를 해지하려는 경우에는 별지 제68호서식의 산재보험관리기구 해지신청서에 해산 결의서를 첨부하여 제출해야 한다. 이 경우 공단은 「전자정부법」 제36조제1항에 따른 행정정보의 공동이용을 통해 휴업·폐업사실 증명원, 법인 등기사항증명서(산재보험관리기구가 법인인 경우만 해당한다)를 확인해야 하며, 신청인이 휴업·폐업사실 증명원의 확인에 동의하지 않는 경우에는 해당 서류를 첨부하도록 해야 한다.

〈개정 2021. 7. 1.〉

[본조신설 2012. 1. 3.]

제47조(산재보험관리기구의 산재보험관리기구지원금 신청)

① 영 제56조의12제3항에 따라 산재보험관리기구지원금을 신청하려는 산재보험관리기구는 별지 제69호서식의 산재보험관리기구지원금 지급신청서를 공단에 제출해야 한다.

〈개정 2021. 7. 1., 2021. 12. 31.〉

② 공단은 제1항의 신청에 따라 산재보험관리기구지원금의 지급을 결정한 경우에는 그 산재보험관리기구에 별지 제51호서식의 보험사무대행지원금 등 지급통지서를 발급하여야 한다.

[본조신설 2012. 1. 3.]

제48조(규제의 재검토)

① 고용노동부장관은 제32조의2에 따른 보험료등의 납부기한 전 징수통지에 대하여 2015년 1월 1일을 기준으로 매 2년마다(매 2년이 되는 해의 1월 1일 전까지를 말한다) 그 타당성을 검토하여 개선 등의 조치를 하여야 한다.

② 삭제 〈2020. 1. 9.〉

[전문개정 2016. 10. 20.]

부칙 〈제356호, 2022. 6. 30.〉

이 규칙은 2022년 7월 1일부터 시행한다.

자동차보험 및 산재보험 관련 법규

초판 인쇄 2023년 1월 11일
초판 발행 2023년 1월 15일

지은이 편집부
펴낸이 김태헌
펴낸곳 토담출판사
주소 경기도 고양시 일산서구 대산로 53
출판등록 2021년 9월 23일 제2021-000179호
전화 031-911-3416
팩스 031-911-3417